东南亚热带木材

第 2 版

刘　鹏　杨家驹　卢鸿俊　编著

中国林业出版社

图书在版编目（CIP）数据

东南亚热带木材/刘鹏，杨家驹，卢鸿俊编著. —2 版. 北京：中国林业出版社，
2008. 3

ISBN 978-7-5038-5142-1

Ⅰ. 东… Ⅱ. ①刘… ②杨… ③卢… Ⅲ. 热带树种－木材志－东南亚
Ⅳ. S781. 893. 3

中国版本图书馆 CIP 数据核字（2007）第 198864 号

出版　中国林业出版社（100009　北京西城区刘海胡同 7 号）
E-mail　forestbook@163.com　**电话**　（010）66162880
网址　www.cfph.com.cn
发行　中国林业出版社
印刷　北京林业大学印刷厂
版次　1993 年 2 月第 1 版
　　　　2008 年 3 月第 2 版
印次　2009 年 10 月第 2 次
开本　787mm×1092mm　1/16
印张　22.5　　彩版 22 面　　图版 103 面
字数　680 千字
印数　1001～3000 册
定价　245.00 元

作者简介

刘　鹏　男，河北固安人。中国林业科学研究院木材工业研究所副研究员，国际木材解剖学家协会（IAWA）会员。1960 年毕业于河北农业大学园林化分校，同年分配到中国林业科学研究院。40 多年来一直从事木材构造、识别与利用等方面的科学研究。主持了国际热带木业组织（ITTO）资助项目；参与了国家"八五"科技攻关及国家自然科学基金项目；主持编写了《东南亚热带木材》、《非洲热带木材》、《中国现代红木家具》等专著；参与编写了《中国热带及亚热带木材》、《广西木材识别与利用》、《木材学》、《中国木材志》等专著；负责起草了 GB/T 18153—2001《中国主要进口木材名称》国家标准；发表论文数篇。先后获林业部科技进步一、二、三等奖多项。

杨家驹　男，安徽安庆人。1954 年毕业于安徽农业大学。中国林业科学研究院木材工业研究所副研究员。长期从事木材解剖、识别、性质和利用的研究。合作/主持 22 部专著和 63 篇论文；先后获国家/部/省级科技进步奖 7 项；2 项先后被中国科学院选入《中国"八五"科学技术成果选》和《中国"九五"科学技术成果选》。首次发现云杉属射线管胞内壁上有云杉型加厚、西藏长叶松材性接近软木松和具有特殊的射线管胞、金钱松的轴向薄壁组织中有晶体、杉松冷杉轴向管胞的径壁上有显然大小不同的两类具缘纹孔、以等径形射线细胞来区分落叶松类和红杉类的木材解剖特征、近髓心的泡桐木材有类似木纤维的纺锤状薄壁细胞。还有以武汉樟型木为代表的化石木 26 种（其中 12 个为新种）的鉴定，并推断出晚第三纪武汉地区的古气候是炎热多雨的。

卢鸿俊　女，北京市人。1956 年毕业于北京女四中，中国林业科学研究院木材工业研究所工程师。获 1991 年林业科技进步三等奖、第三届华中地区科学技术推广大会二等奖、中国第一届国家标准三等奖。《木材穿孔卡检索表（阔叶树材微构造）》、《国外商用木材拉汉英名称》、《龙脑香亚科木材》、《娑罗双属商品材》、《世界商用木材拉汉英名称》、《木纤维》、《龙脑香科木材》、《红木家具及实木地板》、国家《红木》标准和国产重硬和轻软木材、木材密度力学性质及其换算、国产针叶树材纤维图谱及识别、木本植物科名缩写、外国木材属名汉译、国产重要木材特征及其出现频率的研究、广泛使用微机识别木材、论木材归类及名称、论阔叶树材的生长轮类型和管孔排列、马来西亚中等重要商用材性质和用途、热带木材的特点、柳桉、外国重硬木材、云杉型加厚、云杉属木材和国产针叶树材一些解剖特征、国产重要木材特征及其出现频率的研究等论著。

再版前言

　　本著作是国际热带木材组织（ITTO）资助的世界热带木材系列研究的第一部分即，"中国进口东南亚热带木材的识别、性质和用途"［ITTO PD41/88 Rev. I（I）"The Identification, Properties and Uses of Tropical Timber Imported to China from Southeast Asia"］的最终产出之一，也是ITTO资助的世界热带木材系列研究第二、三部分出版的《非洲热带木材》、《拉丁美洲热带木材》的姊妹篇。

　　上述三本专著，由于涵盖树种多，资料全，具有很高的科学性、实用性和针对性，自出版以来一直深受木材工业企业、贸易、生产及其科研和教学人员的欢迎与喜爱，已成为我国进口热带木材识别、性质和用途等方面权威的工具书，为广大读者更好地了解进口热带木材的特性和用途，选择适宜各种用途的木材，促进我国木材贸易和工业的发展，缓解我国天然林木材供给的不足，满足国民经济发展和人民生活水平提高的需求做出了贡献。三本专著出版后虽经多次印刷，均销售一空，为满足市场和广大读者的需求，在中国林业出版社的帮助与指导下，决定修订再版这三本专著。

　　这次修订再版，我们所做的主要工作是：

　　（1）在原专著只提供了每种木材三幅光学显微照片的基础上，添加了木材标本的彩色数码照片，使全书既有木材宏观照片又有微观照片，图文并茂，再版的专著更具有实用性。实体木材照片直观展示了木材的颜色、纹理、花纹和质地等，为读者提供了木材宏观信息，为进一步了解木材特性和木材鉴定提供直接凭证，特别是对木材贸易和生产一线的工作人员识别木材更为有利。

　　（2）对三本专著进行了全面的补遗和勘误。

　　（3）以中国林业科学研究院木材工业研究所负责起草的国家标准《中国主要进口木材名称》（GB/T 18531—2001）、《红木》（GB/T 18107—2000）和《中国主要木材名称》（GB/T16734—1997）为依据，对三本专著的木材名称（包含中文名、拉丁名、商品材名称等）逐个进行检查和校对。凡原专著中的木材名称与国家标准中不统一的，此次再版全部给予了纠正。近年来我国进口的木材种类增多，特别是有些欠知名与少利用树种，因我国不产，其命名更为困难，致使市场上木材名称相当混乱。而制定上述三个国家标准和本书的再版正是为了规范进口木材市场。

　　（4）在主要商品材的用途分类中，其家具部分增加了"红木家具"一栏。

　　在修订过程中，本著作中的木材标本彩色数码照片系姜笑梅研究员协助完成，在此表示感谢。

作　者
2007 年 7 月

第 1 版前言

❈❈❈❈❈❈❈❈❈❈❈❈

东南亚是指缅甸、老挝、泰国、越南、柬埔寨、菲律宾、马来西亚、印度尼西亚、新加坡、文莱等广大地区。

东南亚森林资源丰富，生产的木材及木制品不仅本地区使用，而且远销国外。

中国森林资源不足，每年都要进口一定数量的木材来满足国家经济建设和人民生活的需要。中国地处东亚，使用东南亚木材历史悠久，如著名的花梨、紫檀、柚木、乌木、龙脑香、坤甸铁樟木等都是从东南亚进口。

东南亚主要木材多产自龙脑香科。但由于长期采伐和利用，森林更新未能跟上，致使该科的森林资源大为减少。这一问题已经引起有关政府和一些科研单位的注意。一些国家提出的所谓欠知名树种的研究，实际上主要是指非龙脑香科的树种，这些树种近年来在木材市场上逐渐增加。东南亚树木种类很多，据报道印度尼西亚有 4000 种；菲律宾有 3500 种；马来西亚有 3000 种。因此，认识这些木材，了解它们的性质和用途就成了用材部门的首要问题。为解决这一问题，中国林业科学研究院木材工业研究所材性研究室早就注意搜集这一地区的标本和资料。截至 1986 年就已和泰国、缅甸、越南、柬埔寨、菲律宾、马来西亚、印度尼西亚等国家的有关单位交换有正确定名的标本 300 余种。在国际热带木材组织支持下，1989 年和 1990 年两次考察东南亚，广泛搜集木材标本和资料，经过试验分析研究，编成此书。

此书共记载东南亚木材 206 种，隶 183 属 60 科，其中阔叶树材占 95% 以上。每种记载内容包括商品材名称、树木及分布、木材构造（宏观特征、微观特征）、木材性质（密度、干缩、力学、干燥、耐腐及加工）和木材用途等部分。每种附 3 张（横切面、弦切面、径切面）显微照片，为正确识别木材提供依据。最后是木材主要用途分类，便于使用者按用途选择树种。关于木材性质全部利用东南亚各国已有的试验结果。但因为他们采用的试验方法与中国不同，为便于与中国木材相比较，我们对两种不同试验方法做了比较试验，找出两者关系，然后进行换算，把原数据保留放在各项的前边，换算的数据放在后边括弧内，便于使用者参考。

本著作不仅给中国主管木材进口单位按需订货和用材部门合理利用木材提供了科学依据，同时也为科研与教学提供了一本有价值的参考书。

对于国际热带木材组织对项目的资助，对中华人民共和国对外经济贸易部和中华人民共和国林业部对项目的支持，使任务得以顺利完成，在此一并致谢。

作　者
1991 年 10 月

说　　明

❋❋❋❋❋❋❋❋

1. 木材解剖分子及木材性质分级标准如下：

项　目	等　　　　级						来　源
管孔个数 （个/mm²）	甚少 ≤2	少 3～5	略少 6～20	略多 21～61	多 61～100	甚多 >100	自《中国热带及 亚热带木材》
管孔弦径 （μm）	甚小 ≤50	略小 51～100	中 101～200	略大 201～300	甚大 >300		
木射线密度 （根/mm）	稀 ≤5	中 6～9	略密 10～13	密 14～20	甚密 >20		
木射线宽度 （细胞数）	甚窄 1～2	窄 3～4	略宽 5～10	宽 >10			
气干密度 （含水率15%，g/cm³）	甚轻 ≤0.35	轻 0.36～0.55	中 0.56～0.75	重 0.76～0.95	甚重 >0.95		自《中国主要树 种的木材物理力学 性质》
干　缩 （生材至气干　弦向% 　生材至炉干　　　）	甚小 ≤2.5 ≤3.5	小 2.6～4.0 3.6～5.0	中 4.1～5.5 5.1～6.5	大 5.6～7.0 6.6～8.0	甚大 >7.0 >8.0		W. G. KEATING etc. 1982
顺纹抗压强度 （含水率15%，MPa）	甚低 ≤29	低 30～44	中 45～59	高 60～74	甚高 >74		自《中国主要树 种的木材物理力学 性质》
天然干燥速度 （40mm厚板材干至 　含水率15%，需月数）	很慢 >8	慢 6～8	稍慢 4～6	稍快 3～4	快 ≤3		T. M. WONG 1982

2. 木材性质全部采用东南亚各国试验结果，数据主要来源如下：

（1）Lee Yew Hon et al.：THE STRENGTH PROPERTIES OF SOME MALAYSIAN TIMBERS Trade leaflet No. 34 Malaysian timber Industry Board 1979

（2）Tamolang, F. B. et al.：NINTH PROGRESS REPORT ON THE STRENGTH AND RELATED PROPERTIES ON PHILIPPINE WOOD Forest Products Research and Development Institute，College，Laguna 3720

（3）Abdurahim Martawijaya et al.：INDONESIAN WOOD ATLAS Vol. I Forest Products Research and Development Centre Bogor-Indonesia

由于这些试验采用的试验方法（ASTM D 143-52，下称大试样）与中国的试验方法（下称小试样）不同，因此这些数据难以和中国数据相比较。为中国用材单位使用方便，我们选用国产树种对两种大小试样进行了比较试验。选择试材时主要考虑了两个条件：一是东南亚木材大部分是散孔材；其二是木材的轻、重。所以我们选择材质比较均

匀的散孔材柳树 *Salix* sp. 和色木 *Acer* sp. 两种木材，前者代表材质较轻的（气干密度 ＜0.55g/cm³）；后者代表材质较重的（气干密度＞0.55g/cm³）。每种木材分别按 ASTM D143-52（下称大试样）和中国标准（下称小试样）取两组试样。对木材顺纹抗压强度、抗弯强度、抗弯弹性模量和抗剪强度进行试验。

大小不同试样试验结果如下：

①顺纹抗压强度

项目 \ 方法 \ 树种	*Acer* sp.		*Salix* sp.	
	大试样	小试样	大试样	小试样
试 样 数	45	45	34	34
平均值（MPa）	43.1	47.7	29.8	32.5
变异系数（%）	11.7	12.0	11.9	14.7
试验时含水率（%）	15.6	15.8	14.9	15.2
大小试样平均值比值	0.91		0.92	

②顺纹抗剪强度

项目 \ 方法 \ 树种	*Acer* sp.				*Salix* sp.			
	径 面		弦 面		径 面		弦 面	
	大试样	小试样	大试样	小试样	大试样	小试样	大试样	小试样
试 样 数	29	29	18	18	35	35	10	10
平均值（MPa）	12.7	13.7	14.6	17.1	7.06	7.55	8.14	9.9
变异系数（%）	11.5	8.7	12.3	9.3	10.8	12.2	8.07	4.85
试验时含水率（%）	15.5	14.7	15.4	14.8	15.0	13.9	14.9	14.1
大小试样平均值比值	0.92		0.86		0.94		0.82	
径弦面比值均值	0.89				0.88			

③抗弯弹性模量

项目 \ 方法 \ 树种	*Acer* sp.		*Salix* sp.	
	大试样	小试样	大试样	小试样
试 样 数	41	41	29	29
平均值（MPa）	12.1	11.7	8.63	7.76
变异系数（%）	14.5	18.9	16.0	26.7
试验时含水率（%）	15.4	15.5	14.9	14.6
大小试样平均值比值	1.03		1.11	

④抗弯强度

项　目＼方　法＼树　种		Acer sp.		Salix sp.	
		大试样	小试样	大试样	小试样
试　样　数		39	39	33	33
平均值（MPa）		94.3	98.4	63.4	72.1
变异系数（%）		18.9	18.3	12.1	15.6
试验时含水率（%）		15.3	15.4	14.9	14.6
大小试样平均值比值		0.96		0.88	

从上面试验结果得知，美国标准（大试样）气干材换算为中国国家标准（小试样）含水率15%的换算公式是：

①顺纹抗压强度 ＝（A÷0.92）×［1＋0.05×（B－15）］

②顺纹抗剪强度 ＝（A÷0.88）×［1＋0.03×（B－15）］

当气干密度 >0.55g/cm³ 时：

③抗弯弹性模量 ＝（A÷1.03）×［1＋0.015×（B－15）］

④抗弯强度 ＝（A÷0.96）×［1＋0.04×（B－15）］

当气干密度 <0.55g/cm³ 时：

③抗弯弹性模量 ＝（A÷1.11）×［1＋0.015×（B－15）］

④抗弯强度 ＝（A÷0.88）×［1＋0.04×（B－15）］

注：A——为大试样各项数值

B——为试验时含水率

①、②、③、④试中的 0.05、0.03、0.015、0.04 分别为各项的含水率校正系数。

⑤密度 ＝（A×B）×［1＋0.005×（15－C）］

注：A——代表大试样数值

$B = \left(1 + \dfrac{C}{100}\right)$

C——代表试验时含水率

根据上面公式将东南亚各国试验数据进行了换算，把原来数据保留放在各项前面，换算后的数据放在各项目后边括弧内。

3. 关于国名/地名缩写

马—马来西亚　　　　　老—老挝　　　　　　　菲—菲律宾

沙捞—沙捞越　　　　　越—越南　　　　　　　加—加里曼丹

印—印度尼西亚　　　　缅—缅甸　　　　　　　斐—斐济

新—新加坡　　　　　　沙—沙巴　　　　　　　泰—泰国

巴新—巴布亚新几内亚　文—文莱　　　　　　　柬—柬埔寨

目 录 ❋❋❋❋❋❋❋

图版（共 103 面）

彩版及图版目录

图版（共 103 面）

彩版及图版目录

❋❋❋❋❋❋❋

彩版1

1. 贝壳杉 *A. dammara*
2. 岛松 *P. insularis*
3. 高大陆均松 *Dacrydium elatum*
4. 东南亚叶状枝 *Phyllocladus hypophyllus*
5. 鸡毛松 *Podocarpus imbricatus*
6. 耳状坎诺漆 *Campnosperma auriculata*
7. 人面子 *Dracontomelon dao*
8. 胶漆树 *Gluta renghas*
9. 羽叶科德漆 *Koordersiodendron pinnatum*

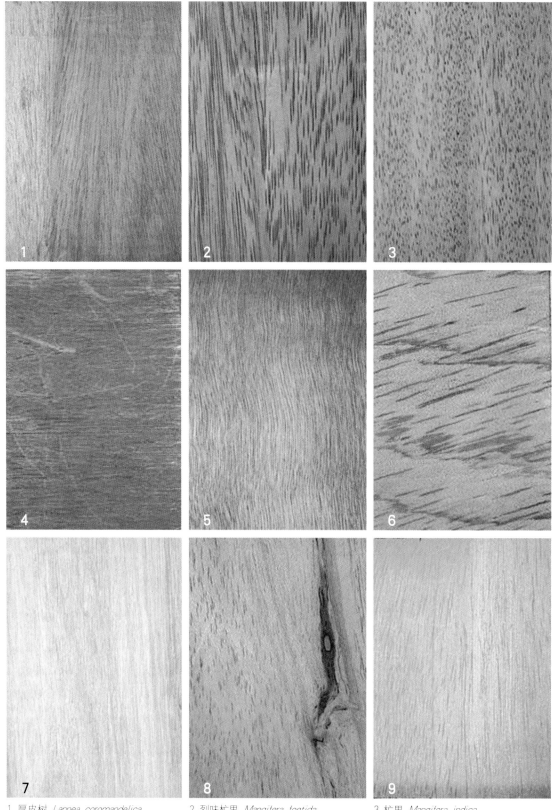

1.厚皮树 *Lannea coromandelica*
4.普通黑漆树 *Melanorrhoea usitata*
7.藤春 *Alphonsea arborea*

2.烈味杧果 *Mangifera foetida*
5.毛五裂漆 *Pentaspadon velutinus*
8.香依兰 *Cananga odorata*

3.杧果 *Mangifera indica*
6.多花斯文漆 *Swintonia floribunda*
9.盆架树 *Alstonia scholaris*

1.小脉夹竹桃木 *Dyera costulata*
2.多枝冬青 *Ilex pleiobrachiata*
3.粗状普氏木 *Planchonia valida*
4.长果木棉 *Bombax insigne*
5.榴莲 *Durio zibethinus*
6.轻木 *Ochroma pyramidale*
7.橙花破布木 *Cordia subcordata*
8.吕宋橄榄 *Canarium luzonicum*
9.木麻黄 *Casuarina equisetifolia*

1. 柯库木 Kokoona reflexa
2. 尖叶榆绿木 Anogeissus acuminata
3. 榄仁树 Terminalia catappa
4. 蔻氏榄仁 Terminalia copelandii
5. 光亮榄仁 Terminalia nitens
6. 毛榄仁树 Terminalia tomentosa
7. 树状斑鸠菊 Vernonia arborea
8. 菲律宾单室茱萸 Mastixia philippinensis
9. 隐翼 Crypteronia paniculata

1. 小叶垂籽树 *Ctenolophon parvifolius*
2. 苏门答腊八角木 *Octomeles sumatrana*
3. 四数木 *Tetrameles nudiflora*
4. 菲律宾五桠果 *Dillenia philippinensis*
5. 缘生异翅香 *Anisoptera marginata*
6. 黑木杯裂香 *Cotylelobium melanoxylon*
7. 大花龙脑香 *Dipterocarpus grandiflorus*
8. 芳味冰片香 *Dryobalanops aromatica*
9. 芳香(软)坡垒 *Hopea odorata*

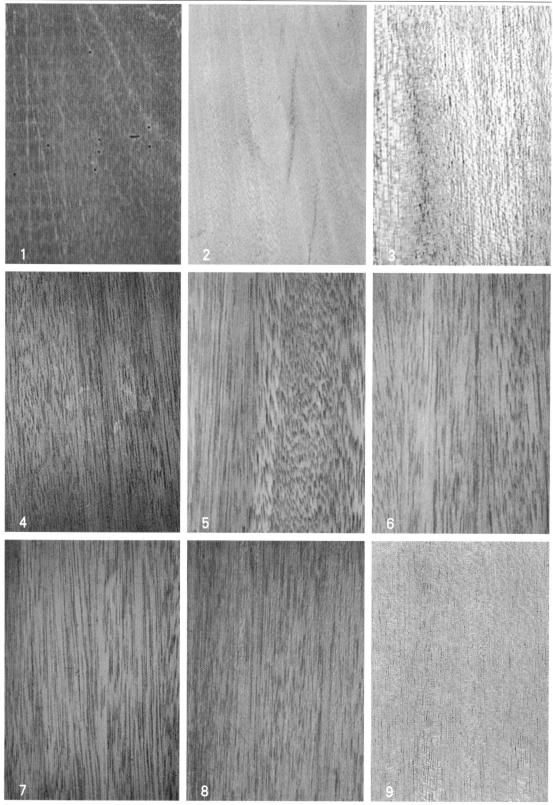

1. 新棒果香 *Neobalanocarpus heimii*　　2. 星芒赛罗双 *Parashorea stellata*　　3. 马拉赛罗双 *Parashorea malaanonan*
4. 疏花（深红）娑罗双 *Shorea pauciflora*　　5. 吉索（重红）娑罗双 *Shorea guiso*　　6. 五齿（浅红）娑罗双 *Shorea contorta*
7. 泰斯（浅红）娑罗双 *Shorea teysmanniana*　　8. 光亮（黄）娑罗双 *Shorea polita*　　9. 法桂（黄）娑罗双 *Shorea faguetiana*

1. 平滑(重黄)娑罗双 *Shorea laevis*
4. 青皮 *Vatica mangachapoi*
7. 石栗 *Aleurites moluccana*

2. 金背(白)娑罗双 *Shorea hypochra*
5. 苏拉威西乌木 *Diospyros celebica*
8. 秋枫 *Bischofia javanica*

3. 婆罗香 *Upuna borneensis*
6. 球形杜英 *Elaeocarpus sphaericus*
9. 印马黄桐 *Endospermum diadenum*

1. 橡胶树 *Hevea brasiliensis*
4. 海棠木 *Calophyllum inophyllum*
7. 铁力木 *Mesua ferrea*
2. 银叶锥 *Castanopsis argentea*
5. 乔木黄牛木 *Cratoxylum arborescens*
8. 大蕈树 *Altingia excelsa*
3. 索莱尔桐 *Lithocarpus soleriana*
6. 芳香山竹 *Garcinia fragraeoides*
9. 角香茶茱萸 *Cantleya corniculata*

1. 苞芽树 *Irvingia malayana*
4. 楔形莲桂 *Dehaasia cuneata*
7. 木果缅茄 *Afzelia xylocarpa*
2. 黄杞 *Engelhardtia roxburghiana*
5. 坤甸铁樟木 *Eusideroxylon zwageri*
8. 铁刀木 *Cassia siamea*
3. 黄樟 *Cinnamomum porrectum*
6. 香木姜子 *Litsea odorifera*
9. 越南摘亚木 *Dialium cochinchinensis*

1. 阔萼摘亚木 *Dialium platysepalum*

2. 格木 *Erythrophloeum fordii*

3. 帕利印茄 *Intsia palembanica*

4. 贝特豆 *Kingiodendron alternifolium*

5. 大甘巴豆 *Koompassia excelsa*

6. 马来甘巴豆 *Koompassia malaccensis*

7. 粗轴双翼豆 *Peltophorum dasyrachis*

8. 贝卡油楠 *Sindora beccariana*

9. 交趾油楠 *Sindora cochinchinensis*

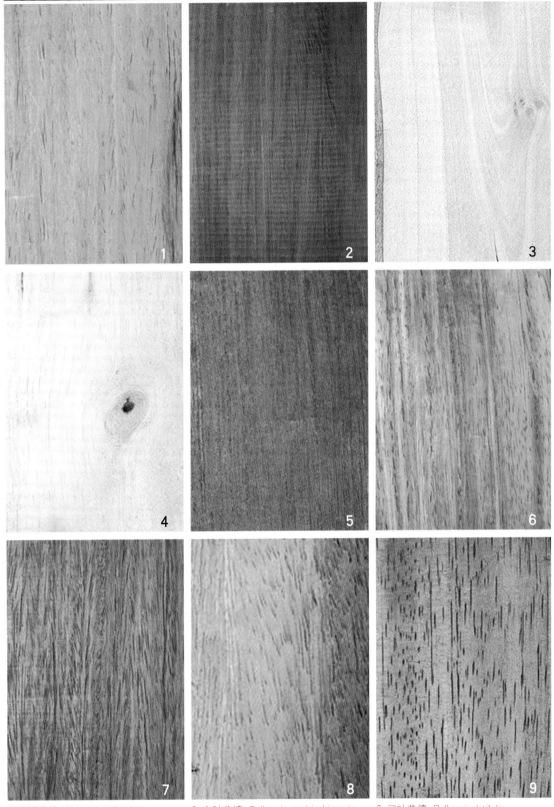

1.奥氏黄檀 *Dalbergia oliveri*
4.缴花刺桐 *Erythrina subumbrans*
7.大果紫檀 *Pterocarpus macrocarpus*

2.交趾黄檀 *Dalbergia cochinchinensis*
5.白花崖豆木 *Millettia leucantha*
8.白韧金合欢 *Acacia leucophloea*

3.阔叶黄檀 *Dalbergia latifolia*
6.印度紫檀 *Pterocarpus indicus*
9.南洋楹 *Albizia falcataria*

1. 白格 *Albizia procera*
4. 木荚豆 *Xylia xylocarpa*
7. 大花紫薇 *Lagerstroemia speciosa*

2. 独特球花豆 *Parkia singularis*
5. 香灰莉 *Fagraea fragrans*
8. 香兰 *Aromadendron elegans*

3. 雨树 *Samanea saman*
6. 副萼紫薇 *Lagerstroemia calyculata*
9. 巴布亚埃梅木 *Elmerrillia papuana*

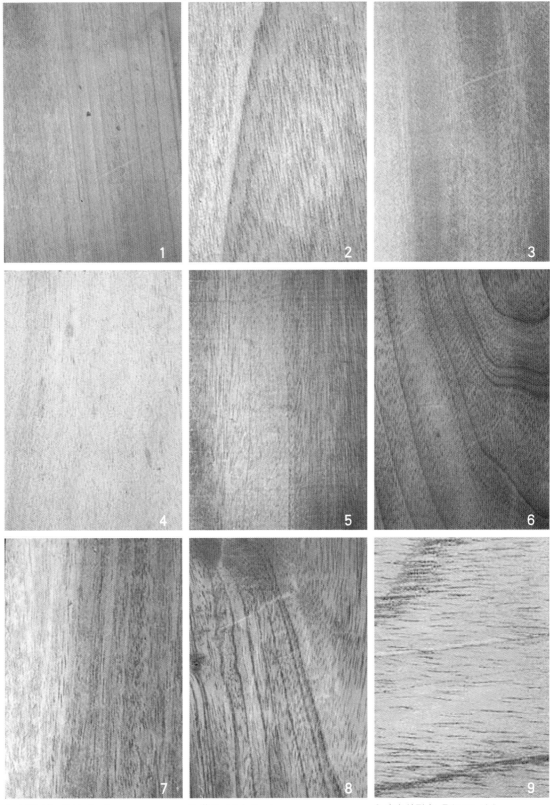

1. 木莲 *Manglietia fordiana*
4. 钟康木 *Dactylocladus stenostachys*
7. 桃花心木 *Swietenia mahagoni*
2. 黄兰 *Michelia champaca*
5. 摩鹿加蟹木楝 *Carapa moluccensis*
8. 洋香椿 *Cedrela odorata*
3. 吉奥盖裂木 *Talauma gioi*
6. 麻楝 *Chukrasia tabularis*
9. 红椿 *Toona ciliata*

1.大花米仔兰 *Aglaia gigantea*
4.蒜楝 *Azadirachta excelsa*
7.苦楝 *Melia azedarach*

2.兜状阿摩楝 *Amoora cucullata*
5.五雄蕊溪梭 *Chisocheton pentandrus*
8.山道楝 *Sandoricum koetjape*

3.裴菜山楝 *Aphanamixia perrottetiana*
6.戟叶樫木 *Dysoxylum euphlebium*
9.弹性桂木 *Artocarpus elasticus*

1.粗桂木 *Artocarpus hirsutus* 2.菜柯桂木 *Artocarpus lakoocha* 3.变异榕 *Ficus variegata*
4.臭桑 *Parartocarpus venenosus* 5.长叶鹊肾树 *Streblus elongatus* 6.白桉 *Eucalyptus alba*
7.剥皮桉 *Eucalyptus deglupta* 8.多花番樱桃 *Eugenia polyantha* 9.白千层 *Melaleuca leucadendron*

1. 铁心木 *Metrosideros petiolata*
4. 菲律宾铁青木 *Strombosia philippinensis*
7. 木榄 *Bruguiera gymnorrhiza*

2. 红胶木 *Tristania conferta*
5. 蒜果木 *Scorodocarpus borneensis*
8. 竹节树 *Carallia brachiata*

3. 华南蓝果树 *Nyssa javanica*
6. 巴拉克枣 *Ziziphus talanai*
9. 风车果 *Combretocarpus rotundatus*

1. 尖叶红树 *Rhizophora mucronata*
4. 乔木臀果木 *Pygeum arboreum*
7. 大土连翘 *Hymenodictyon excelsum*

2. 马来蔷薇 *Parastemon urophyllum*
5. 心叶水黄棉 *Adina cordifolia*
8. 圆叶帽柱木 *Mitrayna rotundifolia*

3. 串姜饼木 *Parinari corymbosum*
6. 黄梁木 *Anthocephalus chinensis*
9. 贝卡类金花 *Mussaendopsis beccariana*

1. 黄胆 *Nauclea orientalis*
4. 乔木假山萝 *Harpullia arborea*
7. 菲律宾子京 *Madhuca philippinensis*

2. 天料木 *Homalium foetidum*
5. 番龙眼 *Pometia pinnata*
8. 马来亚子京 *Madhuca utilis*

3. 斜形甘欧 *Ganophyllum obliquum*
6. 油无患子 *Schleichera trijuga*
9. 考基铁线子 *Manikara kauki*

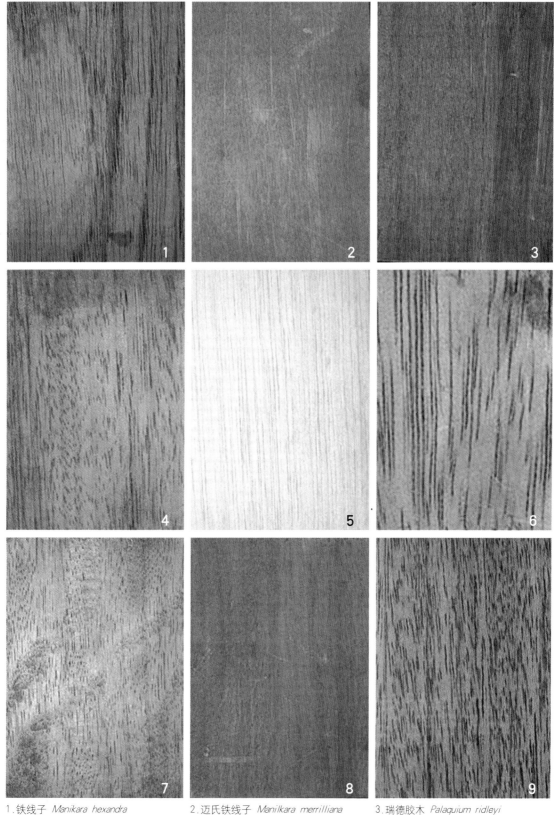

1.铁线子 Manikara hexandra
4.倒卵胶木 Palaquium obovatum
7.八宝树 Duabanga grandiflora

2.迈氏铁线子 Manilkara merrilliana
5.凯特山榄 Planchonella thyrsoidea
8.杯萼海桑 Sonneratia alba

3.瑞德胶木 Palaquium ridleyi
6.摩鹿加八宝树 Duabanga moluccana
9.爪哇银叶树 Heritiera javanica

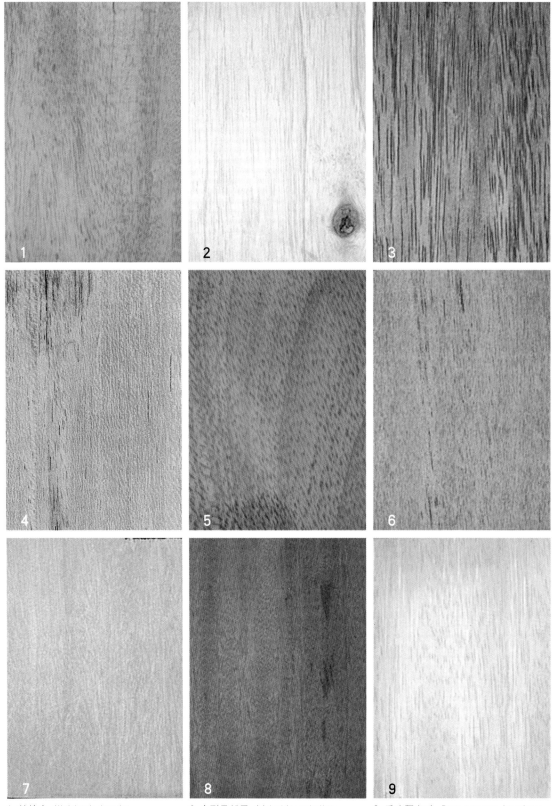

1.鹧鸪麻 *Kleinhovia hospita*
4.霍氏翅苹婆 *Pterygota horsfieldii*
7.红荷木 *Schima wallichii*

2.伞形马松子 *Melochia umbellata*
5.大柄船形木 *Scaphium macropodum*
8.大果厚皮香 *Ternstroemia megacarpa*

3.爪哇翻白叶 *Pterospermum javanicum*
6.光四籽木 *Tetramerista glabra*
9.邦卡棱柱木 *Gonystylus bancanus*

1. 圆锥二重椴 *Diplodiscus paniculata*
4. 吕宋朴 *Celtis luzonica*
7. 佩龙木 *Peronema canescens*

2. 缅甸硬椴 *Pentace burmanica*
5. 山黄麻 *Trema orientalis*
8. 柚木 *Tectona grandis*

3. 东京硬椴 *Pentace tonkinensis*
6. 石梓 *Gmelina arborea*
9. 蒂氏木 *Teijsmanniodendron*

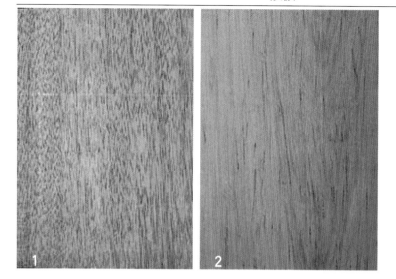

1.高发牡荆 *Vitex cofassus*　　2.高大黄叶树 *Xanthophyllum excelsum*

第一部分
东南亚裸子植物主要
商品材特性和用途

南洋杉科
Araucariaceae Henkel et Hochst

常绿乔木，髓部较大，树皮具树脂。只有南洋杉属 *Araucaria* 和贝壳杉属 *Agathis*，约 40 种。分布于热带及亚热带地区。东南亚地区仅产贝壳杉属。中国引种栽培 2 属，4 种。

贝壳杉属 *Agathis* Salisb.

常绿大乔木，树皮多树脂，约 20 种；分布于印度支那、马来西亚、印度尼西亚、菲律宾、新几内亚岛、新西兰和斐济等地。常见商品材树种有：贝壳杉 *A. dammara* L. C. Rich.，婆罗洲贝壳杉 *A. borneensis* Warb.，菲律宾贝壳杉 *A. philippinensis* Warb. 等。

贝壳杉 *A. dammara* L. C. Rich.（*A. alba* Foxw.）
（彩版 1.1；图版 1.1~3）

【商品材名称】

阿尔麻西嘎 Almaciga（菲）；阿嘎鯻斯 Agathis（印）；达玛明亚克 Damar minyak，马来亚考芮 Malayan kauri（马）；门姆吉兰 Memgilan（沙）；宾单 Bindang（沙捞，文）；达跨-麻克德芮 Dakua makedre（斐），考芮松 Kauri pine（新）；陀隆 Tolong（文）。

【树木及分布】

乔木，树高 38m，直径 0.45m 以上。分布于马来半岛和菲律宾。中国厦门、福州等地引种栽培。

【木材构造】

宏观特征

心材浅黄褐，与边材区别不明显。边材色浅。生长轮略明显至不明显，轮间介以深色晚材带，轮宽 1 至数毫米。早材管胞在放大镜下可见；早材至晚材渐变；晚材带甚窄。轴向薄壁组织未见。木射线在放大镜下明显；密度稀，甚窄。树脂道缺如。

微观特征

管胞在早材带横切面圆形及椭圆形，最大弦径 64（多数 45~55）μm，最初数列管胞弦壁有少数具缘纹孔；具线轴状树脂横隔；螺纹加厚缺如。径壁具缘纹孔 1~3 列，多角形及圆形，直径 15~18μm；纹孔口圆形及椭圆形。晚材管胞横切面矩形，椭圆形及圆形，弦径 33~50μm；最后数列管胞弦壁具少数明显的具缘纹孔；具线轴状树脂横隔；螺纹加厚缺如。径壁纹孔互列，1~3 列，椭圆及多角形；直径 10~17μm；纹孔口椭圆及圆形。轴向薄壁组织缺如。木射线 2~5 根/mm。单列，高 1~13（多数 5~17）细胞。全由射线薄壁细胞组成，细胞为椭圆形及卵圆形；少数含树脂。水平壁薄；纹孔未见；具端壁节状加厚；无凹痕。与早材管胞间交叉场纹孔柏木 II 型（南洋杉型），1~7（通常 3~6）个，1~3（通常 2）横列。树脂道缺如。

材料：W4607（菲）。

【木材性质】

木材有光泽；无特殊气味和滋味；纹理直；结构甚细而均匀；重量轻；干缩小，干缩率生材至含水率 12% 径向 2.3%~3.2%，弦向 3.4%~4.2%。差异干缩 1.31~1.48；生材至炉干，径向 4.2%~5.1%，弦向 6.0%~8.4%，差异干缩 1.43~1.65。木材硬度软至略软，侧面硬度 2 180 N；力学强度低（在针叶树材中属略强者）。

| 产　　地 | 密　度（g/cm³） | | 顺纹抗压强度 | 抗弯强度 | 抗弯弹性模量 | 顺纹抗剪强度 |
| | | | | | | 径　弦 |
	基　本	气　干	MPa	MPa	MPa	MPa
菲律宾	0.42	0.45:12% (0.512)	40.7 (37.6)	82.4 (82.4)	11500 (9890)	10.2 (10.5)
马来西亚	0.41	0.465	33.6 (40.2)	66.0 (81.0)	12000 (11200)	6.9 (8.3)

木材干燥性质良好。不耐腐，不抗白蚁蛀蚀；防腐处理不难。加工容易，切面光滑；握钉力强。

【木材用途】

可用作房屋结构，良好的室内装饰和镶嵌板材料，高级细木工制品，直尺，绘图板，火柴，铅笔，木模型，生活器具，家具，箱盒等。适于制造胶合板及单板。操作时剥皮容易。树木还可以生产用于清漆和大漆上硬树脂。

婆罗洲贝壳杉 *A. borneensis* Warb.

【商品材名称】

达玛-明亚克 Damar minyak（马）；沙巴-阿嘎鲡斯 Sabah agathis（沙）；宾当 Bindang（沙捞）；马来亚考芮 Malayan kauri（马）；门吉兰 Mengilan（沙）。

【树木及分布】

乔木，树高 45~60 m，直径 1.4~3 m；分布于南加里曼丹、文莱及马来西亚等地。

【木材构造】

宏观特征

略似贝壳杉。

微观特征

除管胞径壁具缘纹孔未见 3 列及管胞中线轴状树脂横隔，弦壁具缘纹孔较少外，余略同贝壳杉。

材料：W9887，W13193，W14183，W18701（印）；W19495（马）。

【木材性质】

木材轻，含水率 15% 时气干密度 0.39~0.58g/cm³；干缩甚小，干缩率生材至含水率 15% 径向 1.7%，弦向 1.1%；硬度软至略硬；握钉力强，强度低。

木材干燥慢，有轻微轮裂和端裂发生。在马来亚厚 15 mm 和 40 mm 的板材从生材至气干分别需要 2 个月和 4 个月。余同贝壳杉。

【木材用途】

略同贝壳杉。

松 科
Pinaceae Lindl.

常绿或落叶乔木，稀灌木。约 230 种，隶 3 亚科，10 属；多产于北半球。东南亚地区主要产松属 *Pinus* 1 属。

松属 *Pinus* L.

常绿乔木，稀为灌木，约 80 种；分布于北半球，北至北极地区，南至北非，中美，中南半岛至苏门答腊，赤道以南地方。为世界上生产木材和树脂的主要树种，东南亚地区主产岛松 *P. insularis* Endl.，苏门答腊松 *P. merkusii* Jungh De Vriese，南亚松 *P. latteri* Mason，卡西亚松 *P. kesiya* Royle ex Gordn. 等。

岛 松 *P. insularis* Endl.
（彩版 1.1；图版 1.4~6）

【商品材名称】

本古埃特松 Benguet pine，萨稜 Saleng（菲）。

【树木及分布】

树高 40m，直径 1.4m。分布于菲律宾，马来西亚，越南，柬埔寨等地。

【木材构造】

宏观特征

心材黄色至浅红色，与边材区别不明显。边材色浅。生长轮明显；轮宽 1~7 mm。早材管胞在放大镜下明显；早材至晚材急变或略急变；晚材带色深，占生长轮宽度的 $\frac{1}{3}$~$\frac{1}{4}$。轴向薄壁组织未见。木射线在放大镜下明显，密度稀，甚窄。树脂道分轴向和径向两类，轴向者在放大镜下明显，分布于晚材带及早材带；在纵切面上呈褐色条纹。径向者较小，在放大镜下间或可见。

微观特征

管胞在早材带横切面为方形，矩形，最大弦径 83（多数 50~70）μm，螺纹加厚缺乏。径壁具缘纹 1~2 列，圆形及卵圆形，直径 25~27μm，眉条长，数多；纹孔口圆形及椭圆形。管胞在晚材带横切面为矩形或方形，弦径 46~62μm。径壁具缘纹孔 1 列，螺纹加厚缺如。弦壁纹孔 1 列，圆形；直径 12 ~ 17μm；纹孔口透镜形。索状管胞稀见。轴向薄壁组织缺如。木射线 2 ~ 5 根/mm。具单列和纺锤形两类射线，单列射线高 1 ~ 16（多数 3 ~ 11）细胞。射线通常由射线薄壁细胞及射线管胞组成；有时全由射线管胞组成；射线细胞通常呈椭圆形；含少量树脂。水平壁薄；与早材管胞间交叉场纹孔主为窗格状，1 ~ 3（多数 1 ~ 2）个，横列。射线管胞存在于上述两类射线中，位于上下边缘，中部稀见，较薄壁细胞小；内壁深锯齿（较思茅松及云南松深），外缘呈波浪形。纺锤射线中具径向树脂道，近道上下射线细胞 2 ~ 3 列，上下两端单列部分高 2 ~ 7 细胞。树脂道轴向者边缘泌脂细胞壁薄，常含拟侵填体。径向者比轴向者小得多。

材料：W4628，W18865（菲）。

【木材性质】

木材具光泽；有树脂气味；无特殊滋味；纹理直；结构较粗，不均匀；重量轻，菲律宾产基本密度 0.5g/cm³，含水率 15% 及 12% 时气干密度为 0.54g/cm³ 及 0.55g/cm³。干缩甚大，生材至炉干干缩率径向为 4.4%，弦向为 7.8%，差异干缩为 1.77；硬度略软至硬，含水率 15% 时侧面硬度 2760 N；力学强度低至很低。

产　　地	密　度（g/cm³）		顺纹抗压强度	抗弯强度	抗弯弹性模量	顺纹抗剪强度	
	基　本	气　干				径	弦
			MPa	MPa	MPa	MPa	
马来西亚	0.45	0.53	29.1 (36.5)	61 (78)	9300 (8700)	8.8 (10.9)	

木材干燥性质良好，仅有少许或没有降等现象产生。木材加工容易，含树脂多者，刨切有一定困难；木材不耐腐，如心材含树脂多时则略耐腐；防腐处理边材浸注容易，心材略难，不耐白蚁侵蚀，但高山产者比低地产者强。

【木材用途】

适于土木建筑，可用作电杆，柱子，纸浆和纸，纤维板，单板，胶合板以及家具，包装箱盒等。

罗汉松科
Podocarpaceae Endl.

常绿乔木或灌木。8 属，约 130 余种；分布热带，亚热带及南温带地区，多数分布于南半球。东南亚地区主要产 3 属，即陆均松属 *Dacrydium*，罗汉松属 *Podocarpus* 和叶状枝属 *Phyllocladus*。

陆均松属 *Dacrydium* Solander ex Forst.

又称泪柏属或泪杉属。常绿乔木或灌木。约 20 ~ 25 种；分布于智利，新西兰，新喀里多尼亚岛，大洋洲南部，塔斯马尼亚，北至马来半岛及中国。中国仅有陆均松 *D. pierri* Hickel. 1 种。东南亚主要商品材树种有加里曼丹陆均松 *D. beccarii* Darl.，高大陆均松 *D. elatum* Wall.，镰叶陆均松 *D. falciforme* Pilger，马来西亚陆均松 *D. comosum* Correr 等。

高大陆均松 *D. elatum* Wall.
（彩版 1.1；图版 2.1～3）

【商品材名称】

罗基奈 Lokinai（菲）。

【树木及分布】

乔木，树高 36 m，直径 0.85 m，树皮灰褐色。分布于马来西亚，柬埔寨，缅甸以及印度等地。

【木材构造】

宏观特征

心材黄褐色微红或灰红褐色，与边材区别不明显或略明显。边材色浅。生长轮不明显或略明显，宽度不均匀，轮间晚材带略见；每轮 0.5～3 mm。早材带占年轮宽度的大部分。管胞在放大镜下不见；早材至晚材渐变；晚材带色略深，与早材带区别不明显。轴向薄壁组织未见。木射线在放大镜下明显；密度稀至中，甚窄。树脂道缺如。

微观特征

管胞在早材带横切面为方形及多边形，略具圆形轮廓，最大弦径 50μm，多数 34～42μm；螺纹加厚缺乏。径壁具缘纹孔 1 列，圆形及卵圆形，直径 16～19μm；纹孔口透镜形，裂隙状及 X 型；眉条略明显。管胞在晚材带横切面为矩形及方形，具椭圆形轮廓；弦径 24～36μm；螺纹加厚缺如。径壁具缘纹孔 1 列，圆形，直径 12～14μm；纹孔口透镜形。弦壁上有少数具缘纹孔。轴向薄壁组织略少，星散状及整个弦列；薄壁细胞端壁节状加厚未见或略明显，含深色树脂。木射线 3～6 根/mm。单列射线高 1～27（多数 3～14）细胞或以上。射线全由射线薄壁细胞组成，射线细胞椭圆形，圆形及多角形；部分细胞含深色树脂。水平壁甚薄；纹孔未见；端壁节状加厚未见，凹痕未见。与早材管胞间交叉场纹孔柏木型，1～4（通常 1～2）个，1～2（稀 3）横列。树脂道缺如。

材料：W8932（越）；W6275（中国台湾）。

【木材性质】

木材有光泽；无特殊气味与滋味，纹理直；结构细，均匀。重量中，偶高；菲律宾产者基本密度为 0.50g/cm³；含水率 15% 时产菲律宾者为 0.51g/cm³，产沙巴者为 0.49g/cm³；产印度尼西亚者为 0.73 g/cm³，产马来西亚者为 0.54 g/cm³。干缩中，干缩率生材至含水率 12% 径向为 2.0%，弦向为 4.5%，差异干缩 2.25；木材略硬；强度低。

木材干燥容易，虽稍开裂，但无降等现象发生；木材不耐腐；防腐处理时边材浸注防腐剂容易，心材困难；干材易遭白蚁侵蚀。

【木材用途】

适合装饰用材及轻型结构用材；门窗，镶嵌板，隔板，承重不大的地板；细木工用材，木模材，家具，以及单板，胶合板。

叶状枝属 *Phyllocladus* Rich. ex Mirb.

约7种；分布于菲律宾，加里曼丹，摩鹿加群岛，新几内亚，塔斯马尼亚，新西兰等地。

东南亚叶状枝 *P. hypophyllus* Hook. f.
（彩版1.1；图版2.4~6）

【商品材名称】

菲罗科拉都斯 Phyllocladus（菲，沙）；阿尔麻塞嘎 Almaciga，阿让西修吉特 Arangsisiugit，达隆 Dalung（菲）；芹松 Celery pine（澳）。

【树木及分布】

乔木，高25 m，直径0.75 m以上。分布于菲律宾、加里曼丹、摩鹿加群岛、新几内亚、塔斯马尼亚、新西兰等地。

【木材构造】

宏观特征

心材黄褐色微红，与边材区别不明显。边材色浅。生长轮不明显，有假年轮存在，宽度不均匀，轮间晚材带可见；轮宽0.5~10 mm。早材带占年轮宽度的绝大部分，管胞在放大镜下略见；早材至晚材渐变，晚材带狭窄，色略深，与早材带区别不明显，轴向薄壁组织未见。木射线在放大镜下明显；宽度稀，甚窄。树脂道未见。

微观特征

管胞在早材带横切面为方形及多角形；最大弦径55（多数35~42）μm，螺纹加厚缺乏。径壁具缘纹孔1（偶2）列，圆及卵圆形，直径19~23μm，纹孔口圆形及椭圆形；眉条略明显。管胞在晚材带横切面为矩形，方形，少数多角形，弦径35~45μm，螺纹加厚缺乏；径壁具缘纹孔1列，圆形，直径14~18μm，纹孔口透镜形，弦壁上有具缘纹孔。轴向薄壁组织缺乏。木射线1~5根/mm。单列射线高1~15（多数6~11）细胞。射线全由薄壁细胞组成；细胞主为椭圆形，部分细胞含树脂；水平壁甚薄；纹孔未见；端壁节状加厚未见。与早材管胞间交叉场纹孔形大，似杉木型和似窗格状，1~2个，1横列。树脂道缺如。

材料：W18900（菲）。

【木材性质】

略同陆均松。木材有光泽；无特殊气味与滋味；纹理直；结构甚细，均匀；重量略轻，菲律宾产者基本密度为0.53 g/cm³；含水率15%时菲律宾产者为0.57g/cm³，马来西亚产者0.52~0.64g/cm³，木材颇软；强度低至中。木材干燥性质良好，不抗白蚁侵蚀。室外使用不耐腐。

【木材用途】

适宜室内使用的镶嵌板，门窗框架及其他室内装饰材，家具，细木工用材，为翻砂木模型材理想的材料。亦适宜制造单板和胶合板，操作时剥树皮很容易。

罗汉松属 *Podocarpus* L'Her ex Persoon

常绿乔木或灌木，共 100 种；分布于亚热带及南温带，主产南半球。东南亚主要商品材树种有鸡毛松 *P. imbricatus* Bl.，竹叶松 *P. neriifolius* D. Don，多穗罗汉松 *P. polystachyus* R. Br.，肉托竹柏 *P. wallichianus* Presl，小叶罗汉松 *P. brevifolius* Foxw.，苦味罗汉松 *P. amarus* Bl.，菲律宾罗汉松 *P. philippinensis* Foxb. 等。

鸡毛松 *P. imbricatus* Bl.
(*P. javanicus* Merr.，*P. cupressinus* R. Br.)
（彩版 1.5；图版 3.1~3）

【商品材名称】

衣杰姆 Igem（菲）；波多-楚哥-阿塔普 Podo chuchor atap，波多 Podo（马）；迪阿木德茹 Djamudju（印）；帕亚麦 Paya mai（泰）；桐 Tung（越）；瑞姆帕因 Rempayan（沙）；丝罗纱 Srol sar（柬）。

【树木及分布】

乔木，树高 30m，直径 2m，树皮灰褐色或深褐色。分布于中国海南岛，印度尼西亚，马来西亚，菲律宾，缅甸，越南，柬埔寨，老挝以及印度等地。

【木材构造】

宏观特征

心材浅黄或浅黄褐色，与边材区别不明显。边材色浅。生长轮不明显至略明显，有假年轮存在，宽度不均匀，轮间介以深色晚材带，年轮宽 0.5~2 mm。早材管胞在放大镜下略见；早材至晚材渐变；晚材带狭窄。**轴向薄壁组织未见。**木射线在放大镜下明显；密度稀；甚窄。树脂道缺如。

微观特征

管胞在早材带横切面为方形及矩形，略具多角形轮廓；最大弦径 62 μm，多数 38~42 μm。径壁具缘纹孔 1（稀 2）列，直径 15~20 μm；纹孔口圆及椭圆形。最初数列管胞弦壁纹孔偶见。螺纹加厚缺如。管胞在晚材带横切面为长方形及方形，略具圆形轮廓，径壁具缘纹孔 1 列，圆形，直径 12~16 μm；纹孔口圆形及透镜形。轴向薄壁组织略少；通常散生，端壁节状加厚不明显至略明显；通常不含树脂。木射线 4~9 根/mm。单列射线（极少成对）高 1~40（多数高 7~17）细胞，全由射线薄壁细胞组成；细胞椭圆形，稀卵圆形，个别细胞含树脂，水平壁甚薄；纹孔可见；端壁无节状加厚；凹痕可见。与早材管胞间交叉场纹孔式主为柏木型，1~2（通常 1）个，1 横列。**树脂道缺如。**

材料：W14174（印）；W12789（菲）。

【木材性质】

木材有光泽；无特殊气味和滋味，纹理直；结构细，均匀。重量轻。菲律宾产基本密度 0.47 g/cm³；含水率 15% 的气干密度：马来西亚产者为 0.424（0.416～0.436）g/cm³，印度尼西亚产者 0.52（0.38～0.77）g/cm³。中国产基本密度 0.43g/cm³；比菲律宾产的略轻，含水率 15% 的气干密度为 0.51～0.52g/cm³；木材干缩及硬度中；力学强度低至中。

产　　地	密　度（g/cm³）		顺纹抗压强度	抗弯强度	抗弯弹性模量	顺纹抗剪强度	
	基　本	气　干	MPa	MPa	MPa	径	弦
						MPa	
中国广西		0.51	34.0	80.9	9300	9.0，10.9	
中国海南	0.43	0.52	48.2	90.6	12100	9.7，11.2	

木材干燥性质好，速度快，不翘曲，仅有少量细裂纹，通常无降等现象发生。木材不耐腐，防腐处理时边材易浸注，心材困难。加工容易。无论用机械或手工工具均好。切面光滑，有光亮，胶粘容易。

【木材用途】

木材适宜作木船桅杆、细木工、雕刻、车工、文具、家具、家用器具、液体木桶和轻型结构、室内装饰、轻载地板以及造纸、单板、胶合板等。

第二部分
东南亚被子植物主要
商品材特性和用途

漆树科
Anacardiaceae Lindl.

60 属，600 种；主要分布热带，但也延伸到温带亚洲东部和美洲。主要商品材属有步尼漆属 *Bouea*，山檨子属 *Buchanania*，坎诺漆属 *Campnosperma*，人面子属 *Dracontomelon*，南酸枣属 *Choerospondias*，黄栌属 *Cotinus*，胶漆树属 *Gluta*，科德漆属 *Koordersiodendron*，杧果属 *Mangifera*，黑漆树属 *Melanorrhoea*，巴瑞漆属 *Parishia*，五列漆属 *Pentaspadon*，黄连木属 *Pistacia*，槟榔青属 *Spondias*，漆树属 *Rhus*，斯文漆属 *Swintonia* 等。

坎诺漆属 *Campnosperma* Thw.

中至大乔木，15 种；产世界热带地区。主要商品材树种有耳状坎诺漆 *C. auriculata* Hook. f.，革质坎诺漆 *C. coriacea*（Jack）Hallier f. ex V. St.，胶坎诺漆 *C. gummifera* L. Mauch.，巴拿马坎诺漆 *C. panamensis* Standl.，大叶坎诺漆 *C. macrophylla* Hook. f.，瓦氏坎诺漆 *C. wallichii* King，锡兰坎诺漆 *C. zeylanicum* Thw.，高山坎诺漆 *C. montana* Laut.，小坎诺漆 *C. minor* Corner，短柄坎诺漆 *C. brevipetiolata* Volkens 等。

耳状坎诺漆 *C. auriculata* Hook. f.
（彩版 1.6；图版 3.4~6）

【商品材名称】

特任堂 Terentang（婆，印，马，沙，沙捞）；特任堂-当-贝萨 Terentang daun besar（马）；囊-普荣 Nang pron（泰）；卡拉麻提 Karamati（索罗门群岛）；塔兰堂 Talantang，塔兰堂-朴提 Talantang putih（印）。

【树木及分布】

乔木，树高 30 m，直径 0.5 m，偶至 0.85 m。主要分布于马来西亚、印度尼西亚、泰国等地。

【木材构造】

宏观特征

木材散孔。心材粉红灰或紫灰色，与边材区别不明显。边材新鲜时粉红色，久在大气里变灰。生长轮不明显。管孔在横切面上，放大镜下明显；略多至略少；大小中；单管孔及短径列复管孔；散生；侵填体未见。轴向薄壁组织未见。木射线放大镜下可见，中至稀，窄至甚窄。波痕及胞间道未见。

微观特征

导管横切面圆形及卵圆形；单管孔及径列复管孔（2~3 个）；散生；18~34 个/mm^2；最大弦径 190μm，平均弦径 144μm，导管分子长 1089μm，侵填体及树胶未见；螺纹加厚缺乏。管间纹孔式互列，多角形。主为单穿孔板，少数梯状；倾斜或略倾斜。

导管与射线间纹孔式刻痕状及大圆形。**轴向薄壁组织量少，疏环管状；晶体及树胶未见。木纤维壁薄；**直径34μm，长1460μm；具缘纹孔明显。分隔木纤维常见。木射线4~8根/mm；非叠生。单列射线高2~18（多数5~8）细胞。多列射线宽2~3（多数2）细胞，高5~45（多数9~20）细胞。射线组织异形Ⅱ型。射线细胞多列部分常呈卵圆形；部分细胞含树胶，晶体未见。**胞间道为正常径向者，位于射线中部，直径达**128μ m。

材料：W9984，W14108，W15141，W18704（印）；W20387（泰）。

【**木材性质**】

木材具光泽；无特殊气味和滋味；纹理交错；结构细，均匀。重量轻；干缩小，干缩率生材至含水率15%径向1.6%，弦向3.2%，差异干缩1.94；硬度软，侧面硬度1470N;握钉力良好；强度很低。

产　　地	密　度（g/cm³）		顺纹抗压强度	抗弯强度	抗弯弹性模量	顺纹抗剪强度	
						径	弦
	基　本	气　干	MPa	MPa	MPa	MPa	
马来西亚	0.30	0.37	22.4 (26.3)	42 (51)	7000 (6500)	7.5 (9.0)	

木材干燥稍快，在马来西亚气干厚15和40mm的板材需要1个半月和3个半月。干后略有变色，有弓弯和扭曲现象产生。木材不耐腐，容易变色和遭受腐木菌和白蚁及海生动物危害，但边材不受粉蠹虫的危害；边材防腐处理非常容易，心材较难，木材加工容易，横断或顺锯均易，刨切亦易，但刨面发毛，不光洁。

【**木材用途**】

主要用于制造火柴盒，杆，包装箱盒，筷子，女鞋鞋跟，以及单板和胶合破，碎料板等。

人面子属 *Dracontomelon* Blume（*Dracontomelum* Auctt）

乔木，约8种；分布于马来西亚至斐济群岛，主要商品材树种有：人面子 *D. dao* Merr. et Rolfe；可食人面子 *D. edule* Skeels；檬果人面子 *D. mangiferum* Bl.。中国有人面子 *D. dao* Merr. et Rolfe 和大果人面子 *D. macrocarpum* Li 2 种，产西南部至南部。

人面子 *D. dao* Merr. et Rolfe（*D. dupereanum* Pierre）
（彩版1.7；图版4.1~3）

【**商品材名称**】

道木 Dao（菲）；麻蒂-阿纳克 Mati anak（马）；凯里-拉吉 Kaili laki；达瑚-克特吉-当 Dahu ketjil daun（印）；森矿 Sengkuang（马）；新几内亚胡桃 New guinea walnut（新，澳）；拉米欧 Lamio（菲）；达摩尼 Damoni；多芮河 Dorea；楼普 Loup（巴新）。

【**树木及分布**】

乔木，树高30~35m，直径1m。分布地区很广，东南亚（主要是菲律宾）至西南亚，太平洋群岛。中国亦产。

【木材构造】

宏观特征

木材散孔。心材类似核桃，所以商品材称新几内亚核桃或巴布亚核桃，灰褐色或灰黄至黄绿色，有深褐色或近黑色的长弦带，与边材区别明显。边材红黄或灰黄色。生长轮不明显。管孔在横切面，放大镜下明显；数少；大小中；单管孔或径列复管孔；散生；侵填体未见。轴向薄壁组织略多，在放大镜下明显；主为环管束状或翼状。木射线放大镜下可见，密度中至稀；窄至甚窄。波痕及胞间道未见。

微观特征

导管横切面圆形或卵圆形；单管孔及短径列复管孔（2~4个），管孔团稀见，散生；2~6个/mm²；最大弦径237μm，平均192μm，导管分子长663μm；具侵填体；树胶未见；螺纹加厚缺乏。管间纹孔式互列，密集，数多。穿孔板单一，水平或略水平。导管与射线间纹孔式大圆形。轴向薄壁组织略多；环管束状，翼状，聚翼状；晶体及树胶未见。木纤维壁薄；直径22μm，长1400μm；径壁具缘纹孔略明显。分隔木纤维常见。木射线5~10根/mm，非叠生。单列射线数少，高2~7（多数2~5）细胞。多列射线宽2~4（多数2~3）细胞；高7~35（多数12~20）细胞。射线组织异形Ⅱ型。射线细胞多列部分圆形或卵圆形；部分细胞含树胶和菱形晶体。胞间道未见。

材料：W4617（菲）；W16892（中国）；W19010（巴新）。

【木材性质】

木材有光泽；无特殊气味与滋味；纹理直或交错，有时呈波浪纹理；结构略粗，均匀。重量中至轻；干缩小至中，干缩率生材至含水率12%径向1.4%~1.8%，弦向3.4%~4.1%，差异干缩2.43~2.39；生材至炉干，径向3.6%~3.9%，弦向6.8%~7.5%，差异干缩1.952~1.92；木材软至中，侧面硬度3844N，端面硬度3942N；强度中至低。

产　　地	密　度（g/cm³）		顺纹抗压强度	抗弯强度	抗弯弹性模量	顺纹抗剪强度	
						径	弦
	基　本	气　干	MPa	MPa	MPa	MPa	
菲律宾	0.53	0.58:12% （0.659）	49.6 （45.8）	101 （92.6）	12500 （11600）	10.5 （10.9）	

木材干燥性质良好。在室外不耐腐，易受白蚁危害。木材加工容易，刨面光滑，成品表面精致度很高。

【木材用途】

材色美丽，适宜做高级橱柜，亦可用以制做家具和室内装修，镶嵌板，刨切装饰单板和胶合板，材色不悦的可作临时结构材料，百叶窗板，建筑模板，包装箱盒等。

胶漆树属 Gluta L. ▅▅▅▅▅▅▅▅▅▅▅▅

落叶乔木，约13种，1种产非洲马达加斯加，余者产印度至马来半岛地区，印度尼亚西及菲律宾。主要商品材树种有：无翼胶漆树 *G. aptera* King，雅胶漆树 *G. elegans* Kurz，马来胶漆树 *G. malayana* Corner，疏花胶漆 *G. laxiflora* Ridl.，胶漆树 *G. renghas* L.，珠状胶漆树 *G. torquata* King，毛胶漆树 *G. velutina* Bl.，瓦氏胶漆树 *G. wallichii* Hook f.，瑞氏胶漆树 *G. wrayi* King. 等。

胶漆树 *G. renghas* L.
（彩版 1.8；图版 4.4~6）

【商品材名称】

胶漆属常与黑漆树属 Melanorrhoea 和乌汁漆属 Melanochyla 合称任嘎斯 Rengas（马，印）；盐盖 Rangai，任嘎斯-滕巴嘎 Rengas tembaga，任嘎斯-胡坦 Rengas hutan（印）；引哈 Inghas（东南加里曼丹）。

【树木及分布】

落叶乔木，树高可达 30 m；主产马来西亚及印度尼西亚一带，多靠河边生长。

【木材构造】

宏观特征

木材散孔。心材浅红褐色，有时有黑色条纹，与边材区别明显。边材浅粉红褐至浅褐色，宽约 18 cm。生长轮明显。管孔在放大镜下可见，数甚少至少，略大；主为单管孔，少数短径列复管孔；散生；侵填体可见。轴向薄壁组织在肉眼下可见，量多；轮介状，带状及环管束状。木射线放大镜下可见，中至略密；窄。波痕及胞间道未见。

微观特征

导管横切面圆形至椭圆形，主为单管孔，少数短径列复管孔（通常 2 个）；散生；分布略均匀，管孔数少，2~4 个/mm²；最大弦径 268 μm，平均 229 μm；导管分子长 610 μm；具侵填体，树胶未见，螺纹加厚缺乏。管间纹孔式少见，互列，多角形。穿孔板单一，略倾斜。导管与射线间纹孔式为横列刻痕状。少数大圆形。轴向薄壁组织量多，轮介状（宽 2~6 细胞），带状（宽 2~4 细胞）；环管束状及少数疏环管状；树胶常见，晶体未见。木纤维壁薄；直径 21 μm，长 990 μm；具缘纹孔明显。木射线 7~10 根/mm；非叠生。单列射线高 2~9（多数 5~7）细胞。射线组织同形单列。射线细胞呈方形，矩形或椭圆形；部分细胞含树脂及硅石；晶体未见。胞间道系正常径向者，位于宽 3 列射线中，由 10~15 个泌脂细胞组成，直径约 35 μm。

材料：W9883，W13210，W14088，W15173（印）。

【木材性质】

木材光泽弱；无特殊气味和滋味；纹理常交错；结构略粗至颇细，均匀。重量中至重，含水率 15% 时密度为 0.64~0.96 g/cm³；干缩甚小，干缩率从生材至气干径向 1.0%，弦向 1.8%；差异干缩 1.80；木材硬至甚硬；强度中。

木材干燥速度稍慢，稍有扭曲现象发生，15 mm 和 40 mm 的板材气干分别需时 2 个月和 5 个月。木材略耐腐；易遭白蚁侵蛀，防腐处理时边材容易，心材极难。木材降等原因主要是遭虫害所致。生材加工容易，但树皮中含有害树液，给加工者带来不悦。气干时再锯和横断略难，刨切略光，成品很少使用填料。

产　　地	密　度（g/cm³）		顺纹抗压强度	抗弯强度	抗弯弹性模量	顺纹抗剪强度	
						径　　弦	
	基　本	气　干	MPa	MPa	MPa	MPa	
印度尼西亚		0.57:13.7% （0.652）	43.2 （44.5）	70.7 （69.8）	10 980 （10 450）	3.2，4.4 （3.5，4.8）	

【木材用途】

　　树皮和木材中含有害树液，给加工者带来一定的影响。由于木材干缩率小，材色悦目和具黑色条纹，所以十分适用制造家具和其他木工制品，镶嵌板，地板，木船龙骨，刨切单板，车工制品，工具柄，手杖等等。

科德漆属 *Koordersiodendron* Egnl.

　　1 种；分布在东南亚的加里曼丹、西里伯斯岛、菲律宾、巴布亚新几内亚等。

羽叶科德漆 *K. pinnatum* Merr.
（彩版1.9；图版5.1~3）

【商品材名称】

　　姆桔斯 Mugis（马）；布吉斯 Bugis（印）；让古 Ranggu（沙，沙捞；在沙捞越还指楝科的树种）；阿木吉斯 Amugis（菲）。

【树木及分布】

　　乔木，高 24~30 m，直径 0.7~0.8 m。分布同属。

【木材构造】

宏观特征

　　木材散孔。心材红褐色，暴露在大气中材色转暗，与边材区别不明显。边材白色或浅红色，宽8~9 cm。生长轮不明显，有时呈深色的纤维带。管孔在肉眼下可见；少至略少，大小中，单管孔及短径列复管孔；散生；侵填体未见。轴向薄壁组织在放大镜下未见。木射线中至稀；甚窄至窄。波痕及胞间道未见。

微观特征

　　导管横切面为圆或卵圆形；单管孔及短径列复管孔（2~6 个，多数2~3 个）；散生；分布略均匀。管孔数略少，3~8 个/mm²，最大弦径252μm，平均182μm；导管分子长763μm。侵填体可见；树胶未见；螺纹加厚缺乏。管间纹孔式互列，密集，多角形。穿孔板单一，倾斜至略倾斜。导管与射线间纹孔式大圆形。轴向薄壁组织量少；傍管型，疏环管状及环管束状。树胶丰富，晶体未见。木纤维壁薄，直径23μm，长1480μm；部分具缘纹孔明显；系分隔木纤维。木射线5~8 根/mm；非叠生。单列射线数少，高2~11（多数6~7）细胞。多列射线宽2~3 细胞；高6~25（多数高15~25）细胞。射线组织异形Ⅱ型，少数Ⅲ型。射线细胞多列部分椭圆形，卵圆形，少数圆形；细胞含有丰富的树胶及晶体。胞间道系正常径向者，位于射线中部，由10~13 个泌脂细胞组成。

　　材料：W9885（印）；W4629，W18902（菲）。

【木材性质】

　　木材具光泽；无特殊气味和滋味；纹理直至交错；结构颇细，均匀。重量中至重；干缩小，干缩率生材至含水率15%径向1.7%，弦向2.6%，差异干缩1.53；木材略硬；强度高。

产　　　地	密　度（g/cm³）		顺纹抗压强度	抗弯强度	抗弯弹性模量	顺纹抗剪强度	
	基　本	气　干	MPa	MPa	MPa	径	弦
						MPa	
菲律宾	0.69	(0.844)	36.4 (69.4)	65.9 (126)	12 600 (16 800)	10.0 (15.5)	

　　木材干燥慢，略有变色；稍有弓弯和端裂。15 mm 和 40 mm 厚板材气干需要 5 个月和 6 个月。略耐腐；木材锯切容易，虽然径面有不光和不平的倾向，所有的工具加工质量都好。

【木材用途】

　　地板，内部结构，柜橱，家具，一般细木工，门面板以及车旋制品。

厚皮树属 *Lannea* A. Rich.

　　乔木，约 7 种；分布东半球热带地区，以热带非洲为最多。其中厚皮树 *L. coromandelica*（Houtt）Merr.，中国广东、海南、云南亦有分布。

厚皮树 *L. coromandelica*（Houtt）Merr.
(*L. grandis*（Dennst）Engl.，*Odina wodier* Roxb)
（彩版 2.1；图版 5.4~6）

【商品材名称】

　　紧堂 Jhintang，沃蒂尔 Wodier（印度）；纳比 Nabe（缅）。

【树木及分布】

　　落叶乔木，高可达 20 m，通常高 8~10 m。树皮灰色，肥厚呈肿状而有槽纹；韧皮纤维柔软。分布缅甸、印度、印度尼西亚、安达曼群岛等地。中国云南、广西、海南亦产。

【木材构造】

宏观特征

　　木材散孔。心材红褐色微黄，与边材区别略明显。边材灰褐色；宽约 7cm。生长轮不明显。管孔在肉眼下可见，少至略少，中至略大，大小略一致，分布略均匀；散生；心材管孔内含有侵填体。轴向薄壁组织在放大镜下，湿切面上略见，量少；傍管状。木射线在放大镜下明显；少至中；窄至略宽。波痕缺乏。胞间道不见。

微观特征

导管横切面圆形及卵圆形；单管孔及短径列复管孔（通常 2～4 个），稀呈管孔团；散生；4～8 个/mm²；最大弦径 176μm，平均 120μm；导管分子长 547μm。侵填体常见，壁薄；螺纹加厚缺乏。管间纹孔式互列，密集，多角形。穿孔板单一，略水平至倾斜。导管与射线间纹孔式为大圆形，少数为横列刻痕状。轴向薄壁组织量少；环管状，少数星散状；部分细胞含树胶；晶体未见。木纤维壁薄，直径 33μm，长 1385μm；纹孔具狭缘；分隔木纤维普遍。木射线 4～7 根/mm；非叠生。单列射线极少，高 1～7（多数 2～5）细胞。多列射线宽 2～5（多数 3～4）细胞；高 5～35（多数 10～25）细胞或以上，同一射线有时出现 2 次多列部分。射线组织通常为异形 II 型。直立或方形射线细胞比横卧射线细胞高；射线细胞多列部分卵圆、椭圆及圆形；射线细胞含树胶；晶体未见。胞间道系正常径向者，位于射线中部或端部，直径为 25～30μm。

材料：W15227，W15250，W15326（缅）；W13254（中国）。

【木材性质】

木材具光泽，无特殊气味和滋味；纹理直；结构甚细至细，均匀，木材轻，干缩及强度小。木材干燥时不开裂，不变形；边材不耐腐，易受蓝变色菌侵袭；据说心材耐腐性强；切削容易，切面光滑；油漆后光亮性中等；容易胶粘，握钉力弱，不劈裂。

产　　地	密　度（g/cm³）		顺纹抗压强度	抗弯强度	抗弯弹性模量	顺纹抗剪强度	
						径	弦
	基　本	气　干	MPa	MPa	MPa	MPa	
中国海南	0.43	0.49	22.6	64.4	3.04	—	

【木材用途】

房屋建筑上用做门，窗，墙板，屋面板，天花板等室内装修，可制家具、农具、包装箱、纺织滚桶、车工、雕刻、纸浆、水管，心材可制铅笔杆。据说心材耐腐性强，有"万年青"之称，过去群众用作棺材。

杧果属 *Mangifera* L.

乔木，约 53 种，树高 10～40 m，直径 1～3 m；分布热带亚洲。东南亚主要是杧果 *M. indica* L. 。中国有杧果，扁桃 *M. pericitormis* C. R. Wu et T. L. Ming，滇南杧果 *M. austro-yunnaensis* Hu 等。

烈味杧果 *M. foetida* Lour.
（彩版 2.2；图版 6.1～3）

【商品材名称】

杧果 Mango（通称）；麻仓 Machang（马）。

【树木及分布】

乔木，有野生和栽培者，树高 24 m，直径 0.5～0.6 m。主产马来半岛，泰国，印度支那、印度尼西亚和东印度（包括菲律宾群岛、新几内亚及太平洋诸岛）。

【木材构造】

除导管直径比较小，导管分子平均长 501 μm；**轴向薄壁组织比较丰富，主为翼状；木纤维宽平均 22 μm，平均长 1448 μm；木射线主为单列，2 列数少外**，余略同杧果。

材料：W11393（越）。

【木材性质】

除干缩率较小（弦向 1.7%，径向 1.7%，差异干缩 13.6），重量重，强度中外，余略同杧果。

产　　　地	密　度（g/cm³）		顺纹抗压强度	抗弯强度	抗弯弹性模量	顺纹抗剪强度	
	基　本	气　干				径	弦
			MPa	MPa	MPa	MPa	
马来西亚	0.64	0.77	48.2 (59.7)	90 (104)	14300 (14500)	13.1 (16.1)	

【木材用途】

略同杧果。

杧果 *M. indica* L.

（彩版 2.3；图版 6.4~6）

【商品材名称】

麻仓 Machang（马，沙）；芒嘎 Mangga（菲，泰，马）；泰以特 Thayet（缅）；梅姆巴蒂让 Membatjang（印）；杧果 Mango（印度，巴基斯坦）；卓爱 Xoai（越）；麻拉帕霍 Malapaho，阿姆巴 Amba，杧果木 Mango wood（通称）。

【树木及分布】

乔木，树高 30 m 以上，直径 1.5~3 m；产马来西亚半岛，泰国，印度支那，印度尼西亚，印度（包括安达曼群岛），巴基斯坦，斯里兰卡，缅甸等地。

【木材构造】

宏观特征

木材散孔。心材金黄褐色或巧克力色，与边材区别略明显。边材草黄或带有红色至灰褐色，条纹显著，宽约 3 cm。生长轮略明显。管孔在肉眼下可见；轮介状，环管束状及傍管带状。木射线放大镜下可见；中至略密；窄。波痕及胞间道未见。

微观特征

导管横切面圆形及卵圆形，单管孔及短径列复管孔（2~3 个）；管孔团偶见；散生；分布略均匀，2~4 个/mm²，最大弦径 275 μm，平均 229 μm，导管分子长 592 μm。侵填体丰富，树胶未见；螺纹加厚缺如。管间纹孔式互列，密集。穿孔板单一，水平或略水平。导管与射线间纹孔式为大圆形及刻痕状（模列或斜列）。轴向薄壁组织略多，多数为翼状，环管束状及傍管带状（宽 2~5 细胞），少数为星散状，星散-聚合或轮介状。薄壁细胞内树胶丰富；菱形晶体可见。木纤维壁薄或略厚，径列成行；平均直径

21μm，平均长 1220μm，径壁具缘纹孔略明显，圆形；分隔木纤维偶见。木射线 8~13
根/mm；非叠生。单列射线数多，高 2~11（多数 2~6）细胞。多列射线宽 2 细胞（3
细胞偶见）；高 4~15（多数 8~11）细胞。射线组织异形 III 型。射线细胞多列部分圆
形或卵圆形；部分细胞含树胶，菱形晶体丰富。**胞间道未见。**

材料：W4905，W8530，W19101（印度）；W15240，W15327（缅）。

【木材性质】

木材具光泽；湿切面上微有难闻气味；无特殊滋味；纹理直或交错；结构中，均
匀。重量中，沙巴，印度尼西亚，印度，菲律宾产者含水率 15% 时气干密度平均值分
别为 0.68 g/cm³，0.65 g/cm³，0.69 g/cm³ 和 0.59 g/cm³；干缩小，干缩率生材至含水
率 15%，径向 1.2%，弦向 1.9%，差异干缩 1.65；生材至炉干，径向为 3.0%，弦向
为 4.9%；质略硬；强度低。

产　　地	密　度（g/cm³）		顺纹抗压强度	抗弯强度	抗弯弹性模量	顺纹抗剪强度
						径　　弦
	基　本	气　干	MPa	MPa	MPa	MPa
马来西亚	0.59	0.705	32.1 (39.1)	57 (65)	7500 (7600)	12.2 (14.9)

木材干燥稍快，15 和 40 mm 厚板材在马来西亚气干分别需要 3 个月及 4 个月；有
少许弓弯、端裂和轮裂等缺陷发生。不耐腐，易遭白蚁蚀蛀，防腐处理容易，心材部分
较难。生材加工比气干材困难。气干材容易加工，刨切容易，刨面略光，握钉力强。

【木材用途】

适合制造家具，桌椅，地板，包装箱盒，板条箱，胶合板，模板，锤垫。具条纹的
心材材色悦目，可作装饰材，高档柜橱，胶合板面板及车旋制品。利用时注意并避免使
用脆心材部位。

黑漆树属 *Melanorrhoea* Wall.

20 种；分布马来半岛；加里曼丹等地。主要商品材树种有脂黑漆 *M. laccifera*
Pierre，商品材名称逊 Son，主产印度支那。

普通黑漆树 *M. usitata* Wall. 详见种叙述。

瓦氏黑漆 *M. wallichii* Hook. f. 商品材名称：任嘎斯 Rengas；主产马来西亚。

本属木材与胶漆属和乌汁漆属 *Melanochyla* 相似，常合并为一类商品材称任嘎斯
Rengas。

普通黑漆树 *M. usitata* Wall.
（彩版 2.4；图版 7.1~3）

【商品材名称】

贼特西 Thitsi，缅甸漆树 Burma varnish tree（缅）；拉克 Rak（泰）；任嘎斯 Rengas

（印、马）。

【树木及分布】

主要分布于缅甸、泰国等地。

【木材构造】

宏观特征

木材散孔。心材浅红色，暴露在大气中，尤其是采漆后材色转暗；深色条纹显著；与边材区别明显。边材灰白色或浅黄色。生长轮略明显。管孔在横切面上肉眼下明显；略少，大小中，主为单管孔，少数短径列复管孔（2～3个），散生；分布略均匀；侵填体可见。轴向薄壁组织在放大镜下可见，量多；轮介状，带状及环管束状。木射线在放大镜下可见，中至略密；甚窄。波痕及胞间道未见。

微观特征

导管横切面为圆形或卵圆形，单管孔及短径列复管孔（2～3个）；散生；2～5个/mm^2；最大弦径290μm，平均204μm，导管分子长658μm。具侵填体；树胶未见；螺纹加厚缺如。管间纹孔式互列，密集。穿孔板单一，略倾斜。导管与射线间纹孔式大圆形及刻痕状。轴向薄壁组织量多，轮介状（宽2～6细胞），带状（宽4～8细胞），环管束状，及少数疏环管状；树胶常见；晶体未见。木纤维壁薄，平均直径19μm，平均长1085μm；具缘纹孔明显。木射线6～13根/mm，非叠生，单列射线（少数成对或2列）高2～19（多数6～14）细胞。射线组织同形单列。射线细胞多呈方形或椭圆形；部分细胞含树胶及硅石；晶体未见。胞间道系正常径向者，位于宽3列射线中，由10～15个泌脂细胞围绕而成，直径40～50μm。

材料：W13946（缅）。

【木材性质和用途】

略同胶漆树，但本种含有经济价值的黑清漆较多，产于基干顶部。

五裂漆属 *Pentaspadon* Hook. f.

5种；分布马来西亚及所罗门群岛。生产上较常见商品材树种有莫特五裂漆 *P. motleyi* Hook. f. 和毛五裂漆 *P. velutinus* Hook. f. 2种。

毛五裂漆 *P. velutinus* Hook. f.
（彩版2.5；图版7.4～6）

【商品材名称】

皮拉究 Pelaju（印）；皮拉焦 Pelajau（沙捞）；皮浪 Pelong（马）。

【树木及分布】

乔木，高可达50m；产马来西亚及印度尼西亚。

【木材构造】

宏观特征

木材散孔。心材浅黄绿色，与边材区别不明显。边材色浅。生长轮不明显。管孔肉眼下略见；略少，大小中；散生。轴向薄壁组织几不见。木射线放大镜下明显，中至略密；窄。波痕缺如。胞间道未见。

微观特征

导管横切面卵圆形，单管孔及径列复管孔（2~4个），少数管孔团；散生；5~11个/mm²；最大弦径250μm，平均192μm，导管分子长634μm；具侵填体，螺纹加厚未见。管间纹孔式互列，多角形。穿孔板单一，平行或略倾斜。导管与射线间纹孔式大圆形及刻痕状。轴向薄壁组织稀少；疏环管状；少数含树胶，晶体未见。木纤维壁薄，直径17μm，平均长1235μm；单纹孔或略具狭缘。少数含树胶；分隔木纤维普遍。木射线7~10根/mm；非叠生。单列射线很少，高1~7细胞。多列射线宽2~4细胞；高6~35（多数15~25）细胞；同一射线有时出现2次多列部分。射线组织异形Ⅱ型。直立或方形射线细胞比横卧射线细胞高或高得多；射线细胞多列部分多为卵圆形；多含树胶；菱形晶体常见，多位于方形或直立细胞中，胞间道常见，系正常径向者，直径30~50μm。

材料：W20738（马）。

【木材性质】

木材具光泽；无特殊气味和滋味；纹理略交错；结构中，均匀。木材重量中等；干缩小，干缩率生材至气干径向2.0%，弦向3.4%；强度中等。

产　地	密　度（g/cm³）		顺纹抗压强度	抗弯强度	抗弯弹性模量	顺纹抗剪强度	
	基　本	气　干	MPa	MPa	MPa	径	弦
						MPa	
马来西亚	0.46	0.560	31.8 (43.5)	53 (80)	8600 (10500)	7.9 (10.4)	

木材干燥稍慢；15 mm和40 mm厚板材从生材到气干分别需要3和4.5个月。干燥时稍有瓦弯，弓弯和变色。耐腐性能差或至中等，有小蠹虫危害；防腐处理困难，木材锯、刨等加工容易，刨面光滑。

注：H. E. Desch 7个试样测得气干密度0.721 g/cm³。

【木材用途】

适宜室内装修，镶嵌板，隔墙板，地板，胶合板等。

斯文漆属 *Swintonia* Griff.

15种；产东南亚的马来西亚以西地区。

多花斯文漆 *S. floribunda* Griff.
(*S. schwenkii* Kurz)
(彩版2.6；图版8.1~3)

【商品材名称】

梅炮 Merpauh，梅炮匹润 Merpauh pering（马）；西威特 Civit（缅）；茂木 Moum

（柬，越）。

【树木及分布】

乔木，直径 1.9 m 以上；主要分布于印度和安达曼群岛、巴基斯坦、斯里兰卡、缅甸、马来亚半岛、泰国、印度支那、印度尼西亚。

【木材构造】

宏观特征

木材散孔。心材灰褐色至粉红褐色带红；与边材区别不明显。边材浅褐色带灰或粉红。生长轮略明显。管孔在肉眼下明显。甚少至少，略大至中；单管孔及短径列复管孔（2~3 个）；散生；侵填体可见。轴向薄壁组织在肉眼下可见量多；带状，细线状略明显。木射线放大镜下可见，密度中；甚窄。波痕未见，胞间道系径向者，在放大镜下可见。

微观特征

导管横切面圆形或卵圆形，单管孔及短径列复管孔（2~3 个）；管孔团偶见；散生，分布略均匀，1~4 个/mm²，最大弦径 271μm，平均弦径 180μm，导管分子长 593μm；侵填体略明显。树胶未见；螺纹加厚缺如。管间纹孔式互列；多角形。穿孔板单一，略水平。导管与射线间纹孔式大圆形。轴向薄壁组织量多，主为离管型，轮介状、星散-聚合及离管带状（宽 4~10 细胞）。傍管型，翼状及环管束状。晶体及树胶未见。木纤维壁薄，径列成行；平均直径 24μm，长 1100μm；具缘纹孔数多，明显。木射线5~10 根/mm，非叠生。单列射线数少，高 1~10（多 2~7）细胞。多列射线宽2~3（多数 2）细胞；高 4~20（多 7~15）细胞。射线组织异形 III 型。射线细胞多列部分卵圆，椭圆或圆形；部分细胞含树胶及硅石，菱形晶体存在于正常细胞和分室（2 个）细胞中。胞间道正常径向者未见。

材料：W4224（印）；W13953（缅）。

木材性质

木材有光泽；无特殊气味和滋味，纹理交错；结构略粗，略均匀。重量重至中，气干密度 0.64~0.88 g/cm³；干缩小，干缩率生材至气干径向 1.4%，弦向 2.0%，差异干缩 1.43；质颇硬；强度中。

木材气干稍慢；略有变色，稍有杯弯、弓弯、扭曲和端裂。气干 15 mm 和 40 mm 厚板材需要 2.5 和 4.5 个月。木材不耐腐；防腐处理颇易，不受粉蠹虫危害，易遭海生钻木动物危害。木材顺锯和横断都很困难；刨切容易，切面光滑。握钉力好。

产　　地	密　度（g/cm³）		顺纹抗压强度	抗弯强度	抗弯弹性模量	顺纹抗剪强度
						径　弦
	基　本	气　干	MPa	MPa	MPa	MPa
马来西亚	0.61	0.72	47.7 (58.6)	97 (112)	15700 (15800)	13.4 (16.4)

【木材用途】

木材适合做火柴杆及盒，轻型和中型结构，室内装饰，护墙板；镶嵌板，百叶窗，隔墙板，地板。原木特别适合旋制胶合板。

番荔枝科
Annonaceae Juss.

常绿或落叶，乔木、灌木或藤本，约 120 属，2100 多种；分布于世界热带和亚热带地区，主产东半球。

本科木材商品材在马来西亚统称梅姆皮桑 Mempisang，皮桑-皮桑 Pisang-pisang。

藤春属 *Alphonsea* Hook. f. &. Thoms.

乔木，约 20 种；分布于亚洲热带和亚热带地区，主产中国及印度-马来地区。

藤　春 *A. arborea* Merr.
（彩版 2.7；图版 8.4~6）

【商品材名称】

波隆 Bolon（菲）；梅姆皮桑 Mempisang（马）。

【树木及分布】

大乔木，树高 35 m，直径 0.7 m；分布菲律宾、马来西亚及中国等地。

【木材构造】

宏观特征

木材散孔。心材黄皮革色；与边材区别略明显。边材浅黄皮革色。生长轮不明显。管孔在放大镜下明晰；略少；大小中；单管孔及短径列复管孔（多数 2 个）；散生；侵填体未见。轴向薄壁组织在放大镜下明显，离管带状和射线纵横交错，略呈梯状。木射线在放大镜下可见，稀至中；窄。波痕及胞间道未见。

微观特征

导管横切面圆形或卵圆形；单管孔及短径列复管孔（2~4 个）；散生；分布略均匀。9~19 个/mm²；最大弦径 150μm，平均 124μm，导管分子长 584μm。树胶及侵填体未见；螺纹加厚缺如。管间纹孔式互列，密集。穿孔板单一，略倾斜或倾斜。导管与射线间纹孔式类似管间纹孔式。轴向薄壁组织略多，离管带状（宽 1~2 细胞），与射线纵横交错，呈梯状。树胶及晶体未见，木纤维壁薄；直径 21μm，长 1465μm；径壁具缘纹孔明显。木射线 4~7 根/mm；非叠生。单列射线数少，高 2~12（多数 5~8）细胞。多列射线宽 2~5（多数 3~4）细胞，高 10~92（多数 30~60）细胞或以上。射线组织异形Ⅲ型。射线细胞多列部分圆或椭圆形，略带多角形轮廓。树胶和晶体未见。胞间道缺如。

材料：W18903（菲）。

【木材性质】

木材光泽弱；无特殊气味和滋味；纹理直；结构略细，均匀；重量重；干缩中至很大，干缩率生材至含水率12%，径向2.5%~2.7%，弦向3.4%~5.4%，差异干缩1.36~2.00；生材至炉干，径向4.7%~5.2%，弦向8.8%~9.0%，差异干缩1.73~1.87；硬度硬；强度高。

产 地	密 度（g/cm³）		顺纹抗压强度	抗弯强度	抗弯弹性模量	顺纹抗剪强度	
						径 弦	
	基 本	气 干	MPa	MPa	MPa	MPa	
菲律宾	0.71	0.76:12% (0.864)	61.6 (56.9)	138 (127)	16400 (15210)	11.9 (12.3)	

木材不耐腐，不抗蚁蛀；加工容易。

【木材用途】

木材性质类似硬槭木（色木）和水曲柳，适合制造船桨及橹，运动器械，农业用具，工具柄等。国外还做保龄球戏中的木瓶和滚木槽或球场。

依兰属 *Cananga* Hook. f. et Thoms（*Canangium* Baillon）

乔木或灌木，约4种；分布亚洲热带地区至大洋洲。中国引入栽培1种及1变种。

香依兰 *C. odorata* Hook. f. et Thoms
（彩版2.8；图版9.1~3）

【商品材名称】

卡南嘎 Cananga（世界热带材）；依兰-依兰 Iliang-iliang，阿兰吉兰 Alangilan，坦吉特 Tangit，坦吉格 Tangig（菲）；费仍 Fereng（泰）；砍纳格 Kenaga（印，沙巴，沙捞，文）；兰格里安 Langolian（印）。

【树木及分布】

常绿中乔木，高达20 m，直径0.6 m，树干通直，树皮灰色；产缅甸，印度，印度尼西亚，菲律宾，马来西亚等地。中国台湾，福建，广东，广西，云南，四川有引种，多栽于庭园，村边或河边。

【木材构造】

宏观特征

木材散孔。心材浅红，黄牛皮革色至浅灰色，与边材区别不明显。边材色浅。生长轮不明显。管孔在肉眼下可见，单管孔及短径列复管孔，略少至甚少，大；散生；侵填体未见。轴向薄壁组织略见，离管带状。木射线在放大镜下明显，稀；窄至略宽。波痕及胞间道未见。

微观特征

导管横切面圆形或卵圆形，单管孔及短径列复管孔（2~5个）；散生；分布均匀；

4~6个/mm²；最大弦径297μm，平均242μm；导管分子长491μm。树胶及侵填体未见；螺纹加厚缺乏。管间纹孔式互列，密集。穿孔板单一，略水平或略倾斜。导管与射线间纹孔式类似管间纹孔式。**轴向薄壁组织略多，离管带状（宽1~2细胞），不连续，与射线纵横交错，似梯状**。树胶及晶体未见。**木纤维壁薄，平均直径33μm**；长1320μm；径壁具缘纹孔明显。木射线2~5根/mm；非叠生。单列射线偶见，高4~5细胞。多列射线宽2~8（多数3~6）细胞；高5~51（多数20~40）细胞。射线组织异形Ⅲ型。射线细胞多列部分卵圆形至椭圆形。树胶及晶体未见。**胞间道缺如**。

材料：W4669，W18892（菲）；W5245（苏门答腊）。

【木材性质】

木材具光泽；有香气；无特殊滋味；纹理直，结构粗；重量轻；干缩中至大，干缩率生材至含水率12%时径向1.5%~1.9%，弦向4.0%~6.0%，差异干缩2.67；生材至炉干，径向3.3%，弦向8.0%~8.2%，差异干缩2.24；甚软至软，侧面硬度1393N，端面硬度1491N；强度很低。

产　　地	密　度（g/cm³）		顺纹抗压强度	抗弯强度	抗弯弹性模量	顺纹抗剪强度	
	基　本	气　干	MPa	MPa	MPa	径	弦
						MPa	
菲律宾	0.30	0.32:12% (0.364)	23.3 (21.5)	45.6 (45.6)	7.36 (6.33)	4.94 (5.11)	

木材干燥性质良好；不耐腐，易遭白蚁危害。加工容易，切面光滑。

【木材用途】

木屐，鱼网浮子，车旋制品，箱盒，板条箱，还可以获得依兰香料。

夹竹桃科
Apocynaceae Juss.

草本，灌木或乔木，常攀援状，有乳汁或水液，约250属，2000余种；产热带，亚热带地区。中国约有46属，157种，主产地为长江以南各省区及台湾省等沿海岛屿，少数分布于北部及西北部，有些供观赏用，有些产橡胶，少数供药用。

鸡骨常山属 *Alstonia* R. Br.

常为中至大乔木，高约45 m，直径0.4~0.8 m。约50种，分布于热带非洲和亚洲至波里尼西亚。中国有6种，产西南部和南部。本属主要商品材树种有盆架树 *A. scholaris* R. Br.，狭叶鸡骨常山 *A angustifolia* Wall.，大叶鸡骨常山 *A. macrophylla* Wall.，裂叶鸡骨常山 *A. angustiloba* Miq.，普莱鸡骨常山 *A. pneumatophora* Back.，匙形鸡骨常山 *A. spathulata* Bl. 等。

盆架树 *A. scholaris* R. Br.
(彩版 2.9；图版 9.4~6)

【商品材名称】

普莱 Pulai（沙捞，文，印）；迪塔 Dita（菲）；白乳木 White cheesewood，乳松 Millky pine（澳）；磨夸 Mo cua（越）；晒坦木 Shaitan wood，荼田 Chatian（印度）；晒坦 Shaitan（缅）；普皮尔嘿 Poeplkhe（柬）；普莱-贝撒 Pulai biasa（印）。

【树木及分布】

常绿乔木，高达 20m，直径 0.8~0.9m。树皮灰白或浅灰白，割裂后有乳液流出，分布印度（包括安达曼群岛）、巴基斯坦、斯里兰卡、缅甸、马来亚半岛、泰国、印度支那、印度尼西亚和东印度（包括菲律宾群岛，新几内亚，太平洋诸岛），澳大利亚、新西兰、热带非洲、南北回归线之间（包括马达加斯加及邻近诸岛）。

【木材构造】

宏观特征

木材散孔。心材奶白色，黄色，黄褐色或巧克力褐色；与边材区别不明显。边材色浅。生长轮略明显，轮间介以深色带。管孔在肉眼下可见，略少至少；大小中；主为径列复管孔，单管孔数少，侵填体未见。轴向薄壁组织量少，在肉眼下可见。离管带状。木射线在肉眼下仅可得见，中至略密；窄至甚窄。射线内的乳汁迹在放大镜下可见。波痕及胞间道缺如。

微观特征

导管横切面卵圆形；主为径列复管孔（2~9，多数 2~5 个），少数单管孔，管孔团偶见；径列，3~9 个/mm²，最大弦径 172μm；平均 141μm，导管分子长 881μm，侵填体偶见；螺纹加厚缺如。管间纹孔式互列，系附物纹孔。穿孔板单一，略倾斜。导管与射线间纹孔式类似管间纹孔式。轴向薄壁组织主为离管带状（宽 1~6 细胞），分布多不规则。薄壁细胞内树胶未见，菱形晶体存在于分室含晶细胞中。木纤维壁薄，直径 41μm；长 1484μm，具缘纹孔数多，明显。木射线 6~11 根/mm；非叠生。单列射线数少，高 1~16（多数 2~10）细胞。多列射线宽 2~4（多数 2~3）细胞；高 5~26（多 10~19）细胞，同一射线有时出现 2 次多列部分。射线组织异形 II 型及 III 型。射线细胞多列部分卵圆形，具多角形轮廓；通常不含树胶，晶体偶见，胞间道缺如。乳汁管存在于射线中（1~2 个），形小，直径 40~47μm。

注：泰国及马来西亚产者射线组织主要为异 III 型，带状薄壁组织宽多为 1~2 细胞；中国产者主要为 II 型，带状薄壁组织宽 2~6 细胞。

材料：W14171（印）；W20374，W14174（泰）；W8991（柬）；W18301（巴基斯坦）；W18746，W19092（巴新）；W18895（菲）。

【木材性质】

木材具光泽；无特殊气味；滋味微苦；纹理常交错；结构粗至略细，均匀。重量轻；干缩中，干缩率生材至含水率 12% 时径向 2.3%~3.1%，弦向 3.8%~4.9%，差异干缩为 1.58%~1.65%，生材至炉干径向 2.3%~4.0%，弦向为 2.8%~6.0%，差异干缩 1.50；硬度软，侧面硬度 2020N，端部硬度 2236N；强度低。

产　　地	密　度（g/cm³）		顺纹抗压强度	抗弯强度	抗弯弹性模量	顺纹抗剪强度	
						径	弦
	基　本	气　干	MPa	MPa	MPa	MPa	
菲律宾	0.34		21.5	35.7	5700	3.57	
		(0.409)	(33.2)	(55)	(7300)	(7.70)	
中国云南	0.427	0.468	30.1	55.9	6814	—	

干燥快，稍开裂，在干燥过程中应注意防止蓝变色，气干厚 15mm 和 40mm 的板材需 1.5 个月和 2.5 个月。木材不耐腐，不抗菌虫，常有家天牛危害。防腐处理容易。锯切容易，切面发毛或略光，因容易感染变色菌，所以加工后应进行化学处理或防腐处理。油漆后光、亮性差；胶粘有时不易；握钉力弱。

【木材用途】

因具乳汁迹，在旋切单板板面上有窟窿发毛。因此只能做胶合板心板或家具不显眼部位。没有乳汁迹的木材可作包装箱、包装盒、雕刻、玩具、图画板、火柴杆、火柴盒、普通铅笔杆、木屐、机模、床板、绝缘板和房屋建筑上用的天花板，隔板，百叶窗等。根材轻，气干密度 0.005 ~ 0.008 g/cm³，可做鱼网浮子。乳汁可提制口香糖原料。

夹竹桃木属 *Dyera* Hook. f. ▬▬▬▬▬▬▬▬▬

大乔木，2 ~ 3 种；分布于马来西亚。主要商品材树种有：小脉夹竹桃木 *D. costulata* Hook. f. 和多叶夹竹桃木 *D. polyphylla* Hook. f. （*D. Lowii* Hook. f.），两种为同一类商品材；后者比前者量多。

小脉夹竹桃木 *D. costulata* Hook. f.
（彩版 3.1；图版 10.1 ~ 3）

【商品材名称】

杰鲁通 Jelutong（马，沙捞，沙，泰）；杰鲁通-布吉特 Jelutong bukit（沙）；亭皮丹 Tinpeddaeng（泰）；尼亚鲁通 Njalutung（印）。

【树木及分布】

乔木，树高 27m 以上，直径 1.2m。分布马来亚半岛，泰国，印度支那，印度尼西亚和东印度（包括菲律宾群岛，新几内亚，太平洋诸岛）等地。

【木材构造】

宏观特征

木材散孔。心材浅黄褐色；与边材区别不明显。边材奶白色至浅草黄色。生长轮略明显，常介以深色晚材带。管孔在肉眼下可见或明晰，少至略少；大至中；多为径列复管孔。轴向薄壁组织在放大镜下可见，丰富；离管型、细线状，和射线纵横交错，略呈网状。木射线放大镜可见，密度中；窄至略宽；边缘细胞在劈开的径切面上可见。**波痕**

未见。胞间道未见。乳汁迹，在放大镜下明显，在板材弦面上常成群出现，高 1~4cm。

微观特征

导管横切面卵圆形，主为径列复管孔（2~4 个），单管孔数少，管孔团偶见；径列多 3~7 个/mm²；最大弦径 229μm，平均 199μm，导管分子长 1058μm；管间纹孔式互列，系附物纹孔。侵填体及树胶未见；螺纹加厚缺如。穿孔板单一，倾斜至甚倾斜。导管与射线间纹孔式类似管间纹孔式。轴向薄壁组织主为离管型，星散，星散-聚合及离管带状（单列带状）。晶体及树胶未见。木纤维壁薄，平均直径 55μm；纤维长 1764μm；具缘纹孔数多，明显，卵圆形。木射线 5~9 根/mm，非叠生。单列射线高 2~9（多数 2~7）细胞。多列射线宽 2~4（多数 2~3）细胞；高 5~25（多数 11~20）细胞，同一射线有时出现 2 次多列部分。射线组织异形 II 型。射线细胞多列部分圆形或卵圆形。树胶和晶体未见。胞间道缺如。乳汁管存在于射线中（1~2 个），直径 50~58μm；比盆架树形大，量多。

材料：W17481（新）；W14157，W18744（印）；W18140，W19502（马）。

【木材性质】

木材微有光泽；具微酸气味；无特殊滋味；纹理常直；结构略细，均匀。重量轻；干缩甚小，干缩率生材至含水率 15% 时径向 1.1%，弦向 1.6%，差异干缩 1.58；硬度软至甚软；强度低。

产　　地	密　度（g/cm³）		顺纹抗压强度（MPa）	抗弯强度（MPa）	抗弯弹性模量（MPa）	顺纹抗剪强度（MPa）	
	基　本	气　干				径面	弦面
马来西亚	0.36	0.435	27.0 (30.5)	50 (59)	8010 (7400)	5.8 (6.7)	

木材干燥容易，速度快；微有翘曲和开裂倾向。由于变色和粉蠹虫侵害可使木材降等。气干 15mm 和 40mm 厚板材需 1.5 个月和 3 个月。木材不耐腐，切勿在室外露天使用；不抗白蚁和海生动物侵害。防腐处理容易。木材横断容易，损伤刀具很小，但浮胶物质可充塞锯齿，影响使用。用锋利的刀具可使刨面光平和钻孔圆滑；胶粘性好。

【木材用途】

木材不耐腐，易变色；有乳汁。可作模型，图画板，木屐，雕刻，普通铅笔。虽然剥皮容易，但亦只能作廉价胶合板。用作蓄电池隔板前需用 5% 氧化钠溶液浸泡 24 小时。

冬青科
Aquifoliaceae Bartl.

乔木或灌木；3 属，400 余种；分布于温带至热带，主产中南美。中国 1 属，约

200 种。

冬青属 *Ilex* L.

乔木或灌木。约 400 种；分布于温带至热带。中国约 200 种；主产长江以南各地。商品材名称：梅西拉 Mensira，梅西拉 Menirah，提马-提马 Timah-timah（马）；班苦拉坦 Bang-kulatan，毛入吉斯 Morogis（沙）。

多枝冬青 *I. pleiobrachiata* Loes
（彩版 3.2；图版 10.4~6）

【商品材名称】

梅西拉 Mensira，梅西拉岗弩 Mensira gunung（印）。

【树木及分布】

产印度尼西亚等地。

【木材构造】

宏观特征

木材散孔。心材浅黄色；与边材区别不明显。边材色浅。生长轮略明显。管孔在放大镜下可见，略少；大小中等；单管孔及短径列复管孔，径列；分布不均匀；侵填体未见。轴向薄壁组织未见。木射线在肉眼下不明显，密度稀；甚宽。波痕及胞间道未见。

微观特征

导管横切面椭圆及卵圆形，少数近矩形；单管孔及短径列复管孔（2~4 个），管孔团偶见，径列或斜列；分布不均匀。8~15 个/mm^2，最大弦径 152μm，平均弦径 116μm，导管分子长 1674μm；树胶及侵填体未见；螺纹加厚缺乏。管间纹孔式对列，稀互列。复穿孔梯状，横隔窄，数多（28~60 条），穿孔板甚倾斜。导管与射线间纹孔式类似管间纹孔式。轴向薄壁组织量少，星散状，稀星散-聚合状；树胶及晶体未见。木纤维壁薄至厚；平均直径 15μm，平均长 2567μm；径壁及弦壁上具缘纹孔数多，明显。木射线 2~4 根/mm；非叠生。单列射线细胞长轴很长，高 2~10（多数 2~8）细胞。多列射线宽 2~10（多数 5~8）细胞；高 6~45（多数 25~42）细胞。射线组织异形 II 形。射线细胞多列部分椭圆形。鞘细胞长椭圆形。树胶及晶体未见。胞间道缺如。

材料：W14103（印）。

【木材性质】

木材具光泽；无特殊气味和滋味；纹理直；结构细，均匀。重量重；干缩大；硬度硬；强度中。干燥性质好，稍有翘裂现象；木材不耐腐，边材易遭菌感染变色；切削容易，切面光滑；色浅，油漆后光亮性一般；胶粘容易；握钉力中。

【木材用途】

木材直径常小，宜做各种车工制品，如玩具，工农具柄，筷子，擀面棍，棋子，火柴杆，刷背；家庭用具，雕刻，钢琴上的打弦器。还可以试制牙签，铅笔杆等。直径大的可以用作房屋建筑材料（房架，门，窗），家具等。

玉蕊科[*]
Lecythidaceae Poit.

乔木或灌木。约20属，380种；产热带及亚热带。东南亚常见商品材属有玉蕊属 *Barringtonia*，凯宜木属 *Careya*，普氏木属 *Planchonia*，奇登木属 *Chydenanthus*，风车玉蕊属 *Combretodendron* 等。

普氏木属 *Planchonia* Blume

8种，产于安达曼群岛，向东到澳大利亚北部至东北部。常见商品材树种有：

巴布亚普氏木 *P. papuana* Knuth 商品材名称：普兰库尼亚 Planchonia（新几内亚）。

显明普氏木 *P. spectabilis* Merr. 商品材名称：拉莫格 Lamog，麻通巴通 Matonbaton（菲）。大乔木，枝下高16~20m，直径可达1m或以上。管孔2~7个/mm^2；多列射线宽2~4细胞，射线细胞内菱形晶体未见。余略同粗状普氏木。

粗状普氏木 *P. valida* Blume 详见种叙述。

粗状普氏木 *P. valida* Blume
（彩版3.3；图版11.1~3）

【商品材名称】

普塔特 Putat（印，东南亚通称）；沃乌 Wowoe（印）；普塔特-帕亚 Putat paya（印，沙）；塞兰甘-刊-空 Selangan Kan Kong（沙）。

【树木及分布】

常绿大乔木，高15~20m，枝下高5~7m，直径0.4~1.0m。有较高的板根，树干外形通常良好。分布缅甸，马来西亚，印度尼西亚等地。

【木材构造】

宏观特征

木材散孔。心材红褐色；与边材界限明显。边材浅黄白，浅灰至灰褐色。生长轮不明显或略见。管孔肉眼略见；单管孔及径列复管孔2~3（稀4）个；略少；大小中等；径列；具侵填体。轴向薄壁组织放大镜下可见；窄带状及星散-聚合状。木射线放大镜下可见；略密至密；窄或至略宽。波痕及胞间道缺如。

微观特征

导管横切面卵圆形及少数椭圆形，部分略具多角形轮廓；主为2~3（少数5）个径列复管孔，少数单管孔，偶见管孔团；径列或散生；5~15个/mm^2；最大弦径

[*] 本科过去称金刀木科 Barringtoniaceae。

175μm 或以上，平均 152μm；导管分子长 600μm；具少量侵填体，螺纹加厚未见。管间纹孔式互列，多角形。穿孔板单一，平行或略倾斜。导管与射线间纹孔式大圆形及少数刻痕状。**轴向薄壁组织量多**；单列带状，星散状及少数星散-聚合状；薄壁细胞含树胶，晶体未见。木纤维壁厚至甚厚；直径 19μm，长 1900μm；单纹孔；具分隔木纤维。**木射线**12～14 根/mm；非叠生。单列射线高 2～22（多数 5～15）细胞。多列射线宽2～5 细胞；高 8～50（多数 12～30）细胞，同一射线内有时出现 2～3 次多列部分。射线组织异形 II 型。直立或方形射线细胞比横卧射线细胞高，射线细胞多列部分多为卵圆形。大部分射线细胞含树胶；菱形晶体丰富。**胞间道未见**。

　　材料：W13155，W14124（印）。

【木材性质】

　　木材光泽强；无特殊气味和滋味；纹理交错；结构细而匀。木材重，印度尼西亚产者平均密度 0.78g/cm³；干缩小，干缩率生材至气干径向 1.9%，弦向 3.1%；强度高。

产　　　地	密　度（g/cm³）		顺纹抗压强度	抗弯强度	抗弯弹性模量	顺纹抗剪强度
	基　本	气　干				径　弦
			MPa	MPa	MPa	MPa
印度尼西亚	0.68	0.68:64.9% （0.831）	39.5 （68.3）	78.6 （123.6）	12157 （16480）	6.1，6.8 （6.8，7.7）

　　木材干燥慢，40mm 厚板材气干需 5 个月。耐腐；锯刨不难，刨面光滑。

【木材用途】

　　当地主要用于重型建筑，梁，柱，造船。径锯板花纹美丽，适宜作上等家具，仪器箱盒。

木棉科
Bombacaceae Kunth

　　乔木，约 20 属，180 种；广布于热带，主产美洲。中国 1 属，2 种；引入 6 属，10 种。

木棉属 *Bombax* L.

　　落叶大乔木，约 8 种；主要分布于热带美洲，少数产亚洲，非洲和大洋洲热带地区。中国有木棉 *B. malabaricum* DC. 和长果木棉 *B. insigne* Wall. 2 种。本属商品材称：克卡布 Kekabu（马）；拉都阿拉斯 Randu alas（印）；莱特盆 Letpan（缅）。

长果木棉 *B. insigne* Wall.

(*B. tenebrosum* Dunn；*Gossampinus insignis* Bakh.)

（彩版 3.4；图版 11.4~6）

【商品材名称】

地都 Didu（缅，印度）

【树木及分布】

大乔木，高达 20m；产于安达曼岛，缅甸，老挝，越南。中国产于云南西部，南部（盈江、镇康、思茅、勐腊等地）。

【木材构造】

宏观特征

木材散孔。心材浅灰黄褐或浅黄褐色，有时淡草黄色；与边材区别略明显。边材白色。生长轮明显。管孔在肉眼下明显，少至甚少，略大至甚大，散生；分布颇均匀；侵填体未见。轴向薄壁组织在放大镜下湿切面上可见，呈细弦线。木射线在肉眼下明显；稀至中；甚密。波痕可见。胞间道未见。

微观特征

导管横切面圆形至卵圆形，单管孔及短径列复管孔（通常 2 个）；散生；分布略均匀；1~4 个/mm²，最大弦径 302μm，平均 259μm，导管分子长 502μm；侵填体及树胶未见，螺纹加厚缺如。管间纹孔式互列，多角形。穿孔板单一，平行至略倾斜。导管与射线间纹孔式为大圆形，稀似刻痕状。轴向薄壁组织甚多，叠生；主为离管带状（宽 1 细胞）；傍管型为环管束状及疏环管状。部分细胞含树胶；晶体未见。木纤维壁薄，平均直径 32μm，平均长 2072μm，单纹孔或具狭缘。叠生。木射线 3~6 根/mm；局部叠生。单列射线数少，高 4~9 细胞。多列射线宽 2~7（多数 4~6）细胞，有时 2 列部分与单列部分等宽；高 4~83（多数 25~64）细胞。射线组织异形 III 型。射线细胞多列部分卵圆形，圆形或椭圆形；部分细胞含树胶，晶体未见。胞间道未见。

材料：W15247，W15265，W15294（缅）；W 4888（印度）。

【木材性质】

木材微有光泽；无特殊气味和滋味，纹理直；结构略粗，均匀；木材轻；甚软；干缩及强度小。

干燥快，不翘裂；很不耐腐，易遭多种昆虫危害；防腐处理很容易。木材采伐后宜立即解锯，气干或炉干；否则容易感染蓝变色及腐朽。解锯易使切面发毛，刨后板面相当光滑；油漆后光亮性差；容易胶粘；握钉力弱。

产　　地	密　度（g/cm³）		顺纹抗压强度	抗弯强度	抗弯弹性模量	顺纹抗剪强度
	基　本	气　干				径　弦
			MPa	MPa	MPa	MPa
印　度		0.352:8.9% (0.395)	30 (22.7)	52 (44.7)	7000 (6170)	—

【木材用途】

木材甚轻软，为做暖瓶塞，衬板，浮子，救生衣的材料，和飞机，雪鞋等的缓冲材料，笼屉、冰柜、冰箱里衬，饭甑，锅盖、汤勺柄、风箱等绝缘和隔热材料。尚可用作轻型包装箱，茶叶盒，模型，火柴杆，盒，游艇，独木舟，鼓板，普通家具等。原木可作单板及胶合板的心板。

榴莲属 *Durio* Adans

常绿乔木，约27种；分布于缅甸、马来西亚至菲律宾，中国引入3种。商品材名称杜瑞安 Durian（在马来西亚尚包括 *Coelostegia* 和 *Neesia* 属木材）。

榴莲 *D. zibethinus* Murr.
（彩版 3.5；图版 12.1~3）

【商品材名称】

杜瑞安 Durian（菲，沙捞，文莱，沙）；杜瑞安-普特 Durain puteh（沙），杜瑞安-刊姆彭 Durian kampong（马）；杜瑞安-贝纳 Durian benar，郎 Laung，拉瑞亚 Loeria（印）；杜瑞安-当 Durian daun（马）。

【树木及分布】

乔木，高达 40 m，直径 1.2m，分枝低；分布于马来西亚、菲律宾、印度尼西亚，中国台湾、海南有栽培。

【木材构造】

宏观特征

木材散孔。心材浅红褐色或灰红褐色；与边材区别明显。边材白色，宽约 3cm。生长轮通常不明显。管孔在肉眼下很明显，甚少至少；大；散生；分布略均匀。侵填体未见。轴向薄壁组织在放大镜下略明显，离管细弦线。木射线在肉眼下可见，中至稀；窄至略宽。波痕及胞间道未见。

微观特征

导管横切面卵圆形及椭圆形，单管孔及短径列复管孔（2~3 个）；散生；分布略均匀。1~3 个/mm²，最大弦径 279μm，平均 252μm；导管分子长 816μm。侵填体及树胶未见；螺纹加厚缺如。管间纹孔式互列，多角形。穿孔板单一，略倾斜。导管与射线间纹孔式类似管间纹孔式。轴向薄壁组织离管带状；通常单列；傍管型呈不显著的环管束状；具分室含晶细胞，菱形晶体可连续 10 余个。木纤维壁薄，平均直径 37μm，长 1820μm；具缘纹孔在径面和弦面上均明显，圆形。木射线5~9 根/mm；非叠生。单列射线高 2~16（通常 5~9）细胞。多列射线宽 2~6（多数 2~4）细胞；高 7~62（多数 15~40）细胞。射线组织主为异形 III 型，少数为异形 II 型。射线细胞多列部分为圆形或椭圆形；瓦状细胞榴莲型。树胶丰富，晶体未见。胞间道正常者未见。

材料：W5191，W14082（印）。

【木材性质】

木材光泽弱；无特殊气味和滋味，纹理交错；结构粗，不均匀。重量轻至中，印度尼西亚产含水率15%时密度为0.57（0.42~0.69g/cm³）；干缩中，干缩率生材至气干径向3%，弦向4.9%；握钉力良好；硬度及强度弱至中。

产　　地	密　度（g/cm³）		顺纹抗压强度	抗弯强度	抗弯弹性模量	顺纹抗剪强度
						径　　弦
	基　　本	气　干	MPa	MPa	MPa	MPa
印度尼西亚		0.57	35.4 (38.5)	60.6 (63.1)	9598 (9998)	4.5~5.1 (4.4~4.9)
菲律宾	0.45	(0.546)	22.6 (42.4)	48.1 (77.0)	8160 (10300)	5.88 (10.2)

木材干燥颇快，薄板有轮裂倾向；不耐腐，有粉蠹虫及海生钻木动物等危害，白蚁危害不严重；防腐处理容易。胶粘性质良好；木材锯切容易至稍难。刨面光滑至略光滑，径面有时稍差。

【木材用途】

非常适合作胶合板及轻型结构材。经防治粉蠹虫危害处理，可制作廉价家具，木器，木屐等。

轻木属 Ochroma Sw.

乔木，1种；主要分布于热带美洲，尤以厄瓜多尔沿海地区为最多，世界热带地区普遍栽培。中国台湾，云南亦有栽培。

轻　木 *O. pyramidale* Urban

（*O. bicolor* Rowl，*O. lagopus* Sw.）

（彩版3.6；图版12.4~6）

【商品材名称】

巴尔萨 Balsa，巴尔萨木 Balsa wood（世界通用）。

【树木及分布】

乔木，树高25 m，直径0.6~0.7 m；分布地区同属。

【木材构造】

宏观特征

木材散孔。心材近白色；与边材区别不明显。边材色浅。生长轮不明显。管孔在肉眼下可见至明显；甚少至少，大；单管孔及短径列复管孔；侵填体未见。轴向薄壁组织放大镜下不明显。木射线在放大镜下略见，稀至中；略宽。波痕及胞间道未见。

微观特征

导管横切面圆形或椭圆形，主为单管孔，少数短径列复管孔（2~3个）；散生；分布略均匀。$1 \sim 3$ 个/mm^2，最大弦径 270μm，平均 232μm，导管分子长 787μm；侵填体及树胶未见；螺纹加厚缺如。管间纹孔式互列，密集，多角形。穿孔板单一，略水平至略倾斜。导管与射线间纹孔式大圆形，有时类似刻痕状。**轴向薄壁组织主为离管带状**；少数环管束状，晶体及树胶未见。木纤维壁甚薄；直径 63μm，长 2179μm；纹孔未见。**木射线** $2 \sim 6$ 根/mm；非叠生。单列射线高 $3 \sim 8$（多数 $3 \sim 4$）细胞。多列射线宽 $2 \sim 6$（多数 $3 \sim 6$）细胞；高 $6 \sim 66$（多数 $25 \sim 52$）细胞。射线组织异形 Ⅱ 型，少数 Ⅲ 型。射线细胞多列部分通常卵圆形，具多角形轮廓；具鞘细胞；数甚多。树胶及晶体未见。**胞间道未见**。

　　材料：W13183，W14119（印）。

【木材性质】

　　木材具光泽；无特殊气味和滋味，纹理直；结构粗，均匀。重量甚轻，为已知木材最轻者，基本密度 $0.1 \sim 0.17$ g/cm^3，含水率12%时密度 $0.13 \sim 0.25$ g/cm^3，平均密度 0.16 g/cm^3；干缩大，干缩率生材至炉干，径向 3.0%，弦向 7.6%，体积 10.8%；硬度（端面硬度1628N）和强度均很低。

产　　地	密　度（g/cm^3）		顺纹抗压强度	抗弯强度	抗弯弹性模量	顺纹抗剪强度	
						径　弦	
	基　本	气　干	MPa	MPa	MPa	MPa	
菲律宾	0.31	0.32:12% (0.364)	23.4 (21.6)	50.5 (50.5)	6410 (5510)	—	

　　木材易蓝变。炉干比气干好，产生劈裂和翘曲都小。木材不耐腐，气干材易遭白蚁危害，原木和生材易受钻孔虫危害。防腐处理边材容易，心材较难。用薄刃锋利的刀具，无论用机械加工或人工加工均易。如果加工刃具厚钝，则切面发毛。木材胶粘性好；握钉力弱。

【木材用途】

　　轻木为世界上最轻软的木材。比木棉更轻软，更宜做绝缘材料，隔热材料及减缓冲击材料，亦可做胶合板心板。采伐后，木材应及时进行处理，否则，木材极易腐朽，变成废物。

紫草科
Boraginaceae Juss.

　　约100属，200种；分布热带和温带，主要集中分布地中海一带，分布热带与亚热带者多为灌木或小乔木。分布于温带者多为草本和亚灌木。

破布木属 *Cordia* L.

　　乔木或灌木，约250种；分布于热带和亚热带地区，大部分产西半球。中国有5

种，产西南部至东南部。

橙花破布木 *C. subcordata* Lam.

（彩版 3.7；图版 13.1~3）

【商品材名称】

巴鲁 Balu（菲）；撒里姆里 Salimuli（印）。

【树木及分布】

乔木，树高 15 m，直径 0.6 m；产菲律宾等。

【木材构造】

宏观特征

木材半环孔。心材浅褐色，带黑褐色至黑色条纹，类似核桃木；与边材区别明显。边材色浅，宽约 1cm。生长轮略明显。管孔在放大镜下明显，略少至少；大小中；通常为单管孔及短径列复管孔；散生；侵填体未见。轴向薄壁组织在肉眼下可见；傍管型，环管状、翼状和聚翼状；离管型，带状，略明显。木射线在放大镜下可见；稀至中；窄。波痕及胞间道未见。

微观特征

导管横切面圆形；单管孔，短径列复管孔及管孔团；散生；由内向外逐渐减小，分布不均匀。4~12 个/mm^2，最大弦径 177μm，平均 147μm，导管分子长 296μm；侵填体未见；螺纹加厚缺如。叠生。管间纹孔式互列，密集，多角形。穿孔板单一，略倾斜。导管与射线间纹孔式类似管间纹孔式。轴向薄壁组织轮介状、星散状、星散-聚合状、环管束状、翼状及聚翼状；具纺锤薄壁细胞；树胶及晶体未见。木纤维壁薄，径列成行，平均直径 22μm，平均长 970μm；单纹孔或具狭缘。木射线 4~7 根/mm，非叠生。单列射线少，高 2~6（多数 2~4）细胞。多列射线宽 2~4（多数 2~3）细胞；高 4~33（多数 17~24）细胞。射线组织异形 II 型。射线细胞多列部分常呈卵圆形至椭圆形；具鞘细胞；部分细胞含树胶，具菱形晶体。胞间道未见。

材料：W4693（菲）；W15137，W13221，W14165（印）。

【木材性质】

木材具光泽；无特殊气味和滋味；纹理略直；结构略细，均匀。重量轻至略重，含水率 15%~17% 时气干密度 0.47~0.65 g/cm^3；略硬；强度略高。干燥性质良好；室内耐腐，但在露天和与地面接触时不持久，不抗粉蠹虫和海生动物危害。加工容易，切面光滑。

【木材用途】

可制柜橱，乐器，刀鞘，木质工艺品，直径大者可代替核桃木使用，亦可制造胶合板。

橄榄科
Burseraceae Kunth.

乔木或灌木；16属，约500种；分布于南北两半球热带地区，是热带森林主要树种之一。

橄榄属 *Canarium* L.

常绿乔木，稀为灌木或藤本，树皮灰色。约100种；分布于热带非洲，马达加斯加，毛里求斯，斯里兰卡，东南亚，大洋洲东北部，美拉尼西亚，向东远至萨摩亚群岛。中国有7种；产广东、广西、台湾及云南。多见于季雨林，常绿阔叶林中，在其次生林中也有栽培。

吕宋橄榄 *C. luzonicum* Gray
（彩版3.7；图版13.4~6）

【商品材名称】
  皮林-里夫坦 Piling-liftan （菲）。
【树木及分布】
  大乔木，主要系栽培；产菲律宾等地。
【木材构造】
  宏观特征
  木材散孔。心材黄褐，巧克力褐色带红；与边材区别不明显至略明显。边材比心材色浅。生长轮不明显。管孔在肉眼下可见，略少；中至大；单管孔及短径列复管孔；散生，局部斜列；侵填体未见。轴向薄壁组织未见。木射线在放大镜下可见，稀至中；窄至略宽。波痕未见。胞间道在放大镜下可见，系径向胞间道。

  微观特征
  导管横切面卵圆形及圆形；单管孔及短径列复管孔（2~3个），管孔团偶见；散生及局部斜列；6~12个/mm²，最大弦径220μm，平均153μm，导管分子长608μm；侵填体及树胶未见。螺纹加厚缺如。管间纹孔式互列，密集，多角形。穿孔板单一，略倾斜。导管与射线间纹孔式大圆形及刻痕状。轴向薄壁组织稀少，疏环管状及环管束状；薄壁细胞内树胶及晶体未见。木纤维壁薄，径列；平均直径25μm，长1340μm；径壁具缘纹孔略多，略明显。分隔木纤维常见。木射线4~8根/mm；非叠生。单列射线高1~9（多数2~5）细胞。多列射线宽2~3（多数2）细胞；高4~23（多数10~19）细胞。射线组织异形Ⅱ型。射线细胞多列部分卵圆形及圆形，具多角形轮廓；部分细胞含少量树胶；菱形晶体可见。胞间道系径向者，位于射线中部，形大，弦径57μm。

  材料：W18353（菲）。

【木材性质】

木材具光泽；生材或浸水木材有类似树脂的香气；无特殊滋味；纹理直或交错；结构略粗，均匀；重量轻至中；干缩小，干缩率生材至含水率12%时径向2.1%，弦向3.7%，差异干缩1.76；生材至炉干，径向3.9%，弦向8.5%，差异干缩1.67；硬度硬；强度弱至中。

产　　地	密　度（g/cm³）		顺纹抗压强度	抗弯强度	抗弯弹性模量	顺纹抗剪强度	
	基　本	气　干	MPa	MPa	MPa	径	弦
						MPa	
菲律宾	0.48	0.50:12% （0.568）	40.9 （37.8）	84.8 （77.7）	7450 （7370）	13.3 （13.8）	

木材干燥速度较慢，很少产生缺陷。不耐腐，心材防腐处理困难；气干材心材易遭白蚁蚀蛀；边材易受粉蠹虫危害，本种不含硅石，锯切和刨削容易，但刨面因纹理关系有时凹凸不光；握钉性能良好。

【木材用途】

轻型装饰结构，地板，家具，包装箱盒，模板，农具，以及单板胶合板，碎料板等。

木麻黄科
Casuarinaceae R. Br.

常绿乔木或灌木；1属，65种；主要分布于大洋洲，其余分布于亚洲东南部，马来西亚，波利尼西亚及非洲热带地区。有的学者如 L. A. S. Johnson 主张将本科分为2属，即把木麻黄属中的2个亚属（或2个组）提升为 *Casuarina* 属和 *Gymnostoma* 属。

木麻黄属 *Casuarina* Adans

约65种；分布地区同科。中国华南引入栽培有：木麻黄 *C. equisetifolia* L.，粗枝木麻黄 *C. glauca* Sieb ex Spreng 和细枝木麻黄 *C. cuninghamiana* Miq. 3 种。

木麻黄 *C. equisetifolia* L.
（彩版3.9；图版14.1~3）

【商品材名称】

阿戈霍 Agoho（菲）；茹 Ru（马）；阿茹 Aru，塞米皮劳 Semipilau（沙）；杰马拉劳特 Tjemara laut（印）；色栎 She oak（澳，新几内亚）。

【树木及分布】

乔木，高可达40m。树皮褐色。为热带海岸防沙林最适宜的树种。中国在南方沿海地下水位较高地区，尤其是沙滩地宜广泛造林。

【木材构造】

宏观特征

木材散孔。心材浅红褐至深红褐色；与边材区别不明显或略明显。边材色浅，由边材向心材材色逐渐加深。生长轮略明显，宽度略均匀；轮间介以深色带。管孔在放大镜下明显，略少至少；大小中，略一致；分布不均匀，径列。轴向薄壁组织略多；在放大镜下可见，为断续离管带状。木射线在放大镜下明显；略密至密；窄至略宽。波痕及胞间道缺如。

微观特征

导管横切面卵圆及圆形，主为单管孔，短径列复管孔（2个）偶见；分布不均匀；径列；5～13个/mm^2，最大弦径151μm，平均121μm，导管分子长498μm；侵填体未见；螺纹加厚缺如。管间纹孔式互列，多角形。穿孔板单一，复穿孔板梯状偶见，略倾斜至倾斜。导管与射线间纹孔式类似管间纹孔式。环管管胞位于导管周围，具缘纹孔明显；轴向薄壁组织略多；断续离管带状及星散-聚合状（宽1～2细胞），少数呈星散状；通常含树胶，菱形晶体常见，分室含晶细胞可多至33个或以上。木纤维壁甚厚；直径16μm；长1100μm；具缘纹孔略多，略明显。木射线8～16根/mm；非叠生。单列射线高3～10（多数3～6）细胞。多列射线宽2～5（多数2～4）细胞；高6～31（多数12～23）细胞，射线组织同形单列及多列。射线细胞多列部分为卵圆，椭圆及圆形；树胶丰富；具菱形晶体。胞间道缺如。

材料：W 4689（菲）。

【木材性质】

木材微有光泽；无特殊气味和滋味；纹理直或斜；结构细，均匀；木材重至甚重；干缩很大，干缩率生材至含水率12%时径向3.8%，弦向7.0%，差异干缩1.84；生材至炉干，径向6.9%，弦向11.4%，差异干缩1.65；硬度很硬，端面硬度14700N，侧面15600N；强度强至甚强。

产　　地	密　度（g/cm^3）		顺纹抗压强度	抗弯强度	抗弯弹性模量	顺纹抗剪强度
	基　本	气　干				径　　弦
			MPa	MPa	MPa	MPa
马来西亚	0.81	0.995	63.2 (74.2)	124 (138)	16400 (16300)	18.9 (22.5)
菲律宾	0.84	0.97:12% (1.103)	82.8 (76.5)	175 (160)	21300 (19800)	18.3 (18.9)

木材干燥情况良好，虽易开裂，变形，但不会降等。不耐腐，常有家天牛危害，防腐处理较难，加工困难，易钝刀锯，但切面很光滑；油漆后光亮性好；胶粘性能亦佳；握钉力强。

【木材用途】

木材强度大，原木经防腐处理后作电杆、枕木、坑木、民房建筑的房架、柱子，内河帆船的桅杆、船桨，车辆的轮轴、车辕，因其热值高，是优良的薪炭材，国外用硫酸盐法生产书写纸及印刷纸。树皮可提制栲胶，单宁含量约 20%。

卫矛科
Celastraceae R. Br.

　　55 属，850 种；分布热带和温带地区。常见商品材属有卫矛属 *Euonymus*，柯库木属 *Kokoona*，洛夫木属 *Lophopetalum*，美登木属 *Maytenus*，假卫矛属 *Microtropis* 等。

柯库木属 *Kokoona* Thw.

　　5 种；分布缅甸、斯里兰卡、菲律宾及马来西亚等。常见商品材树种有滨海柯库木 *K. littoralis* Laws.，吕宋柯库木 *K. luzoniensis* Merr.，黄柯库木 *K. ochracea*（Elm.）Merr. 和柯库木 *K. reflexa*（Laws.）Ding Hou。

柯库木 *K. reflexa*（Laws.）Ding Hou
（彩版 4.1；图版 14.4~6）

【商品材名称】
　　麻塔·乌拉特 Mata ulat（马）。

【树木及分布】
　　小至中乔木，在沙巴高可达 30 m，直径 0.9m；分布马来西亚。

【木材构造】

宏观特征

　　木材散孔。心材浅褐微带红；与边材区别不明显。边材色浅。生长轮不明显。管孔放大镜下明显，数略多；略小；散生或略呈斜列。轴向薄壁组织肉眼下可见，带状。木射线在放大镜下可见；略密；甚窄。波痕及胞间道未见。

微观特征

　　导管横切面卵圆形或圆形；单管孔，稀径列复管孔（2 个）；散生或略斜列；20~32 个/mm²、最大弦径 120μm，平均 108μm，导管分子长 713μm。含少量树胶；螺纹加厚未见。管间纹孔式很难见。穿孔板单一，略平行。导管与射线间纹孔式似管间纹孔式。轴向薄壁组织丰富，带状（宽常 5~7 细胞）；含少量树胶；晶体未见。纤维管胞壁厚，直径 18μm；平均长 966μm；具缘纹孔明显。木射线 10~12 根/mm；非叠生、单列（稀成对或 2 列）射线高 1~30（多数 8~20）细胞。射线组织同形单列。射线细胞内含少量树胶；菱形晶体可见。胞间道缺如。

　　材料：W20759（马）。

【木材性质】
　　木材具光泽；无特殊气味和滋味；纹理略交错；结构细，不均匀。木材重至甚重

（0.89～1.06 g/cm³）；强度中（顺纹抗压强度 55.2 MPa 或以上）；干缩甚小，干缩率从生材至气干径向 1.6%，弦向 2.0%。木材干燥稍快，40 mm 厚板气干需 3.5 个月；稍有端裂和面裂。耐腐性能中等，防腐处理困难，木材锯，刨等加工容易；刨在弦面光滑，而径面略粗糙。

【木材用途】

木材经防腐处理可用于建筑，如柱子，梁，搁栅，枕木，桥梁，承重家具，铺地木块，门框和窗框等。

使君子科
Combretaceae R. Br.

乔木或灌木，稀木质藤本。约 18 属，650 种；分布于热带，亚热带。中国有 5 属，25 种，主产云南，广东和广西。

榆绿木属 Anogeissus Wall. ex Guill. et Perr.

乔木或灌木，约 11 种；分布于热带非洲及亚洲。中国产 1 变种。

尖叶榆绿木 A. acuminata Wall.
(Conocarpus acuminata Roxb.)
（彩版 4.2；图版 15.1～3）

【商品材名称】

永 Yon（缅，泰，印）；塔见-怒 Takien-nu（泰）；烈姆 Ram（越）。

【树木及分布】

主要分布马来半岛，泰国，印度支那，印度尼西亚，菲律宾群岛，新几内亚和太平洋诸岛等地。

【木材构造】

宏观特征

木材散孔。心材黄色，黄褐色或巧克力色，与边材区别不明显或略明显。边材色浅。生长轮明显或略明显。管孔在放大镜下明显，略少；大小中，短径列复管孔（2～3个）及单管孔；散生或斜列。侵填体未见。轴向薄壁组织在放大镜下略见，主为傍管型，环管束状及翼状。木射线在放大镜下不见，中至略密；甚窄。波痕及胞间道未见。

微观特征

导管横切面圆至卵圆形；主为径列复管孔（2～3 个）；散生和斜列，分布略均匀，12～19 个/mm²；最大弦径 202μm，平均 157μm，导管分子长 400μm；侵填体未见，螺纹加厚缺如。管间纹孔式互列；密集，多角形，系附物纹孔。穿孔板单一，水平至略倾斜。导管与射线间纹孔式类似管间纹孔式。轴向薄壁组织为星散状，环管束状及翼状；含少量树胶。木纤维壁略厚，平均直径 21μm，长 1350μm；具缘纹孔量少，略明显。

分隔木纤维不明显。木射线7～13根/mm；非叠生。单列射线高4～16（多数4～7）细胞。多列射线宽2～3细胞，高7～44（多数12～35）细胞，同一射线有时出现2次多列部分。射线组织异形Ⅲ型。射线细胞多列部分圆或卵圆形；多数细胞含少量树胶；具菱形晶体，形大。胞间道正常者未见，有时具创伤轴向胞间道。

材料：W15186（泰）；W17848，W13963，W15315（缅）；W15274（越）；W4236（印）。

【木材性质】

木材具光泽，无特殊气味和滋味；纹理直或斜；结构细，均匀。木材重、硬；干缩甚大，干缩率生材至气干径向4.2%，弦向8.1%，差异干缩1.93；强度高。

产 地	密 度（g/cm³）		顺纹抗压强度	抗弯强度	抗弯弹性模量	顺纹抗剪强度	
						径	弦
	基 本	气 干	MPa	MPa	MPa	MPa	
印 度		0.89:13.4%	65	133	14993	15.8	

木材干燥困难，有翘曲，开裂倾向和劈裂。不易感染变色，不耐腐；使用宜防腐处理，枕木吸收防腐剂96kg/m³。材质坚韧，锯切困难；切面光洁，材色悦目。

【木材用途】

是锤、斧和其他工具柄的极好材料。也可代替北美核桃木作油井的进油管，炉干后可制纺织用木梭，防腐处理后可作枕木。

榄仁树属 *Terminalia* L.

大乔木，稀灌木，约250种；产于热带地区。中国有8种；分布云南，四川，西藏，广西，广东，海南及台湾。

本属种类很多，木材构造和材性相差很大，就已知树种木材密度来讲，含水率12%时扁平榄仁 *T. complanata* K. Schum 为0.42；而诃子 *T. chebula* Retz 则为1.04。为合理利用本属木材很需要进一步研究。

榄仁树 *T. catappa* L.
（彩版4.3；图版15.4～6）

【商品材名称】

克塔盼 Ketapang（印，沙捞，文）；印度阿尔蒙第 Indian almond（印度）；塔里塞 Talisai（菲，沙）。

【树木及分布】

大乔木，高15～38 m，直径0.5～1.8 m；树干通直，生长在海边者常扭曲；具板根，高可达3 m；多生长在河边和海岸岩石与沙滩上；主产菲律宾，马来西亚，印度尼西亚及印度等地。中国广东和台湾亦产。

【木材构造】

宏观特征

木材散孔。心材红褐色；与边材区别略明显，渐变。边材黄褐色。生长轮略明显。管孔肉眼下可见，略少；大小中等；沉积物或树胶偶见。轴向薄壁组织翼状，聚翼状及环管状。木射线放大镜下明显；密度中；窄。波痕缺如。胞间道未见。

微观特征

导管横切面卵圆形；单管孔，少数径列复管孔（2~3个）；稀管孔团；散生。3~7个/mm²；最大弦径235μm，平均160μm，导管分子长345μm；侵填体未见；螺纹加厚缺如。管间纹孔式互列，多角形，系附物纹孔。穿孔板单一，略倾斜。导管与射线间纹孔式类似管间纹孔式。轴向薄壁组织丰富，主为傍管型，翼状，聚翼状，环管束状，疏环管状，傍管带状及星散状，有时可见轮界状；具结晶异细胞，三面均可见；内含晶簇。木纤维壁薄，直径18μm；平均长1240μm；单纹孔或略具狭缘；分隔木纤维可见。木射线5~9根/mm；非叠生。单列射线高1~7细胞。多列射线宽2~5（多为2~4）细胞；高5~25（多为10~15）细胞；同一射线有时出现2次多列部分。射线组织同形单列及多列，偶见异Ⅲ型。直立（单列射线）或方形射线细胞可见。射线细胞多列部分近圆形或卵圆形；多含树胶；晶体未见。胞间道未见。

材料：W18950（东南亚）。

【木材性质】

木材具光泽；无特殊气味和滋味；纹理交错；结构细、略均匀。木材重量中等；体积干缩率为8%；强度低至中。

产　　地	密　度（g/cm³）		顺纹抗压强度	抗弯强度	抗弯弹性模量	顺纹抗剪强度	
						径	弦
	基　本	气　干	MPa	MPa	MPa	MPa	
越　　南		0.62:12%	42.6	80.6	—	—	

木材气干不易掌握，有开裂倾向；原木在生材时应及时加工，避免在阳光下直接暴晒。木材不耐腐，易遭白蚁（地下和干木白蚁）和海生蛀虫危害；边材防腐处理容易，心材中等。锯、刨等加工容易，因交错纹理，刨可能产生戗茬而不太平。钻孔，砂光，上漆，胶粘性能良好；蒸煮后弯曲性能稍差。木材微酸性可能易腐蚀金属；因含单宁遇铁可能变色。加工时锯屑可能引起皮肤发炎；钉钉性能良好。

【木材用途】

木材宜做房屋建筑如梁、柱、檩条、椽子、室内装修、家具、包装箱盒、单板、胶合板、纸浆、车辆、造船用船板、玩具、车工等。

蔻氏榄仁 *T. copelandii* Elm.
（彩版 4.4；图版 16.1~3）

【商品材名称】

兰尼泡 Lanipau（菲）；克塔盼 Ketapang（印）；塔里赛 Talisai（沙）。

【树木及分布】

大乔木，高 24～38 m，直径可达 1 m，有较大的板根；分布菲律宾，沙巴，印度尼西亚，巴布亚新几内亚等。

【木材构造】

宏观特征

木材散孔。心材浅褐色，与边材区别不明显。边材浅黄色。生长轮在肉眼下略明显。管孔肉眼明显；数少；略大；侵填体可见。轴向薄壁组织放大镜下明显，为环管状，翼状，少数聚翼状。木射线放大镜下可见；密度中；窄，稀至略宽。波痕及胞间道未见。

微观特征

导管横切面卵圆或圆形；单管孔，少数径列复管孔（2～4 个，多 2～3 个），稀管孔团；散生。1～4 个/mm²，最大弦径 395μm，平均 186μm；导管分子长 617μm；侵填体未见；螺纹加厚缺如。管间纹孔式互列，多角形；系附物纹孔。穿孔板单一，略平行。导管与射线间纹孔式类似管间纹孔式。轴向薄壁组织主为翼状，少数聚翼状，环管束状；具结晶异细胞，内含晶簇。木纤维壁薄至甚薄；直径 23μm，平均长 1 768μm；单纹孔略具狭缘；分隔木纤维偶见。木射线 3～8 根/mm；非叠生。单列射线很少，高 1～8 细胞。多列射线宽 2～4 细胞；高 5～22（多数 8～15）细胞。射线组织异Ⅲ型和同形单列及多列。直立或方形射线细胞比横卧射线细胞略高；射线细胞多列部分多为卵圆形，内含少量树胶或沉积物；菱形晶体未见。胞间道未见。

材料：W13163，W14181（印）。

【木材性质】

木材光泽强；无特殊气味和滋味；纹理直或略斜，结构中至粗，均匀。木材轻；干缩小至中；强度中或低至中。

木材干燥稍慢，15 mm 和 40 mm 厚板材干燥分别需 2～3.5 个月和 2.5～5 个月；干燥时可能产生瓦弯和扭曲。木材不耐腐，易受白蚁和海水蛀虫危害。防腐处理边材容易，心材稍差。木材锯容易，刨有时因交错纹易发生戗茬；油漆和胶粘性能良好。

产　　地	密　度（g/cm³）		顺纹抗压强度	抗弯强度	抗弯弹性模量	顺纹抗剪强度	
	基　本	气　干	MPa	MPa	MPa	径	弦
						MPa	MPa
菲律宾	0.44	0.48:12% (0.546)	45.8 (42.3)	89.8 (82.3)	12000 (11000)	9.54 (9.87)	

【木材用途】

木材适宜制造单板，胶合板，家具，包装箱盒，玩具，车工等。果可食用。

光亮榄仁 *T. nitens* Presl
（彩版 4.5；图版 16.4～6）

【商品材名称】

萨卡特 Sakat，满塔里萨尔 Mantalisal（菲）。

【树木及分布】

乔木，高 12m，直径 1m。分布于菲律宾等地。

【木材构造】

宏观特征

木材散孔。心材浅黄色至深黄褐色；与边材区别略明显。边材浅黄或浅黄褐色，宽 5 cm，生长轮略明显。管孔在放大镜下可见；少至略少，大；散生，局部斜列；分布略均匀。在生长轮末端管孔减少；侵填体未见。轴向薄壁组织在放大镜下明显；傍管状。木射线在放大镜下略见；中至稀；窄。波痕及胞间道缺如。

微观特征

导管横切面圆形及卵圆形；单管孔及径列复管孔（2~5 个）；散生或斜列；分布略均匀；3~7 个/mm²，最大弦径 275μm，平均 213μm，导管分子长 610μm；侵填体未见；螺纹加厚缺如。管间纹孔式互列，系附物纹孔。穿孔板单一，倾斜。导管与射线间纹孔式类似管间纹孔式。轴向薄壁组织傍管型，环管束状，翼状，有时连接呈不规则断续短带状；离管型，呈星散状或星散-聚合状，薄壁细胞通常不含树胶；有晶体具晶族异细胞可见。木纤维壁薄；平均直径 26μm，平均长 1519μm；具缘纹孔量少，明显。具少量分隔木纤维。木射线 14~10 根/mm；非叠生。单列射线高 1~14（多数 3~7）细胞。多列射线宽 2~3（多数 2~3）细胞；高 5~23（多数 15~25）细胞。射线组织同形单列及多列，及异形Ⅲ型。射线细胞多列部分卵圆形，椭圆形及圆形；部分细胞含树胶；晶体未见。胞间道缺如。

材料：W18337（菲）。

【木材性质】

木材具光泽；无特殊气味和滋味。木材重量中；木材干缩小至大，干缩率生材至含水率 12% 时径向 2.1%，弦向 3.7%，差异干缩 1.76；生材至炉干，径向 3.9%，弦向 8.5%，差异干缩 2.18；甚硬至硬，侧面硬度 5014N，端面硬度 7617N，强度低至中。

产　　地	密　度（g/cm³）		顺纹抗压强度	抗弯强度	抗弯弹性模量	顺纹抗剪强度	
	基　本	气　干				径	弦
			MPa	MPa	MPa	MPa	
菲律宾	0.56	0.62∶12%（0.705）		87.0（79.8）	12100（11200）	—	

干燥速度缓慢；不开裂，不变形；室内耐腐；室外接触地面则不耐腐。耐海水浸泡，能抗海中生物危害，偶见家天牛危害。切削较难，切面光滑；油漆后光亮性能良好；胶粘亦易，握钉力强。

【木材用途】

木材强度大，水内又耐腐，为优良造船材。可做船壳，肋骨，首尾柱，船桨，舵板等。宜作耐久材如桥梁、枕木、坑木、桩木等；亦可作建筑如柱子、房架、搁栅、地板、楼梯；农具用材如车辆、犁、工农具柄等。也可做家具。

毛榄仁树 *T. tomentosa* Wight & Arn
（彩版 4.6；图版 17.1~3）

【商品材名称】

儒克发 Rokfa（泰）；劳瑞尔 Laurel（缅，印度）；凯姆-廉 Cam lien（越）；齐里克 Chhlik（柬）。

【树木及分布】

大乔木，枝下高可达 18 m，直径 1.2 m；分布泰国、缅甸、越南、柬埔寨和印度等地。

【木材构造】

宏观特征

木材散孔。心材变化很大，从浅褐色带深色条纹到巧克力褐色；与边材区别明显。边材淡黄色。生长轮明显，界以轮界薄壁组织。管孔肉眼下略明显；少；略大；单管孔，少数径列复管孔；散生；侵填体可见。轴向薄壁组织为翼状，聚翼状及轮界状。木射线放大镜可见，中至略密；甚窄。波痕及胞间道缺如。

微观特征

导管横切面卵圆形或近圆形；主为单管孔，少数径列复管孔（2~3 个）；散生。2~5 个/mm²；最大弦径 325 μm，平均 234 μm；导管分子长 455 μm；侵填体及螺纹加厚未见。管间纹孔式互列，多角形，系附物纹孔。穿孔板单一，平行至略倾斜。导管与射线间纹孔式类似管间纹孔式。轴向薄壁组织丰富，为翼状，聚翼状，带状（不规则，宽 1~3 细胞），轮界状，稀星散状；大部分细胞含树胶；具分室含晶细胞，晶体普遍，为菱形或柱状。木纤维壁厚，直径 18 μm，长 1685 μm；单纹孔或略具狭缘；分隔木纤维可见；具胶质纤维。木射线 8~12 根/mm；非叠生。射线全为单列，高 1~12 细胞。射线组织同形单列。方形细胞可见，与横卧射线细胞近等高。细胞内充满树胶，晶体缺如。胞间道未见。

材料：W 15209（泰）；W 15276，W 15338（缅）。

【木材性质】

木材具光泽；无特殊气味和滋味；纹理直或略斜；结构中，略均匀。木材重（含水率 12% 时密度为 0.74~0.96 g/cm³）；干缩大，干缩率从生材至气干径向 4.8%，弦向 17.1%。木材硬；强度高。

产　　地	密　度（g/cm³）		顺纹抗压强度	抗弯强度	抗弯弹性模量	顺纹抗剪强度	
						径	弦
	基　本	气　干	MPa	MPa	MPa	MPa	
越南	—	0.87:12%	64.4	139.2	—	—	

木材气干困难，常发生开裂。人工干燥，在印度 1 英寸厚板材从含水率 74% 降至 8% 需 16 天，几乎不产生缺陷。耐腐，未经处理枕木在印度可用 5~7 年。木材锯，刨，车旋略难，刨面光滑。

【木材用途】

用于建筑如梁、柱、搁栅、橡子、门、窗框；高级家具，细木工；各种农具如车辆，犁，工具柄，水车；造船，枕木等。

菊 科
Compositae Giseke

稀为乔木，大多为直立或葡萄草本，木质藤本或灌木。共 900 属，13000 种；广泛分布于世界各地，主要产于温带地区。

斑鸠菊属 *Vernonia* Schreb

约 1000 种；产于美洲、非洲、亚洲和大洋洲的热带地区。中国有 30 余种；产西南部至东南部和台湾。

树状斑鸠菊 *V. arborea* Hem.
（彩版 4.7；图版 17.4~6）

【商品材名称】

马拉撒姆帮骨贝特 Malasambong-gubat（菲）；梅当列姆碰 Medang Lempong，门嘎姆崩 Menggambong（马）。

【树木及分布】

中乔木；产于马来西亚、菲律宾等地。

【木材构造】

宏观特征

木材散孔。心材草黄色；与边材区别不明显。边材色浅。生长轮不明显。管孔在肉眼下可见，甚少至略少；大小中等；单管孔及短径列复管孔（2~3 个），管孔团少见；散生；侵填体未见。轴向薄壁组织在肉眼下略见，傍管带状，颇宽。木射线在肉眼下明显；稀至中；窄至略宽。波痕及胞间道未见。

微观特征

导管横切面卵圆形；单管孔及短径列复管孔，管孔团少见，散生；分布略均匀；2~6 个/mm^2，最大弦径 197μm，平均 156μm，导管分子长 518μm；侵填体及树胶未见。螺纹加厚缺如，管间纹孔式互列，形小，密集。穿孔板单一，略倾斜。导管与射线间纹孔式类似管间纹孔式。轴向薄壁组织环管束状，翼状和聚翼状；晶体及树胶未见。木纤维壁薄；平均直径 19μm，中部和两端直径差异显著，长 1520μm；具缘纹孔明显。木射线 3~6 根/mm；非叠生。单列射线高 1~10（多数 2~5）细胞。多列射线宽 2~6（多数 2~5 个）细胞；高 4~24（多数 11~19）细胞。射线组织异形Ⅱ型。射线细胞多列部分椭圆形，圆形；鞘细胞长椭圆形，少数似纺锤形；部分细胞含树胶，晶体未见。胞间道未见。

材料：W14150，W13150（印）；W5231（苏门答腊）。

【木材性质】

木材光泽弱；无特殊气味和滋味；纹理直；结构细；木材轻，含水率 15% 时密度 0.31~0.47g/cm³；木材略软至略硬；强度低。

产　　地	密　度（g/cm³）		顺纹抗压强度	抗弯强度	抗弯弹性模量	顺纹抗剪强度
	基　本	气　干	MPa	MPa	MPa	径　弦
						MPa
印度尼西亚	—	0.31:12.5% （0.353）	22.8 （21.7）	36 （36.8）	—	—

木材干燥容易；不耐腐，易遭白蚁危害；但没有发现边材变色和粉蠹虫危害；木材加工容易。

【木材用途】

适宜做临时结构材，雕刻，家用器具，木屐等。

山茱萸科
Cornaceae Dum.

乔木或灌木，稀草本。14 属，约 100 种；分布于北温带及亚热带。中国有 6 属，约 50 种。

单室茱萸属 *Mastixia* Blume

常绿小至大乔木，约 27 种；分布于东南亚。中国有 3 种。商品材名称卡由空多 Kayukundur（亚洲标准商品材名称）。

菲律宾单室茱萸 *M. philippinensis* Wang
（彩版 4.8；图版 18.1~3）

【商品材名称】

阿帕尼特 Apanit（菲）。

【树木及分布】

中乔木，直径可达 0.4m；产菲律宾等地。

【木材构造】

宏观特征

木材散孔。心材黄或草黄色；与边材区别不明显。边材色浅。生长轮不明显。管孔在放大镜下仅可得见，略少；略小至中；单管孔，少数短径列复管孔（2~3 个）；树胶及侵填体未见。轴向薄壁组织在放大镜下明显；离管型，主为星散状，星散-聚合偶见。木射线在肉眼下可见，密度稀；窄至略宽。波痕未见。胞间道轴向者有时存在，呈弦列。

微观特征

导管横切面圆形，具多角形轮廓，单管孔（由于导管端部长，互相重叠形成 2～3 个弦列）及少数复管孔；散生，分布略均匀；10～19 个/mm²，最大弦径 105μm，平均 81μm，导管分子长 787μm；树胶及侵填体未见，尾部螺纹加厚可见。管间纹孔式梯状及梯状-对列。复穿孔，梯状，横隔窄，局部有分枝，中至多，穿孔板甚倾斜。导管与射线间纹孔式，似管间纹孔式。轴向薄壁组织数略少；星散，星散-聚合及疏环管状；薄壁细胞内树胶及晶体未见。木纤维壁薄，平均直径 36μm，纤维长 1953μm；具缘纹孔明显。木射线3～5 根/mm；非叠生。单列射线高 2～10（多数 2～7）细胞。多列射线宽 2～6（多数 3～4）细胞；高 4～36（多数 12～20）细胞。射线组织异形 Ⅱ 型，稀 Ⅰ 型。射线细胞多列部分卵圆形及椭圆形或长椭圆形；部分细胞含树胶；晶体未见。胞间道未见。

材料：W18347（菲）。

【木材性质】

木材具光泽；无特殊气味和滋味；纹理直，结构细，均匀。重量轻，基本密度 0.49 g/cm³，含水率12%时密度 0.54 g/cm³；干缩大，干缩率生材至含水率12%时径向 2.3%，弦向 6.9%，差异干缩 3.00；生材至炉干径向 4.0%，弦向 10.3%，差异干缩 2.58；硬度软，侧面硬度 2587N，端部硬度 3089N，强度中等。

产　　　地	密　　度（g/cm³）		顺纹抗压强度	抗弯强度	抗弯弹性模量	顺纹抗剪强度	
						径	弦
	基　本	气　干	MPa	MPa	MPa	MPa	
菲律宾	0.49	0.54:12% (0.614)	49.1 (45.4)	99 (90.8)	11800 (10900)	9.8 (10.1)	

【木材用途】

木材纤维长，适于单独或和其他短纤维树种混合造纸或生产纸浆，也可用来制造筷子，冰淇淋木匙和牙签。

隐翼科
Crypteroniaceae A. DC.

乔木，1 属，4 种；分布于亚热带和南亚热带地区。中国 1 种，产云南。

隐翼属 *Crypteronia* Blume

乔木，分布与种同。常见商品材树种有：

库明隐翼 *C. cumingii*（Planch.）Endl. 商品材名称：蒂哥昂 Tigauon（菲）。

格氏隐翼 *C. griffithii* Clarke 商品材名称：贝蔻 Bekoi，蒂林嘎-巴达克 Telinga badak（马）；乌巴-希姆特 Ubar semut（文）；恩柯卢特 Engkolot（印）。

隐翼 *C. paniculata* Bl. 详见种叙述。

隐　翼 *C. paniculata* Bl.
（彩版 4.9；图版 18.4~6）

【商品材名称】

蒂奥依 Tiaui（菲）；贝蔻 Bekoi，蒂林嘎-巴达克 Telinga badak（马）；卢依 Loi（越）；蒂拉普-吐母 Trap toum（柬）。

【树木及分布】

大乔木，高达 30 m，直径 1.0 m；分布于印度、越南、老挝、印度尼西亚、菲律宾、马来西亚。中国云南东南部亦有分布。

【木材构造】

宏观特征

木材散孔。心材浅褐色带浅红或紫，浅红色；与边材区别不明显。边材色浅。生长轮不明显或略明显（轮间介以深色纤维带）。管孔在肉眼下可见，略少；大小中；单管孔及短径列复管孔（通常 2~3 个）；散生及局部斜列；侵填体未见。轴向薄壁组织略丰富，在放大镜下仅可得见；离管带状，星散-聚合或星散状。木射线在放大镜下仅可得见，略密至甚密；窄。波痕及胞间道未见。

微观特征

导管横切面圆形或卵圆形；单管孔及短径列复管孔（2~5 个，通常 2~4 个），管孔团稀见；散生或局部斜列；分布颇均匀；8~18 个/mm^2；最大弦径 143 μm，平均 110 μm；导管分子长 740 μm。侵填体及树胶未见；螺纹加厚缺如。管间纹孔式互列，密集，常为多角形轮廓的卵圆形及圆形。穿孔板单一，倾斜或略倾斜。导管与射线间纹孔式类似管间纹孔式。轴向薄壁组织略丰富，离管型，有时有轮介状，不规则带状（宽 1~2 细胞），星散-聚合和星散状；傍管型，疏环管状；常含树胶；晶体未见。木纤维壁薄，平均直径 18 μm，平均长 1 318 μm；具缘纹孔数多，明显，卵圆形。木射线 10~23 根/mm；非叠生。单列射线高 3~14（多数 4~8）细胞。多列射线宽 2~3 细胞；高 4~34（多数 15~28）细胞，同一射线常出现 2 次多列部分。射线组织异形 Ⅱ 型。射线细胞多列部分椭圆形，卵圆形，有时大小差别悬殊，常含树胶，晶体未见。胞间道未见。

材料：W15298，W15299，W15320（缅）；W4282（印）。

【木材性质】

木材具光泽；无特殊气味和滋味；纹理略直；结构颇细，均匀。木材略重。含水率 15% 时密度 0.7~0.8 g/cm^3，平均 0.74 g/cm^3；软至略硬；略耐腐或耐腐，边材未见变色和钻孔虫危害。

【木材用途】

主要是一般结构用材，多用作地板。

垂籽树科
Ctenolophonaceae Exell & Mendonca

1 属，3 种；分布非洲及亚洲热带。

垂籽树属 *Ctenolophon* Oliv.

3 种；产热带非洲及东南亚。

大叶垂籽树 *C. grandifolius* Oliv. 产热带非洲。

小叶垂籽树 *C. parvifolius* Oliv. 详见种叙述。

菲律宾垂籽树 *C. philippinense* Hallier f. 商品材名称：苏第安 Sudiang，苏第安巴贝 Sudiang-babac，苏第安拉拉克 Sudiang-lalake（菲）。大乔木，高可达 25 m，直径 1. 10 m；分布菲律宾。心材具深色条纹，近黑色；与边材区别明显。边材浅红色；宽。生长轮不明显。管孔单独；14 个/mm²；最大弦径 132μm，平均 80μm；具侵填体。穿孔板梯状，横隔 12 ~ 14 个。轴向薄壁组织环管束状（鞘很窄），侧向伸展呈聚翼状。木纤维壁厚。木射线分宽窄两类，在两根宽射线中间有 2 ~ 4 根窄射线。射线组织异形。木材具光泽；无特殊气味和滋味；纹理直，偶交错或波浪形；结构甚细，均匀。木材甚重（气干密度 1. 092g/cm³），硬；强度高。干燥时产生翘曲；很耐腐，抗白蚁。由于重，硬，加工困难，木材可用作桥梁，码头，造船，桩，柱，铺地木块以及其他需要强度大的地方。

小叶垂籽树 *C. parvifolius* Oliv.
（彩版 5.1；图版 19.1 ~ 3）

【商品材名称】

梅尔塔斯 Mertas（马）；贝思-贝思 Besi-bcsi（沙）；里陀 Litoh（沙捞）；阿捣 Adau （文）；拉萨 Lasah，摩德朱衣特 Madjuit，乌库特 Ukut（印）。

【树木及分布】

中乔木，少数为大乔木；分布马来西亚等。

【木材构造】

宏观特征

木材散孔。心材褐色或紫红褐色；与边材区别不明显。边材色浅。生长轮略明显。管孔在肉眼下略见，略少；大小中等。轴向薄壁组织放大镜下可见，傍管状。木射线肉眼下可见，略密；窄，偶略宽。波痕及胞间道未见。

微观特征

导管横切面卵圆形，少数椭圆形，略具多角形轮廓；单管孔；散生；8 ~ 14

个/mm²，最大弦径 150μm，平均 146μm，导管分子长 1 373μm；沉积物可见；螺纹加厚未见。管间纹孔式不见。复穿孔，梯状具分枝，横隔可达 20 个或以上。导管与射线间纹孔式类似管间纹孔式。**轴向薄壁组织量少**，主为单侧环管状，有时侧向伸展，稀星散-聚合状；具菱形晶体，分室含晶细胞可达 20 个或以上。**纤维管胞壁甚厚**；直径 26μm，平均长 2232μm；具缘纹孔数多而明显。**木射线 8 ~ 13 根/mm**；非叠生。单列射线高 1 ~ 32（多数 5 ~ 15）细胞。多列射线宽 2 ~ 4（偶至 10）细胞；同一射线有时出现 2 ~ 3 次多列部分，高 7 ~ 73（多数 25 ~ 55）细胞。射线组织异形 II 型，稀 I 型。射线细胞多列部分多为多角形；内含树胶，菱形晶体常见。**胞间道未见。**

材料：W9848（日本送切片）；W20668（马）。

【木材性质】

木材具光泽；无特殊气味和滋味；纹理交错，有时波状；结构细而匀。木材重、硬；干缩小；干缩率生材至气干径向 2.0%，弦向 3.3%；强度高。

产　　　地	密　度（g/cm³）		顺纹抗压强度	抗弯强度	抗弯弹性模量	顺纹抗剪强度	
	基　本	气　干				径	弦
	MPa	MPa	MPa	MPa	MPa	MPa	
马来西亚	0.76	0.945	61.6 (71.3)	122 (133)	18100 (18000)	14.9 (17.6)	

木材干燥稍快，40 mm 厚板材从生材至气干需 4 个月；有端裂发生，尤其板厚时如此，稍耐腐。加工困难，特别是径向刨切时，因交错纹理而发生戗茬造成不平。

【木材用途】

宜作房屋建筑用柱子、梁、搁栅，拼花地板，重载地板等。

四数木科
Datiscaceae Lindl.

落叶乔木或草本，3 属，4 种；分布于热带至温带。中国有 1 属，产云南。

八角木属 *Octomeles* Miq.

落叶乔木，高 60 m 以上，直径 1 m 以上，1 ~ 2 种；主要分布于马来半岛、爪哇，巽他群岛较少。

苏门答腊八角木 *O. sumatrana* Miq.
（彩版 5.2；图版 19.4 ~ 6）

【商品材名称】

毕怒昂 Binuang（菲，印，沙，沙捞）；宜利姆 Ilimo，埃瑞玛 Erima（新几内亚岛）；奔昂 Benuang（印）。

【树木及分布】

大乔木，高 15 m 或以上，直径 0.4 m 或以上；主要分布马来半岛、泰国、越南、印度尼西亚和菲律宾群岛、新几内亚、太平洋诸岛。

【木材构造】

宏观特征

木材散孔。心材浅黄牛皮色至浅褐色，有时浅红褐色；与边材区别不明显。边材色浅。生长轮不明显。管孔在肉眼下可见，略少；大；多数单管孔；大小颇一致，分布颇均匀，侵填体未见。轴向薄壁组织量少，放大镜下不明显或略见，傍管形，疏环管状。木射线在肉眼下可见，密度稀；略宽。波痕及胞间道未见。

微观特征

导管横切面为圆形或卵圆形，单管孔及短径列复管孔（通常 2 个）；散生；分布均匀；$4 \sim 9$ 个/mm^2；最大弦径 $270\mu m$，平均 $215\mu m$；导管分子长 $470\mu m$；侵填体和树胶未见。管间纹孔式互列，密集；多角形。穿孔板单一，水平或略倾斜。导管与射线间纹孔式大圆形及刻痕状。轴向薄壁组织量略多，略叠生。主为傍管型，环管束状，翼状及聚翼状；晶体及树胶未见。木纤维壁薄至甚薄，直径 $26\mu m$，纤维长 $1547\mu m$；具缘纹孔数多，明显。木射线 $4 \sim 5$ 根/mm；非叠生。单列射线很少，高 $1 \sim 6$（多数 $3 \sim 6$）细胞。多列射线宽 $2 \sim 6$（多数 $4 \sim 5$）细胞，高 $4 \sim 26$（多数 $14 \sim 23$）细胞。射线组织主为异形Ⅲ型，Ⅱ型偶见。射线细胞多列部分卵圆形或圆形；部分细胞含树胶；晶体未见。胞间道未见。

材料：W14091，W9896，W13218，W18719（印）；W4622（菲）；W18925（日）；W19008，W19022（巴新）。

【木材性质】

木材具光泽；无特殊气味和滋味；纹理斜或交错；结构略粗，均匀；木材甚轻；干缩大，干缩率生材至含水率 12% 时径向 1.9%，弦向 5.1%，差异干缩 2.68；生材至炉干径向 3.1%，弦向 7.0%，差异干缩 2.26；硬度很软，端面硬度 1569 N；强度甚低。

产　　地	密　度（g/cm³）		顺纹抗压强度	抗弯强度	抗弯弹性模量	顺纹抗剪强度	
	基　本	气　干				径	弦
			MPa	MPa	MPa	MPa	
菲律宾	0.27	0.28:12% (0.318)	24.2 (22.4)	41.7 (41.7)	7000 (6020)	3.8 (4.0)	

木材干燥性质好；在室外与地面接触时易腐朽；加工容易。

【木材用途】

用途与其他轻软木材相似，木材适宜做单板和胶合板，火柴盒，鱼网浮子，独木舟等。

四数木属 *Tetrameles* R. Br.

落叶乔木，具板根。本属1种；分布于印度，马来西亚至中印半岛；中国产云南等地。

四数木 *T. nudiflora* R. Br.
（彩版5.3；图版20.1~3）

【商品材名称】

门空多 Mengkundor（马）；空多尔 Kundur，必奴 Binung（印）；苏姆旁 Sompong（柬，泰）；痛 Tung（越）；拜 Baing（缅）；曼纳 Maina（印度，巴基斯坦）；卡蓬 Kapong（泰）。

【树木及分布】

落叶大乔木，高25~45 m，枝下高20~35 m，树干通直，直径0.60~1.20 m；分布于印度，斯里兰卡，中南半岛和印度尼西亚（爪哇，苏拉威西），巴布亚新几内亚南部，澳大利亚（昆士兰）；中国产云南南部金平，西双版纳的孟腊。

【木材构造】

宏观特征

木材散孔。心材浅草黄色，带橄榄绿色；与边材区别不明显。边材色浅，但边材稍易变色。生长轮略明显或不明显。管孔在肉眼下可见，略少至甚少；大小中；单管孔及短径列复管孔（2~3个）；斜列或散生，侵填体未见。轴向薄壁组织未见。木射线在放大镜下明显，稀至中；窄至甚窄。波痕及胞间道未见。

微观特征

导管横切面为圆形或卵圆形；单管孔及短径列复管孔（2~3个）；斜列及散生；2~7个/mm^2；最大弦径248 μm，平均194 μm，导管分子长551 μm；侵填体及树胶未见。管间纹孔式互列，圆形，密集，具多角形轮廓。穿孔板单一，略倾斜或水平。导管与射线间纹孔式刻痕状，多横列，少斜列。轴向薄壁组织略多，叠生。傍管型，主为环管束状；少数翼状。木纤维壁甚薄，平均直径33 μm，纤维长1277 μm；具缘纹孔数多，圆形。略叠生。木射线4~7根/mm；非叠生。单列射线高3~11（多数6~9）细胞。多列射线宽2~4（多数2~3）细胞；高4~33（多数12~27）细胞。射线组织异形Ⅱ型，少数Ⅲ型。射线细胞多列部分常为多角形轮廓的椭圆形；部分细胞含树胶，晶体未见。胞间道未见。

材料：W 20376（泰）；W 9714（柬）。

【木材性质】

木材稍具光泽；无特殊气味和滋味；纹理交错，结构颇粗，均匀。重量轻至甚轻，含水率12%时密度0.31~0.42 g/cm^3，平均0.37 g/cm^3；强度低。

木材气干几无困难，面裂很少；但生材，特别是宽板材髓心附近易劈裂，而窄板则可避免；大量木材堆垛干燥时易产生翘曲；木材易被粉蠹虫危害，但用鱼油橡胶处理做木船，在海水中可维持 8 ~ 10 年之久。木材锯、刨等加工容易，刨面光滑。

产　　地	密　度（g/cm³）		顺纹抗压强度	抗弯强度	抗弯弹性模量	顺纹抗剪强度	
	基　本	含水率	MPa	MPa	MPa	径　弦	
						MPa	
产地不详 （日本试验）		0.42 ~ 0.47 （15% ~ 18%）	34.5 ~ 36.7	54.9 ~ 59.0	6900 ~ 7600	8.2 ~ 9.5	

【木材用途】

木材宜作一般包装箱盒，茶叶包装箱，火柴杆，轻舟，天花板，茶柜，亦宜制造单板及胶合板。

五桠果科
Dilleniaceae Salish.

乔木，灌木，藤本，稀草本；约 16 属，400 余种；产于热带地区。中国有 2 属，5 种。

五桠果属 *Dillenia* L.

常绿或落叶乔木，稀灌木，约 60 种；分布于热带亚洲。中国有 4 种，分布于南方热带地区。

菲律宾五桠果 *D. philippinensis* Rolfe
（彩版 5.4；图版 20.4 ~ 6）

【商品材名称】

卡特梦 Katmon（菲）。

【树木及分布】

落叶中乔木，高 5 ~ 15 m，直径 0.3 ~ 0.4 m；分布于菲律宾等地。

【木材构造】

宏观特征

木材散孔。心材浅红色至红褐或红褐色，有时带紫；与边材区别不明显。边材色浅。生长轮不明显。管孔在肉眼下仅可得见，略少；大小中；多为单管孔，大小不一致，散生；分布略均匀，侵填体未见；具白色沉积物。轴向薄壁组织不见，在湿切面上可见，呈傍管状。木射线在肉眼下可见，稀至略密；窄至略宽，比管孔宽或约等宽。波痕及胞间道缺如。

微观特征

导管横切面为圆形及卵圆形，略具多角形轮廓；单管孔。由于导管分子尾部重叠，有时成对弦列；散生；5～11 个/mm²，最大弦径 150μm，平均 127μm，导管分子长 1834μm；侵填体未见；螺纹加厚缺如。管间纹孔式缺乏。复穿孔板，梯状，常具分枝，穿孔板甚倾斜。导管与射线间纹孔式为横列刻痕状及大圆形。**轴向薄壁组织量少**；离管型、星散及星散-聚合状。傍管型，疏环管状；薄壁细胞多含树胶；具针晶束。**纤维管胞壁厚至甚厚**；平均直径 36μm，纤维长 3175μm，具缘纹孔数多，明显。具分隔木纤维。**木射线**3～11 根/mm；非叠生。单列射线较多，高 1～8（多数 2～6）细胞。多列射线宽 4～9（多数 5～8）细胞；高 18～130（多数 71～102）细胞。射线组织异形 Ⅱ 型，偶至 Ⅰ 型。射线细胞多列部分圆形或卵圆形；常含树胶，具针晶束。**胞间道缺如**。

材料：W 4664，W 18909（菲）。

【木材性质】

木材具光泽；无特殊气味和滋味；纹理直，有时皱曲；结构略粗至粗，均匀；重量重，基本密度 0.62～0.70g/cm³，含水率 12% 时密度 0.66～0.76g/cm³。干缩大，干缩率生材至含水率 12% 时径向 1.7%，弦向 5.3%，差异干缩 3.12；生材至炉干径向 3.5%，弦向 8.8%，差异干缩 2.51；硬度中，侧面硬度 4923 N，端部硬度 4364 N；握钉力大；强度低至中。

产 地	密 度（g/cm³）		顺纹抗压强度	抗弯强度	抗弯弹性模量	顺纹抗剪强度	
	基 本	气 干	MPa	MPa	MPa	径	弦
						MPa	
菲 律 宾	0.65	0.66:12% (0.750)	41.2 (38.1)	—	—	13.7 (14.2)	

干燥略难，稍有翘裂；天然耐久性差，防腐处理困难，生材比较容易解锯；刨面光滑；径面上，射线花纹如同栎木和青冈的银光纹理一样美丽，油漆后光亮性好，容易胶粘。

【木材用途】

适宜制作家具、柜橱、木模、火柴杆、火柴盒、箱盒、农具、美术工艺品。在建筑上用作房架、搁栅、柱子、横梁、檩条、椽子及天花板、线脚、地板、地枕、墙壁板等室内装修。经防腐处理可作枕木、桩材、坑木。是胶合板、造纸及人造丝的原料，也是燃材和烧炭的好材料。

龙脑香科
Dipterocarpaceae Bl.

龙脑香科是一个大科，有 18 属，450 种；多数是高大乔木，少数是灌木；是热带雨林中主要的树木，也是最重要的商品材之一。在东南亚地区，本科木材产量约为其他各科木材之总和。主要分布于从印度到新几内亚。中国有 5 属、11 种和 13 个引种；分布云南及两广南部。

异翅香属 *Anisoptera* Korth.

乔木，约有 11 种，高 30 ~ 50(70)m，直径 1 ~ 1.7m；分布于东南亚、苏门答腊和加里曼丹。本类商品材名称：梅萨瓦 Mersawa(马)；盆吉然 Pengiran(沙)；柯拉-巴科 K(r)aba(r)k，皮克 Pik(泰)；帕楼萨庇斯 Palosapis，阿弗 Afu(菲)；空母 Kaunghmu，卡斑 Kaban(缅)；皮底克 Phdiek(柬)；文-文 Ven-ven(越，印支)；嘎拉瓦 Garawa(巴新)。主要树种有：

金黄异翅香 *A. aurea* Foxw. 商品材名称：大甘 Dagang。

中脉异翅香 *A. costata* Korth. 商品材名称：梅萨瓦克撒特 Mersaw akesat，梅萨瓦特拜克 Mersawa terbak(马)。

短柄异翅香 *A. curtisii* Dyer. 商品材名称：柯拉巴科 Krabak(泰)；梅萨瓦库宁 Mersawa kuning(马)。

粗状异翅香 *A. grossivenia* V. Sl. 商品材名称：梅萨瓦肯交 Mersawa kenjau(沙，印)；本卡喽 benchaloi(文)。

平脉异翅香 *A. laevis* Ridl. 商品材名称：梅萨瓦都润 Mersawa durian(马)。

缘生异翅香 *A. marginata* Korth. 详见种叙述。

大果异翅香 *A. megistocarpa* V. Sl. 商品材名称：梅萨瓦阿庇 Mersawa api(马)。

网状异翅香 *A. reticulata* Ashton。

斯卡异翅香 *A. scaphula* Korz. 商品材名称：梅萨瓦嘎加 Mersawa gajah(马)；柯拉巴科 Krabak(泰)。

突瑞异翅香 *A. thurifera* Bl. 商品材名称：帕喽萨庇斯 Palosapis(菲)。

缘生异翅香 *A. marginata* Korth.
(彩版 5.5；图版 21.1 ~ 3)

【商品材名称】

梅萨瓦 Mersawa，梅萨瓦-波亚 Mersawa paya(马)；盆吉然-克然嘎斯 Pengiran kerangas(沙)。

【树木及分布】

分布于苏门答腊、马来西亚、加里曼丹、文莱等地。

【木材构造】

宏观特征

木材散孔。心材浅黄褐色，长时间暴露于大气中，材色转深，呈稻草黄褐色；与边材区别明显。边材新切面黄色，易遭变色菌感染而呈浅灰褐色。生长轮不明显，管孔在肉眼下可见，单管孔；略少至少；大，大小颇一致；多散生，分布略均匀；侵填体及树胶未见。轴向薄壁组织略多。①主为离管型，在放大镜下可见，星散及星散-聚合，有时略呈梯状。②傍管型，在放大镜下可见，环管束状。③周边薄壁组织，存在于胞间道周围。木射线放大镜下明显，稀至中；略宽。波痕未见。胞间道系正常轴向者，在肉眼下呈白点状，数多；单独，稀短弦列。

微观特征

导管横切面圆形或近圆形。单管孔，少数呈管孔链（2~3个）；散生或斜径列；3~8个/mm²，最大弦径253μm，平均216μm，导管分子长533μm。侵填体及树胶未见；螺纹加厚缺乏。管间纹孔式未见；与环管管胞间纹孔排列稀疏，系附物纹孔；圆或卵圆形。穿孔板单一，水平至略倾斜。与射线间纹孔式大圆形。**环管管胞**数略多，位于导管周围，与轴向薄壁组织混杂；具缘纹孔明显。**轴向薄壁组织**丰富，①傍管型，环管束状及翼状。②离管型，星散及星散-聚合状，常弦列于两根射线之间，略呈梯状。③周边薄壁组织，围绕于胞间道四周。呈翼状或带状，带宽8~15细胞。细胞内树胶及晶体未见。木纤维壁厚至甚厚，平均直径25μm，纤维长1806μm。具缘纹孔数多，圆形。**木射线**3~6根/mm；非叠生。单列射线量少，高5~10（多数5~6）细胞。多列射线宽2~9（多数5~7）细胞；高8~54（多数20~40）细胞。射线组织异形Ⅱ型，少数Ⅲ型。射线细胞多列部分卵圆或圆形；具鞘细胞；硅石可见，树胶及晶体未见。胞间道系正常轴向者，弦径85~118μm；埋藏于薄壁细胞中，单独或呈短弦列。

材料：W14101（印）；W14601（菲）。

【木材性质】

木材光泽弱；无特殊气味和滋味；纹理交错，但不严重；结构略粗，均匀，重量中等，基本密度0.55g/cm³，气干密度0.61~0.69g/cm³；干缩小，干缩率生材至含水率15%时径向1.4%，弦向3.8%，差异干缩2.71；木材略硬，侧面硬4183N；耐磨损；强度低至中。

产　地	密　度（g/cm³）		顺纹抗压强度	抗弯强度	抗弯弹性模量	顺纹抗剪强度	
	基　本	气　干				径	弦
			MPa	MPa	MPa	MPa	
印度尼西亚		0.64	36.27 (39.42)	66.18 (68.94)	9610 (9330)	5.8, 6.2 (6.5, 7.0)	

木材干燥很慢；仅稍有杯弯和弓弯。气干15mm和40mm厚的板材分别需6个月和9个月；木材耐腐，但边材易遭粉蠹虫危害，防腐处理困难，热冷法处理吸收煤焦油42kg/m³以上。用满细胞法处理枕木（1800mm×250mm×125mm），每根能吸收96~120kg煤焦油。木材加工略易，遇硅石时，加工工具刃口易钝，但切面光滑，钻孔容易（生材切面略光，气干材切面粗糙）。车旋加工容易，表面光滑；油漆及胶粘性好。单板切削厚度1~3mm，质量都很好。

【木材用途】

因木材干燥很慢，使用前需要注意干燥处理。木材耐腐，可做地板（如教室、会议室），模板，船壳板，棺材。原产地还用大径级木挖制独木舟，大树兜挖制木盒。木材干燥后尺寸稳定，可用于室内装修，门窗框，天花板，细木工材，车辆材，包装材及箱盒，经济实用的家具等。原木剥皮无困难，常用来制做胶合板（面板及背板）和微薄木。

杯裂香属 *Cotylelobium* Pierre.

本属约 5 种，中至大乔木；分布于马来西亚、印度尼西亚、泰国及斯里兰卡等地。本属商品材名称雷萨克 Resak，是亚洲标准商品材名称，亦为马来西亚标准商品名称，同时尚指青皮属 Vatica，婆罗香属 Upuna。贾姆 Giam（印，在马来西亚则指硬坡垒类木材）；凯姆 Khiem，卡姆 Kiam，盘-开姆 Pan-kham（泰）。常见商品材树种有：

布克杯裂香 *C. burckii* Heim 商品材名称：雷萨克都润 Resak durian（文，沙，沙捞）。

黄杯裂香 *C. flavum* Pierre. 商品材名称：贾姆都润 Giam durian（印）；雷萨克克拉步 Resak kelabu（沙，沙捞）。

剑叶杯裂香 *C. lanceolatum* Craib.（*C. malayanum* V. Sl）商品材名称：卡姆 Kiam（泰）。

黑木杯裂香 *C. melanoxylon*（Hook. f.）Pierre. 详见种叙述。

黑木杯裂香 *C. melanoxylon*（Hook. **f.**）Pierre.
（彩版 5.6；图版 21.4~6）

【商品材名称】

卡姆 Kiam（泰）；雷萨克 Resak，雷萨克-铁姆普荣 Resak tempurong（沙，马）；贾姆-希坦姆 Giam hitam（苏）；贾姆-田姆巴嘎 Giam tembaga（加）；贾姆 Giam（印）。

【树木及分布】

大乔木，高达 37~48m；分布于马来西亚、印度尼西亚和泰国等地。

【木材构造】

宏观特征

木材散孔。心材新切面黄褐色或褐色，长时间置于大气中材色转深，呈深红褐色；与边材区别明显，干后通常略明显。边材浅黄至黄红褐色；宽 4~6cm。生长轮不明显，有时介以深色纤维带。管孔在肉眼下明显，略少；大小中等，略一致；散生或斜列；侵填体丰富。轴向薄壁组织略丰富。①离管型，在湿切面上略见，呈短细弦线。②傍管型，放大镜下可见。③周边薄壁组织，存在于胞间道周围。木射线在肉眼下略见，稀至中；略宽至窄。波痕缺如；胞间道系正常轴向者，在放大镜下通常不见，但触之有油性感。

微观特征

导管横切面圆形或卵圆形；单管孔；散生或斜列；8~13 个/mm^2，最大弦径 186μm，平均 152μm；导管分子长 635μm；侵填体丰富（特别在心材导管中）；螺纹加厚缺如。管间纹孔式未见；与环管管胞间纹孔式互列，系附物纹孔，圆形，卵圆至椭圆形，略具多角形轮廓。穿孔板单一，近水平。导管与射线间纹孔式刻痕状，少数大圆形。环管管胞略少，位于导管周围，与轴向薄壁组织混杂；具缘纹孔数多；明显。轴向薄壁组织略丰富。①离管型，星散状，星散-聚合状或带状（宽 1 细胞）。②傍管型，疏环管状及环管束状。③周边薄壁组织，围绕在胞间道四周，呈聚翼状，细胞端壁节状加厚未见；通常不含树胶；晶体未见。木纤维壁厚至甚厚，平均直径 19μm，长 1387μm，具缘纹孔稀疏，明显，圆形。木射线3～6根/mm，非叠生。单列射线较少，高5～18(多数7～9)细胞。多列射线宽2～5(多数3～4)细胞；高6～58(多数31～52)细胞。射线组织异形Ⅱ，稀Ⅲ型。射线细胞多列部分为圆形及卵圆形，具多角形轮廓；硅石可见，含树胶。晶体未见。**胞间道**系正常轴向者，比管孔小，弦径45～89μm；埋藏在薄壁细胞中，单独，稀2～3个弦列。

材料：W 14188(印)。

【木材性质】

木材具光泽；无特殊气味和滋味；纹理斜或直；结构细，均匀。重量重至甚重，含水率15%时密度为0.96g/cm³；强度高。余同青皮。

产　地	密　度(g/cm³)		顺纹抗压强度	抗弯强度	抗弯弹性模量	顺纹抗剪强度	
	基　本	气　干	MPa	MPa	MPa	径	弦
						MPa	
印度尼西亚	0.96:13.7% (1.099)		68.2 (69.3)	134.8 (133.1)	18630 (17730)	6.7, 7.4 (7.3, 8.1)	

木材干燥颇慢，无降等现象产生。稍有杯弯，端裂和面裂发生。天然耐腐性很强，能抗白蚁和海生动物的侵袭(抗凿船虫较差)，防腐处理很难。木材加工时因材质硬，所以困难；木材含少量硅石，故加工工具易钝。锯切略易；生材解板略难，刨切、钻孔容易，切面光滑。气干材车旋略难，切面略光。

【木材用途】

略同青皮属的木材。因抗海生动物危害，所以更适宜造船。

龙脑香属 *Dipterocarpus* Gaertn. f.

本属是一个大属，也是龙脑香科中的一个大属，约62种；中至大乔木，枝下高达30～70m，直径1～2m。分布地区很广，从印度至马来西亚，斯里兰卡一带，集中分布于马来半岛、加里曼丹和苏门答腊。中国有2种，即云南龙脑香 *D. retusus* Bl.(过去曾称为 *D. tonkinensis* A. Chev)和陀螺龙脑香 *D. turbinatus* Gaerth. f.。本类商品材名称：克隆 Keruing(印，沙，沙捞)；阿必通 Apitong(菲)；古俊 Gurjun，英 Eng，因 In，卡因 Kayin(缅)；杨 Yang，韩 Heng，恨 Hieng，朴浪 Pluang(泰)；古俊 Gurjun(印度，巴基斯坦)。

大花龙脑香 *D. grandiflorus* Blanco
(*D. griffithii* Miq.)
(彩版5.7；图版22.1～3)

【商品材名称】

克隆 Keruing，克隆-贝利姆兵 Keruing belimbing(马)；阿必通 Apitong(菲)；古俊 Gurjun(印度)；卡因斑 Kanyinbyan(缅)；帕脑 Panao，巴劳 Balau，哈嘎卡克 Hagakhak(菲)。

【树木及分布】

大乔木，树高可达 35m，直径 1.4m；分布于马来西亚、印度、缅甸、泰国、苏门答腊、加里曼丹、菲律宾。

【木材构造】

宏观特征

木材散孔。心材灰红褐色至红褐色；与边材区别略明显。边材巧克力色至浅灰褐色，宽 5～13cm。生长轮通常不明显，有时轮间介以深色纤维带。管孔在肉眼下明显，单管孔；少至略少；大至中；大小略一致；略散生，分布不均匀，在生长轮末端管孔数常较少；侵填体未见；褐色树胶可见。轴向薄壁组织稀少至丰富。①傍管型，放大镜下明显，傍管状。②离管型，放大镜下可见，细弦线。③周边薄壁组织，存在于胞间道周围，呈翼状。木射线肉眼下可见，稀至中；窄至略宽。波痕未见。胞间道系正常轴向者，在肉眼下呈白点状，单独或短弦列（通常 2 个），长弦列者偶见。

微观特征

导管横切面圆或卵圆形，单管孔，偶见短径列复管孔（2～3 个）；散生，少数略斜列；2～6 个/mm²，最大弦径 266μm，平均弦径 208μm；导管分子长 730μm；树胶可见；侵填体未见；螺纹加厚缺如。管间纹孔式未见；与环管管胞间纹孔式互列，系附物纹孔，排列稀疏，圆形或卵圆形。穿孔板单一，水平或略斜列。导管与射线间纹孔式大圆形，少数刻痕状。环管管胞量少；围于导管四周，并与薄壁细胞混杂；具缘纹孔数多，明显，卵圆形。轴向薄壁组织稀疏到丰富。①傍管型，疏环管状，少数环管束状。②离管型，通常星散，有时呈星散-聚合，弦列于射线之间。③周边薄壁组织，围绕胞间道呈弦带状，晶体及树胶未见。木纤维壁厚至甚厚；平均直径 19μm，纤维长 1980μm，具缘纹孔多而明显，圆形。木射线 3～6 根/mm；非叠生。单列射线数少，高 3～13（多数 6～9）细胞。多列射线宽 2～5（多数 3～4）细胞；高 6～85（多数 40～60）细胞。射线组织异形 Ⅱ 及 Ⅲ 型。射线细胞多列部分圆及卵圆形；鞘细胞量少；射线穿孔细胞偶见；树胶可见，晶体偶见。胞间道系正常轴向者，比管孔小，弦径 70～110μm；埋藏于薄壁细胞中；单独分布（系本属与其他属区别的特征之一），少数 2～7 个弦列。

材料：W4608，W18862（菲）；Ws30（沙）；W4243（印度）。

【木材性质】

木材光泽弱；无特殊滋味；常有树脂气味；纹理通常直；结构略粗，略均匀。天然缺陷很少。重量中至略重，基本密度 0.64～0.66g/cm³，含水率 15% 时密度 0.72～0.80g/cm³。木材略硬至硬。干缩甚大，干缩率生材至含水率 12% 时径向 4.3%，弦向 8.9%，差异干缩 2.07；生材至炉干，径向 7.0%，弦向 12.9%，差异干缩 1.84。强度中至强。

木材气干稍慢，15mm 和 40mm 厚板材分别需要 3.5 个月和 5.5 个月。干燥时，常略有中度杯弯、弓弯、扭曲和端裂等降等缺陷发生。不耐腐，极少遭钻木虫和粉蠹虫危害，防腐处理容易。横断比顺锯容易；生材较难锯切；刨面光滑；钻孔略易；着色容易；胶粘性略难。

产　　地	密　度（g/cm³）		顺纹抗压强度	抗弯强度	抗弯弹性模量	顺纹抗剪强度
	基　本	气　干				径　弦
			MPa	MPa	MPa	MPa
马来西亚	0.66	0.80	51.8 (65.0)	98 (115)	17600 (17900)	10.3 (12.8)

【木材用途】

　　木材不耐腐，但防腐处理容易，资源多，木材通直，经过防腐处理的木材可广泛用于一般建筑、码头、地板、枕木、柱、梁、电杆及横担、汽车及火车车箱。木材有抗酸和抗化学药剂性能，可以用作试验室的装修及内部器具。可制纸浆（硫酸盐浆）、纤维板、刨花板等。密度小的是制作胶合板的好材料。

冰片香属 *Dryobalanops* Gaertn. f.

　　乔木，约9种；树高70~80m，直径常0.3~0.5m，最大可达1m。分布于加里曼丹岛和苏门答腊、沙巴、沙捞越、文莱和马来半岛。本类木材商品材名称：卡普尔 Kapur（马，印）；科兰山 Kelansan（沙）；科罗担 Kelodan（马）。常见商品材树种有：

　　芳味冰片香 *D. aromatica* Gaertn. f. 详见种叙述。

　　贝卡冰片香 *D. beccarii* Dyer 商品材名称：卡普尔莫拉 Kapur merah，卡普尔-步克特 Kapur bukit，卡普尔-波润杰 Kapur peringgi（沙）。

　　黑冰片香 *D. fusca* V. SL. 商品材名称：卡普尔-爱姆皮嘟 Kapur empedu（沙捞）。

　　凯氏冰片香 *D. keithii* Sym. 商品材名称：卡普尔-嘎姆派特 Kapur gumpait，卡普尔-当-贝撒 Kapur daun besar（沙）。

　　剑叶冰片香 *D. lanceolata* Burck. 商品材名称：卡普尔-帕杰 Kapur paji（沙，沙捞）；卡普尔-坦都克 Kapur tanduk，卡普尔-波润杰 Kapur perangi（沙）；卡普尔-曼得巴克 Kapur mendabak（印）。

　　椭圆叶冰片香 *D. oblongifolia* Dyer 商品材名称：卡普尔-爱姆皮都 Kapur empedu，克拦苏 Kelansau（沙）；卡普尔-克拦丹 Kapur keladan（马来半岛，沙）。

　　拉帕冰片香 *D. rappa* Becc. 商品材名称：卡普尔-帕亚 Kapur paya（沙，沙捞）。

芳味冰片香 *D. aromatica* Gaertn. f.
（彩版 5.8；图版 22.4~6）

【商品材名称】

　　卡普尔 Kapur（马，印）；卡普尔-巴如斯 Kapur barus（沙）。

【树木及分布】

　　大乔木，树高可达60m，直径1m；分布于印度尼西亚（苏门答腊，加里曼丹）、马来西亚、文莱等。

【木材构造】

　　宏观特征

　　木材散孔。心材新鲜时红或深红色，后转为红褐色；与边材区别明显。边材黄褐色，宽2.5~3cm。生长轮不明显，轮间有时介以含有胞间道的薄壁组织带。管孔在肉眼下可见，单管孔，略少，中至大，大小略一致，分布颇均匀，散生；侵填体丰富：树胶未见。轴向薄壁组织略丰富至丰富。①傍管型，在放大镜下通常明显，疏环管状，环管束状至有明显的翼状倾向。②离管型，放大镜下可见，星散-聚合或短弦列，存在于射线之间。③周边薄壁组织，围绕于胞间道周围，呈翼状或聚翼状。木射线在肉眼下可见，稀至中；窄至略宽；高常超过1mm。波痕明显。胞间道系正常轴向者，在肉眼下呈白色点状，单独、或断续弦列，长弦列。

　　微观特征

　　导管横切面卵圆或圆形，单管孔；散生或数个斜列；6~11个/mm²；最大弦径227μm，平均弦径188μm，导管分子长700μm，侵填体丰富，树胶未见，螺纹加厚缺如。管间纹孔式未见；与环管管胞间纹孔互列，系附物纹孔，排列稀疏，圆形或卵圆形。穿孔板单一，水平至略倾斜。导管与射线间纹孔式大圆形，个别呈横列刻痕状。环管管胞数略少，位于导管周围与轴向薄壁组织混杂，具缘纹孔数多，明显。轴向薄壁组织略丰富至丰富。①主为傍管型，环管束状至翼状。②离管型，星散-聚合或离管带状，在射线间呈短弦列，少量星散状。③周边薄壁组织，围绕胞间道呈弦带状。薄壁细胞串由4~19细胞组成，细胞端壁节状加厚不明显；硅石可见，含树胶；晶体未见。木纤维壁甚厚或厚，平均直径21μm，平均长1695μm，具缘纹孔明显，圆形。木射线3~6根/mm；非叠生。单列射线较少，高5~25（多数7~11）细胞。多列射线宽2~5（多数4~5）细胞；高4~77（多数25~70）细胞。射线组织异形Ⅱ型，少数异形Ⅲ型。射线多列部分细胞圆形及卵圆形；鞘细胞数少；晶体未见，树胶及硅石丰富（由于细胞中含树胶，硅石不容易看清楚）。胞间道系正常轴向者，比管孔小，弦径70~147μm，埋藏于薄壁细胞及环管管胞中，单独，短弦列或长弦列。

　　材料：W14084（印）；Ws84（沙捞）。

【木材性质】

　　木材略有光泽；新鲜材有似樟脑的香味；无特殊滋味；纹理略交错；结构略粗，均匀。重量重；干缩较大，干缩率生材至含水率15%时径向2.1%，弦向4.6%，差异干缩2.1；硬度中至大；强度高。

产　　　地	密　度(g/cm³)		顺纹抗压强度	抗弯强度	抗弯弹性模量	顺纹抗剪强度	
						径	弦
	基　本	气　干	MPa	MPa	MPa	MPa	
马来西亚	0.65	0.80	61.7 (70.1)	114 (123)	18700 (18400)	10.5 (12.3)	

　　木材干燥稍慢，15mm和40mm厚板材气干分别需2个月和5个月。

　　干燥好，无杯弯、弓弯和开裂产生，仅有劈裂，端裂，因此干燥前应尽可能涂头或采用藏头堆集法。木材略耐腐，抗白蚁危害性差，抗菌性强，边材防腐处理容易（心材极难），用满细胞法处理轴向深度可达 5～25cm。用冷热槽法处理轴向深度仅达 2.5～15cm。生材加工容易，因射线细胞中含有丰富的硅石，所以干材锯切困难，木材中还含有单宁，可使钢锯变为蓝黑色。木材切面光滑。胶粘性差，磨光性良好；握钉力强。

【木材用途】

木材强度大，经处理后耐久性强（但不抗白蚁侵蛀）。宜做枕木、电杆、篱柱、木瓦。木材重，硬度大，宜做地板、梁、搁栅、椽子、门窗及门窗框、楼梯、火车车箱、机动车骨架、小船的内肋骨和骨架、木筏、经济价廉的家具、箱盒、板条箱、工具柄、重锤垫板。原木是制做胶合板的主要树种之一，因胶粘性差，所以常用作背板和心板。天然冰片产自本属树种，可用以制香料，药物，仿制品象牙，有机化学品合成樟脑，木材用水蒸馏可得卡普油供制肥皂和香料之用。

坡垒属 *Hopea* Roxb.

多为小至中乔木，稀大乔木，树高可达 50m，直径约 1.3m。约 90 种，其中很多种是 Symington 从棒果香属中归并来的。本属是龙脑香科分布最东的一个属，从印度到斯里兰卡，集中分布于马来半岛、加里曼丹、菲律宾和印度。中国有 3 种，即华南坡垒 *H. chinensis* Hand-Mzt，坡垒 *H. hainanensis* Merr et Chun 及多毛坡垒 *H. mollissima* C. Y. Wu。本属木材分重坡垒与轻坡垒两类商品材。

Ⅰ. 重坡垒类

包括 24 种，商品材名称：贾姆 Giam（文，沙，沙捞）；塞兰甘 Selangan（沙，沙捞）。主要商品材树种有：

尖叶青梅 *H. apiculata* Sym. 商品材名称：贾姆梅卢库特 Giam melukut（马来半岛）。

海尔坡垒 *H. helferi*（Dyer）Brandis 商品材名称：贾姆林塔步克特 Giam lintah bukit（马来半岛）。

俯重坡垒 *H. nutens* Ridl. 详见种叙述。

多脉坡垒 *H. pentanervia* Sym. ex Wood 商品材名称：辰戈尔-帕亚 Chengal paya，曼 Mang，贾姆 Giam（马）。

皮氏坡垒 *H. pierrei* Hance 商品材名称：贾姆帕朗 Giam palong（马来半岛）。

马来坡垒 *H. polyalthioides* Sym. 商品材名称：贾姆拉姆拜 Giam rambai（马来半岛）。

半楔坡垒 *H. semicuneata* Sym. 商品材名称：贾姆杰恩坦 Giam jantan（马来半岛）。

微翅坡垒 *H. subalata* Sym. 商品材名称：贾姆坎钦 Giam kanching（马来半岛）。

俯重（硬）坡垒 *H. nutens* Ridl.
（图版 23.1～3）

【商品材名称】

贾姆 Giam（马，文）；辰嘎尔-巴图 Chengal batu（马来半岛）。

【树木及分布】

分布于马来西亚、文莱等地。

【木材构造】

宏观特征

木材散孔。心材黄色，新鲜时绿色，长时间暴露于大气中，材色转深，呈黄褐色或深红褐色（硬坡垒类一般较软坡垒类材材色浅）；与心材区别困难。边材黄色，宽约1cm，新切面长时间暴露于大气中，材色并不显著转深。生长轮不明显。管孔在肉眼下可见，略少，大，大小颇一致；散生；分布略均匀；单管孔及少数短径列复管孔，侵填体丰富，树胶未见。轴向薄壁组织通常稀少。①傍管型，在放大镜下仅可得见，环管束状或至聚翼状。②周边薄壁组织，围绕在胞间道周围，相互连接呈长带状，短弦列或翼状。木射线在放大镜下明显，稀；窄至略宽。波痕缺乏。胞间道系正常轴向者，在肉眼下呈白点状，单独或数个呈短弦列。

微观特征

导管横切面圆或卵圆形，单管孔及少数短径列复管孔（2~3个）；散生或斜列。7~11个/mm²；最大弦径244μm，平均201μm；侵填体丰富，树胶未见，螺纹加厚缺乏。管间纹孔式互列，圆及卵圆形；系附物纹孔；纹孔口内函，透镜形，常横列。穿孔板单一，水平或略倾斜。导管与射线间纹孔式大圆形。环管管胞甚少，围于导管四周，并与薄壁细胞混杂，具缘纹孔多而明显；卵圆形至长椭圆形。轴向薄壁组织通常稀少，叠生或略叠生。①傍管型，环管束状，翼状或聚翼状。②离管型，星散状，星散-聚合状。③周边薄壁组织，存在于轴向胞间道周围，依胞间道而呈长，短弦带或翼状。细胞端壁节状加厚略明显；树胶未见，菱形晶体存在于正常射线细胞和分室含晶细胞中。木纤维壁甚厚；单纹孔或具狭缘，极少，圆形。木射线3~5根/mm；非叠生，部分有叠生趋势。单列射线很少，高4~18（多数7~12）细胞。多列射线宽2~5（多数4~5）细胞；高10~80（多数27~44）细胞。射线组织异形Ⅱ型或Ⅲ型。射线细胞多列部分圆或卵圆形；具非典型的榴莲型或翻白叶型瓦状细胞；端壁节状加厚及水平壁纹孔略明显至不明显；含树胶；硅石及晶体未见。胞间道系正常轴向者，弦径48~69μm，埋藏于薄壁细胞中，呈长弦列，短弦列或单独存在。

材料：Ws81（沙捞）。

【木材性质】

木材有光泽；无特殊气味和滋味；纹理深交错；结构中，均匀。重量甚重，基本密度0.84g/cm³，含水率在15%时密度1.03g/cm³；木材干缩中，干缩率生材至气干，径向1.4%~2.0%，弦向2.6%~4.4%；质很硬；强度甚高。

产　　地	密　度(g/cm³)		顺纹抗压强度	抗弯强度	抗弯弹性模量	顺纹抗剪强度	
	基　本	气　干				径　弦	
			MPa	MPa	MPa	MPa	
马来西亚	0.84	1.025	66.9 (86.3)	109 (156)	17900 (20800)	13.4 (18.8)	

木材天然干燥很慢，15mm 和 40mm 厚的板材气干分别需 6 个月和 8 个月；仅稍有端裂和面裂。天然耐腐性很强，防腐处理极难。锯切困难；锯齿稍钝，锯时可能发生弹跳现象；刨切容易，板面光滑；钻孔略难，表面光滑；车旋困难，切面光滑或粗糙。

【木材用途】

木材强度大，耐久性强，除边材外，可以不必进行防腐处理。宜做造船材，特别适合制作航海木船（如龙骨等）、大型游艇、长木柱、桥梁、桥墩、码头、梁、搁栅、重型地板、一般地板、电杆、滑板、枕木、汽车和火车车厢、骨架、卡车车架等，尚可制作啤酒桶、橡胶凝结桶、葡萄酒桶、黄油搅拌桶等。

II. 轻坡垒类

包括 31 种，商品材名称：梅拉万 Merawan（马）；塞兰甘 Selangan（沙）；曼 Mang（沙捞）；卢衣斯 Luis（沙捞）；主要商品材树种有：

贝卡坡垒 *H. becariana* Burck 商品材名称：梅拉万巴图 Merawan batu（马来半岛）。

德氏坡垒 *H. dyeri* Hiem 商品材名称：梅拉万希坦姆 Merawan hitam（马来半岛）。

锈色坡垒 *H. ferruginea* Parijs 商品材名称：梅拉万江坎 Merawan jangkang（马来半岛）。

粉绿坡垒 *H. glaucescens* Sym. 商品材名称：梅拉万克拉布 Merawan kelabu（马来半岛）。

阔叶坡垒 *H. latifolia* Sym. 商品材名称：梅拉万倒布莱特 Merawan daun bulat（马来半岛）。

脉坡垒 *H. nervosa* King 商品材名称：梅拉万克拉布 Merawan kelabu（马来半岛）。

格氏坡垒 *H. griffithii* Kurz 商品材名称：梅拉万江坦 Merawan jantan（马来半岛）。

柔佛坡垒 *H. johorensis* Sym. 商品材名称：梅拉万马塔库秦比比特 Merawan mata kuching pipit（马来半岛）。

门格坡垒 *H. mengarawan* Miq. 商品材名称：梅拉万盆娜克 Merawan penak（马来半岛）。

桃叶坡垒 *H. myrtifolia* Miq. 商品材名称：梅拉万江坎 Merawan jangkang。

香坡垒 *H. odorata* Roxb. 详见种叙述。

柄坡垒 *H. pedicellata* Sym. 商品材名称：梅拉万麻塔库秦步克特 Merawan mata kuching bukit（马来半岛）。

三哥坡垒 *H. sangal* Korth. 商品材名称：梅拉万希普特 Merawan siput（马来半岛）。

芳香（软）坡垒 *H.* odorata Roxb.
（彩版 5.9；图版 23.4~6）

【商品材名称】

通称梅拉万-西普特-然坦 Merawan siput jantan，辰嘎尔-帕斯 Chengal pasir，辰嘎尔-凯姆碰 Chengal kampong，辰嘎尔-普劳 Chengal pulau，辰嘎尔-麻斯 Chengal mas（马）；塔吉安-洞 Takhian tong（泰）；白-廷甘 White thingan，萨菲德-廷甘 Safed thingan（印度）；

绍其 Sauchi，梭克外 Sawkwai，廷新甘 Thinsingan，廷甘-烈特 Thingan net（缅）；苏 Sao（越）；库克 Koki（柬）。

【树木及分布】

大乔木，树高 30~40m，偶至 60m，直径 0.4~1m；分布于缅甸、孟加拉国、中国、老挝、越南、柬埔寨、泰国、马来西亚。

【木材构造】

宏观特征

木材散孔。心材刚伐时黄至浅黄褐色，常带有橄榄绿色，久在空气中材色呈深红褐色或红褐色；与边材界限不明显。边材浅黄色至灰黄色，长时间暴露在大气中材色转深，呈黄褐色，偶微带灰色（可能是由于变色所致），宽 2~2.5m。生长轮不明显。管孔肉眼下可见至明晰，略少至少；大小中，颇一致，散生；分布略均匀，单管孔及少数短径列复管孔；具侵填体。轴向薄壁组织略多。①傍管型，主为翼状至聚翼状，少数环管束状。②离管型，放大镜下仅可得见，呈细弦线，有网状趋势。③周边薄壁组织；在胞间道周围，相互连接呈带状。木射线在放大镜下明显，稀至中；窄至略宽。波痕不明显。胞间道系正常轴向者，在肉眼下呈白点状，沿生长轮呈弦列，在纵切面上呈长线。

微观特征

导管横切面圆或卵圆形，多为单管孔，少数短径列复管孔（通常 2 个，稀 4 个），稀管孔团；散生；5~14 个/mm²，最大弦径 180μm，平均弦径 136μm，导管分子长 423μm；树胶未见，侵填体稀少；螺纹加厚缺乏。管间纹孔式互列，圆及卵圆形；系附物纹孔。穿孔板单一，水平至略倾斜。导管与射线间纹孔式大圆形。环管管胞甚少；围于导管四周，并与薄壁细胞相混杂；具缘纹孔数多，明显，卵圆至长椭圆形。轴向薄壁组织丰富，叠生。①傍管型，与少量环管管胞混杂呈环管束状，翼状或聚翼状。②离管型，星散或星散-聚合。③周边薄壁组织，存在于胞间道周围，呈一弦列带（常宽 3~6 细胞）。细胞端壁节状加厚不明显或略明显；通常不含树胶；晶体未见。木纤维壁厚至甚厚；平均直径 15μm；平均长 1512μm；单纹孔，具缘纹孔数少，圆形。木射线 4~7 根/mm；非叠生。单列射线较少，高 2~7（多数 3~7）细胞。多列射线宽 2~5（多数 4~5）细胞；高 8~74（多数 30~70）细胞。射线组织为异形 II 型及 III 型。射线细胞多列部分圆形及卵圆形；鞘细胞数少；具非典型的榴莲型瓦状细胞；树胶可见，菱形晶体丰富。胞间道系正常轴向者，弦径 37~86μm，埋藏于薄壁组织中，呈长弦列。

材料：W15192，W20345（泰）；W15252，W15305，W15335，W15407（缅）；W14729，W16359（柬）；W4901（印度）。

【木材性质】

木材光泽好；无特殊气味和滋味；纹理交错；结构略细，均匀。重量重或中至重，含水率 12% 时密度 0.74~0.75g/cm³；干缩大至甚大；略硬；强度略高。

木材天然干燥较慢，仅稍有杯弯，端裂不严重。木材耐腐，天然抗菌性强，但边材易遭白蚁蛀蚀，能抗粉蠹虫危害，不抗针孔虫危害，防腐处理困难，无论生材或气干材锯切都很容易，刨切亦易，刨面光滑；钻孔容易或略难，表面光滑；车旋容易，切面光滑；钉钉性质不良。

产　　地	密　度(g/cm³)		顺纹抗压强度	抗弯强度	抗弯弹性模量	顺纹抗剪强度	
	基　本	气　干				径	弦
			MPa	MPa	MPa	MPa	
越　　南		0.75:12%	64.31	153.92	—	—	
印　　度		气　干	46.27	94.51	11470	—	

【木材用途】

适合做轻型和中型结构材，宜做椽木、搁栅、门窗框和房舍构架、楼梯踏板、镶嵌板、天花板，亦宜做一些易遭菌侵害的材料，如地板、轻型工业地板，船舶、桌凳、卡车车辆及面板、砧板等，侵填体丰富者，可作酒桶、黄油搅拌桶、盆桶。原木可旋切单板、胶合板等。

新棒果香属 *Neobalanocarpus* Ashton(*Balanocarpus* Bedd)

树木高大，原名 *Balanocarpus*，约 20 种。Symington 将其中大部分树种都归并到坡垒属和婆罗双属中，本属仅留 *N. heimii* Ashton 1 种，分布于马来西亚及泰国等地。本属商品材名称 Chengal(在马来西亚尚指别类木材，沙捞越还指坡垒类木材；在印度尼西亚则指异翅香类木材)。

新棒果香 *N. heimii* Ashton
(彩版 6.1；图版 24.1~3)

【商品材名称】

辰嘎尔-萨布特 Chengal sabut，辰嘎尔-铁穆 Chengal temu，辰嘎尔-铁穆普让 Chengal tempurang，辰嘎尔-铁穆浜 Chengal tembang，辰嘎尔-西普特 Chengal siput，佩纳克 Penak (马)；塔建禅 Takien chan(泰)。

【树木及分布】

乔木，树高 20~30m，直径 1~1.5m，最大者可达 4m；分布于马来西亚、泰国。

【木材构造】

宏观特征

木材散孔。心材浅黄褐色，新鲜材带微绿色，长时间暴露于大气中材色转深，呈紫褐色或锈红色；与边材区别明显。边材浅黄色，宽 2~5cm。生长轮不明显，有时介以深色纤维带或有胞间道薄壁组织带。管孔在肉眼下可见，单管孔及少数短径列复管孔；数略少，大小中，略一致；散生，分布颇均匀；侵填体丰富。轴向薄壁组织丰富。①离管型，放大镜下可见，星散-聚合或呈短弦线，位于两根射线之间。②傍管型，在放大镜下明显，环管束状及翼状。③周边薄壁组织，存在于胞间道周围。木射线中至稀；甚窄至略宽。波痕甚明显。胞间道系正常轴向者，肉眼下呈白色细线，沿生长轮呈长弦列。

微观特征

导管横切面为圆形或近圆形；主为单管孔，少数短径列复管孔(2~4 个)，管孔团偶见；通常散生，间或斜列，6～12 个/mm²；最大弦径 174μm，平均弦径 146μm，导管分子长 460μm；侵填体甚丰富（特别在心材导管中）；树胶未见；螺纹加厚缺乏；叠生。管间纹孔式互列，圆形或卵圆形；系附物纹孔。穿孔板单一，水平至略倾斜。导管与射线间纹孔式大圆形。**环管管胞未见。轴向薄壁组织略丰富，叠生。**①离管型，轮介状和星散及星散-聚合（数多，常弦列于两根射线之间）。②傍管型，环管状，环管束状，翼状及聚翼状，宽 2～11 细胞。③周边薄壁组织，围绕胞间道呈翼状或连成弦向带，带宽数细胞。晶体及树胶未见。木纤维壁甚厚，平均直径 14μm，平均长 1413μm；叠生。具缘纹孔稀疏，圆形。木射线 4～7 根/mm；叠生。单列射线高 2～9（多数 2～6）细胞。多列射线宽 2～5（多数 3～5）细胞；高 7～50（多数 21～44）细胞。射线组织异形 Ⅲ型。射线细胞多列部分圆或卵圆形；具少数鞘细胞；单穿孔射线细胞可见，含树胶，具菱形晶体，硅石可见。**胞间道系正常轴向者与管孔略等大，弦径 74～105μm；埋藏于薄壁细胞中，沿生长轮呈长弦列。**

　　材料：W 17494（新）；W 15467-8（巴新）。

【木材性质】

　　木材光泽弱，无特殊气味和滋味；纹理交错；结构细，较均匀。甚重；木材干缩小，干缩率从生材至气干径向 1.1%，弦向 2.6%，比龙脑香科其他属低或略低；木材甚硬；耐磨损；强度甚高。

产　　地	密　度(g/cm³)		顺纹抗压强度	抗弯强度	抗弯弹性模量	顺纹抗剪强度	
						径　　弦	
	基　本	气　干	MPa	MPa	MPa	MPa	
马来西亚	0.78	0.95	75.2 (84.2)	149 (159)	19600 (19200)	13.9 (16.1)	

　　木材干燥慢；15mm 和 40mm 厚板材气干分别需 5 个月和 6 个月。木材很耐腐，能抗菌类感染，防腐处理略难。锯切较容易，气干材较生材略难；解板不很困难；刨削容易，刨面光滑；钻孔容易，切面光洁，生材较干材略差；车旋容易，切面光滑。

【木材用途】

　　宜做重型结构和室外用材、枕木、桥梁、码头、桅杆、电杆、桩柱等和一般及承重地板，可做木槽、木桶、酒桶、黄油容器。还很适宜制作机动车架、造船等。

赛罗双属 *Parashorea* Kurz.

　　大乔木，约有 12 种；树高可达 70m，直径 1～1.7m。分布较广，从缅甸南部，泰国经印度支那、马来半岛、苏门答腊、加里曼丹至菲律宾。中国有望天树 1 种，产云南和广西。本属木材分重轻两类：

Ⅰ. 重赛罗双类

　　商品材名称：格茹图 Gerutu（马）；梅然蒂格茹图 Meranti gerutu（马）；重白赛若亚

Heavy white seraya(沙)；廷嘎杜 Thingadu(缅)；乔-其 Cho chi(越)。本类常见商品材树种有：

丛花赛罗双 *P. densiflora* V. sl. et Sym 商品材名称：格茹图培赛尔 Gerutu pasir(马)。

小叶赛罗双 *P. parvifolia* Wyatt-smith 商品材名称：乌拉特麻塔当柯齐 Urat mata daun kechil(沙)。

星芒赛罗双 *P. stellata* Kurz. 详见种叙述。

希姆赛罗双 *P. symthiesii* Wyatt-smith ex Ashton 商品材名称：乌拉特麻塔巴图 Urat mata batu(沙)。

星芒赛罗双 *P. stellata* Kurz.
(*P. lucida* Kurz.)
(彩版 6.2；图版 24.4~6)

【商品材名称】

廷嘎杜 Thingadu(缅)；乔-其 Cho-chi(越)；塔沃依木 Tavoy wood(缅，印度)；梅-乔-其 May cho chi(老)；格茹图 Gerutu(马)；梅然蒂-格茹图 Meranti Gerutu，格茹图-格茹图 Gerutu-gerutu(马)。

【树木及分布】

大乔木，直径可达 1m；分布于缅甸、老挝、越南、柬埔寨、泰国、马来西亚。

【木材构造】

宏观特征

木材散孔。心材新鲜时浅粉红色或奶白色，在大气中材色转深，呈稻草黄，浅褐或深褐色；与边材区别略明显。边材黄白色，宽约 2~4cm。生长轮不明显。管孔在肉眼下明显至可见。单管孔及少数径列复管孔；数少；大小大；颇一致；散生或略径列；具侵填体；树胶可见。轴向薄壁组织丰富。①主为傍管型，在放大镜下明显，环管束状及翼状。②离管型，在放大镜下仅可得见，星散-聚合及星散状。③周边薄壁组织，围绕在胞间道周围。木射线在肉眼下可见，稀至中；略宽。波痕未见。胞间道系正常轴向者，在肉眼下白色点状，呈长弦列。

微观特征

导管横切面圆或卵圆形，单管孔及短径列复管孔，偶至管孔团；散生或斜径列(3~5个)；3~5 个/mm^2，最大弦径 293μm，平均弦径 253μm；导管分子长 455μm；侵填体可见；树胶未见；螺纹加厚缺乏。管间纹孔式互列，圆或卵圆形，或略具多角形轮廓，系附物纹孔，纹孔口内函，透镜形，常横列。穿孔板单一，水平或略倾斜。导管与射线间纹孔式大圆形。环管管胞数略多，与轴向薄壁组织相混杂，围于导管四周；具缘纹孔明显。轴向薄壁组织丰富，略叠生。①主为傍管型，环管束状，翼状或 2~3 个呈聚翼状。②离管型甚少，星散状及星散-聚合。③周边薄壁组织，围绕轴向胞间道呈同心圆式的长弦列。菱形晶体见于分室含晶细胞中，连续数个至 10 余个。木纤维壁厚至略厚；平均直径 19μm，平均长 1918μm，纹孔具狭缘稀疏，圆形或近圆形。木射线 3~6 根/mm；非叠生。单列射线较少，高 2~11(多数 3~6)细胞。多列射线宽 2~7(多数 3~6)细胞；高 6~91(多数 40~84)细胞。射线组织异形Ⅲ型。多列部分射线细胞圆或卵圆形；含菱形晶体，存在于正常的分室细胞中，树胶及硅石未见。胞间道系正常轴向者，比管孔小，弦径 81～186μm，埋藏于薄壁细胞中，呈长弦列。

材料：W4822（英）；W8901，W8942，W12721，W12768（越）；W15233，W 15266，W15268，W15329（缅）；W20347（泰）。

【木材性质】

木材光泽弱；无特殊气味和滋味；纹理斜；结构略粗至粗，均匀。重量中，基本密度 0.56g/cm³，含水率 15% 时密度 0.69g/cm³；木材干缩中至大；略硬，强度中。

产　　地	密　度（g/cm³）		顺纹抗压强度	抗弯强度	抗弯弹性模量	顺纹抗剪强度	
						径	弦
	基　本	含水率	MPa	MPa	MPa	MPa	
印　　度			57.94	100.98	15390	—	

木材天然气干慢，厚 15mm 和 40mm 的板材，气干分别需 4 个月和 6 个月；稍有端裂，面裂和变色，同时伴有劈裂和昆虫侵袭。炉干后有严重的面裂和翘曲现象，所以树种炉干前，最好气干至含水率 30% 左右。木材不耐腐，防腐处理较难。木材加工时，因含有很多晶体，工具易钝。横断容易，顺锯困难；刨切、钻孔和车旋容易，切面光滑；钉钉性能好。

【木材用途】

木材属重赛罗双类，适于室内轻、中型结构用材，镶嵌板、隔墙板、家具、地板条、胶合板、模板、箱盒、板条箱等。

Ⅱ. 轻赛罗双类

商品材名称：白赛若亚 White seraya（沙）；蒂姆巴隆 Tembalun（苏门答腊）；乌拉特麻塔 Urat mata（沙，沙捞）；巴格蒂坎 Bagtikan（菲）；朴蒂 Puteh（印）。本类常见商品材树种有：

无翼赛罗双 *P. aptera* V. Sl. 商品材名称：蒂姆巴隆 Tembalun（苏门答腊）。

大叶赛罗双 *P. macrophylla* Wyatt-Smith. ex Ashton 商品材名称：坡然 Peran（文，沙捞）。

马拉赛罗双 *P. malaanonan* Merr. 详见种叙述。

小毛赛罗双 *P. tomentella*（Sym.）Meijer. 商品材名称：乌拉特-麻塔-贝卢都 Urat mata beludu（沙）。

瓦氏赛罗双 *P. warburgii* Brandis 商品材名称：南方巴格蒂坎 Southern bagtikan（菲）。

马拉赛罗双 *P. malaanonan* Merr.

（*P. plicata* Brandis）

（彩版 6.3；图版 25.1～3）

【商品材名称】

白赛若亚 White seraya（马）；巴格蒂坎 Bagtikan，南方-巴格蒂坎 Southern bagtikan，白柳安 White lauan，蒂阿翁 Tiaong，单里格 Danlig（菲）；乌拉特-麻塔-当-里钦 Urat mata daun lichin（沙）；乌拉特-麻塔 Urat mata（沙，沙捞）。

【树木及分布】

大乔木，树高约70m，枝下高30 m以上，直径约2m；分布于菲律宾、沙巴、沙捞越、加里曼丹、文莱。

【木材构造】

宏观特征

木材散孔。心材新鲜时浅巧克力色，长期在大气中材色转深，呈草黄至浅褐色（较重赛罗双类材色微红）；与边材区别不明显。边材黄白色。生长轮不明显。管孔在肉眼及放大镜下明显，少至略少；中至大；大小颇一致；多散生，分布略均匀；单管孔及少数短径列复管孔；侵填体可见；树胶未见。轴向薄壁组织丰富。①主为傍管型，在放大镜下明显，环管束状及翼状。②离管型，星散状及星散-聚合。③周边薄壁组织，围绕在胞间道周围。木射线在肉眼及放大镜下明显，稀至中；甚窄至窄。波痕未见。胞间道系正常轴向者，在肉眼下为白色点状，呈同心圆或长弦列。

微观特征

导管横切面圆或卵圆形，主为单管孔，少数短径列复管孔（2～3个），散生或略斜径列，3～7个/mm²，最大弦径212μm，平均170μm；导管分子长396μm，侵填体可见；树胶未见；螺纹加厚缺如。管间纹孔式稀少；互列；圆或近圆形，或具多角形轮廓，系附物纹孔。穿孔板单一，水平至略倾斜。导管与射线间纹孔式为大圆形。环管管胞数略多，与轴向薄壁组织相混杂，围于导管四周，具缘纹孔明显，系附物纹孔。轴向薄壁组织丰富，局部叠生。①主为傍管型，环管束状及翼状。②离管型数少，星散状。③周边薄壁组织，围绕轴向胞间道，常呈长弦列。菱形晶体见于分室含晶细胞中，数个或10余个。木纤维壁甚薄；平均直径19μm，平均长1308μm；单纹孔或具狭缘，稀疏，圆或近圆形。木射线3～7根/mm，非叠生。单列射线少，高2～11（多数3～6）细胞。多列射线宽2～4（多数3～4）细胞；高7～69（多数24～55）细胞。射线组织异形Ⅲ型，少数异形Ⅱ型。射线细胞多列部分圆或卵圆形；具菱形晶体，存在于正常或分室细胞中；树胶及硅石未见。胞间道系正常轴向者，比管孔小，弦径95～125μm，埋藏于薄壁细胞中，通常呈同心圆式的长弦列。

材料：W4691，W18340（菲）。

【木材性质】

木材光泽弱；无特殊气味和滋味；纹理交错；结构略粗，均匀。重量轻至中；木材干缩中至大，干缩率生材至含水率12%时径向2.0%，弦向4.4%，差异干缩2.30；生材至炉干，径向4%，弦向7.7%，差异干缩1.91；木材略硬；强度中。

产　　地	密　度(g/cm³)		顺纹抗压强度	抗弯强度	抗弯弹性模量	顺纹抗剪强度	
	基　本	气　干				径	弦
			MPa	MPa	MPa	MPa	
菲　律　宾	0.49	0.52:12% (0.591)	48.1 (44.4)	92.4 (84.7)	12900 (12000)	9.46 (9.78)	

木材天然气干略慢至慢，干燥时有翘曲，开裂和变色菌侵袭。人工干燥颇快，除稍有杯弯外，很少有其他缺陷。木材不耐腐，防腐处理困难。木材加工颇易，但刀具刃口易钝；交错纹理者刨切后，弦面光滑，径面不佳，胶粘及抛光性好，握钉力亦好。

【木材用途】

木材属轻赛罗类，适合内部装修、镶嵌板、胶合板、木模型、壁脚板、船舶（骨架和板材）。

娑罗双属 *Shorea* Roxb. ex Gaerth.

大乔木，167 种；分布从印度、斯里兰卡，经缅甸、泰国、菲律宾、马来西亚至印度尼西亚。本属木材资源丰富，在经济上是最重要的大属之一。由于产地辽阔，树种繁多，材性各异，给木材利用带来了一定困难，根据材色和重量并参照国外的分类，作者将本属木材分以下六类：

娑罗双属木材类别表

材 色	类 别	密度（g/cm^3）
深 红 色	（真）深红娑罗双类	0.56~0.87
	（巴劳）重红娑罗双类	0.80~0.88
浅 红 色	（真）浅红娑罗双类	0.39~0.76
黄 色	黄娑罗双类	0.58~0.74
	重黄娑罗双类	0.85~1.16
白 色	白娑罗双类	0.50~0.92

中国产云南娑罗双 *S. assamica* Dyer 和粗壮娑罗双 *S. robusta* Gaertn. f.，分别产云南和西藏，按上述标准应为白娑罗双和重黄娑罗双类。

Ⅰ. 深红娑罗双类

本类木材深红色，比重红类轻，含水率15%的气干密度为 0.56~0.87g/cm^3，共约18 种。商品材名称：深红梅兰蒂 Dark red meranti（沙捞）；梅然蒂 Meranti（马）；梅然蒂-切瑞阿克 Meranti cheriak（沙捞）；赛若亚-埃姆苏 Seraya nemusu（马）；奥巴苏鲁克 Obar suluk（沙巴）；梅然蒂-克吐蔻 Meranti ketuko（印）；红柳桉 Red lauan，深红菲律宾桃花心木 Dark red philippine mahogany，坦吉雷 Tangile，蒂阿翁 Tiaong（菲）。马来西亚等地华人称之为深红芭麻。

疏花（深红）娑罗双 *S. pauciflora* King

（*S. agsaboensis* Stern）

（彩版6.4；图版25.4~6）

【商品材名称】

深红梅然蒂 Dark red meranti，埃姆苏 Nemusu（马）；坦吉雷 Tangile，蒂阿翁 Tiaong，

红-柳安 Red lauan(菲）；奥巴-苏鲁克 Obar suluk（沙）；梅然蒂梅拉 Meranti merah，梅然蒂克吐蔻 Meranti ketuko（印）。

【树木及分布】

大乔木，树高约70m，直径约1.5m；分布于泰国、马来西亚、苏门答腊、加里曼丹、沙捞越、文莱、沙巴、菲律宾。

【木材构造】

宏观特征

木材散孔。心材略红，红至深红褐，有时微紫；与边材区别略明显至不明显。边材桃红色，宽2.5~6cm。生长轮不明显。管孔在肉眼下可见至明显，单管孔及径列复管孔；少至略少；大小大，颇一致，散生，有时斜列；分布颇均匀；侵填体偶见；树胶未见。轴向薄壁组织稀少。①傍管型，在肉眼下可见，环管束状或翼状。②离管型，在放大镜下仅可得见，星散-聚合，细线状。③周边薄壁组织，围绕胞间道周围。木射线在肉眼下可见，有叠生趋势，稀至中；窄至甚窄。波痕未见。胞间道系正常轴向者，肉眼下呈白点状，长弦列。

微观特征

导管横切面圆或卵圆形，单管孔及短径列复管孔；散生。3~6个/mm^2；最大弦径277μm，平均220μm，导管分子长512μm；侵填体可见；树胶未见；螺纹加厚缺如。管间纹孔式少见，互列，具缘纹孔圆或近圆形，系附物纹孔。穿孔板单一，水平或略倾斜。导管与射线间纹孔式大圆形。环管管胞数少，与轴向薄壁细胞相混杂，围于导管四周，具缘纹孔明显。轴向薄壁组织丰富，有叠生趋势。①傍管型，环管束状，翼状，或聚翼状。②离管型，星散，星散-聚合或带状。③周边薄壁组织，围绕导管四周弦带状；晶体存在于分室含晶细胞中，有时膨大为异细胞，连续者少见。树胶未见。木纤维壁薄，稀厚；平均直径21μm，纤维长1282μm；具缘纹孔稀疏，圆或近圆形。木射线3~6根/mm；非叠生。单列射线数少，高2~14(多数3~10)细胞。多列射线宽2~5(多数3~4)细胞；高9~89(多数51~80)细胞。射线组织异形Ⅱ型及Ⅲ型。射线细胞多列部分圆或卵圆形；菱形晶体存在于异细胞中；树胶可见；硅石未见。胞间道正常轴向者比管孔小，弦径70~122μm；埋藏于轴向薄壁细胞中，呈长弦列。

材料：W 15426（印）。

【木材性质】

木材光泽弱；无特殊气味和滋味；纹理交错；结构略粗，均匀。重量轻至中；干缩小至大，干缩率生材至含水率15%时径向1.7%，弦向2.9%，差异干缩1.70；生材至炉干，径向2.2%，弦向7.0%，差异干缩3.18，强度低至中。

木材无论天然气干还是人工干燥，速度均稍快，15mm和40mm厚板材气干分别需要2.5个月和4个月；无缺陷产生。木材略耐腐，边材易被粉蠹虫及白蚁危害；不抗海生钻木动物侵袭。防腐剂处理心材通常难，边材略易。锯、刨、钻孔、加工均易，切面光滑。胶粘及钉钉性质良好。

产　　地	密　度（g/cm³）		顺纹抗压强度	抗弯强度	抗弯弹性模量	顺纹抗剪强度
						径　　弦
	基　　本	气　　干	MPa	MPa	MPa	MPa
马来西亚	0.54	0.675	37.7 (52.5)	71 (96)	12700 (12700)	7.5 (12.1)
菲律宾	0.32	0.35:12% (0.398)	34.3 (31.7)	67.9 (67.9)	11000 (9460)	5.59 (5.78)

【木材用途】

材色深红而美丽；适宜制作大众化的家具、高档室内装饰、地板、框材、隔板、木模型、护墙板、刨切和旋切单板。

Ⅱ．重红娑罗双类

本类系红色质重的娑罗双类木材，比深红类、浅红类都重，分巴劳重红娑罗双，沙捞越重红娑罗双类和暹罗重红娑罗双三类。巴劳重红类含水率15%时密度0.80～0.88g/cm³，共约5种。商品材名称：红-巴劳 Red balau（马）；巴劳-梅拉-梅穆巴图 Balau marah membatu，塞里姆巴-达玛-劳特-梅拉 Selimbar damar laut merah，巴劳-劳特-梅拉 Balau laut merah（马）；塞兰甘-巴图-梅拉 Selangan batu merah，红-塞兰甘-巴图 Red selangan batu（沙，沙捞）；桂若 Guijo（菲）。马来西亚等地华人称之为湿杪、基造杪。

吉索（重红）娑罗双 S. *guiso* Bl.
（彩版6.5；图版26.1～3）

【商品材名称】

红-巴劳 Red balau，梅穆巴图 Membatu，辰嘎尔-帕西 Chengal pasir（马）；赛兰甘-巴图-梅拉 Selangan batu merah（文，沙捞，沙）；红-塞兰甘-巴图 Red selangan batu（沙）；红-塞兰甘 Red selangan（沙捞）；桂若 Guijo（菲），才木 Chai（越）；到-冲 Chor chorg（柬）；吉索 Giso，巴劳-梅拉 Balau merah，班哥凯莱 Bangkirai（印）。

【树木及分布】

大乔木，树高50～60m，直径0.8～1.8m；分布于柬埔寨、老挝、越南、泰国、马来西亚、苏门答腊、加里曼丹、文莱、沙捞越、沙巴和菲律宾。

【木材构造】

宏观特征

木材散孔。心材桃红，浅红，深红至深红褐；与边材区别略明显或明显。边材桃红色，微灰褐；宽3～8cm。生长轮明显，有时在生长轮末端有深色纤维带。管孔在肉眼下明显，单管孔及短径列复管孔；略少，中至大；大小颇一致；散生；分布略均匀；侵填体及树胶未见。轴向薄壁组织丰富。①主为傍管型；翼状或2～3个聚翼状。②离管型；放大镜下不见。③周边薄壁组织，围绕在胞间道周围。木射线在肉眼下明显，稀至中；甚窄至略宽，比管孔窄。波痕未见。胞间道系正常轴向者，在肉眼下呈白点状，长弦列。

微观特征

导管横切面圆或卵圆形，单管孔及短径列复管孔；散生；7~9 个/mm²；最大弦径 227μm，平均167μm，导管分子长390μm；侵填体及树胶未见；螺纹加厚缺如。管间纹孔式少见，互列，系附物纹孔。穿孔板单一，水平至略倾斜；导管与射线间纹孔式大圆形。环管管胞数少，与轴向薄壁组织相混杂，围于导管四周，具缘纹孔明显。**轴向薄壁组织丰富**，有叠生趋势。①主为傍管型，翼状，有时 2~3 个相连呈聚翼状。②离管型，星散状，少数星散-聚合。③周边薄壁组织，围绕轴向胞间道，呈长弦列。晶体存在于分室含晶细胞中，可连续18个以上；树胶未见。木纤维壁厚；平均直径16μm；平均长1459μm，具缘纹孔稀疏，圆或近圆形。**木射线**5~8 根/mm；非叠生。单列射线较少，高 3~11（多数 3~9）细胞。多列射线宽 2~5（多数 3~4）细胞；高 8~60（多数 20~53）细胞。射线组织异形Ⅲ型，少数Ⅱ型。射线细胞多列部分圆或卵圆形；鞘细胞偶见；菱形晶体丰富，数个至 10 余个，存在于分室含晶细胞中，有些细胞略膨大；树胶丰富，硅石未见。胞间道系正常轴向者，比管孔小，弦径 84~110μm，埋藏于薄壁细胞中，常呈长弦列。

材料：W4686，W18904（菲）；W15470（沙）。

【木材性质】

木材光泽弱；无特殊气味和滋味；纹理交错严重；结构略细至略粗，均匀。木材重量中至重；干缩大，干缩率从生材至含水率12%时径向 2.6%，弦向 6.3%，差异干缩 2.42；生材至炉干径向 5.2%，弦向 10.7%，差异干缩 2.06；侧面硬度 6031N，端面硬度 5335N；强度高至甚高。

产　　地	密　度（g/cm³）		顺纹抗压强度	抗弯强度	抗弯弹性模量	顺纹抗剪强度	
	基　本	气　干	MPa	MPa	MPa	径	弦
						MPa	
菲 律 宾	0.68	0.75：12% （0.853）	67 （62.4）	126 （116）	17.3 （16.0）	13.0 （13.4）	
马来西亚	0.60	0.755	52.2 （62.2）	100 （113）	14800 （14800）	12.0 （14.4）	

天然气干颇慢，15mm 和 40mm 厚板材气干分别需 4 个月和 6 个月；略有端裂，杯裂和面裂。木材易遭昆虫侵袭，有蓝变发生；略耐腐；防腐处理困难；钉钉性质良好。

【木材用途】

木材重红色，适宜制作梁柱、搁栅、承重家具、承重地板、门窗框架，经过防腐处理还可用作枕木、电杆。

Ⅲ. 浅红娑罗双类

本类木材比深红娑罗双类轻，气干密度 0.39~0.76g/cm³。按材色等还可分以下 4 类：①浅红娑罗双类：包括阿蒙娑罗双 *S. almon* Foxw.，五齿娑罗双 *S. contorta* Vidal 等，共33 种；②浅黄红娑罗双类：包括大翅娑罗双 *S. macroptera* Dyer 等，共 9 种；③湿生

（浅红）娑罗双类：只有湿生娑罗双 *S. uliginosa* Foxw. 1 种；④沙捞越（轻红）娑罗双类：只有沙捞越娑罗双 *S. albida* Sym. 1 种。

浅红娑罗双类商品材名称：浅红梅兰蒂 Light red meranti（马，沙）；塞拉亚 Seraya，红塞拉亚 Red seraya（沙）；梅兰蒂梅拉 Meranti merah（印）；红柳桉 Red lauan，白柳桉 White lauan，浅红菲律宾桃花心木 Light red philippine mahogany（菲）；萨亚 Saya（泰）。马来西亚等地华人称浅红芭麻。

五齿（浅红）娑罗双 *Shorea contorta* Vidal
（*Pentacme contorta* Merr et Rolfe，*P. mindanensis* Foxw.）
（彩版 6.6；图版 26.4~6）

【商品材名称】

白柳桉 White lauan，丹戈格 Dangog，单罗格 Danlog，丹里格 Danlig，哈普尼特 Hapnit，棉兰老-白-柳安 Miadanao white lauan，柳安-布兰科 Lauan blanco（菲）；还有浅红梅兰蒂 Light red meranti，红-梅兰蒂 Red meranti，梅兰蒂 Meranti，塞拉亚 Seraya，红塞拉亚 Red seraya（马）；梅兰蒂-梅拉 Meranti merah（印）。

【树木及分布】

大乔木，树高 50m，直径 1.8m；主要分布于菲律宾，在沙捞越亦有少量分布。

【木材构造】

宏观特征

木材散孔。心材深红褐色；与边材区别不明显。边材浅灰褐色。生长轮不明显。管孔在肉眼下明显，单管孔及短径列复管孔；少至略少；大小大，颇一致；散生；分布略均匀；侵填体可见；树胶未见。轴向薄壁组织丰富。①主为傍管型，翼状，或 2~3 个聚翼状。②离管型，放大镜下不见。③周边薄壁组织，围绕在胞间道周围。木射线在放大镜下明显，稀；甚窄至略宽，比管孔窄；高 1mm 以上。波痕未见。胞间道系正常轴向者，在肉眼下呈长弦线及点状。

微观特征

导管横切面圆或卵圆形，单管孔及短径列复管孔；散生。3~6 个/mm²，最大弦径 291μm，平均 230μm，导管分子长 668μm，侵填体可见，树胶未见，螺纹加厚缺如。管间纹孔式少见，互列，具缘纹孔圆形至椭圆形，或略具多角形轮廓，系附物纹孔。穿孔板单一，水平至略倾斜。导管与射线间纹孔式大圆形，少数为刻痕状。环管管胞数少，与轴向薄壁组织相混杂，围于导管四周，具缘纹孔明显。轴向薄壁组织丰富，有叠生趋势。①主为傍管型；环管束状及翼状，偶尔 2~3 个相连呈聚翼状。②离管型，星散状。③周边薄壁组织，围绕轴向胞间道，呈长弦列，晶体及树胶未见。木纤维壁薄，平均直径 23μm，平均长 1697μm，具缘纹孔稀疏，圆形或近圆形。木射线 3~5 根/mm，非叠生。单列射线较少，高 3~11（多数 3~8）细胞。多列射线宽 2~5（多数 2~4）细胞；高 13~74（多数 40~65）细胞。射线组织异形Ⅲ型。射线细胞多列部分圆或卵圆形；鞘细胞偶见；端壁节状加厚及水平壁纹孔略明显；树胶丰富，晶体及硅石未见。胞间道系正常轴向者，比管孔小，弦径 58~81μm，埋藏于薄壁细胞中，通常呈长弦列。

材料：W4698，W18883（菲）；W10310（产地不详）。

【木材性质】

木材具光泽；无特殊气味和滋味；纹理交错；结构粗，均匀。重量轻；干缩中，干缩率生材至含水率12%时径向1.9%，弦向4.4%，差异干缩2.70，生材至炉干径向3.7%，弦向7.5%，差异干缩2.20；木材软，侧面硬度2569N，端面硬度2805N；强度低。

产　　地	密　度(g/cm^3)		顺纹抗压强度	抗弯强度	抗弯弹性模量	顺纹抗剪强度	
						径　弦	
	基　本	气　干	MPa	MPa	MPa	MPa	
菲　律　宾	0.43	0.45:12% (0.512)	41.8 (38.6)	80.6 (80.6)	11700 (10100)	8.26 (8.25)	

木材天然气干性质良好，仅稍有开裂，几无降等缺陷产生。天然耐腐性弱，不抗白蚁侵袭；防腐处理时用真空加压法，油质防腐剂比较容易注入，但分布不均匀。加工有一定困难，除刨、旋外，其他方面均差，胶粘性好。

【木材用途】

木材浅红，系一般用材，用途广泛，如家具、室内装修、门窗及门窗框、护墙板、壁脚板、模型材、单板、胶合板、船板、纸浆及造纸等。

泰斯(浅红)娑罗双 S. *teysmanniana* Dyer ex Brandis
(彩版6.7；图版27.1~3)

【商品材名称】

浅红梅兰蒂 Light red meranti，梅兰蒂-本嘎 Meranti bunga（马）；赛若亚-本嘎 Seraya bunga（沙）；蒂阿翁 Tiaong（菲）。

【树木及分布】

乔木，树径可达0.8m；分布于马来西亚(马来半岛，沙巴，沙捞越)、帮加岛、加里曼丹、菲律宾等。

【木材构造】

宏观特征

木材散孔。心材材色变化较大，从浅褐、桃红、深红至深褐；与边材区别明显。边材色灰，宽2.5~8cm。生长轮不明显或介以不明显的浅色纤维带。管孔在肉眼下可见至略明显；主为单管孔，短径列复管孔少见；少至略少，甚大至大，大小颇一致；散生有时斜列，分布颇均匀；侵填体可见；树胶未见。**轴向薄壁组织丰富。**①主为傍管型，放大镜下明显，环管束状及翼状，少数呈聚翼状。②离管型，放大镜下仅可得见，星散-聚合，细线状与射线相交成网状。③周边薄壁组织，围绕于轴向胞间道周围。木射线有叠生趋势，在肉眼下可见，稀；窄至甚窄，比管孔窄。波痕未见。胞间道系正常轴向者，在肉眼下呈白点状，长弦列。

微观特征

导管横切面圆或卵圆形，单管孔较多，复管孔较少，散生，有时斜列；5~8个/

mm^2；最大弦径338μm，平均300μm；导管分子长745μm，侵填体可见，树胶偶见，螺纹加厚缺如。管间纹孔式少见，互列，具缘纹孔圆或近圆形，系附物纹孔。穿孔板单一，水平或略倾斜。导管与射线间纹孔式大圆形。**环管管胞数少**，与轴向薄壁组织相混杂，围于导管四周，具缘纹孔明显。**轴向薄壁组织丰富**，有叠生趋势。①主为傍管型，翼状，聚翼状，环管束状偶见。②离管型，星散-聚合及细线状。③周边薄壁组织，围绕胞间道周围。菱形晶体见于分室含晶或异细胞中；树胶少见。**木纤维壁薄**；平均直径25μm，长1613μm；具缘纹孔稀疏，圆或近圆形。**木射线**2~5根/mm；非叠生。单列射线数少，高2~9（多数2~6）细胞。多列射线宽2~4（多数3~4）细胞；高6~49（多数20~42）细胞。射线组织异形Ⅱ型，少数Ⅲ型。射线细胞多列部分圆或卵圆形；菱形晶体存在于正常细胞或异细胞中，树胶丰富；硅石未见。**胞间道**系正常轴向者，比管孔小，弦径60~140μm，埋藏于薄壁细胞中，长弦列。径向胞间道略大，可见于宽木射线中。

材料：W4659（菲）。

【木材性质】

木材略具光泽；无特殊气味和滋味；纹理交错；结构粗，均匀；重量轻至中，基本密度0.42g/cm^3，含水率15%时密度0.51~0.62g/cm^3；干缩甚大，干缩率生材至含水率12%时径向4.6%，弦向7.4%，差异干缩4.63。力学强度低或低至中。

产　　地	密　度(g/cm^3)		顺纹抗压强度	抗弯强度	抗弯弹性模量	顺纹抗剪强度	
						径	弦
	基　本	气　干	MPa	MPa	MPa	MPa	
印度尼西亚		0.59	32.94 (35.82)	58.43 (60.86)	11080 (10758)	4.8，5.3 (5.5，6.0)	
马来西亚	0.42	0.51	23.6 (39.0)	46 (71)	10600 (9500)	5.3 (9.5)	

木材天然气干慢至相当快，无严重缺陷产生。木材不耐腐，边材易遭粉蠹虫危害，不抗白蚁侵蚀；防腐处理边材略难，心材难至很难；加工容易，切面光滑；钉钉性质好；胶粘性质亦佳。

【木材用途】

材色浅红，木材用途广泛，如家具、室内装修、门、窗、护墙板、隔板、模型材、壁脚板及胶合板。

Ⅳ. 黄娑罗双类

本类木材浅黄褐色，长期在大气中，材色转深，呈黄褐色，故名黄娑罗双。在植物学上属 Section Richetia。

本类约有20种。商品材名称：黄-梅兰蒂 Yellow meranti；梅兰蒂 Meranti（马，沙捞）；达玛西坦姆 Damar hitam（马）；黄-塞拉亚 Yellow seraya；塞拉亚-库宁 Seraya kuning，塞兰甘-库宁 Selangan kuning，塞兰甘-卡查 Selangan kacha（沙）；黄-柳安 Yellow lauan，曼格西欧若 Manggasinoro（菲）。马来西亚等地华人称之为黄芭麻，乌烟杪。

光亮（黄）娑罗双 *S. polita* Vidal
（*S. mindanensis* Foxw.）
（彩版 6.8；图版 27.4~6）

【商品材名称】

黄柳桉 Yellow lauan，马拉诺昂 Malaanonang，柳安-普提 Lauan-puti（菲）。

【树木及分布】

大乔木，高 25~30m，直径 1.2m；分布于菲律宾。

【木材构造】

宏观特征

木材散孔。心材新伐时微白色，有时有浅红色条纹，久置空气中转呈微灰黄色；与边材区别不明显。边材色浅。生长轮不明显。管孔在肉眼下可见，单管孔及短径列复管孔；略少；略大；大小颇一致；分布颇均匀；散生；侵填体可见，树胶未见。**轴向薄壁组织丰富**，肉眼下略见。傍管型，不明显，翼状，聚翼状，不规则分布于轴向胞间道四周。木射线在肉眼下可见，稀至中；甚窄至略宽。波痕未见。胞间道系正常轴向者，在肉眼下呈白色点状，短弦列或长弦列。

微观特征

导管横切面圆及卵圆形，主为单管孔，少数短径列复管孔（2 个）；散生；5~10 个/mm²，最大弦径 249μm，平均 198μm，导管分子长 493μm，侵填体可见，螺纹加厚缺如。管间纹孔少，互列，圆及卵圆形，系附物纹孔。穿孔板单一，水平或略倾斜。导管与射线间纹孔式大圆形。环管管胞数少，与轴向薄壁组织相混杂，围于导管四周，具缘纹孔明显。**轴向薄壁组织略多**，叠生。①傍管型，翼状或傍管带状。②离管型，星散状。③周边薄壁组织，围绕胞间道，呈带状。晶体及树胶未见。木纤维壁薄，平均直径 18μm，平均长 1208μm，径壁具缘纹孔稀疏。木射线 4~6 根/mm，有叠生趋势。单列射线数少，高 1~22（多数 6~9）细胞。多列射线宽 2~6（多数 4~5）细胞；高 7~120（多数 55~90）细胞。射线组织异形 Ⅱ 型及 Ⅲ 型。射线细胞多列部分圆或卵圆形。鞘细胞数少。菱形晶体及硅石可见；树胶未见。胞间道系正常轴向者，比管孔小，弦径 45~74μm，埋藏于轴向薄壁细胞中，长弦列。

材料：W 4642（菲）。

【木材性质】

木材光泽弱；无特殊气味和滋味；纹理交错；结构略粗。木材轻；干缩小，干缩率生材至含水率 12% 时径向 1.8%，弦向 3.4%，差异干缩 2.56；生材至炉干径向 4.6%，弦向 7.6%，差异干缩 2.24；木材略硬，侧面硬度 3138N，端面硬度 3452N；木材力学强度低。

木材干燥性质好，炉干容易，几乎无降等现象发生。木材略耐腐，防腐处理容易。木材加工容易，锯切及切削均易，但遇到硅石时加工工具的刃锋易钝。木材韧性强，人工手锯体积大的木材困难。

产　　地	密　度(g/cm³)		顺纹抗压强度	抗弯强度	抗弯弹性模量	顺纹抗剪强度
	基　　本	气　干				径　弦
			MPa	MPa	MPa	MPa
菲律宾	0.47	0.53:12% (0.603)	41.8 (38.6)	89.1 (81.7)	11100 (10300)	9.59 (9.92)

【木材用途】

适宜正常建筑结构材，并可用以制造单板和镶嵌板，细木工等。

法桂(黄)娑罗双 *S. faguetiana* Heim
(彩版6.9；图版28.1~3)

【商品材名称】

黄梅兰蒂 Yellow meranti，达玛-希坦姆-西普特 Damar hitam siput，塞拉亚-库宁-西普特 Seraya kuning siput(马)。

【树木及分布】

大乔木，高61m以上，直径1.5m；分布于马来西亚、加里曼丹、文莱。

【木材构造】

宏观特征

木材散孔。心材新伐时亮黄色至浅黄褐色；在原木端部，由于变色和渗出的黑色琰玛树脂而与心材区别明显。边材色浅，宽5~8cm。生长轮不明显。管孔在放大镜下可见，单管孔及短径列复管孔，略少至少；大至中，颇一致；散生或斜径列，分布颇均匀，侵填体可见，树胶未见。轴向薄壁组织丰富。①傍管型，在放大镜下明显，多为环管束状，少数翼状。②离管型，在放大镜下呈细线状，星散-聚合状。③周边薄壁组织，围绕于轴向胞间道四周。木射线在肉眼下可见，中至稀；窄至略宽。波痕未见。胞间道系正常轴向者，在肉眼下白点状，呈长弦列。

微观特征

导管横切面圆及卵圆形，单管孔及短径列复管孔(通常2个)；散生或斜列。4~10个/mm²；最大弦径244μm，平均弦径174μm，侵填体量少，树胶未见，螺纹加厚未见。管间纹孔式少见，互列，具缘纹孔圆或近圆形，系附物纹孔，纹孔口内函，透镜形或线形。穿孔板单一，水平或略倾斜。导管与射线间纹孔式大圆形，环管管胞数少，与轴向薄壁组织相混杂，围于导管四周，具缘纹孔明显。轴向薄壁组织丰富，有叠生趋势。①傍管型，环管束状，翼状。②离管型，星散-聚合状。③周边薄壁组织，围绕胞间道。晶体存在于分室含晶细胞(少数为异形胞)中，1至数个；树胶未见，木纤维壁薄；径壁具缘纹孔稀疏，纹孔口内函，裂隙状。木射线4~6根/mm；非叠生。单列射线数少，高1~18(多数3~9)细胞。多列射线宽2~6(多数3~5)细胞；高3~39(多数25~33)细胞。射线组织异形Ⅱ型及Ⅲ型。射线细胞多列部分圆或卵圆形；鞘细胞数少；射线细胞中菱形晶体存在于正常及分室细胞中，树胶及硅石未见。胞间道系正常轴向者，比管孔小，弦径55~130μm，埋藏于轴向薄壁细胞中，长弦列。径向胞间道可见于宽射线中。

材料：Ws86，Ws12（沙捞）。

【木材性质】

木材光泽弱；无特殊气味和滋味；纹理通常交错，有时皱曲；结构略粗，均匀。木材天然缺陷很少，但脆心很严重。木材重量轻至中，基本密度 0.44～0.55g/cm³，含水率15%时密度 0.53g/cm³，干缩大；木材力学强度中。

产　地	密　度（g/cm³）		顺纹抗压强度	抗弯强度	抗弯弹性模量	顺纹抗剪强度	
	基　本	气　干	MPa	MPa	MPa	径	弦
						MPa	
印度尼西亚		0.57	50.59 (54.99)	88.24 (91.91)	10000 (9709)	10.5（弦向） (11.9)	
马来西亚	0.44	0.53	32.8 (41.2)	60 (75)	10700 (10000)	6.4 (9.9)	

木材天然气干略慢，稍有降等现象，如杯弯，弓弯等。不耐腐；边材易遭粉蠹虫危害，易被白蚁和海生钻木动物侵袭；防腐处理难至极难，边材略易。木材加工，生材和气干材锯、刨都很容易，切面略粗糙；胶粘及钉钉性质良好。

【木材用途】

木材黄色，适宜一般的利用，厚板材，轻型结构材、框材、隔板、家具、地板和调色板。特别适合制造高质量的胶合板。

V. 重黄娑罗双

本类木材黄色，较重，基本密度 0.79～0.80g/cm³，气干密度 0.85～1.12g/cm³；有 32 种，植物分类学上属 Section Eushorea。在沙巴产木材气干密度大于 0.88g/cm³，称为 Selangan No.1，小于 0.88g/cm³ 称为 Selangan No.2；前者常大于 1.1g/cm³，后者多数为 0.53～0.88g/cm³，平均 0.77g/cm³。本类木材的密度变异很大，大部分可能是 Selangan batu No.1，而 *S. atrinervosa* Sym.；*S. glaucescens* W. Heijer；*S. inappendiculata* Burck；*S. seminis* V. sl 和 *S. superba* Sym. 则可能属于 Selangan batu No.2。这种木材有两种不同密度的情况，同样也出现在 *S. albida* Sym. 中。印度尼西亚产的 *S. blangeran* Burck 有人单独列为一类，称为 Bangkiran。马来西亚等地华人常称之为白杪。

平滑（重黄）娑罗双 *S. laevis* Ridl.
（彩版 7.1；图版 28.4～6）

【商品材名称】

巴劳 Balau，巴劳-库穆斯 Balau kumus（马）；塞兰甘-巴图-库穆斯 Selangan batu kumus（沙）；巴劳-梅拉 Balau merah（马，印）；浜吉怀 Bangkirai（印）；塞兰甘-巴图-1 号 Selangan batu No.1，塞兰甘-巴图-2 号 Selangan batu No.2（沙）；塞兰甘-巴图 Selangan batu（沙捞）；腾木 Teng，阿克 Ak，埃克 Aek（泰）；亚卡尔 Yakal，马拉亚卡尔 Malagakal，桂若 Guijo（菲）。

【树木及分布】

分布于缅甸、泰国、马来西亚、苏门答腊。

【木材构造】

　　宏观特征

　　木材散孔。心材黄褐色，新伐时黄或灰褐色或带红(非桃红色)；与边材区别略明显。边材色浅；宽3~6cm。生长轮不明显，有时介以不明显的浅色纤维带。管孔在肉眼下可见至明显，单管孔及短径列复管孔，略少；中至略大，大小颇一致；散生或斜径列；分布颇均匀；侵填体可见，树胶未见。轴向薄壁组织丰富。①主为傍管型，肉眼下明显，环管束状及翼状。②离管型，在放大镜下略可得见，星散及星散-聚合，呈细线状。③周边薄壁组织，围绕在胞间道周围。木射线在肉眼下略见，中至稀；甚窄至窄。波痕未见。胞间道系正常轴向者，在肉眼下，横切面上长弦列，白色，有时因渗出树胶而呈黑色。

　　微观特征

　　导管横切面圆或卵形，单管孔及短径列复管孔(2~3个)；散生或斜径列；8~9个/mm²；最大弦径224μm，平均167μm，导管分子长452μm；侵填体丰富；树胶未见；螺纹加厚缺如。管间纹孔式少见，互列，具缘纹孔圆或近圆形，系附物纹孔。穿孔板单一，水平或略倾斜。导管与射线间纹孔式大圆形。环管管胞数少，与轴向薄壁组织相混杂，围于导管四周，具缘纹孔明显。轴向薄壁组织丰富，有叠生趋势。①离管型，星散，少数星散-聚合。②主为傍管型，环管状，侧向伸展似翼状或少数聚翼状。③周边薄壁组织，围绕胞间道，呈长弦列。晶体存在于分室含晶细胞中，连续数个至28个，含晶细胞有时膨大为异细胞。木纤维壁厚；平均直径17μm，平均长度1038μm，具缘纹孔稀少，圆形或近圆形。木射线4~8根/mm；有叠生趋势。单列射线数少，高1~12(多数2~7)细胞。多列射线宽2~4(多数2~3)细胞；高6~54(多数17~36)细胞。射线组织异形Ⅲ型，稀Ⅱ型。射线细胞多列部分为圆或卵圆形；鞘细胞数少；菱形晶体存在于分室含晶细胞(正常细胞或异细胞)中；树胶可见；硅石未见。胞间道系正常轴向者，比管孔小，弦径44~74μm，埋藏于薄壁细胞中，呈长弦列。

　　材料：W9905，W14100(印)；Ws 82(沙捞)。

【木材性质】

　　木材光泽弱；无特殊气味和滋味；纹理深交错；结构细，均匀。木材重；干缩小，干缩率生材至气干径向1.8%，弦向3.7%；质硬；侧面硬度10010N；强度甚高。

产　　地	密　度(g/cm³)		顺纹抗压强度	抗弯强度	抗弯弹性模量	顺纹抗剪强度	
	基　本	气　干	MPa	MPa	MPa	径	弦
						MPa	
马来西亚	0.80	0.96	76.0 (85.1)	142 (151)	20100 (19700)	15.0 (17.4)	

　　天然气干很慢，15mm和40mm厚板材气干分别需4个月和8~10个月；有端裂，劈裂，略有面裂和变色。木材极耐腐，但边材容易遭粉蠹虫危害，防腐处理极难。木材

解锯易至难；刨切易至难，刨面光滑；钉钉时易劈裂，最好预先打孔。由于木材质硬重，加工工具刃部较易钝。

【木材用途】

木材重硬，适用于桥梁、枕木、电杆、造船、承重地板、承重家具、细木工和门窗框、椽子、搁栅等。

Ⅵ. 白娑罗双类

本类是娑罗双属中材色最浅的一类，因新伐的心材白色（不久即转深，呈浅黄褐色），故曰白娑罗双类，在植物学上属 Section Anthashorea。

本类共有约 19 个树种。商品材名称：白梅兰蒂 White meranti（马，沙捞）；巴劳 Balau，隆-菩提 Lun puteh（沙捞）；梅拉皮 Melapi（沙）；曼格希欧若 Manggasinoro（菲）；梅兰蒂-菩提 Meranti puteh（印）；帕农 Pa-nong（泰）；卢姆巴 Lumbor（柬）；博博 Bo-bo（越）；麻凯 Makai（印度）。马来西亚等地华人称为白芭麻。

金背（白）娑罗双 *S. hypochra* Hance
（彩版 7.2；图版 29.1～3）

【商品材名称】

白梅兰蒂 White meranti，梅兰蒂特麻克 Meranti temak，梅兰蒂铁巴克 Meranti terbak，铁麻克 Temak（马）；库姆汉 Komnhan（柬）；博博 Bo-bo（越）。

【树木及分布】

分布于老挝、柬埔寨、泰国、马来西亚、苏门答腊。

【木材构造】

宏观特征

木材散孔。心材新伐时白色，久在大气中材色转呈浅黄褐色。边材通常不见；如果存在，较心材色浅，宽 5～8cm。生长轮不明显。管孔在肉眼下明显，单管孔及短径列复管孔；略少至少，略大至中，大小颇一致，散生，少数斜列，分布颇均匀；侵填体及树胶未见，轴向薄壁组织丰富。①主为傍管型，环管束状及翼状。②离管型，有时具星散及星散-聚合，呈线状。③周边薄壁组织，围绕于胞间道周围。木射线稀至中；略宽至甚窄。波痕略可得见。胞间道系正常轴向者，在肉眼下呈白点状，为同心圆式长弦列。

微观特征

导管横切面圆或卵圆形，单管孔及短径列复管孔（通常 2 个）；散生，少数斜列。3～8/mm²，最大弦径 256μm，平均 207μm；导管分子长 492μm，侵填体及树胶未见；螺纹加厚缺乏。管间纹孔式少见，互列，具缘纹孔圆形或近圆形，系附物纹孔。穿孔板单一，水平或略倾斜。导管与射线间纹孔式大圆形。环管管胞数少，与轴向薄壁组织相混杂，围于导管四周，具缘纹孔明显。轴向薄壁组织丰富，有叠生趋势。①主为傍管型，翼状有时连接呈聚翼状。②离管型，星散及星散-聚合。③周边薄壁组织，围绕轴向胞间道呈弦带状。细胞端壁节状加厚略明显至不明显；晶体及树胶未见。木纤维壁薄，平均直径 18μm，平均长 1368μm，具缘纹孔稀疏，圆或近圆形。木射线 4～6 根/mm；非叠生。单列射线高 1～13（多数 4～11）细胞。多列射线宽 2～6（多 2～5）细胞；高 7～49 细胞。射线组织异型 Ⅱ 型。射线细胞多列部分圆或卵圆形；端壁节状加厚及水平壁纹孔不明显；含硅石，晶体及树胶未见。胞间道系正常轴向者，比管孔小，弦径 93～142μm，埋藏于薄壁细胞中，呈同心圆式长弦列。

　　材料：W 16360（柬）；W 15466（产地不详）；W 15211（泰）。

【木材性质】

　　木材略有光泽；无特殊气味和滋味；结构略粗，均匀。重量中等；木材干缩小，干缩率生材至气干径向 1.3%，弦向 2.7%，差异干缩 2.08；木材力学强度中或略大。

产　　　地	密　度(g/cm³)		顺纹抗压强度	抗弯强度	抗弯弹性模量	顺纹抗剪强度	
	基　本	气　干	MPa	MPa	MPa	径	弦
						MPa	MPa
马来西亚	0.58	0.69	51.7 (58.2)	97 (104)	15700 (15400)	10.0 (11.6)	

　　木材天然气干速度稍慢，40mm 厚板材气干需 5 个月。干燥时几无降等现象，仅有少许端裂、劈裂和变色。人工干燥速度快，无缺陷产生；木材不耐腐，不抗白蚁侵蛀，易受海生钻木动物危害；防腐处理难，生材比气干材容易横断。刨削容易至略难，切面光滑至粗糙。木材含硅石，故加工工具刃口易钝。

【木材用途】

　　适合于一般的利用，楼梯的长桁及踏板、挡板、轻至中型结构材、框材、隔板、家具、地板及胶合板。

婆罗香属 *Upuna* Sym.

　　仅婆罗香 *U. borneensis* Sym. 1 种；分布文莱、沙巴西部、沙捞越和加里曼丹。

婆罗香 *U. borneensis* Sym.
（彩版 7.3；图版 29.4～6）

【商品材名称】

　　盆姚 Penyau（亚洲，西加里曼丹，马来西亚）；乌彭-巴图 Upun batu（加里曼丹）；乌彭 Upun（沙巴）；巴劳-盆姚 Balau penjau（印度尼西亚）。本属与杯裂香属和青皮属一起合称雷萨克 Resak。

【树木及分布】

　　大乔木，高可达 55m，直径达 2m。分布同属。

【木材构造】

宏观特征

　　木材散孔。心材新鲜时暗绿黄色，久则变为暗褐色；与边材界限明显。边材材色较浅，窄，易变色。生长轮不明显。管孔在肉眼下可见，单管孔，少至略少；大小中，颇一致；散生。侵填体丰富。轴向薄壁组织在放大镜下可见，略少，单侧环管束状。木射线在肉眼下略见，中至略密；窄。波痕未见，胞间道系正常轴向者，肉眼下略见，白点状，散生。

微观特征

导管横切面圆形至椭圆形；单管孔；散生；3~7 个/mm²；最大弦径 208μm，平均 173μm；侵填体丰富；螺纹加厚缺如。管间纹孔式未见。与环管管胞间纹孔互列，近圆形，系附物纹孔。穿孔板单一，略水平。导管与射线间纹孔式刻痕状或大圆形。环管管胞数少，位于导管周围，具缘纹孔明显。轴向薄壁组织略少。①主为傍管型，多呈单侧环管束状。②离管型，星散状，少数星散-聚合状。③周边薄壁组织，围绕在胞间道四周。晶体及树胶未见，纤维管胞胞壁甚厚，具缘纹孔多而明显。木射线8~11 根/mm；非叠生。单列射线高 1~18(多数 5~10)细胞。多列射线宽 2~5 细胞；高 4~56(多数 32~44)细胞。射线组织异形 II 型，射线细胞多列部分多为卵圆形；鞘细胞可见。晶体及树胶未见。胞间道系正常轴向者，弦径 71~110μm，埋藏于轴向薄壁细胞中；单独分布。

材料：W6823(绪方键送)。

【木材性质】

木材光泽弱；无特殊气味和滋味；纹理直，或稍有交错；结构略粗，均匀。木材甚重、甚硬。干缩小，干缩率生材至气干径向 1.8%；弦向 2.9%；差异干缩 1.61；强度甚高。

产　地	密　度(g/cm³)		顺纹抗压强度	抗弯强度	抗弯弹性模量	顺纹抗剪强度	
	基　本	气　干				径	弦
			MPa	MPa	MPa	MPa	
马来西亚		1.14	87.0 (94.6)	156 (162.5)	17800 (17280)	18.0 (20.5)	

木材天然干燥略慢，15mm 和 40mm 厚板材干燥分别需 3 个月和 4 个月，材面上流有树胶，其他缺陷很少产生。木材耐腐，边材易遭虫害；心材处理难，用克鲁苏油与柴油混合处理，边材每立方英尺吸收量在 1 磅以下。由于木材重、硬和具有树脂，锯切困难，刨切容易，刨面光滑；钻孔亦难；握钉性能良好。

【木材用途】

由于木材重，硬又耐久，因此适于做承重大的构件，承重地板、承重家具、枕木、电杆等。

青皮属 *Vatica* L.

约 76 种；分布亚洲热带地区。本类木材商品材名称：雷萨克 Resak(马，印)；潘查姆 Pan-cham(泰)；纳瑞格 Narig(菲)；杰姆 Giam(印)。

青　皮 *V. mangachapoi* Blanco
（彩版 7.4；图版 30.1~3）

【商品材名称】

雷萨克 Resak（马，印）；纳瑞格 Narig（菲）；雷萨克-久隆 Resak julong（沙捞，文）；雷萨克-巴姚 Resak bajau（沙巴）。

【树木及分布】

乔木，高达 30 m，直径 0.6~1.2m。分布于泰国与马来西亚接壤地区、沙捞越、文莱、沙巴、菲律宾、中国海南省。

本属与新棒果香属（除具硅石外），婆罗香的木材，在材色、重量、构造上均很相似，特别是轴向胞间道，散生而非长弦列。此三者木材在树木形态上的区别很显著。

【木材构造】

宏观特征

木材散孔。心材浅黄褐至褐色，长期在大气中材色转深；与边材区别明显或不明显。边材浅黄褐色，常有很多渗出的树胶，宽一般 4~7cm。生长轮不明显，有时在末端有深色纤维带。管孔在放大镜下明显，主为单管孔，稀短径列复管孔。略少至略多，大小中等，略一致；斜列或径列；分布不均匀，在生长轮末端的管孔常较稀疏，侵填体可见。轴向薄壁组织丰富。①傍管型，在放大镜下可见，傍管状。②离管型，湿切面上可见，短细线状。③周边薄壁组织，围绕在胞间道周围。木射线在肉眼下略见，稀至中；略宽至甚窄，波痕未见。胞间道系正常轴向者，在肉眼下通常不见。

微观特征

导管在横切面圆或卵圆形；主为单管孔，稀短径列复管孔（2~3 个）；斜列或径列。15~22 个/mm^2；最大弦径 144μm，平均 117μm。导管分子长 733μm，侵填体可见，树胶未见，螺纹加厚缺如。管间纹孔式少见，互列，圆形、卵圆形及少数椭圆形，略具多角形轮廓；系附物纹孔。穿孔板单一，平行或略倾斜。导管与射线间纹孔式为横列刻痕状，少数大圆形。**轴向薄壁组织丰富**。①傍管型，疏环管状。②离管型，星散-聚合或离管带状（位于射线之间），少数星散状。③周边薄壁组织，围绕胞间道，有时连接两个胞间道。晶体未见。木纤维壁甚厚，平均直径 21μm，平均长 1397μm；具缘纹孔略明显，卵圆形。木射线 4~7 根/mm；非叠生。单列射线较少，高 2~12（多数 3~7）细胞。多列射线宽 2~5（多数 3~4）细胞；高 8~61（多数 20~50）细胞。射线组织异形Ⅱ型。射线细胞多列部分圆及卵圆形，具多角形轮廓；部分含树胶，晶体未见。胞间道系正常轴向者，比管孔小，通常单独，稀 2 个弦列，弦径 36~65μm，埋藏于薄壁细胞中。

材料：W16908（菲）；W4252（印度）；W15109（柬）。

【木材性质】

木材有光泽；无特殊气味和滋味，或略有苦味；有油性感；纹理斜或直，结构甚细，均匀；重量中至重。木材干缩中等，干缩率生材至含水率 12% 时径向 1.8%，弦向 4.9%，差异干缩 2.58；生材至炉干，径向 3.9%，弦向 9.0%，差异干缩 2.31；木材硬至很硬，侧面硬度 5962N，端面硬度 6041N。木材强度高。

产　　地	密　度(g/cm^3)		顺纹抗压强度	抗弯强度	抗弯弹性模量	顺纹抗剪强度
	基　本	气　干				径　弦
			MPa	MPa	MPa	MPa
菲律宾	0.66	0.77:12% (0.875)	65.2 (60.2)	134 (123)	17400 (16100)	13.1 (13.6)

木材天然干燥颇慢，15mm 和 40mm 厚板材干至含水率 15% 分别需要 3 个月和 5 个月；仅稍有杯弯、端裂、劈裂和面裂。木材耐腐性很强；心材抗白蚁性强，不抗海生钻木动物侵袭。防腐处理很难。木材加工时，生材和气干材的情况相差不大，解板和横断都很困难；刨切略难，刨面光滑；钻孔容易，切面光滑；车旋略难，切面略光；油漆性好；胶粘不易；钉钉困难。

【木材用途】

宜做土建、水工及承重材料。如桥梁、桩柱、坑木、电杆、枕木、承重地板、垫木、镶拼地板、承重家具等。又是优良渔轮用材，可做龙骨、龙筋、船壳、桅杆、舵尺、桨橹、插座、首尾柱等。木材结构甚细，切面光滑，直纹理者可做木梭、沙管、线轴以及仪器箱盒、文化美术用品、啤酒发酵桶、葡萄酒桶、奶油搅拌桶等。直径较小者，原木在马来西亚常用作农村建筑材，特别是柱材。也是车旋良材。

柿树科
Ebenaceae Gurke.

3 属，由卡柿属 *Euclea*，柿属 *Diospyros* 和里斯柿属 *Lissocarpa*，约 500 种；大部分产于热带地区。

柿属 *Diospyros* L.

约 500 种；广布于热带，少数延伸到温带。本属木材结构甚细而均匀；多为重至甚重。有些种木材呈黑色，加工后即光又亮，为豪华家具、雕刻艺术、乐器等珍贵用材。最常见商品材树种有：

乌木 *D. ebenum* Koenig 商品材名称：锡兰乌木 Celon ebony，东印度乌木 East indian ebony(商业通称)；乌木 Ebony(缅，锡兰，印度)；卡朱-希塔姆-替木 Kaju hitam timur，阿玛 Ama(印)。乔木，在条件适宜处，直径可达 0.6m。主产斯里兰卡和印度南部。心材主为黑色，边材灰白色。木材光泽强；结构细而匀；纹理直至略交错；木材重至甚重(气干密度 0.85～1.17g/cm^3)；木材干燥困难，干燥时有细而深裂纹发生；心材很耐腐。锯、刨等加工困难，但加工后很光亮。

黄杨叶柿 *D. buxifolia*(Bl.)Hiern 商品材名称：阿让 Arang(文莱)；巴黎 Baliang，卡受-巴卡 Kasoe paka，纳若 Naro，库库-列麻雅 Kuku lemajar，森萨尼特 Sensanit(印)；乌

木 Ebony（沙）；古木南 Gumunan（菲）。小乔木；分布沙巴、菲律宾、印度尼西亚等。木材紫红色；轴向薄壁组织内具分室含晶细胞，菱形晶体可达 17 个或以上；木射线全为单列，射线组织为异形单列。木材重至甚重（气干密度 0.92～1.06g/cm³）。余略同西里伯斯柿。

西里伯斯柿 *D. celebica* Bakh. 详见种叙述。

毛柿 *D. tomentosa* Roxb. 商品材名称：乌木 Ebony，屯杜 Tendu，垦都 Kendu，铁姆茹 Temru。乔木，在适宜立地条件下，直径可达 0.6～1.5m。产印度及尼泊尔。心材黑色，常带褐色或紫色条纹；与边材区别明显。边材粉灰色或浅至深褐色；宽。生长轮常不明显。管孔为径列复管孔（2～10 个，多数 2～5 个）及单管孔；17～22 个/mm²；最大弦径 150μm；心材管孔内具深色树胶或沉积物。余略同西里伯斯柿。

黑木柿 *D. melanoxylon* Roxb. 商品材名称：乌木 Ebony，屯杜 Tendu，屯基 Tunki，提姆布茹尼 Timbruni，铁姆茹 Timru。产印度和斯里兰卡。乔木，适宜条件下，主干高达 4.5～6.5m，直径 0.7m。主为径列复管孔（2～10 个，多数 2～5 个），少数单管孔，3～42 个/mm²；最大弦径 165μm。余略同西里伯斯柿。

菲律宾柿 *D. philippinensis*（Desr.）Gurke. 商品材名称：卡麻恭 Kamagong（菲）。中乔木，产菲律宾等。心材黑色，带红褐色条纹。边材浅红褐色；宽。管孔放大镜下可见，单管孔及径列复管孔（2～4 个），具侵填体和深色沉积物。轴向薄壁组织放大镜下略见，呈细弦线。木射线在放大镜下略见；甚窄。当地常作果树栽培。因本种属《红木》国家标准中的条纹乌木类，故适宜制作红木家具。

苏拉威西乌木 *D. celebica* Bakh.
（彩版 7.5；图版 30.4～6）

【商品材名称】

马加撒-乌木 Macassar ebony（美）；乌木 Ebony，科若曼得尔 Coromandel（印）；阿玛拉 Amara，阿由-麦通 Ayu maitong，卡铀-依塔姆 Kayu itam，美塔 Maeta，索拉 Sora，头坦都 Toetandu（苏拉威西）。

【树木及分布】

乔木，高可达 40m，枝下高 10～20m，直径达 1.0 m；外皮黑色，有沟槽，呈片状脱落；板根高达 4m，主产印度尼西亚苏拉威西。

【木材构造】

宏观特征

木材散孔。心材黑色或巧克力色，具深浅相间条纹；与边材区别明显。边材红褐色。生长轮不明显。管孔放大镜下明显；略少，略小至中；径列；树胶常见。轴向薄壁组织放大镜下几不见。木射线放大镜下略见；密；甚窄。波痕及胞间道未见。

微观特征

导管横切面卵圆形，主为单管孔，少数径列复管孔（2～5 个，多 2～3 个），管孔团偶见。径列或散生。5～10 个/mm²；最大弦径 145μm，平均 118μm；导管分子长 550μm；树胶常见。管间纹孔式互列，多角形。穿孔板单一，平行至略倾斜。导管与射线间纹孔式类似管间纹孔式。**轴向薄壁组织离管带状(多为单列，少数成对或 2 列)，**波浪形、星散及星散-聚合状，少数疏环管状；薄壁细胞多含树胶，晶体未见。**木纤维壁厚，直径 19μm，长 1121μm，单纹孔或略具狭缘。木射线13~17 根/mm；**非叠生。单列射线(稀成对或 2 列，偶 3 列)，高 1~32(多数 10~20)细胞。射线组织异形单列。直立或方形射线细胞比横卧射线细胞高；细胞内多含树胶；菱形晶体常见。**胞间道**未见。

材料：W14116(印)。

【木材性质】

木材具光泽；无特殊气味和滋味；纹理直或略交错；结构细而匀；木材甚重；干缩甚大，干缩率从生材至炉干径向6.2%，弦向 7.8%；强度高。

产 地	密 度(g/cm³)		顺纹抗压强度	抗弯强度	抗弯弹性模量	顺纹抗剪强度	
	基 本	气 干	MPa	MPa	MPa	径	弦
						MPa	
印度尼西亚		1.09	60.2 (65.4)	110.7 (115.3)	14710 (14281)	5.7，6.4 (6.5，7.3)	

木材干燥慢，易开裂。窑干温度应在 30~50℃，而相对湿度88%~31%。木材耐腐，防腐处理困难。木材重、硬，加工消耗动力大；车旋、刨切、胶粘性能良好。

【木材用途】

高级家具，特别是红木家具(本种属《红木》国家标准中的条纹乌木类)；乐器用材、装饰单板、车工制品、雕刻、装饰艺术等。

杜英科
Elaeocarpaceae DC.

12 属，350 种；分布热带和亚热带地区。主要商品材属有：杜英属 *Elaeocarpus* 和猴欢喜属 *Sloanea*。

杜英属 *Elaeocarpus* L.

200 种；分布亚洲东部，印度至马来西亚，大洋洲及太平洋。常见商品材树种有：尖叶杜英 *E. apiculatus* Mast.，多花杜英 *E. floribundus* Bl.，粗状杜英 *E. robustus* Roxb.，球形杜英 *E. sphaericus*(Gaertn.)K. Schum.，托叶杜英 *E. stipularis* Bl. 等。

球形杜英 *E. sphaericus*(Gaertn.)K. Schum.
(彩版 7.6；图版 31.1~3)

【商品材名称】

吉尼特瑞 Jenitri(印，本类木材通称)；森库拉特 Sengkurat(马，本类木材通称)；

撒嘎-布荣 Sanga burong(马)。

【树木及分布】

乔木，高 20～30m，直径 0.5～1 m；分布印度、斯里兰卡、马来西亚、印度尼西亚、新几内亚、所罗门群岛。

【木材构造】

宏观特征

木材散孔。心材浅黄色至黄褐色；与边材区别不明显。边材浅黄白至灰白色。生长轮不明显。管孔在肉眼下可见，数少至略少；大小中等；散生。轴向薄壁组织放大镜下略见，轮界状。木射线放大镜下可见；密；窄至略宽。波痕及胞间道未见。

微观特征

导管横切面卵圆，少数椭圆形；单管孔及径列复管孔(2～5 个，多 2～3 个)，少数管孔团；散生；侵填体可见；3～6 个/mm^2；最大弦径 225μm，平均 195μm；导管分子长 720μm；螺纹加厚未见。管间纹孔式互列，多角形。穿孔板单一，略倾斜。导管与射线间纹孔式大圆形。轴向薄壁组织数少，轮界状及疏环管状；菱形晶体未见。木纤维壁薄，直径 22μm，长 1153μm，具缘纹孔略明显。木射线 14～20 根/mm；非叠生。单列射线高 1～30(多数 5～15)细胞。多列射线宽 2～6(多数 3～5)细胞，同一射线有时出现 2 次多列部分；高 14～53(多数 25～40)细胞。射线组织异形Ⅱ及Ⅰ型。直立或方形射线细胞比横卧射线细胞高或高得多；射线细胞多列部分多为卵圆形。菱形晶体普遍，多为分室含晶细胞。胞间道未见。

材料：W14140(印)。

【木材性质】

木材具光泽；无特殊气味和滋味；纹理直；结构细而匀。木材轻；干缩甚小，干缩率从生材至气干径向 0.8%，弦向 2.2%；强度低。

木材干燥稍慢，40mm 厚板材气干需 4.5 个月，稍有端裂和面裂；不耐腐，防腐处理困难。木材锯、刨容易，刨面光滑，遇应拉木表面可能起毛，油漆及胶粘容易；钉钉不劈裂。

产　　地	密　度(g/cm^3)		顺纹抗压强度	抗弯强度	抗弯弹性模量	顺纹抗剪强度	
	基　本	气　干	MPa	MPa	MPa	径	弦
						MPa	MPa
马来西亚	0.43	0.515	34.1 (41.3)	61 (76)	10300 (9600)	7.2 (8.8)	

【木材用途】

单板、胶合板、包装箱、板条箱、火柴杆及盒、木模板，室内装修如门、窗等。

大戟科
Euphorbiaceae Juss.

300 属，8000 种；广布全世界。常见商品材属有：石栗属 *Aleurites*，木奶果属 *Baccurea*，秋枫属 *Bischofia*，布鲁木属 *Blumeodendron*，土密树属 *Bridelia*，核果木属 *Drypetes*，意拉特属 *Elateriospermum*，黄桐属 *Endospermum*，海漆属 *Excoecaria*，算盘子属 *Glochidion*，橡胶树属 *Hevea*，血桐属 *Macaranga*，野桐属 *Mallotus*，新斯克属 *Neoscortechinia*，培米属 *Pimelodendron*，乌桕属 *Sapium*，斯克属 *Securinega*，三哥属 *Trigonopleura* 等。

石栗属 *Aleurites* J. R. et G. Forst.

有石栗 *A. moluccana* Wild. 和三籽石栗 *A. trisperma* Blco 2 种；分布热带亚洲和太平洋群岛。

石　栗 *A. moluccana* Wild.
（彩版 7.7；图版 31.4~6）

【商品材名称】

柯麦瑞 Kemiri（印）；卢姆帮 Lumbang，亮果树 Candlenut tree（菲）；贝拉欧 Beraoe（印）。

【树木及分布】

大乔木；分布菲律宾、印度尼西亚等东南亚地区。中国南部各省区常栽培作行道树。

【木材构造】

宏观特征

木材散孔。心材浅黄白色；与边材区别不明显。边材色浅。生长轮不明显或略明显。管孔在肉眼下可见，甚少；大小中等；径列或散生；部分管孔含侵填体。轴向壁薄组织放大镜下明显，呈短弦线及傍管状。木射线放大镜下可见；中至略密；甚窄。波痕及胞间道缺如。

微观特征

导管横切面卵圆及椭圆形；单管孔，少数径列复管孔（2~4 个），稀管孔团；径列或散生；侵填体未见；1~3 个/mm^2；最大弦径 195μm，平均 170μm；导管分子长 988μm。管间纹孔式互列，多角形。穿孔板单一，倾斜。导管与射线间纹孔式大圆形。轴向薄壁组织数多，断续离管带状（单列），星散-聚合状，星散状，轮界状及环管状；树胶未见；菱形晶体普遍。木纤维壁甚薄；直径 22μm；长 1507μm；具缘纹孔明显。木射线8~11 根/mm；非叠生。单列射线高 1~15 细胞。多列射线宽 2 细胞；高 4~33

（多数7~20）细胞，同一射线有时出现2~3次2列部分，2列部分有时与单列近等宽，射线组织异形Ⅱ型及Ⅰ型。直立或方形射线细胞比横卧射线细胞高；射线细胞多列部分多为卵圆形；含少量树胶；菱形晶体常见。**胞间道缺如。**

【木材性质】

木材具光泽；无特殊气味和滋味；纹理直；结构细而匀。木材甚轻；甚软；强度甚低。木材干燥容易，不开裂和变形。不耐腐，易变色。锯、刨容易；油漆后光亮性稍差；胶粘容易；握钉力弱，不劈裂。

产　　地	密　度（g/cm³）		顺纹抗压强度	抗弯强度	抗弯弹性模量	顺纹抗剪强度	
						径	弦
	基　本	气　干	MPa	MPa	MPa	MPa	
中国广东	0.39	0.43	25.4	—	—	—	
菲律宾	0.29	(0.347)	9.67 (24.4)	22.1 (45.0)	4120 (5900)	3.7 (6.6)	

【木材用途】

室内装修（地板除外）、木模型、火柴、木屐、马球、百叶窗、纤维原料及绝缘材料等。

秋枫属 *Bischofia* Bl.

只有秋枫 *B. javanica* Bl. 等2种；分布从印度、中国至马来西亚及印度尼西亚。

秋　枫 *B. javanica* Bl.
（彩版7.8；图版32.1~3）

【商品材名称】

吐啊衣 Tuai（马，菲）；固都哥 Godog（印）；晋桐干 Gintungan（爪哇）；象木 Bishopwood（印度）；爪哇-雪松 Java cedar（大洋洲）；诺依 Nhoi（越）；特尔姆 Term（泰）；乌瑞爱姆 Uriam（印度，孟加拉国）。

【树木及分布】

大乔木，高可达30m或以上，直径1m；分布从印度向东经越南、泰国、菲律宾到印度尼西亚。

【木材构造】

宏观特征

木材散孔。心材紫红褐色，常具深浅相间条纹；与边材区别略明显。边材色浅，灰红褐色。生长轮不明显。管孔肉眼可见，略少；大小中等；散生；具侵填体。轴向薄壁组织未见。木射线放大镜下可见；数中等；窄至略宽。波痕及胞间道缺如。

微观特征

导管横切面圆形及卵圆形，略具多角形轮廓；单管孔及径列复管孔（2~6个，多为

2~3个），稀管孔团，散生，5~11个/mm^2；最大弦径195μm，平均166μm，导管分子长1287μm，树胶常见。管间纹孔式互列，多角形。穿孔板单一，倾斜至甚倾斜。导管与射线间纹孔式刻痕状及大圆形。**轴向薄壁组织缺如**。木纤维壁薄；直径27μm，长2370μm；具缘纹孔略明显；树胶普遍；具分隔木纤维。木射线7~10根/mm；非叠生。单列射线少，高1~8细胞。多列射线宽2~6（多为4~5）细胞；高8~53（多数15~40）细胞。射线组织异形Ⅱ型，少数Ⅰ型。直立或方形射线细胞比横卧射线细胞高或高得多；射线。细胞多列部分多为多角形；内充满树胶；菱形晶体常见。**胞间道缺如**。

材料：W12704（越）。

【木材性质】

木材具光泽；无特殊气味和滋味；纹理略斜至交错；结构细而匀。重量及硬度中等；干缩大至甚大，干缩率：径向4.4%，弦向9.9%；强度中。

产　　　地	密　度(g/cm^3)		顺纹抗压强度	抗弯强度	抗弯弹性模量	顺纹抗剪强度	
	基　本	气　干	MPa	MPa	MPa	径	弦
						MPa	
菲律宾	0.56	0.64:12% (0.728)	49.2 (45.5)	110.3 (102)	11274 (10500)	16.5 (17.2)	

木材干燥应特别注意，否则易产生翘曲、开裂、皱缩。在热带耐腐性差，易受小蠹虫、天牛、白蚁及海生钻木动物危害；在温带木材耐腐，防腐处理边材浸注性能中等，心材浸注困难。木材锯、刨加工性能良好，切面光滑，但有时径面发毛；胶粘容易，油漆后光亮性强；握钉力颇佳。

【木材利用】

用于建筑如搁栅、梁、柱子、地板、家具、细木工、仪器箱盒，桥梁及码头用的桩、柱，交通方面可用作造船，枕木等。

黄桐属 *Endospermum* Benth.

12~13种；分布印度至马来西亚，斐济等地。常见商品材树种有：印马黄桐*E. diadenum*(Miq.) Airy-Shaw.，摩鹿加黄桐*E. moluccanum* Becc.，盾黄桐*E. peltatum* Merr. 等。

印马黄桐 *E. diadenum*(Miq.) Airy-Shaw.
(*E. malaccense* Benth. ex Muell-Arg)
(彩版7.9；图版32.4~6)

【商品材名称】

森森多克 Sesendok（马）；森多克-森多克 Sendok-sendok（沙，文莱，马）；衣库尔-贝兰卡斯 Ekur belangkas，特布兰 Terbulan（沙捞）；梅姆布兰 Membulan（马来半岛）；莫布兰 Merbulan，莱姆帕安 Lempaung，拉布 Labu（印）。

【树木及分布】

乔木，高可达25m，直径0.7m；分布马来西亚及印度尼西亚。

【木材构造】

宏观特征

木材散孔。心材浅黄色，微带绿，久露大气中转呈浅褐或草黄色；与边材区别不明显。边材色浅。生长轮通常略明显。管孔在肉眼下略明显；甚少，略大；径列；具侵填体。轴向薄壁组织放大镜下略明显；呈细弦线。木射线放大镜下明显；中至略密；窄。波痕及胞间道缺如。

微观特征

导管横切面卵圆形，单管孔及径列复管孔（2~4个），管孔团偶见；径列。1~3个/mm²，最大弦径325μm，平均233μm，导管分子长1128μm；具侵填体；螺纹加厚缺如。管间纹孔式互列，多角形，穿孔板单一，略倾斜。导管与射线间纹孔式大圆形。轴向薄壁组织为星散状、带状（宽常为1，稀2细胞）；晶体常见。木纤维壁甚薄；直径29μm；长1553μm；具缘纹孔略明显。木射线7~11根/mm；非叠生。单列射线高1~11细胞。多列射线宽2细胞；高5~45（多数10~20）细胞。同一射线有时出现2~5次2列部分，单列部分有时与2列部分近等宽。射线组织异形Ⅰ及Ⅱ型。直立或方形射线细胞比横卧射线细胞高或高得多；射线细胞多列部分多为卵圆形。晶体未见。胞间道缺如。

材料：W18931（东南亚）。

【木材性质】

木材光泽弱；无特殊气味和滋味；纹理略交错；结构中，均匀，木材重量轻（气干密度0.45~0.53g/cm³）；干缩甚小，干缩率从生材至气干径向1.2%，弦向1.3%。质软；强度低。

| 产　　　地 | 密　度（g/cm³） | | 顺纹抗压强度 | 抗弯强度 | 抗弯弹性模量 | 顺纹抗剪强度 |
| | 基　本 | 气　干 | | | | 径　　弦 |
			MPa	MPa	MPa	MPa
马来西亚	0.33	0.40	20.8 (28.9)	39 (53)	8500 (7000)	5.4 (7.5)

木材干燥快；采伐后应尽快加工，否则易变色；在热带不耐腐，易受小蠹虫、天牛、白蚁和海生钻木动物危害。木材防腐处理容易。锯容易，但切面常起毛，刨面光滑；油漆性能好，胶粘亦易。

【木材用途】

木材宜做火柴杆、盒、木屐、家具、细木工、胶合板、包装箱、木模、百叶窗、玩具、卫生筷子等。

橡胶树属 *Hevea* Aubl.

乔木，皮部有乳汁，约20种；分布热带美洲。现东南亚热带地区普遍有栽培；中国南方也有引种，以橡胶树为最多。

橡胶树 *H. brasiliensis*（H. B. K.）Muell. – Arg.
（彩版 8.1；图版 33.1~3）

【商品材名称】

橡胶木 Rubberwood（马）；杰塔 Getah（沙）；卡由杰塔 Kayu getah（沙，马来半岛）；帕拉橡胶 Para rubber（菲，马）；卡瑞特 Karet（印）。

【树木及分布】

大乔木，高可达 20~30m；原产巴西亚马孙河流域；现在不少热带地区引种。中国云南、广东、广西、海南均有栽培，尤以海南为最多。

【木材构造】

宏观特征

木材散孔。心材乳黄色，或至浅黄褐色；与边材区别不明显。边材色浅。生长轮略明显或不明显。管孔肉眼可见；数少；中至略大；径列；侵填体丰富。轴向薄壁组织较丰富，放大镜下明显，离管带状及傍管状。木射线放大镜下明显；略密；窄。波痕及胞间道缺如。

微观特征

导管横切面卵圆形；单管孔及径列复管孔（2~4 个，多为 2~3 个），少数管孔团；径列。1~5 个/mm²，最大弦径 278μm，平均 186μm，导管分子长 760μm；具侵填体；内含有菱形晶体；螺纹加厚缺如。管间纹孔式互列，多角形。穿孔板单一，略倾斜。导管与射线间纹孔式类似管间纹孔式。轴向薄壁组织离管带状（宽 1~3 细胞），星散及星散-聚合状，环管状及环管束状；含少量树胶，晶体未见。木纤维壁薄；直径 27μm；纤维长 1640μm；具缘纹孔略明显。木射线 10~12 根/mm；非叠生。单列射线高 1~11（多数 3~7）细胞。多列射线宽 2~4 细胞，同一射线有时出现 2~5 次多列部分，多列有时与单列近等宽；多列射线高 5~56（多数 10~30）细胞。射线组织异形 I 型及 II 型。射线细胞多列部分多为卵圆形，少数细胞含树胶；菱形晶体未见。胞间道缺如。

材料：W16862（中国广东）；W19506（马）。

【木材性质】

木材具光泽；无特殊气味和滋味；纹理直或略斜；结构细至中，均匀。木材重量中等；干缩甚小，干缩率从生材至气干径向 0.8%，弦向 1.9%；强度低。

产　　地	密　度（g/cm³）		顺纹抗压强度	抗弯强度	抗弯弹性模量	顺纹抗剪强度
	基　本	气　干				径　弦
			MPa	MPa	MPa	MPa
菲律宾		0.56:12% (0.637)	35.4 (32.7)	72.7 (66.6)	8950 (8300)	12.1 (12.5)
马来西亚	0.53	0.640	32.3 (39.0)	66 (75)	9200 (9200)	11.0 (13.3)

木材干燥稍快，15mm 和 40mm 厚板材气干分别需 2.5 个月和 3.5 个月；主要缺陷

是弓弯，边弯和端裂。木材不耐腐，有菌虫危害。防腐处理容易；油漆后光亮。

【木材用途】

本种木材不耐腐是影响其利用的重要方面，采伐后应及时进行加工干燥，最好是两周内干燥好，这样材色美观，大大提高其利用价值。

木材适宜制造家具，室内装修如地板、墙壁板、楼梯部件、雕刻、车工、造纸和纸浆、人造丝原料、木碳等。

壳斗科
Fagaceae Dum.

8 属，900 种；大部产北半球温带和亚热带地区。主要商品材属有：栗属 *Castanea*，锥栗属 *Castanopsis*，水青冈属 *Fagus*，椆木属 *Lithocarpus*，假水青冈属 *Nothofagus*，栎属 *Quercus*。

锥属 *Castanopsis*（D. Don）Spach.

120 种，分布亚洲热带及亚热带。

银叶锥 *C. argentea* A. DC.
（彩版 8.2；图版 33.4 ~ 6）

【商品材名称】

三特恩 Saninten，伯阮干 Berangan，桐鼓如克 Tunggeureuk（印）。

【树木及分布】

乔木，分布爪哇、苏门答腊等地。

【木材构造】

宏观特征

木材散孔。心材黄褐色。边材色浅。生长轮略明显至明显。管孔肉眼下略明显；甚少至少；径列；侵填体丰富。轴向薄壁组织放大镜下明显，为星散-聚合状及环管状。木射线放大镜下明显；略密至密；甚窄。波痕及胞间道缺如。

微观特征

导管横切面卵圆形，单管孔；径列；0 ~ 4 个/mm^2；最大弦径 310μm，平均255μm，导管分子长 762μm；侵填体丰富；螺纹加厚缺如。管间纹孔式未见。穿孔板单一，略倾斜。导管与射线间纹孔式大圆形，少数刻痕状。环管管胞常见，具缘纹孔明显（1 ~ 2 列）。轴向薄壁组织为星散状，星散-聚合状，短带状（宽 1 偶 2 细胞）及环管状；含少量树胶，晶体未见。木纤维壁薄至略厚，直径 25μm；长 1442μm；单纹孔或略具狭缘。木射线 9 ~ 16 根/mm；非叠生。单列（偶成对）射线高 1 ~ 35（多数 10 ~ 20）细胞。射线组织同形单列。方形细胞少见。含少量树胶；晶体未见。胞间道缺如。

材料：W 14104（印）。

【木材性质】

木材具光泽；无特殊气味和滋味；纹理直；结构中，略均匀；木材重量中（气干密度 0.60 ~ 0.75g/cm³），硬度中等；干缩甚大，干缩率径向 3.7%，弦向 9.6%；强度中。

产　　地	密　度(g/cm³)		顺纹抗压强度	抗弯强度	抗弯弹性模量	顺纹抗剪强度
	基　本	气　干				径　弦
			MPa	MPa	MPa	MPa
印度尼西亚	0.75:14.2%		53.4	95.9	11862	7.2 ~ 8.0
	(0.860)		(55.7)	(96.4)	(11400)	(8.0 ~ 8.9)

木材耐腐；防腐处理较难。切削容易，切面光滑；胶粘容易；油漆后光亮。

【木材用途】

木材经防腐处理可作桩木、电杆、枕木；房屋建筑如柱子、檩条、椽子；农具、工农具柄及燃材等。

椆木属 *Lithocarpus* Bl.

300 种；分布东南亚，中国约有 100 种。

索莱尔椆 *L. soleriana* Rehd.
（彩版 8.3；图版 34.1 ~ 3）

【商品材名称】

马纳润 Manaring，乌里安 Ulian，马萨润 Masaring，衣黑普 Ihip，巴如三 Barusang，巴由坎 Bayukan（菲）。

【树木及分布】

中乔木，树木直径可达 1m，在菲律宾从吕宋到棉兰老岛中海拔地带均有分布。

【木材构造】

宏观特征

木材散孔。心材红褐色带紫；与边材区别不明显。边材色浅，生长轮不明显。管孔放大镜下明显，单管孔，甚少至少；略大；溪流状或径列；侵填体丰富。轴向薄壁组织放大镜下明显；离管带状。木射线分宽窄两类：①宽射线肉眼下可见，为聚合射线。②窄射线仅放大镜下可见。中至略密；甚窄。波痕及胞间道缺如。

微观特征

导管横切面卵圆形，单管孔，斜列或径列。0 ~ 5 个/mm²，最大弦径 305μm，平均 241μm；导管分子长 837μm。管间纹孔式未见，与环管管胞间纹孔互列，近圆形。侵填体丰富；螺纹加厚缺如。穿孔板单一，略倾斜。导管与射线间纹孔式大圆形，少数刻痕状。环管管胞常见。径壁具缘纹孔明显，圆形，常 2 ~ 3 列。轴向薄壁组织丰富，离管带状（宽常 1 ~ 2 细胞），环管状（与环管管胞一起），少数星散或星散-聚合状；部分细胞含树胶；分室含晶细胞可见，菱形晶体达 6 个或以上。木纤维壁甚厚，直径 18 μm；长 1644 μm；单纹孔或略具狭缘。木射线8～12 根/mm；非叠生。窄射线宽 1～2 细胞，高 1～21（多 5～12）细胞；宽射线（聚合射线）宽者可达 10 细胞，高许多细胞。射线组织异形Ⅲ型或同形单列及多列。直立或方形射线细胞比横卧射线细胞高或近等高；射线细胞多列部分常为多角形，细胞内多含树胶；菱形晶体未见。胞间道缺如。

材料：W18329（菲）。

【木材性质及利用】

木材具光泽；无特殊气味和滋味；纹理直至略交错；结构粗，略均匀。木材重（气干密度 0.917g/cm^3）；质硬；强度高。

木材干燥如能小心，性能良好；否则会发生翘曲。天然耐腐性差，室内用耐久；因木材重、硬加工略困难。

木材用于房屋建筑，室内装修，造船，家具等。

山竹子科
Guttiferae Juss.

约 40 属，100 种；主要分布热带地区，只有金丝桃属 Hypericum L. 和红花金丝桃属 Triadenum Raf. 分布于温带地区。常见商品材属有红厚壳属 Calophyllum，黄牛木属 Cratoxylon，山竹子属 Garcinia，铁力木属 Mesua 等。

中国有 6 属，约 65 种。

红厚壳属 Calophyllum L.

乔木或灌木，约 80 种；主产东半球热带地区，以海棠木分布最广。常见商品材树种有：

多花海棠 C. floribundum Hook. f.（异名有：C. prainianum King，C. venustum King，C. foetidum Ridley，C. pulcherrimum Ridley）商业上通称宾坦戈 Bintangor，库宁 Kuning（马）；卡棠 Katang，汉 Han（泰）；宾坦谷 Bintangur（印）。乔木，高可达 42m，胸径 0.7m；分布马来西亚、印度尼西亚及泰国。木材构造除薄壁细胞内菱形晶体少见外，余均似海棠木。

大果海棠 C. macrocarpum Hook. f. 商业上通称宾坦戈 Bintangor，宾坦戈-布努特 Bintangor bunut（马）；铁姆帕尼散 Tempunesan（苏门答腊）。大乔木，高达 45m，直径 1.5m；分布马来西亚及印度尼西亚等。木材构造离管带状，薄壁组织长短不一，薄壁细胞内晶体较多，分室含晶细胞内晶体可达 15 个或以上。其余构造，材性及利用均似海棠木。

斜脉海棠 C. obliquinervium Merr. 商业上称宾坦戈 Bintangor，旦卡兰 Dangkalan（菲）。乔木，分布菲律宾诸岛。在木材构造上与海棠木相比，除带状薄壁组织宽至 5 细胞，菱形晶体较少外，其余构造，材性及利用似海棠木。

微凹海棠 *C. retusum* Wall 商业上通称宾坦戈 Bingtangor（马）。大乔木，高可达 50m，直径 0.7m 或以上；分布印度尼西亚和马来西亚等地。木材构造似斜脉海棠。材性及利用略同海棠木。中国有海棠木 *C. inophyllum* L.，薄叶红厚壳 *C. membranaceum* Gaertn. et Champ. 和云南红厚壳 *C. thorelii* Pierre 3 种；产南部和西南部。

海棠木 *C. inophyllum* L.
（彩版 8.4；图版 34.4~6）

【商品材名称】

宾坦戈 Bintangor（印，马）；宾坦戈-劳特 Bintangor laut（马）；宾堂霍尔 Bintanghol，彼陶格 Bitaog（菲）；彭格特 Pongnget（缅）；盆 Poon（缅，印）；堂虹 Tanghon，卡晋 Kathing（泰）；木-乌 Mu-u（越）；勒建姆普隆 Njamplung（印）等。

【树木及分布】

常绿乔木；高 13~30m，直径 0.6~1.5m；分布很广，中国、印度、缅甸、越南、菲律宾、马来西亚、印度尼西亚、澳大利亚、斐济、巴布亚新几内亚等热带地区均产。

【木材构造】

宏观特征

木材散孔。心材红褐色；与边材界限明显。边材浅黄或灰红褐色。生长轮不明显。管孔肉眼可见；少至略少；大小中等；斜列或径列；含深色树胶。轴向薄壁组织放大镜下较明显；离管带状；分布稀疏，不均匀。木射线放大镜下可见；中至略密；甚窄。波痕及胞间道缺如。

微观特征

导管横切面为卵圆形或圆形；单管孔；斜列或径列。2~6 个/mm^2；最大弦径 265μm，平均 185μm；导管分子长 620μm；部分导管含树胶；螺纹加厚缺如。管间纹孔式缺乏，与环管管胞间纹孔式互列，卵圆形。穿孔板单一，平行或略倾斜。导管与射线间纹孔式为刻痕状及大圆形。环管管胞量多，围绕在导管周围，具缘纹孔数多，径弦两面均可见，互列，圆形，1~4 列。轴向薄壁组织多为断续离管带状（宽 1~4 细胞）；薄壁细胞大部分含树胶；具菱形晶体；分室含晶细胞达 8 个或以上。木纤维壁薄；直径 22μm；长 1150μm；纹孔小，具狭缘；分隔木纤维可见。木射线 8~10 根/mm；非叠生。常为单列（少数成对或 2 列），高 1~17（多数 4~10）细胞。射线组织异形单列，少数Ⅲ型及Ⅱ型。直立或方形射线细胞比横卧射线细胞高；射线细胞 2 列部分多为圆形及卵圆形，大部分细胞含树胶；晶体未见。胞间道缺如。

材料：W 13143，W 14172，W 15172（印）。

【木材性质】

木材具光泽；无特殊气味和滋味；纹理交错；结构中，略均匀。重量中等；质硬；干缩大，干缩率从生材到气干径向 4.7%，弦向 5.8%；强度中等。

产　　地	密　度(g/cm³)		顺纹抗压强度	抗弯强度	抗弯弹性模量	顺纹抗剪强度	
	基　本	气　干				径	弦
			MPa	MPa	MPa	MPa	
马来西亚	0.53	0.66	29.3 (31.8)	—	—	10.6 (12.0)	
菲律宾	0.56	0.59:12% (0.671)	38.8 (35.9)	106 (97.2)	8560 (7940)	15.0 (15.5)	

木材干燥略快，40mm 厚板材气干需 3 个月，干燥主要缺陷是有时出现端裂或翘曲，表面有细裂纹。稍耐腐，易受白蚁和海生钻木动物危害，心材很少受虫害。边材易于防腐处理，心材处理稍难。锯、刨容易，有起毛现象，使用锋利刨刀刨面光亮；油漆和胶粘性能优良。

【木材用途】

木材纹理交错，径面常产生带状花纹；由于具带状薄壁组织，弦面具波状花纹，是制作单板和胶合板的优良材料。木材宜做高级家具、仪器箱盒；建筑方面可做房架、柱子、梁、搁栅、椽子、地板及其他室内装修如门、窗、楼梯等；可供造船，尤其适宜做弯曲部件和肋骨。此外，还可作农具、枪托、高尔夫球柄、乐器等。

黄牛木属 *Cratoxylum* Bl.

6 种；产印度尼西亚、马来西亚、印度及中国云南省、广东省和广西壮族自治区。中国有黄牛木 *C. cochinchinensis* Bl.，越南黄牛木 *C. formosum* (Jack) Dyer 和苦丁茶 *C. prunifolium* Dyer 3 种。

T. M. Wang(1982)将本属产在马来西亚的木材分为两大类：一类称 Derum，木材较硬重，气干密度 705～945kg/m³，心边材区别不明显，木材褐色或红褐色带紫。包括树种有：黄牛木 *C. cochinchinensis* Bl.，越南黄牛木 *C. formosum* (Jack) Dyer. 和曼氏黄牛木 *C. maingayi* Dyer. 。另一类称 Geronggang，木材较轻软，气干密度从 350～610 kg/m³；边材黄色微带粉红，与心材区别略明显；心材粉红或浅砖红色。主要商品材树种有：乔木黄牛木 *C. arborescens* (Vahl.) Bl. 和粉绿黄牛木 *C. glaucum* Korth 2 种。

乔木黄牛木 *C. arborescens* (Vahl.) Bl.
(彩版 8.5；图版 35.1～3)

【商品材名称】

格荣刚 Geronggang(马，印，沙)；塞茹甘 Serugan(沙)；格荣刚-嘎亚 Geronggang gajah(沙捞)；阿达特 Adat(印)。

【树木及分布】

乔木，高达 42m，直径可达 1 m。主要分布在马来西亚、印度尼西亚和缅甸等。

【木材构造】

宏观特征

木材散孔。心材粉红或浅橘红色，与边材区别略明显。边材浅黄或白色带粉红。生长轮不明显。管孔在放大镜下明显；管孔少至略少；大小中等；散生。轴向薄壁组织未见。木射线放大镜下明显；密度中等；窄。波痕及胞间道缺如。

微观特征

导管横切面为卵圆形或圆形；单管孔，少数径列复管孔（2~6个或以上），稀管孔团；散生；3~8个/mm²；最大弦径200μm，平均165μm；导管分子长580μm；具侵填体；含树胶；螺纹加厚不见。管间纹孔式互列，多角形。穿孔板单一，平行或略倾斜。导管与射线间纹孔式类似管间纹孔式。环管管胞量少。轴向薄壁组织量少；疏环管状，偶见星散状；薄壁细胞内含树胶和硅石；晶体未见。木纤维壁甚薄；直径20μm；长1130μm；单纹孔或略具狭缘。木射线6~9根/mm；非叠生。单列射线高1~10细胞。多列射线宽2~4细胞；高5~27（多数15~20）细胞。射线组织异形 III 型。方形射线细胞比横卧射线细胞略高或近等高；射线细胞多列部分多为纺锤形，含树胶及硅石，晶体未见。胞间道缺如。

材料：W9924，W14114，W15167（印）；W19499（马）。

【木材性质】

产　　地	密　度(g/cm³)		顺纹抗压强度	抗弯强度	抗弯弹性模量	顺纹抗剪强度
	基　本	气　干	MPa	MPa	MPa	径　弦
						MPa
马来西亚	0.37	0.450	18.3 (33.4)	40 (61)	8000 (8100)	5.1 (8.4)
印度尼西亚	—	0.47	29.11 (31.64)	59.4 (61.9)	10069 (9776)	4.3,5.5 (4.9,6.3)

木材具光泽；无特殊气味和滋味；纹理直；结构细，均匀；重量轻；干缩中，干缩率径向2.6%，弦向4.7%；强度低。

木材干燥快；没有严重降等现象。40mm厚的板材从生材气干至含水率15%时需8周；干后尺寸稳定。原木常发生严重端裂；脆心材可能出现。在热带不耐腐，易受海生钻木动物及白蚁等危害。沙捞越埋在地下很快就被白蚁破坏；防腐处理容易。木材锯解不难，但因含硅石易钝刀锯；刨切性能良好，刨面光滑；由于木材软，旋切性能差；钉钉容易，不劈裂。

【木材利用】

建筑上用做房架、门、单板、胶合板、绘图板、黑板、纸浆、硬质纤维板、包装箱盒，新加坡大量使用这种木材作蛋类和罐头食品包装。

山竹子属 *Garcinia* L.

400种，分布东半球热带地区如越南、泰国、菲律宾、印度尼西亚、马来西亚、巴布亚新几内亚、斐济等。

本属木材在东南亚通称 Kandis，但材性、木材构造等都有很大变异。P. K. Balan Menon，A. M. N.(1957)观察了 47 种的木材，发现线条山竹 *G. nigrolineata* Planch 具径向胞间道；甜山竹 *G. dulcis* Kurz 和脉山竹 *G. nervosa* King 射线内含硅石；小叶山竹 *G. Parvifolia* Miq. 带状薄壁组织界于傍管与离管之间。木材重量从中到甚重(气干密度 690 ~ 1120kg/m³)。材色从暗红、深红到黄色。除 *G. hombroniana* Pierre 边材红褐色，心材深红褐色和 *G. paucinervis* Chun et How 边材黄白，心材深黄褐色外，多数心边材界限不明显。

中国有 10 种，产南部至西南部，以岭南山竹 *G. oblongifolia* Champ. 和多花山竹 *G. multiflora* Champ. 分布最广。广西产金丝李 *G. paucinervis* Chun et How 是名贵用材。

芳香山竹 *G. fragraeoides* A. Chev.
(彩版 8.6；图版 35.4 ~ 6)

【商品材名称】

特外-里 Trai-ly(越)。

【树木及分布】

乔木，分布越南和柬埔寨。

【木材构造】

宏观特征

木材散孔。心材深黄色；与边材区别略明显。边材浅黄色。生长轮不明显。管孔放大镜下略明显；单管孔及径列复管孔(2 ~ 5 个，多 2 ~ 3 个)，稀管孔团；略多；略小；径列或散生。轴向薄壁组织量多；肉眼可见；傍管带状。木射线放大镜下明显；中至略密；窄。波痕及胞间道未见。

微观特征

导管横切面圆形及卵圆形，略具多角形轮廓；单管孔及径列复管孔(2 ~ 5 个或以上)，稀管孔团；18 ~ 44 个/mm²；最大弦径 115μm，平均 68μm；导管分子长 560μm；部分导管含树胶；螺纹加厚缺如。管间纹孔式互列，多角形。穿孔板单一，略倾斜。导管与射线间纹孔式类似管间纹孔式。轴向薄壁组织量多；傍管带状(带宽 1 ~ 4 细胞)，似翼状及似聚翼状；稀星散状；菱形晶体常见；分室含晶细胞可达 13 个。木纤维胞壁甚厚；直径 18μm；长 1410μm；纹孔数少，单纹孔或略具狭缘，近圆形。木射线 7 ~ 10 根/mm；非叠生。单列射线甚少，高 1 ~ 7 细胞。多列射线宽 2 ~ 3(稀 4)细胞，同一射线内有时出现 2 ~ 3 次多列部分；高 8 ~ 80(多数 15 ~ 45)细胞。射线组织异形 III 型，稀 II 型。直立或方形射线细胞比横卧射线细胞高；射线细胞多列部分多为卵圆形；内含硅石；晶体可见。胞间道未见。

材料：W8904，W 8943(越)。

【木材性质】

木材具光泽；无特殊气味；滋味微苦；纹理直或略斜；结构细而匀；甚重(密度 0.95 ~ 1.05g/cm³)；很硬；强度高。越南把本种和越南青梅 *Vatica tonkinensis* A. Chev.

及格木 *Erythrophleum fordii* Oliv 等划为同一类木材，称为铁木。其木材密度和构造与我国广西产的金丝李相似，金丝李气干密度为 $0.965 \sim 0.988 \mathrm{g/cm}^3$；木材干燥困难，干燥时宜缓慢。木材很耐腐，未见白蚁和虫蛀危害。锯、刨困难，但刨面光洁；油漆后光亮性好。

【木材利用】

由于本种木材硬、重、强度及弹性均大，所以适宜做渔轮的龙骨、龙筋、首尾柱、机座、汽锤垫板、桥梁、码头及房屋建筑用材。因具带状薄壁组织致使弦面具波状花纹，加之油漆后光亮性好，是做高级家具、工艺美术品的好材料。乐器方面可做琴柱和弦轴。

铁力木属 *Mesua* L.

乔木或灌木；40 种；分布热带亚洲。常见商品材树种有：铁力木 *M. ferrea* L.，鳞片铁力木 *M. lepidota* T. Anders.，阿撒铁力木 *M. assamica*（King et Prain）Kost.，雅铁力木 *M. elegans*（King）Kost.，大铁力木 *M. grandis*（King）Kost.，总状铁力木 *M. racemosa*（Planch et Triana）Kost.，威氏铁力木 *M. wrayi*（King）Kost. 等。

铁力木 *M. ferrea* L.
（彩版 8.7；图版 36.1 ~ 3）

【商品材名称】

佩纳嘎 Penaga（东盟，马，沙捞）；波斯尼阿克 Bosneak（柬）；布纳尔克 Boonnark；本纳尔克 Bunnark（泰）；棱嘎普斯 Lenggapus（马来半岛）；梅嘎辛 Mergasing（沙捞）；梅苏阿 Mesua（印度）；纳嘎萨瑞 Nagasari（印）；瓦普 Vap（越）等。

【树木及分布】

常绿，中至大乔木，高可达 30m，直径达 3m；分布印度、越南、柬埔寨、老挝、泰国、中国、马来西亚及印度尼西亚等。

【木材构造】

宏观特征

木材散孔。心材新切面红褐色，带紫色条纹，久则呈暗红褐色；与边材界限明显。边材淡黄至灰褐色。生长轮不明显。管孔肉眼下可见（间或呈白点状）；数少至略少；略小至中；斜列或径列；侵填体和沉积物常见。轴向薄壁组织肉眼下可见，丰富，离管带状。木射线放大镜下可见；略密至密；甚窄。波痕及胞间道未见。

微观特征

导管横切面卵圆形，少数近圆形；单管孔；斜列或径列。3 ~ 8 个/mm²；最大弦径 191μm，平均 152μm，导管分子长 654μm；侵填体偶见；螺纹加厚缺如。管间纹孔式缺乏，与环管管胞间纹孔式互列，卵圆形，圆形或椭圆形。穿孔板单一，略倾斜。导管与射线间纹孔式为纵列与斜列刻痕状及大圆形。环管管胞量多，围绕在导管周围；具缘纹孔数多，径、弦两面均可见，1 ~ 2 列，近圆形。轴向薄壁组织数多，离管带状（宽 1 ~

7，多数 2~4 细胞），长短不一，薄壁细胞大部分含树胶，具菱形晶体，分室含晶细胞可达 7 个或以上。**木纤维**胞壁厚至甚厚；直径 14μm；长 1214μm；具缘纹孔少而小。**木射线**13~18 根/mm；非叠生。单列（偶呈对）射线高 1~25（多为 10~18）细胞。射线组织异形单列。直立或方形射线细胞比横卧射线细胞高或高得多；射线细胞大部分含树胶，晶体未见。**胞间道未见。**

　　材料：W454（马来西亚编号）。

　　注：Balan Menon（1957）指出，本种具轴向胞间道，作者观察马来西亚（1 试样）及中国标本中均未看到。

【木材性质】

　　木材具光泽；无特殊气味和滋味；纹理交错；结构细而匀。木材重至甚重（密度 945~1185kg/m³）；甚硬；干缩中，干缩率从生材至气干径向 4.3%，弦向 5.5%；强度甚高。

产　地	密　度（g/cm³）		顺纹抗压强度	抗弯强度	抗弯弹性模量	顺纹抗剪强度	
	基　本	气　干				径	弦
			MPa	MPa	MPa	MPa	
马来西亚	0.97	1.12	79.5 (92.9)	155 (171)	19500 (19300)	19.3 (23.0)	

　　木材干燥慢，有中度的端裂，主要缺陷系瓦形翘。天然耐腐性中等，有白蚁危害。由于木材重、硬、纹理交错，因此锯、刨等加工困难，但车旋性能良好；油漆后光亮，胶粘亦易。

【木材用途】

　　建筑方面用于房柱、房梁、搁栅、椽子、地板；造船工业可作渔轮骨架（龙骨、肋骨、龙筋等）；交通方面可用作枕木、电杆及横担木，还可做家具、细木工制品、工具柄等。

金缕梅科
Hamamelidaceae R. Br.

　　27 属，约 140 种；主产亚洲东部。主要商品材属有蕈树属 *Altingia*，蚊母树属 *Distylium*，枫香属 *Liquidambar*，红花荷属 *Rhodoleia* 等。

蕈树属 *Altingia* Noronha

　　常绿乔木，约 12 种；分布印度、缅甸、泰国、马来西亚、印度尼西亚及中国。中国有 8 种，最常见者为蕈树 *A. chinensis* Oliver.。东南亚最常见的树种为大蕈树 *A. excelsa* Noronha。

大蕈树 *A. excelsa* Noronha
（彩版 8.8；图版 36.4 ~ 6）

【商品材名称】

拉桑姆麻拉 Rasamala，茹蒂里 Jutili（印度）；南塔若克 Nantayok（缅）；苏伯 Sob（泰）。

【树木及分布】

常绿大乔木，高可达 45m，直径 0.6 ~ 1.0 m；分布印度、缅甸、泰国、马来西亚、印度尼西亚及中国云南省。

【木材构造】

宏观特征

木材散孔。心材红褐色，栗褐色或褐色；与边材区别不明显。边材肉色或红褐色。生长轮不明显至略明显，明显者界于管孔较少深色的纤维带。管孔在放大镜下可见至略明显；略多；略小；散生或径列；具侵填体。轴向薄壁组织不见。木射线放大镜下可见，比管孔小；中至略密；窄。波痕及胞间道未见。

微观特征

导管横切面为多角形；单管孔，少数径列复管孔（2 个）；由于导管尾部重叠，有时管孔呈 2 ~ 3 个斜列或弦列。38 ~ 48 个/mm²；最大弦径 115μm，平均 70μm；导管分子长 1630μm；侵填体丰富；螺纹加厚偶见。管间纹孔式缺乏。复穿孔，梯状，有时具分枝，横隔多（10 ~ 25 根）；穿孔板甚倾斜。导管与射线间纹孔式为横列刻痕状及少数大圆形。轴向薄壁组织量少；星散状，稀星散-聚合，少数疏环管状；薄壁细胞内大部分含树胶；晶体未见。纤维管胞壁甚厚；直径 20μm；长 2680μm；具缘纹孔径壁与弦壁均明显。分隔纤维管胞未见。木射线 8 ~ 11 根/mm；非叠生。单列射线较少，高 1 ~ 16 细胞。多列射线宽 2 ~ 3 细胞；高 10 ~ 63（多数 15 ~ 40）细胞；同一射线常出现 2 ~ 3 次多列部分。射线组织异形 II 型。直立或方形射线细胞比横卧射线细胞高；射线细胞多列部分多为卵圆形；多数细胞内充满树胶；菱形晶体常见。胞间道未见。

材料：W9925，W 13195，W14191（印）；W 18995，W18999（中国）。

【木材性质】

木材光泽强；无特殊气味和滋味；纹理略斜或略交错；结构细而匀。木材重（气干密度 0.80g/cm³）；干缩大；强度高。

木材干燥困难，天然干燥堆放要密些，防止热风或太阳直接吹晒；人工干燥也宜缓慢，以便减轻翘裂。天然耐腐性中等。生材锯解容易，干时困难；因纹理交错，施刨困难，但刨后板面光亮，径锯板有带状花纹。油漆和胶粘性能良好。

【木材用途】

可用于造船如肋骨、船底板；房屋建筑如柱子、搁栅等；还可做枕木、坑木、电杆、桥梁、木桩、卡车车梁、纸浆等。

莲叶桐科
Hernandiaceae Blume.

乔木，灌木或藤本；3 属，赫兹木属 *Hazomalania*，莲叶桐属 *Hernandia* 和青藤属 *Illigera*，共 55 种；产热带地区。仅莲叶桐属可达商品材。

莲叶桐属 *Hernandia* L.

24 种，产中美洲、圭亚纳、西印度群岛、西非、桑给巴尔、印度、马来西亚及太平洋地区。

美丽莲叶桐 *H. nymphaefolia*（Prevl.）Kunitz.
（图版 37. 1 ~ 3）

【商品材名称】

布阿-克拉斯-劳特 Buah keras laut（马）；巴茹-劳特 Baru laut（马来半岛）。

【树木及分布】

乔木；产马来西亚等地。

【木材构造】

宏观特征

木材散孔。心材近白色或浅橄榄褐色；与边材区别不明显。边材色略浅。生长轮不明显。管孔肉眼下明显，数少；大小中等；散生；侵填体未见。轴向薄壁组织肉眼可见；翼状，聚翼状。木射线在肉眼下可见；稀；窄至略宽。波痕及胞间道未见。

微观特征

导管横切面卵圆形，间或椭圆形或近圆形，具多角形轮廓；单管孔及径列复管孔（2 ~ 3 个），少数管孔团；散生。1 ~ 5 个/mm²；最大弦径 196μm，平均 156μm，导管分子长 482μm；侵填体未见；螺纹加厚缺如。管间纹孔式互列，圆形或椭圆形，具多角形轮廓。穿孔板单一，圆形或卵圆形，平行或略倾斜。导管与射线间纹孔式为刻痕状及大圆形。轴向薄壁组织量多，翼状；聚翼状，薄壁细胞内晶体及树胶未见；纺锤薄壁细胞常见。木纤维壁甚薄；直径 31μm，长 907μm；具缘纹孔略明显；分隔木纤维未见。木射线 4 ~ 6 根/mm；非叠生。单列射线很少，高 1 ~ 7 细胞。多列射线宽 2 ~ 6（多 3 ~ 4）细胞；高 4 ~ 23（多数 7 ~ 15）细胞。射线组织同形单列及多列。射线细胞多列部分常为多角形。树胶及晶体未见。胞间道未见。

材料：WT 5748（马来西亚编号）。

【木材性质及利用】

木材具光泽；无特殊气味和滋味；纹理直；结构细而匀。木材轻（气干密度 350 ~ 435kg/m³）；不耐腐；干燥加工容易。

木材用作家具、绘图板、渔网浮子、木屐等。

茶茱萸科
Icacinaceae Miers

58 属，400 种；分布于热带地区。主要商品材属有：柴龙树属 *Apodytes* E. Mey. ex Arn. ，琼榄属 *Gonocaryum* Miq. ，肖榄属 *Platea* Bl. ，香茶茱萸属 *Cantleya* Ridl. ，乌拉榄属 *Urandra* Thw. 等。中国有 13 属，22 种；产西南部至南部。

香茶茱萸属 *Cantleya* Ridl.

仅 1 种，乔木；产马来西亚。

角香茶茱萸 *C. corniculata*（Becc.）Howard
（彩版 8.9；图版 37.4~6）

【商品材名称】

德达茹 Dedaru（马）；贝达儒 Bedaru（沙捞，印）；萨麻拉 Samala（沙）；塞拉奈 Seranai（印）。

【树木及分布】

乔木，胸径可达 0.6m；产沙捞越，加里曼丹，马来半岛，散生在高低不平的沿海地带。

【木材构造】

宏观特征

木材散孔。心材黄褐色；与边材区别略明显。边材浅黄褐色。生长轮不明显。管孔放大镜下略明显；略少；大小中等；单管孔，稀径列或斜列复管孔（2 个）；散生或斜列；具侵填体。轴向薄壁组织肉眼可见；傍管状。木射线放大镜下明显；比管孔小；密度中等；窄。波痕及胞间道未见。

微观特征

导管横切面圆形或卵圆形；单管孔；稀径列或斜列（2 个）复管孔；散生或斜列；8~12 个/mm²；最大弦径 175μm，平均 120μm，导管分子长 1190μm；具硬化侵填体，壁厚；螺纹加厚缺如。管间纹孔式缺乏。穿孔板单一，平行或略倾斜。导管与射线间纹孔式为刻痕状及大圆形。轴向薄壁组织主为环管状，少数侧向伸展似翼状，及星散状；晶体未见；筛状纹孔式常见。纤维管胞壁甚厚；直径 24μm；长 1870μm；具缘纹孔明显；分隔纤维管胞未见。木射线 6~9 根；非叠生。单列射线很少，高 1~5 细胞。多列射线宽 2~3（稀 4）细胞；高 4~61（多数 15~40）细胞，同一射线有时出现 2 次或多次多列部分。射线组织异形 II 型，稀 III 型。直立或方形射线细胞比横卧射线细胞高；射线细胞多列部分多为卵圆形。树胶及晶体未见。胞间道未见。

材料：W9926，W9927，W13186，W14182（印）。

【木材性质】

　　木材具光泽；新切面具香气；滋味微苦；纹理交错；结构细而匀。木材重；强度高至甚高。

产　　　地	密　度(g/cm³)		顺纹抗压强度	抗弯强度	抗弯弹性模量	顺纹抗剪强度	
	基　本	气　干				径	弦
			MPa	MPa	MPa	MPa	
马来西亚	0.80	0.93	62.8 (74.0)	128 (143)	18300 (18300)	13.1 (15.7)	

　　干燥速度稍慢，40mm 厚板材气干需要 6 个月。木材耐腐至甚耐腐。锯解性能中等；刨容易，刨面光滑；旋切、打孔均易，切面良好。

【木材用途】

　　可用码头，桥梁，车梁，车轴，重型房屋建筑用的搁栅、柱子、地板、机座及汽锤垫板、工具台、工具柄、刨架等。适宜各种需要强度大和耐久的地方。

苞芽树科
Irvingiaceae Pierre

　　3 属，约 45 种；分布从非洲到亚洲热带地区。

苞芽树属 *Irvingia* Hook. f.

　　常绿乔木；10 种；分布从热带非洲到亚洲。主要商品材树种非洲有：加蓬苞芽树 *I. gabonensis* Baill.，大叶苞芽树 *I. grandifolia* Engl.；亚洲有：苞芽树 *I. malayana* Oliv. ex Benn.。

苞芽树 *I. malayana* Oliv. ex Benn.

(*I. oliveri* Pierre)

(彩版 9.1；图版 38.1~3)

【商品材名称】

　　卡波克 Kabok(泰)，砲-基让 Pauh kijang(马)；砲基让 Pauh kidjang(印)；卡茹-吐郎 Kaju tulang(文)；卡衣 Cay，欠姆巴克 Chambak(柬)。

【树木及分布】

　　常绿乔木，高可达 40m，直径可达 1 m；板根高可达 6m；分布印度、泰国、缅甸、老挝、柬埔寨、越南、马来西亚、苏门答腊、加里曼丹等地。

【木材构造】

宏观特征

　　木材散孔。心材灰褐色；与边材区别不明显，常带浅绿色条纹。边材色浅。生长轮不明显。管孔放大镜下明显；略少；大小中等；散生；侵填体未见。**轴向薄壁组织**放大镜下明显，离管带状。**木射线**放大镜下明显；中至略密；窄至略宽。**波痕及胞间道**缺如。

微观特征

导管横切面卵圆形；单管孔及径列复管孔(2~6 个，多 2~3 个)，稀管孔团；4~10 个/mm²，最大弦径 185μm，平均 135μm，导管分子长 677μm；散生；螺纹加厚缺如。管间纹孔式互列，多角形。穿孔板单一，平行至略倾斜。导管与射线间纹孔式大圆形，稀刻痕状。**轴向薄壁组织**数多，带状(宽 1~5 细胞)，稀星散状；树胶通常不见；分室含晶细胞常见，内含菱形晶体，多达 18 个或以上。**木纤维**壁甚厚，直径 17μm，长 1788μm，单纹孔或略具狭缘。**木射线** 7~10 根/mm；非叠生。单列射线很少，高 1~9 细胞。多列射线宽 2~5(多数 3~4)细胞；高 6~58(多数 15~40)细胞，同一射线有时出现 2~3 次多列部分。射线组织异形 III 型，稀 II 型。直立或方形射线细胞比横卧射线细胞高；射线细胞多列部分多为卵圆形；内含硅石；晶体未见。**胞间道**未见。

材料：W20660(马)；W20391(泰)。

【木材性质】

木材具光泽；无特殊气味和滋味；纹理直至略交错；结构细而匀。木材甚重；甚硬；干缩小，干缩率生材至气干径向 2.7%，弦向 4.3%；强度甚高。

木材干燥慢，40mm 厚板材在马来西亚干燥需 7 个月；略有瓦弯和弓弯发生，端裂和面裂中等。不耐腐，易受菌、虫危害；防腐处理容易。木材锯、刨稍困难，刨面略光滑。

产 地	密 度(g/cm³)		顺纹抗压强度	抗弯强度	抗弯弹性模量	顺纹抗剪强度	
	基 本	气 干				径	弦
			MPa	MPa	MPa	MPa	
马来西亚	0.83	1.09	70.5 (83.5)	—	—	17.0 (20.3)	

【木材用途】

木材强度大，经防腐处理后用于桥梁，房屋建筑用做梁、椽子、搁栅等；由于具装饰性花纹，宜做高级室内装修如镶嵌板、细木工、拼花地板等。

胡桃科
Juglandaceae A. Rich. ex Kunth.

8 属，约 50 种；分布于北温带和亚洲热带地区。主要属有：山核桃属 *Carya*，青钱柳属 *Cyclocarya*，黄杞属 *Engelhardtia*，核桃属 *Juglans*，化香属 *Platycarya*，枫杨属 *Pterocarya* 等。

黄杞属 *Engelhardtia* Leschen ex Bl.

15 种；分布于亚洲热带和亚热带地区。中国有 8 种，产西南部，南部至东南部。本属最常见的商品材树种有：

黄杞 *E. roxburghiana* Wall. 详见种叙述。

齿叶黄杞 *E. serrata* Blume 商品材名称：盾棍-帕亚 Dungun paya（马）；坦萨朗 Tan-salang（文莱）；麻瑞 Mari，卡帕 Kape，隆得荣 Londerong，巴雷安-陀拉得亚 Balean to-radja（印）。乔木；分布马来西亚，菲律宾及印度尼西亚等地。木材为散孔材。构造，材性和利用略同黄杞。

云南黄杞 *E. spicata* Leschen ex Blume 商品材名称：卡纠-胡得剑 Kaju hudjan（印）；陶恩-塔玛梭克 Taung tamasok，蒂特维尔夫 Thitwelve（缅）；卢皮散 Lupisan（菲）；西拉玻玛 Silapoma（印度）。乔木，高 15～20m。分布印度、缅甸、泰国、马来西亚、印度尼西亚、菲律宾及中国云南、四川、贵州、广西和福建。除木材为散孔材外，其余构造、材性及利用略同黄杞。据说缅甸用作茶叶盒和火柴。

黄 杞 *E. roxburghiana* Wall.

(*E. chrysolepis* Hance)

（彩版 9.2；图版 38.4～6）

【商品材名称】

卡茹胡剑 Kayuhujan（印）；切欧 Cheo，切欧-蒂阿 Cheo tia（越）；邓更帕亚 Dungun-paya，帕阿尔 Paar，特拉凌 Teraling（马）。

【树木及分布】

乔木，高 10～24m；直径可达 0.5m 或以上。产越南、泰国、缅甸、印度、马来西亚、印度尼西亚及中国南方各省区。

【木材构造】

宏观特征

木材半环孔至散孔。心材浅灰褐色或浅灰褐带红；与边材区别不明显。边材色浅。生长轮略明显。管孔肉眼下可见，少至略少；中至略大；从内向外逐渐减少减小；径列或斜列；侵填体可见。轴向薄壁组织放大镜下明显；离管带状，排列稀疏而不整齐。木射线放大镜下明显，比管孔小得多；密度中；窄。波痕及胞间道缺如。

微观特征

导管横切面为卵圆形，部分略具多角形轮廓；单管孔，少数径列复管孔（2～4 个，稀 5 个），稀管孔团；3～9 个/mm²；最大弦径 285μm，平均 157μm；导管分子长 830μm。径列或斜列；具侵填体；螺纹加厚缺如。管间纹孔式互列，圆形或多角形。穿孔板单一，梯状穿孔偶见，略倾斜或倾斜。导管与射线间纹孔式刻痕状及大圆形。轴向薄壁组织略多，离管带状（宽常 1，稀 2 细胞），环管状及环管束状，稀星散及星散-聚合状；薄壁细胞大部分含树胶；晶体未见。木纤维壁薄；直径 23μm，长 1270μm；具缘纹孔略明显。木射线 7～9 根/mm；非叠生；单列射线高 1～13 细胞。多列射线宽 2～

3 细胞；高 7 ~ 18 细胞。射线组织异形 II 及少数 III 型。直立或方形射线细胞比横卧射线细胞高；射线细胞多列部分为卵圆形；含树胶量多；晶体未见。胞间道缺如。

　　材料：W8933，W12761（越）。

【木材性质】

　　木材光泽强；无特殊气味和滋味；纹理直或略斜；结构细而匀。木材重量及强度中等。

产　　地	密　度(g/cm³)		顺纹抗压强度	抗弯强度	抗弯弹性模量	顺纹抗剪强度	
	基　本	气　干				径	弦
			MPa	MPa	MPa	MPa	
中国福建	—	0.57	48.2	89.4	9608	7.5,8.3	
中国海南	0.46	0.57	44.2	91.1	10098	9.1,9.8	

　　木材干燥不难，但速度快时可能产生翘曲和端裂；耐腐性不强；锯容易，但锯可能易钝；容易胶粘；握钉力好，不劈裂。

【木材用途】

　　用于建筑、地板、车辆、家具、农业机械、胶合板、车工制品。经防腐处理可作枕木、电杆等。也可做枪托及机模。

樟　科
Lauraceae Juss.

　　约 45 属，2000 ~ 2500 种；分布于热带及亚热带地区，其中心在东南亚及巴西。主要商品材属有：黄肉楠属 *Actinodaphne*，油丹属 *Alseodaphne*，琼楠属 *Beilschmiedia*，樟属 *Cinnamomum*，厚壳桂属 *Cryptocarya*，莲桂属 *Dehaasia*，铁樟属 *Eusideroxylon*，木姜子属 *Litsea*，楠属 *Phoebe*，赛楠属 *Nothophoebe*，润楠属 *Machilus* 等。

　　中国有 20 属，约 400 种，多分布江南各地。

油丹属 *Alseodaphne* Nees

　　常绿乔木，约 50 种；分布亚洲东南部及南部。中国约 9 种，产云南省及海南省。常见商品材树种有：革质油丹 *A. coriacea* Kost.，马来油丹 *A. insignis* Gamb.，垂油丹 *A. peduncularis* Hook. f.，马拉油丹 *A. malabonga*（Blco.）Kost.，拉艾油丹 *A. semicarpitolia* Nees，缴形油丹 *A. umbelliflora* Hook. f. 等。

马来油丹 *A. insignis* Gamb.
（图版 39.1 ~ 3）

【商品材名称】

　　梅当-坦纳 Medang tanah（马来半岛）；梅当 Medang，梅当-帕永 Medang payong

（马）。

【**树木及分布**】

常绿乔木，直径可达 0.6m 或以上；分布马来西亚等地。

【**木材构造**】

宏观特征

木材散孔。心材黄褐色微带绿；与边材区别略明显。边材色浅。生长轮不明显。管孔在肉眼下可见，少至略少；大小中等；散生或斜列；侵填体可见。轴向薄壁组织放大镜下可见，环管状，环管束状及似翼状。木射线肉眼下可见；密度稀至中；窄。波痕及胞间道缺如。

微观特征

导管横切面卵圆形，间或圆形及椭圆形，略具多角形轮廓；单管孔及径列复管孔（2～3 个），偶见管孔团；斜列或散生；5～10 个/mm²；最大弦径 195μm，平均 154μm；导管分子长 830μm；侵填体可见；螺纹加厚缺如。管间纹孔式互列，多角形。穿孔板单一，少数复穿孔（梯状），略倾斜。导管与射线间纹孔式刻痕状，少数大圆形。轴向薄壁组织主为环管状，少数环管束状，翼状，局部似聚翼状；树胶及晶体未见。油细胞或粘液细胞常见。木纤维壁薄至略厚，直径 22μm，长 1740μm；具缘纹孔略明显；分隔木纤维常见。木射线5～8 根/mm；非叠生。单列射线很少，高 1～13 细胞。多列射线宽 2～3（偶 4）细胞；高 5～64（多数 15～45）细胞。射线组织为异形Ⅲ及Ⅱ型。直立或方形射线细胞比横卧射线细胞高或高得多，射线细胞多列部分多为椭圆形或多角形，细胞内具少量树胶；晶体未见；油细胞或粘液细胞常见。胞间道缺如。

材料：W5226（马来西亚编号）。

【**木材性质**】

木材具光泽；略具气味；无特殊滋味；纹理直或略斜；结构细而匀；重量中；干缩小，干缩率生材至气干径向 1.3%～1.7%，弦向 2.6%～3.1%；强度低。

产　　地	密　度（g/cm³）		顺纹抗压强度	抗弯强度	抗弯弹性模量	顺纹抗剪强度	
	基　　本	气　干				径	弦
			MPa	MPa	MPa	MPa	
马来西亚	0.57	0.705	39.9 (55.9)	—	—	8.3 (12.8)	

木材干燥较慢，15mm 和 40mm 厚板材气干分别需 3 个月和 5 个月。无严重缺陷，板材稍有端裂、杯弯和弓弯发生。边材有变色现象。防腐剂处理心材困难，边材容易。切削不难，切面光洁；油漆后光亮性能优良，板面光亮；胶粘性能中等。

【**木材用途**】

用于房屋建筑、室内装修、造船、桥梁、码头、桩木、枕木、矿柱、农具用材、胶合板、家具等。

樟属 *Cinnamomum* Trew

约 250 种；分布于亚洲热带和亚热带、澳大利亚及太平洋诸岛。东南亚常见商品材树种有：

阴香 *C. burmanii* Bl. 商品材名称：卡又（库里特）玛尼斯 Kayu（Kulit）manis（沙），乔木，高可达 20m 以上，胸径 0.8m，分布于印度、缅甸、越南、印度尼西亚及菲律宾；中国广东，广西，云南，海南，福建均产。

大叶桂 *C. iners* Reinw. ex Blume 商品材名称：梅当-铁亚 Medang teja，拉汪 lawang（马）乔木，高达 20m；分布斯里兰卡、印度、缅甸、中南半岛、马来西亚至印度尼西亚。中国云南南部、广西南部及西藏东南部也产。

爪哇肉桂 *C. javanica* Blume 商品材名称：梅当-铁亚-拉汪 Medang teja lawang（马）；拉汪 Lawang（文），乔木，高可达 20m；分布越南、马来西亚至印度尼西亚。中国云南屏边也产。

黄樟 *C. porrectum* Kosterm. 详见种叙述。

绒叶樟 *C. velutinum* Ridl. 商品材名称：梅当-克曼基 Medang kemangi（马）。乔木；分布马来西亚等地。

中国有 46 种，产于南方各省区。

黄　樟 *C. porrectum* Kosterm.
（*C. parthenoxylon* Nees）
（彩版 9.3；图版 39.4~6）

【商品材名称】

梅当 Medang（印，马）；基-塞芮 Ki-serah（缅，印）；梅当-克满吉 Medang kemangi（马）；梅当-雷萨 Medang lesah（印）；梅当-拉瓦里 Medang rawali（婆），克普兰-万吉 Keplan wangi（沙捞）。

【树木及分布】

乔木，高 20~25m，直径可达 1m 或以上；分布马来西亚、印度尼西亚、缅甸、印度、巴基斯坦及中国。

【木材构造】

宏观特征

木材散孔。心材红褐色，有时带深色条纹；与边材界限明显。边材黄褐色，灰褐色或黄褐色带绿。生长轮不明显至略明显。管孔肉眼下可见，少至略少；略小至中；单管孔及径列复管孔（2~3 个）；散生或略呈斜列；侵填体可见。轴向薄壁组织在放大镜下可见；环管状，环管束状及似翼状。木射线肉眼下可见；密度稀至中；窄。波痕及胞间道缺如。

微观特征

导管在横切面为圆形，卵圆形及椭圆形，略具多角形轮廓；单管孔及径列复管孔

（2~3个），稀管孔团；散生或斜列；3~12个/mm²；最大弦径180μm，平均128μm，导管分子长710μm，具侵填体。螺纹加厚未见。管间纹孔式互列，多角形。穿孔板单一，少数为复穿孔（梯状具分枝）；略倾斜或倾斜。导管与射线间纹孔式为横列或斜列刻痕状及大圆形。**轴向薄壁组织**主为环管束状、翼状、聚翼状、少数环管状及星散状，稀轮界状；树胶及晶体未见。油细胞或粘液细胞常见。木纤维壁薄；直径24μm，长1310μm；纹孔具狭缘；分隔木纤维未见。木射线4~7根/mm；非叠生。单列射线很少，高1~6细胞。多列射线宽2~3（稀4）细胞；高3~43（多数15~30）细胞；同一射线内常出现2次多列部分。射线组织异形Ⅱ及Ⅲ型。直立或方形射线细胞比横卧射线细胞高；射线细胞多列部分多为卵圆形；细胞内具少量树胶；晶体未见。油细胞或粘液细胞常见。胞间道缺如。

材料：W12759（越）；W9928；W14102（印）。

【木材性质】

木材光泽强；新切面具樟脑气味；滋味不显著；纹理略斜至交错；结构细而匀；木材重量中等；干缩小，干缩率生材至气干径向1.1%，弦向2.2%；强度中至高。

木材干燥稍慢，40mm厚板材气干需5个月；干燥后略开裂，但不变形；据沙巴木材记载耐腐，锯、刨、车旋等加工容易，切面光滑。

产　　地	密　度（g/cm³）		顺纹抗压强度	抗弯强度	抗弯弹性模量	顺纹抗剪强度	
	基　本	气　干	MPa	MPa	MPa	径	弦
						MPa	
印度尼西亚	—	0.63	56.6（61.5）	55.2（57.5）	8333（8000）	6.4，7.0（7.3，7.9）	
中国广东省	0.41	0.51	35.9	64.4	9020	5.8，6.1	

【木材用途】

可供建筑如梁、柱、门、窗、天花板、桥梁、造船、木模及上等家具、细木工、单板、胶合板等。

厚壳桂属 *Cryptocarya* R. Br.

约200~250种；分布于热带及亚热带地区，但未见中非，中心是马来西亚、澳大利亚及中美洲智利。中国有19种，产南部各省区。常见商品材树种有：大厚壳桂 *C. ampla* Merr.，二色厚壳桂 *C. bicolor* Merr.，苞片厚壳桂 *C. bracteolata* Gamb.，格氏厚壳桂 *C. griffithii* Wight.，库氏厚壳桂 *C. kurzii* Hook. f.，月桂叶厚壳桂 *C. lauriflora*（Blco.）Merr.，毛厚壳桂 *C. tomentosa* Bl. 等。

格氏厚壳桂 *C. griffithii* Wight.
（图版40.1~3）

【商品材名称】

梅当-德容 Medang dering（沙）；梅当 Medang（马，文，印）；梅当-帕永 Medang payong(马来西亚)。

【树木及分布】

小到中乔木，直径可达 0.4m；产马来西亚、文莱及印度尼西亚等。

【木材构造】

宏观特征

木材散孔。心材黄褐色至红褐色微带绿色；与边材区别不明显。边材色浅。生长轮略明显，介以浅色轮界薄壁组织。**管孔肉眼下略见；数少至略少；略小至中；散生；具沉积物。轴向薄壁组织放大镜下可见；轮界状及傍管状。木射线放大镜下可见；密度中；窄。波痕及胞间道缺如。**

微观特征

导管横切面卵圆形，略具多角形轮廓；单管孔及径列复管孔(2～6 个，多 2～4 个)，少数管孔团；3～8 个/mm²，最大弦径 145μm；平均 121μm；导管分子长 640μm；侵填体可见；沉积物丰富；螺纹加厚未见。管间纹孔式互列，多角形。穿孔板单一，略倾斜。导管与射线间纹孔式刻痕状及大圆形。轴向薄壁组织轮界状，疏环管状；树胶及晶体未见；油细胞或黏液细胞常见。木纤维壁薄，直径 22μm，长 1210μm，纹孔具狭缘。木射线 7～9 根/mm；非叠生。单列射线高 1～11 细胞。多列射线宽 2～4 细胞；高 6～49(多数 12～30)细胞。射线组织异形 II 型，稀 III 型。直立或方形射线细胞比横卧射线细胞高或高得多。射线细胞多列部分多为卵圆形；少数细胞含树胶；晶体未见。油细胞或粘液细胞可见。胞间道未见。

材料：W6548(马来西亚编号)。

【木材性质】

木材具光泽；无特殊气味和滋味；纹理直；结构细而匀。重量(气干密度 0.68g/cm³)及强度中等。木材锯、刨等加工容易；胶粘容易，油漆后光亮；钉钉不难。

【木材用途】

用于房屋建筑如房柱、椽子、檩条、门、窗及其他装修、家具、胶合板以及农具用材等。

莲桂属 *Dehaasia* Blume

常绿乔木或灌木。约 35 种；分布自缅甸、泰国，经中南半岛、马来西亚至伊里安岛。本属有 20 余种产马来西亚及印度尼西亚，主要商品材树种有：

蓝色莲桂 *D. caesia* Bl. 商品材名称：梅当 Medang(文，沙)；候肉-卡杨 Hoeroe ka-cang, 卡瑞玛头-剖特 Karematoe poete, 塔皮-剖特 Tapi poete, 马当-坦都克 Medang tan-duk(印)。产文莱、马来西亚及印度尼西亚。

楔形莲桂 *D. cuneata* Bl. 详见种叙述。

短柄莲桂 *D. curtisii* Gamb. 商品材名称：梅当-帕永 Medang payong(马)，产马来西亚。

椭圆叶莲桂 *D. elliptica* Ridl. 商品材名称：梅当-帕永 Medang payong(马)，产马来西

亚。

腰果楠 *D. incrassata* Kosterm. 商品材名称：梅当 Medang（文，沙）；梅当-特拉斯 Medang teras（沙）。乔木，高达 15m。分布泰国、马来西亚、印度尼西亚、菲律宾及中国台湾。

硬莲桂 *D. firma* Bl. 商品材名称：梅当 Medang（文，沙）；然嘎斯 Rangas（印）。产文莱、沙巴及印度尼西亚等。

中国产莲桂 *D. hainanensis* Kosterm.，广东莲桂 *D. kwangtungensis* Kosterm. 及腰果楠 3 种。

楔形莲桂 *D. cuneata* Bl.
（彩版 9.4；图版 40.4~6）

【商品材名称】

梅当-塔内汗 Medang tanehan（印）；梅当-帕永 Medang payong（马）；梅当 Medang（本属及其他属部分树种在印度尼西亚及马来西亚的总称）。

【树木及分布】

乔木；分布马来西亚及印度尼西亚等。

【木材构造】

宏观特征

木材散孔。心材橄榄黄微带绿至暗黄褐色；与边材界限明显。边材浅黄绿色。生长轮略见。管孔肉眼下略见；数略少；略小至中；单管孔及径列复管孔（2~4 个），少数管孔团；散生或略呈径列；侵填体丰富。轴向薄壁组织放大镜下可见；环管状。木射线放大镜下可见；密度中；甚窄至窄。波痕及胞间道缺如。

微观特征

导管横切面卵圆形及椭圆形，略具多角形轮廓；单管孔及径列复管孔（2~5 个，多数 2~3 个），少数为管孔团；散生或略呈径列；8~22 个/mm^2；最大弦径 190μm，平均 106μm，导管分子长 780μm；侵填体丰富；螺纹加厚未见。管间纹孔式互列，多角形。穿孔板单一，略倾斜。导管与射线间纹孔式刻痕状及大圆形。轴向薄壁组织环管状，少数星散状（油细胞）；薄壁细胞内含少量树胶；晶体未见；油细胞或黏液细胞常见。木纤维壁薄；直径 21μm；长 1830μm；单纹孔；分隔木纤维普遍。木射线 5~9 根/mm；非叠生。单列射线甚少，高 1~7 细胞。多列射线宽 2~3 细胞；高 6~37（多数 15~25）细胞。射线组织异形 II 及 III 型。直立或方形射线细胞比横卧射线细胞高；射线细胞多列部分多为卵圆形。射线细胞含树胶；晶体未见；油细胞或黏液细胞常见。胞间道缺如。

材料：W14089（印）。

注：P. K. Balan Menon, A. M. N. 观察 *D. cuneata* Bl., *D. curtisii* Gamb., *D. elliptica* Ridl., *D. microcarpa* Bl. 和 *D. nigrescens* Gamb. 5 种。只有 *D. microcarpa* 和 *D. nigrescens* 多列射线宽 2~4 细胞，其余均为 2~3 细胞。

【木材性质】

木材光泽强；无特殊气味和滋味；纹理略斜；结构细而匀。重量(气干密度 0.59 ~ 0.75g/cm³，平均 0.68g/cm³) 及强度中。干缩小。木材锯、刨等加工容易，刨面光滑。

【木材用途】

制造家具，仪器箱盒；房屋建筑方面可做房架、柱子、门窗等；木材结构细，可供雕刻、车工、胶合板等方面用材。

铁樟属 *Eusideroxylon* Teijsm. & Binnend.

本属有铁樟木 *E. malagangai* Sym. 及坤甸铁樟木 *E. zwageri* Teijsm. & Binnend. 2 种；产马来西亚(沙巴和沙捞越)、印度尼西亚(苏门答腊岛)及菲律宾(塞流 Sulu 和塔威 Tawitawi)。铁樟木商业上称 Malagangai；坤甸铁樟木商业上称 Belian.

坤甸铁樟木 *E. zwageri* Teijsm. & Binnend.
(彩版 9.5；图版 41.1 ~ 3)

【商品材名称】

贝联 Belian(沙，沙捞，印)；加里曼丹铁木 Borneo ironwood(欧洲)；乌凌 Uling，瓮嫩 Onglen，布联 Bulian，巴德儒德让 Badjudjang，塔里汗 Talihan，蒂欣 Tihin，塔布林 Tabulin，乌林 Ulin，欧林 Oelin(印)；田姆布联 Tambulian(菲)。

【树木及分布】

乔木，枝下高可达 15m，直径达 1.2m；分布马来西亚、印度尼西亚及菲律宾。

【木材构造】

宏观特征

木材散孔。心材黄褐色至红褐色，久置于大气中转呈黑色；与边材区别明显。边材黄褐色至红褐色。生长轮不明显或略见。管孔肉眼下可见；数少；中至略大；单管孔及径列复管孔(2 ~ 4 个)；散生或略呈斜列；侵填体丰富。轴向薄壁组织肉眼下可见；翼状，聚翼状，环管状及带状。木射线放大镜下可见至略明显；密度稀至中，窄。波痕及胞间道未见。

微观特征

导管横切面卵圆形及圆形，略具多角形轮廓；单管孔，少数径列复管孔(2 ~ 4 个)；散生；1 ~ 6 个/mm²；最大弦径 280μm，平均 199μm，导管分子长 540μm；侵填体丰富，具硬化侵填体；螺纹加厚缺如。管间纹孔式互列，多角形。穿孔板单一，平行或略倾斜。导管与射线间纹孔式大圆形，少数刻痕状。轴向薄壁组织翼状，聚翼状，环管状，不规则带状(宽 1 ~ 6 细胞)及轮界状；薄壁细胞内含少量树胶；晶体未见。油细胞或粘液细胞普遍。木纤维壁甚厚；直径 21μm，长 2180μm；径壁纹孔可见，常为单纹孔。木射线5 ~ 8 根/mm；非叠生。单列射线甚少，高 1 ~ 8 细胞。多列射线宽 2 ~ 4 细胞，多列部分有时与单列部分近等宽，同一射线内间或出现 2 ~ 3 次多列部分；高 5 ~ 72(多数为 20 ~ 40)细胞。射线组织异形 III 型。方形射线细胞比横卧射线细胞略高；射线细胞多列部分多为圆形或卵圆形，略具多角形轮廓。细胞内含少量树胶；晶体未见；油细胞或粘液细胞未见。**胞间道缺如。**

　　材料：W14154（印）；W18138（马）。

【木材性质】

　　木材具光泽；新切面似具柠檬味；无特殊滋味；纹理直或略斜；结构细至中，略均匀。木材甚重；很硬；干缩甚大，干缩率生材至炉干径向 4.2%，弦向 8.3%；强度甚高。

产　　地	密　度（g/cm³）		顺纹抗压强度	抗弯强度	抗弯弹性模量	顺纹抗剪强度	
	基　　本	气　干	MPa	MPa	MPa	径	弦
						MPa	
印度尼西亚		1.198	71.9 (80.1)	140.3 (149.1)	18390 (18000)	11.4 ~ 11.5 (13.1 ~ 13.3)	

　　木材干燥慢，没有严重降等现象，但有劈裂和面裂倾向。耐腐性强，埋入地下试验，30 年不坏，抗虫能力强，能抗白蚁，但不能抗水生钻木动物危害。锯解不难，但因木材重硬，需消耗相当大动力，锯时注意清除树脂以保持锯齿锋利，手工操作较困难，加工后板面光洁，钉钉不易，最好先打孔以防劈裂，胶粘较难。

【木材利用】

　　因木材重、硬，强度大又耐久，所以国外主要用作房柱、木瓦、电杆、水管及与地面和水接触的码头、桥梁等需要强度大及耐久的地方。

铁樟木 *E. malagangai* Sym.

【商品材名称】

　　麻拉甘蓝 Malagangai（沙，沙捞）；烈隆 Njelong；（印）；贝联 Belian（沙）。

【树木及分布】

　　本种主产在林区内，乔木；直径通常只能达 0.4 ~ 0.6m；产印度尼西亚及马来西亚。

木材特征

　　本种与坤甸铁樟木易区别，主要不同是材色较红；重量轻至重（密度 0.52 ~ 0.85g/cm³）；具较长的聚翼状（带状）薄壁组织；木纤维壁较坤甸铁樟木薄；木射线组织异形 III 型，稀 II 型；油细胞或黏液细胞在薄壁组织和木射线中均可见。

【木材性质】

　　木材重；质硬；干缩中，干缩率径向 2.4%，弦向 4.4%；强度高或中至高。

产　　地	密　度（g/cm³）		顺纹抗压强度	抗弯强度	抗弯弹性模量	顺纹抗剪强度	
	基　　本	气　干	MPa	MPa	MPa	径	弦
						MPa	
印度尼西亚		0.83:14.4% (0.952)	60 (63.3)	106.4 (108.2)	14020 (13500)	8.3 ~ 9.6 (9.3 ~ 10.7)	

木材干燥不难；耐腐，据说在沙捞越用作桩柱可维持 20～30 年；锯、刨等加工不难。

【木材利用】

造船及房屋建筑如柱子、门、窗、天花板及其他室内装修。

木姜子属 *Litsea* Lam.

约 200 种；分布于亚洲热带和亚热带、北美及南美洲亚热带。主要商品材树种有：硬木姜子 *L. firma*（Bl.）Hook.；香木姜子 *L. odorifera* Val.；柄木姜子 *L. petiolata* Hook. f.；毛木姜子 *L. tomentosa* Bl.；大果木姜子 *L. megacarpa* Gamb. 等。

中国有 72 种，18 变种和 3 变形；是中国樟科中种类较多，分布较广的属之一。

香木姜子 *L. odorifera* Val.
（彩版 9.6；图版 41.4~6）

【商品材名称】

梅当-佩拉瓦斯 Medang perawas，梅当 Medang（马，印）；里桑 Lisang（沙巴）；佩拉瓦斯 Perawas；里拉密特 Lelamit（印）；巴蒂库凌-苏茹坦 Batikuling-surutan（菲）。

【树木及分布】

中乔木；产印度尼西亚、马来西亚、菲律宾等地。

【木材构造】

宏观特征

木材散孔。心材浅黄褐带红；与边材区别不明显。边材浅黄色。生长轮不明显。管孔肉眼下略见；少至略少；中至略大；单管孔，少数径列复管孔（2～3 个）；散生或斜列；具侵填体。轴向薄壁组织放大镜下可见；环管状。木射线放大镜下可见；密度稀；窄。波痕及胞间道缺如。

微观特征

导管横切面为卵圆形，稀近圆形，略具多角形轮廓；多为单管孔，少数径列复管孔（2～3 个）；散生或斜列；5～10 个/mm^2；最大弦径 235μm，平均 201μm，导管分子长685μm；具少量侵填体；螺纹加厚未见。管间纹孔式互列，多角形。穿孔板单一，稀梯状，平行或略倾斜。导管与射线间纹孔式刻痕状及大圆形。轴向薄壁组织为环管状，环管束状，少数侧向伸长似翼状；薄壁细胞内含少量树胶；晶体未见；油细胞或黏液细胞常见。木纤维壁薄；直径 23μm，长 1620μm；单纹孔或略具狭缘；分隔木纤维普遍。木射线 3～5 根/mm；非叠生。单列射线极少，高 2～4 细胞。多列射线宽 2～3 细胞；高 4~45（多数 12～30）细胞。射线组织为异形Ⅲ型，少数Ⅱ型。直立或方形射线细胞比横卧射线细胞高；射线细胞多列部分多为多角形。晶体未见；油细胞或黏液细胞未见。胞间道缺如。

材料：W13215（印）。

注：关于 *Litsea* 属，Balan Menon（马来西亚林业报告 N.27）观察了下面 21 种：

1. 桂木叶木姜子 *L. artocarpaefolia* Gamb. 2. 似栗木姜子 *L. castanea* Hook. f.

3. 心叶木姜子 *L. cordata* Hook. f. 4. 肋木姜子 *L. costalis* Kost.

5. 库特木姜子 *L. curtisii* Gamb. 6. 弗如木姜子 *L. ferruginea* Bl.

7. 刚木姜子 *L. firma* Bl. 8. 哥赛木姜子 *L. garciae* Vidal.

9. 细柄木姜子 *L. gracilipes* Hook. f. 10. 大木姜子 *L. grandis* Hook. f.

11. 润楠叶木姜子 *L. machilifolia* Gamb. 12. 美丽木姜子 *L. magnifica* Gambl.

13. 山木姜子 *L. monticola* Gamb. 14. 紫金牛木姜子 *L. myristicaefolia* Wall. ex Hook. f.

15. 巢状木姜子 *L. nidularis* Gamb. 16. 柄木姜子 *L. petiolata* Hook. f.

17. 多花木姜子 *L. polyantha* Juss. 18. 三打木姜子 *L. sandakanensis* Merr.

19. 特氏木姜子 *L. teysmanii* Gamb. 20. 毛木姜子 *L. tomentosa* Bl.

21. 伞花木姜子 *L. umbellata*(Lour.)Merr.

导管弦径平均 <100μm 的树种有 14、16、21；平均弦径 >200μm 有 2、3、4、5、7、11、12、15；余为 100 ~ 200μm。具单穿孔板与梯状穿孔板的有 2、3、9、10、11、14、18、19、21；具分隔木纤维有 2、7、10、12、14、17、20；射线内具油细胞或黏液细胞有 2、4、6、10；射线内具硅石有 4、5、15；射线宽于 4 细胞有 1、5、6、12、17。晶体均未见。

【木材性质】

木材光泽强；无特殊气味和滋味；纹理直；结构细而匀。木材重量轻至中(0.40 ~ 0.66g/cm³)；干缩小；强度弱至中。木材干燥稍慢，几无降等；不耐腐至稍耐腐；锯、刨等加工容易，刨面光滑。

【木材用途】

用于一般建筑、室内装修、家具、文化用品、包装箱盒、机模、雕刻等；直径大者可做胶合板。

赛楠属 *Nothaphoebe* Bl.

约 40 种；分布东南亚及北美洲。东南亚常见商品材树种有：哈维兰赛楠 *N. havilandii* Gamb.，异叶赛楠 *N. heterophylla* Merr.，潘多赛楠 *N. panduriformis* (Hook. f.)Gamb.，伞形花赛楠 *N. umbellifora* Bl.，坎吉赛楠 *N. kingiana* Gamb.，马拉赛楠 *N. malabonga* Merr.，赛楠 *N. cavaleriei*(Levl.)Y. C. Yang 等。

中国仅有最后一种赛楠，产四川、贵州及云南。

潘多赛楠 *N. panduriformis*(Hook. f.)Gamb.
(图版 42.1 ~ 3)

【商品材名称】

梅当-皮商 Medang pisang(马)；梅当 Medang(文)。

【树木及分布】

乔木；分布马来西亚等地。

【木材构造】

宏观特征

木材散孔。心材浅绿褐色久则转深，呈柚木色；与边材区别不明显。边材灰绿色。生长轮不明显。管孔肉眼可见，数略少；大小中等；径列；侵填体未见。轴向薄壁组织放大镜下几不见。木射线肉眼下可见；密度中；窄。波痕及胞间道缺如。

微观特征

导管横切面为卵圆形，间或椭圆及圆形，具多角形轮廓；主为径列复管孔（2～5个），少数单管孔及管孔团；径列；12～18个/mm²，最大弦径200μm；平均148μm；导管分子长780μm；侵填体偶见；螺纹加厚缺如。管间纹孔式互列，多角形。穿孔板单一，梯状复穿孔偶见，平行至略倾斜。导管与射线间纹孔式为大圆形及刻痕状。轴向薄壁组织疏环管状，少数环管束状；晶体未见；油细胞或黏液细胞常见。木纤维壁薄；直径26μm；长1300μm；单纹孔略具狭缘，数少；具分隔木纤维。木射线6～8根/mm；非叠生。单列射线甚少，高3～7个。多列射线宽2～4细胞；高5～62（多数15～35）细胞。射线组织异形Ⅲ型，稀Ⅱ型。直立或方形射线细胞比横卧射线细胞高或高得多；射线细胞多列部分多为卵圆或椭圆形；部分细胞含树胶；晶体未见。油细胞或黏液细胞偶见。胞间道缺如。

材料：W636（马来西亚编号）。

【木材性质】

木材具光泽；无特殊气味和滋味；纹理直；结构细而匀。木材轻，气干密度约0.47g/cm³；干缩小；强度低。

【木材用途】

宜作室内装修、家具、包装箱、胶合板等。

豆　科
Leguminosae Juss.

694属，17600余种，为种子植物第三大科。广布于全世界。本科分为3个亚科，即苏木亚科 Caesalpinoideae，蝶形花亚科 Faboideae 及含羞草亚科 Mimosoideae。亦有学者主张将这3亚科提升为3个独立科。

苏木亚科 Caesalpinoideae Taub.

156属，约2800种；分布于热带及亚热带地区，少数产温带。主要商品材属有：缅茄属 *Afzelia*，格木属 *Erythrophloeum*，铁刀木属 *Cassia*，摘亚木属 *Dialium*，印茄属 *Intsia*，贝特豆属 *Kingiodendron*，甘巴豆属 *Koompassia*，双翼豆属 *Peltophorum*，油楠属 *Sindora* 等。

缅茄属 *Afzelia* Smith

乔木，约 30 种；分布南亚，南非及马达加斯加。主要商品材树种有：缅茄 *A. africana* Smith；双对小叶缅茄 *A. bijuga* Gray；安哥拉缅茄 *A. quanzensis* Welw. 等。

中国在广东、海南、广西引种栽培木果缅茄 1 种。

木果缅茄 *A. xylocarpa*(Kurz) Craib
(*Pahudia xylocarpa* Kurz)
(彩版 9.7；图版 42.4 ~ 6)

【商品材名称】

麻克哈蒙 Makharmong(泰)；麻克哈-华-刊姆 Makha hua kham，麻克哈-鲁昂 Makha luang，麻卡蒙 Ma-ka-mong(泰)。

【树木及分布】

常绿乔木，高达 40m，直径可达 1 m；分布缅甸和泰国。

【木材构造】

宏观特征

木材散孔。心材浅褐至深褐色，久则呈暗红褐色。边材近白色。生长轮放大镜下可见，介于轮界薄壁组织带。管孔肉眼下易见，单管孔及径列复管孔；少至略少；大小中等；散生；管孔内含深色树胶。轴向薄壁组织肉限下可见或明显，翼状，聚翼状及轮界状。木射线肉眼下略见；密度中等；甚窄至窄。波痕及胞间道未见。

微观特征

导管横切面卵圆形；单管孔及径列复管孔(2 ~ 4 个)，稀管孔团，散生；2 ~ 9 个/mm², 最大弦径210(多数 115 ~ 185)μm，平均 155μm；导管分子长 380μm，部分管孔含树胶；螺纹加厚缺如。管间纹孔式互列，多角形，系附物纹孔。穿孔板单一，平行或略倾斜。导管与射线间纹孔式类似管间纹孔式。轴向薄壁组织为翼状，聚翼状及轮界状；含少量树胶；具分室含晶细胞，菱形晶体可达 13 个或以上；纺锤形薄壁细胞可见。木纤维壁薄至厚；直径 18μm，长 1430μm，纹孔具狭缘，数多；部分纤维含树胶。木射线5 ~ 8 根/mm；非叠生，局部呈规则斜列。单列射线甚少，高 1 ~ 9 细胞。多列射线宽 2 ~ 3(多 2)细胞；高 5 ~ 20(多数 10 ~ 15)细胞。射线组织同形多列或同形单列及多列。射线细胞多列部分多为卵圆形，内含树胶；菱形晶体未见。胞间道缺如。

材料：W15206，W20386(泰)。

【木材性质】

木材具光泽；无特殊气味和滋味；纹理直；有时略交错；结构略粗，均匀。木材重(气干密度约 0.82g/cm³)；硬；强度高，木材干燥性能良好。耐腐，未经防腐处理的枕木，在泰国可用 8 年以上。生材锯解容易；刨光后美观，有油性感；此种木材树瘤加工后据说其花纹比大果紫檀还美丽。

【木材用途】

因木材重、硬，强度大又耐腐，所以生产部门多用作重型建筑，桥梁，桩，柱，枕木；室内装修如镶嵌板、门、窗、家具，农用机械如犁弯曲部件，工具柄，木锤头等。

铁刀木属 *Cassia* L.

约600种；分布热带，亚热带和温带地区。

本属东南亚常见的商品材树种有：铁刀木 *C. siamea* Lam.，管铁刀木 *C. fistula* L.，爪哇铁刀木 *C. javanica* L.，结铁刀木 *C. nodosa* Buch-Ham.，淀文铁刀木 *C. timoriensis* DC. 等。

中国原产约10种，引种栽培作观赏的约10种。

铁刀木 *C. siamea* Lam.
（彩版9.8；图版43.1～3）

【商品材名称】

约哈尔 Johar(印)；梦 Muong，梦丹 Muong den，佩尔德芮克木 Perdrik wood(越)；昂刊 Angkanh(柬)；梅札里 Mezali(缅)；贝阿蒂 Beati(印度)；德约哈 Djohar(印)；亚哈尔 Jahar(马)；基雷特 Kilet，基-雷克班 Khi lekban(泰)。

【树木及分布】

常绿乔木，高达20m，直径0.4m；产印度、缅甸、斯里兰卡、越南、泰国、马来西亚、印度尼西亚及菲律宾等。

【木材构造】

宏观特征

木材散孔。心材栗褐色；与边材区别明显。径面常呈深浅相间条纹。边材浅黄白色，易感染呈蓝变色。生长轮不明显。管孔肉眼下可见至明显；单管孔，稀径列复管孔；数少，略大；散生；常具沉积物。轴向薄壁组织肉眼下明显，数多，呈聚翼状，带状，薄壁组织带约与机械组织等宽或稍窄。木射线放大镜下明显；密度中，甚窄至窄。波痕及胞间道缺如。

微观特征

导管横切面圆形及卵圆形；单管孔，少数径列复管孔(2～4个)，偶见管孔团；2～5个/mm²；最大弦径380μm；平均264μm；导管分子长300μm；部分管孔内含沉积物；螺纹加厚未见。管间纹孔式互列，略呈多角形或横向椭圆形，系附物纹孔。穿孔板单一，平行，少数略倾斜。导管与射线间纹孔式类似管间纹孔式。轴向薄壁组织数多，主为傍管带状(宽多为4～8细胞)，聚翼状，少数星散状及轮界状；少数细胞内含树胶；分室含晶细胞数多，内含晶体可达数十个。木纤维壁甚厚，直径18μm，长1160μm；纹孔数多，但不明显；部分细胞内含树胶；螺纹加厚未见。木射线数5～7根/mm；非叠生。单列射线甚少，高1～10细胞。多列射线宽2～3细胞；高5～35(多数10～25)细胞。射线组织同形多列或同形单列及多列。射线细胞多列部分多为卵圆形；内含树胶；晶体未见。胞间道缺如。

材料：W11386（越）；W14152（印）；W15108（柬）。

【木材性质】

木材光泽弱；无特殊气味和滋味；纹理斜或交错；结构中，略均匀。木材重至甚重；干缩大，体积干缩率14.1%；强度高。

产　　地	密　度(g/cm³)		顺纹抗压强度	抗弯强度	抗弯弹性模量	顺纹抗剪强度	
						径	弦
	基　本	气　干	MPa	MPa	MPa	MPa	
越　　南		0.81:12%	60.3	119.2	—	—	
印度尼西亚		0.88:14.8%	58.4	120.5	12059	9.5,10.1	
		(1.011)	(62.8)	(124.5)	(11670)	(10.7,11.4)	

木材干燥困难，易产生翘裂。心材耐腐，能抗白蚁危害；边材易感染蓝变色。由于纹理斜或交错，施刨易产生戗茬，通常刨面光滑；油漆及胶粘性能良好；握钉力强；由于薄壁组织与机械组织相间排列，在弦面上呈现美丽的抛物线花纹，状如羽毛，故有人称"鸡翅木"。

【木材用途】

房屋建筑如柱子、搁栅、地板；交通用材如桥梁、桥桩、枕木、车梁、造船；高级家具；农业机械如板车、犁辕、工农具柄、木槌等；工艺美术用材如雕刻、车工、镶嵌等；亦可用作薪炭材。

库地豆属 *Crudia* Schreb.

乔木，灌木或藤本，50种；分布世界热带地区。常见商品材树种有：本塔库地豆 *C. bantamensis* Benth. et Hook. f.；库地豆 *C. curtisii* Prain；斯考特库地豆 *C. scortechinii* Prain 等。

库地豆 *C. curtisii* Prain
（图版43.4~6）

【商品材名称】

梅尔包-克拉 Merbau kera（马）；安嘎-安嘎 Angar-angar（沙）；巴比-库茹斯 Babi kurus，杰云-图派 Jering tupai（马来）。

【树木及分布】

小乔木，主产马来西亚等地。

【木材构造】

宏观特征

木材散孔。心材深巧克力色，具白色条纹；与边材区别略明显。边材胡桃（Walnut）色。生长轮在肉眼下不见，放大镜下略明显。管孔在肉眼下可见，数少；大小中等；散生；具黄色沉积物。**轴向薄壁组织在肉眼下可见，丰富，带状。木射线放大镜下可见，略密至密；甚窄。波痕及胞间道未见。**

微观特征

导管横切面卵圆形，部分略具多角形轮廓；单管孔及径列复管孔(2~4个)，稀管孔团。2~6个/mm²，最大弦径255μm，平均161μm，导管分子长510μm；侵填体未见；具沉积物；螺纹加厚缺如。管间纹孔式互列，多角形，系附物纹孔。穿孔板单一，略倾斜。导管与射线间纹孔式类似管间纹孔式。**轴向薄壁组织傍管带状(宽多为2~4细胞)**，偶轮界状；薄壁细胞大部分含树胶；分室含晶细胞普遍，菱形晶体可达20个或以上。木纤维壁甚厚，直径19μm；长1650μm；单纹孔或略具狭缘；具胶质纤维。**木射线13~16根/mm**，非叠生，但局部呈规则斜列。单列射线数多，高1~30(多数8~15)细胞。多列射线宽2(偶3)列；高6~53(多数15~25)细胞。射线组织同形单列及多列，少数异形Ⅲ型。方形细胞可见，比横卧射线细胞略高或近等高；射线细胞含树胶，晶体未见，胞间道未见。

材料：W4430(马来西亚编号)。

【木材性质】

木材具光泽；无特殊气味和滋味；纹理交错；结构细，略均匀。木材重至甚重(含水率17.8%时密度0.94g/cm³)；很硬；强度高至甚高。

产　　地	密　度(g/cm³)		顺纹抗压强度	抗弯强度	抗弯弹性模量	顺纹抗剪强度	
						径	弦
	基　本	气　干	MPa	MPa	MPa	MPa	
马来西亚		1.130	70 (77.2)	138.3 (146.1)	17100 (16832)		

木材不耐腐，边材有粉蠹虫危害。因木材重硬；锯刨加工困难，易钝刀具。

【木材用途】

工具柄、门框、窗框等。

摘亚木属 *Dialium* L.

40余种；分布于美洲热带、非洲热带、马达加斯加和东南亚地区。

东南亚常见的商用材树种有：越南摘亚木 *D. cochinchinensis* Pierre，摘亚木 *D. indum* L.，曼氏摘亚木 *D. maingayi* Baker，肯氏摘亚木 *D. kingii* Prain，掌状摘亚木 *D. patens* Baker，阔萼摘亚木 *D. platysepalum* Baker，适度摘亚木 *D. modestum* Steyaert，瓦氏摘亚木 *D. wallichii* Prain 等。

越南摘亚木 *D. cochinchinensis* Pierre
(彩版9.9；图版44.1~3)

【商品材名称】

克棱 Khleng(泰)；克然吉 Keranji(文)；克拉兰 Kralanh(柬)；左阿依 Xoay(越)。

【树木及分布】

中到大乔木，高 15～25m，胸径 0.6m；分布于泰国、越南、柬埔寨等。

【木材构造】

宏观特征

木材散孔。心材浅红褐至紫红褐色；与边材区别明显。边材浅黄色。生长轮不明显。管孔放大镜下略明显；少至略少；大小中等；单管孔，稀径列复管孔；散生；内含白色沉积物。轴向薄壁组织放大镜下明显；网状，环管状。木射线放大镜下可见；中至略密；甚窄至窄。波痕略见。胞间道未见。

微观特征

导管横切面卵圆形及圆形；单管孔，稀径列复管孔（2～3 个）；散生；1～9 个/mm²；最大弦径 190μm；平均 132μm；导管分子长 330μm，内含白色沉积物；螺纹加厚缺如；叠生。管间纹孔式互列，近圆形，系附物纹孔。穿孔板单一，平行及略倾斜。导管与射线间纹孔式类似管间纹孔式。轴向薄壁组织主为带状，宽 1～2（稀 3）细胞，带之间距离略均匀，稀星散及星散-聚合状；叠生；部分细胞含树胶；分室含晶细胞数多，内含菱形晶体可达数十个，部分为结晶异细胞。木纤维壁甚厚；直径 18μm；长1400μm；叠生。径壁纹孔可见。木射线9～11 根/mm；叠生。单列射线较少，高 4～15细胞。多列射线宽 2～3 细胞，同一射线有时出现 2 次多列部分；高 13～31（多数15～20）细胞。射线组织同形单列及多列。射线细胞多列部分多为卵圆形；多含树胶；晶体未见。胞间道缺如。

材料：W20371（泰）。

【木材性质】

木材具光泽；无特殊气味和滋味；纹理交错；结构细而匀。木材甚重；甚硬；干缩甚大，干缩率径向 5.5%，弦向 10.0%，体积 13.1%；强度甚高；冲击韧性高。

产　　地	密　度(g/cm³)		顺纹抗压强度	抗弯强度	抗弯弹性模量	顺纹抗剪强度	
						径	弦
	基　本	气　干	MPa	MPa	MPa	MPa	
越　　南		1.06:12%	74.5	188.2	—	—	
越　　南		1.09:12%	100	215.7	23529	—	
泰　　国		1.10:13%	90.7	165.9	19412	23.0	

干燥性质一般，通常表面有开裂，端部有劈裂发生。木材耐腐，无白蚁及其他虫害。生材锯解不难，加工面光亮。

【木材用途】

适用于要求耐久和强度大的地方。房屋建筑方面如梁、柱子、搁栅；交通方面桥梁、码头桩材、电杆、枕木、造船（如桅杆）；农业机械方面如马车各部、工农具柄、油厂和糖厂用的油榨等。

阔萼摘亚木 *D. platysepalum* Baker
(*D. ambiguum* Prain)
(彩版 10.1；图版 44.4~6)

【商品材名称】

克然吉 Keranji(沙，印)；克然德吉 Kerandji，克然德吉-阿萨普 Kerandji asap(印)；克然吉-库宁-贝萨 Keranji kuning besar(马)；衣-宗-布恩 Yi thong bueng(泰)。

【树木及分布】

乔木，主干高达 18m，直径可达 0.5m；主产印度尼西亚、马来西亚等地。

【木材构造】

宏观特征

木材散孔。心材新伐时为浅金黄褐色，久之则转深，为褐色或红褐色；与边材区别明显。边材新伐时为白色，久在大气中变为浅褐色。生长轮不明显。管孔肉眼可见至略明显，多为单管孔，稀径列复管孔；数少，或至略少；大小中等；内含浅色沉积物。轴向薄壁组织为带状(似网状)及环管状。木射线放大镜下可见，弦面呈细纱纹；密度中；窄。波痕肉眼下略明显。胞间道未见。

微观特征

导管横切面卵圆形，单管孔，稀径列复管孔(2~5 个，多 2~3 个)，管孔团偶见；散生；2~6 个/mm^2；最大弦径 260μm；平均 180μm；导管分子长 390μm；部分管孔内含有深色沉积物；螺纹加厚缺如；叠生。管间纹孔式互列，略呈多角形，系附物纹孔。穿孔板单一，平行。导管与射线间纹孔式类似管间纹孔式。轴向薄壁组织为带状(宽 1~4，多为 2~3 细胞)及环管状；叠生；薄壁细胞内含少量树胶；分室含晶细胞常见，内含晶体 13 个或以上。木纤维壁甚厚至厚；直径 18μm；长 1370μm；叠生；纹孔略具狭缘；分隔纤维可见。木射线6~8 根/mm，叠生。单列射线甚少，高 3~11 细胞。多列射线宽 2~3 细胞；高 11~26(多数 15~20)细胞。射线组织同形单列及多列。射线细胞多列部分多为卵圆形；内含树胶；晶体未见。胞间道未见。

材料：W14092，W15164(印)。

注：*D. indum* L. (密度 0.93~0.95)；*D. maingayi* Baker(0.87~0.98)；*D. modestum* Steyaert(> 0.60)。管孔最大弦径大于 200μm；带状薄壁组织宽为 1~4 细胞；其密度通常在 1.00 以下；与本种构造、材性相近。

【木材性质】

木材光泽强；无特殊气味和滋味；纹理交错或波浪形，结构细至中，略均匀，木材重至甚重(气干密度 0.93~1.08g/cm^3)；干缩小，干缩率生材至气干径向 2.3%，弦向 3.7%；硬至甚硬；强度很高。

木材干燥慢，15mm 和 40mm 厚板材气干分别需 2 个月和 6 个月。木材干燥时，有开裂倾向；耐腐；锯稍困难，锯解时有钝锯倾向；刨时因交错纹易产生戗茬，刨刀应锋利才好；木材旋切性能良好，胶粘性能尚可。

产　　地	密　度(g/cm³)		顺纹抗压强度	抗弯强度	抗弯弹性模量	顺纹抗剪强度	
	基　本	气　干				径	弦
			MPa	MPa	MPa	MPa	
马来西亚	0.79	0.915	72 (86.5)	134 (151)	20100 (20100)	16.0 (19.3)	

【木材用途】

可用于房屋建筑及室内装修、造船、家具，及各种工农具柄如斧子、锛子等等；刨切装饰性单板。

喃喃果属 *Cynometra* L.

约60种；产世界热带地区。东南亚地区常见商品材树种有：

茎花喃喃果 *C. cauliflora* L.。

马六喃喃果 *C. malaccensis* Meeuwan。

枝花喃喃果 *C. inaequifolia* A. Gray。

琉球喃喃果 *C. luzoniensis* Merr.。

密花喃喃果 *C. ramiflora* L.。

马六喃喃果 *C. malaccensis* Meeuwan
(图版 45.1~3)

【商品材名称】

克卡通 Kekatong(马)；克卡通-捞特 Kekatong laut，贝兰坎 Belangkan(马来半岛)；卡通-卡通 Katong-katong(沙，马来半岛)。

【树木及分布】

小到大乔木；分布沙巴、马来半岛等。

【木材构造】

宏观特征

木材散孔。心材红褐色或紫红褐色；与边材区别不明显。边材色浅。生长轮不明显。管孔肉眼可见，数少；略大；散生；内含沉积物或树胶。轴向薄壁组织丰富，为聚翼状，带状。木射线放大镜下可见；密度中等；窄。波痕及胞间道未见。

微观特征

导管横切面卵圆形及圆形；单管孔，少数径列复管孔(2~6个，多为2~3个)，稀管孔团；散生。2~5个/mm²，最大弦径242μm，平均205μm；导管分子长615μm；多含沉积物或树胶，螺纹加厚未见。管间纹孔式互列，多角形；系附物纹孔。穿孔板单一，平行至略倾斜。导管与射线间纹孔式类似管间纹孔式。轴向薄壁组织丰富；聚翼状，翼状及带状(宽4~7细胞)；薄壁细胞内多含树胶；菱形晶体偶见。木纤维壁厚至甚厚；直径21μm；长2163μm；单纹孔或略具狭缘。木射线8~9根/mm；非叠生。单列射线数少，高 1 ~ 15(多为 4 ~ 8)细胞。多列射线宽 2 ~ 4(多 2 ~ 3)细胞；高 6 ~ 55(多数 12 ~ 35)细胞或以上，同一射线有时出现 2 次多列部分。射线组织同形单列及多列或异形Ⅲ型。直立或方形射线细胞比横卧射线细胞略高。射线细胞多列部分多为卵圆形；内含少量树胶；具菱形晶体。胞间道未见。

材料：W4557，W9935(马来西亚编号)。

【木材性质】

木材具光泽；无特殊气味和滋味；纹理直至略交错；结构中，略均匀。木材甚重；干缩小，干缩率生材至气干径向 1.6% ；弦向 2.7% ；强度很高。

产　　地	密　度(g/cm³)		顺纹抗压强度	抗弯强度	抗弯弹性模量	顺纹抗剪强度	
	基　本	气　干	MPa	MPa	MPa	径　弦	
						MPa	
马来西亚	0.84	1.010	67 (87.1)	135 (163)	18400 (18900)	15.6 (19.8)	

木材干燥稍慢，15mm 和 40mm 厚板材气干分别需要 3 个月和 5 个月。干燥时有端裂发生。木材稍耐腐，防腐处理容易。木材锯，刨等加工困难，刨面稍光滑。

【木材用途】

适宜建筑如梁、柱、搁栅、门和窗框、地板；防腐处理后可用做枕木、承重地板等。

格木属 *Erythrophleum* Afzel ex G. Don.

17 种；分布非洲、亚洲东部及大洋洲的热带、亚热带地区。本属主要商品材树种有：产在非洲的伊弗格木 *E. ivorense* A. Chev. ，产乌干达、刚果、安哥拉的几内亚格木 *E. guineense* G. Don 和产亚洲的丛花格木 *E. densiflorum* (Elm.) Merr. ，格木 *E. fordii* Oliv. ，菲律宾格木 *E. philippinense* Merr. ，蒂斯曼格木 *E. teysmannii* Kurz 等。

中国产格木 1 种。

格木 *E. fordii* Oliv.
(彩版 10.2；图版 45.4 ~ 6)

【商品材名称】

里姆 Lim，林 Lin，里姆-占克 Lim xank(越)。

【树木及分布】

常绿大乔木，高达 25m，胸径 1m；产越南及中国。

【木材构造】

宏观特征

木材散孔。心材红褐色，久则呈暗红褐色；与边材区别明显。边材黄褐色。生长轮略明显，轮间介以深色纤维带。管孔肉眼下略见；单管孔及短径列复管孔；少至略少；

大小中等；散生；部分心材管孔内含树胶。**轴向薄壁组织**肉眼下可见；数多；翼状、聚翼状。**木射线**在放大镜下明显；肉眼下材身上呈斑点状；密度中；甚窄。**波痕**略见。**胞间道**未见。

微观特征

导管横切面为卵圆形及圆形；单管孔及径列复管孔（2~3个）；散生；4~8个/mm^2；最大弦径247μm；平均167μm，导管分子长410μm，树胶常见；螺纹加厚缺如。管间纹孔式互列，多角形，系附物纹孔。穿孔板单一，平行至略倾斜。导管与射线间纹孔式类似管间纹孔式。**轴向薄壁组织**数多；翼状，聚翼状，稀星散状；薄壁细胞多含树胶；菱形晶体常见，分室含晶细胞可达10个以上。**木纤维**壁甚厚；直径17μm；长1070μm；单纹孔略具狭缘；具胶质纤维。**木射线**5~8根/mm；非叠生，有时局部排成斜列。单列射线甚少，高1~7细胞。多列射线宽2细胞，高4~21（多数8~12）细胞。射线组织为同形单列及多列。射线细胞多列部分多为卵圆形；内含树胶；菱形晶体未见。**胞间道**缺如。

材料：W8899，W12760（越）。

【木材性质】

木材具光泽；无特殊气味和滋味；纹理交错；结构细，均匀。木材重至甚重；硬；干缩大，体积干缩率9.5%~10.2%；强度甚高。

产　　地	密　度(g/cm^3)		顺纹抗压强度	抗弯强度	抗弯弹性模量	顺纹抗剪强度	
	基　本	气　干				径	弦
			MPa	MPa	MPa	MPa	
越　南		0.93~0.97 12%	75~99	134.1~170.2	—	—	
中　国		0.89:15%	—	—	—	—	

木材干燥性能尚好，但应注意，否则易发生翘曲。很耐腐，能抗虫蛀、白蚁及海生钻木动物危害。切削困难，径面不易光，因交错纹理易产生戗茬；油膝及胶粘性能良好，握钉力强；易使金属生锈。

【木材用途】

房屋建筑如搁栅、地板、柱子；交通方面桥梁、枕木、鱼轮（龙骨、龙筋、肋骨）；高级家具等。广西容县"真武阁"及合浦"格木桥"全用格木建成，无一钉一铁，至今分别经历400余年和200余年，完好无缺，可见其坚固耐用。

印茄属 *Intsia* Thouars

9种；分布热带非洲东海岸，马达加斯加和亚洲热带地区，马来西亚、菲律宾、印度尼西亚、越南、泰国等。本属常见商品材树种为：帕利印茄 *I. palembanica* Miq.，印茄 *I. bijuga* O. Kuntze 和微凹印茄 *I. retusa*（Kurg）O. Kuntze 等。

帕利印茄 *I. palembanica* Miq.

(*Afzelia palembanica*(Miq.)Baker; *I. bakeri* Prain)

(彩版10.3; 图版46.1~3)

【商品材名称】

梅包 Merbau(马，印); 米拉包 mirabow, 梅包-达拉特 Merbau darat, 衣皮尔 Ipil, 德茹梅来 Djumelai(印); 萨卢姆否 Salumpho(泰); 克魏拉 Kwila(新几内亚)。

【树木及分布】

大乔木，树高可达 45m，直径可达 1.5m 或以上; 分布菲律宾、泰国、缅甸南部、马来西亚、印度尼西亚、巴布亚新几内亚、斐济等。

【木材构造】

宏观特征

木材散孔。心材褐色至暗红褐色; 与边材区别明显，通常具深浅相间条纹。边材白色或浅黄色。生长轮在放大镜下明显，界以浅色轮界薄壁组织带。管孔肉眼下略明显; 主为单管孔，少数径列复管孔(2~3个)，数少; 大小中等; 散生; 心材管孔内含黄色沉积物。轴向薄壁组织肉眼略见; 数多; 翼状，聚翼状及轮界状。木射线放大镜下可见; 稀至中; 甚窄至窄。波痕未见。胞间道缺如。

微观特征

导管横切面为卵圆形，稀圆形; 单管孔及径列复管孔(2~4个，多为2~3个); 管孔团偶见; 散生。2~5个/mm; 最大弦径 240μm; 平均 187μm; 导管分子长 460μm; 部分管孔内含树胶; 螺纹加厚缺如。管间纹孔式互列，多角形或椭圆形，系附物纹孔。穿孔板单一，平行或略倾斜。导管与射线间纹孔式类似管间纹孔式。轴向薄壁组织为翼状，少数聚翼状及轮界状; 薄壁细胞内含少量树胶; 分室含晶细胞数多，内含菱形晶体达 20 个以上。木纤维壁薄或薄至厚，直径 22μm; 长 1900μm; 纹孔具狭缘; 部分细胞内含树胶。木射线4~6根/mm; 非叠生，局部呈规则排列。单列射线较少，高 1~7 细胞。多列射线宽 2~3 细胞; 高 4~21(多数 10~15)细胞。射线组织同形单列及多列。射线细胞多列部分多为卵圆形。射线细胞内含少量树胶; 晶体未见。胞间道缺如。

材料: W17496(新); W19485(马)。

【木材性质】

木材具光泽; 无特殊气味和滋味; 纹理交错; 结构中，均匀; 木材重或中至重; 硬; 干缩小，干缩率生材至气干径向 0.9%~3.1%，弦向 1.6%~4.1%; 强度高至甚高。

木材干燥性能良好，干燥速度慢，15mm 和 40mm 厚板材气干分别需 4.5 个月和 6 个月; 没有降等倾向。木材耐腐，能抗白蚁危害，但在潮湿条件下，易受菌害，边材最易受小蠹虫危害，应特别注意，防腐处理很困难。木材锯、刨加工困难，锯解时虽不易钝刀具，但锯易粘树胶; 车旋性能良好; 钉钉时易劈裂，油漆和染色性能良好。

产　　地	密　度(g/cm³)		顺纹抗压强度	抗弯强度	抗弯弹性模量	顺纹抗剪强度
	基　本	气　干				径　　弦
			MPa	MPa	MPa	MPa
马来西亚	0.68	0.800	58.2 (63.3)	116 (121)	15400 (15000)	12.5 (14.2)
印度尼西亚		0.94:14.1% (1.077)	76.1 (79.0)	114.9 (115.4)	— —	6.8, 8.3 (7.5, 9.2)

【木材用途】

由于木材重、硬、强度高，纹理交错，通常具带状花纹，所以多用于要求木材耐久、强度大和装饰方面的用途。桥梁、矿柱、枕木、造船、车辆、高级家具、细木工、拼花地板、精密仪器箱合、室内装修、旋切或刨切装饰单板、乐器、雕刻、工农具柄等。

贝特豆属 *Kingiodendron* Harms

约4种；分布印度、菲律宾到巴布亚新几内亚、所罗门群岛、斐济和爪哇。

贝特豆 *K. alternifolium* Merr. et Rolfe
（彩版10.4；图版46.4~6）

【商品材名称】

巴特特 Batete，阿皮坦 Apiitan，麻格巴拉戈 Magbalago，当盖 Danggai，塔巴兰贡 Tabalangon（菲）。

【树木及分布】

大乔木，高可达40m，主干可达18m，直径1.2m；主产菲律宾各地。

【木材构造】

宏观特征

木材散孔。心材红褐色，久则变为暗褐色；与边材区别明显。边材浅黄白色，易变色。生长轮在放大镜下明显，界以浅色的轮界薄壁组织线。管孔肉眼下略见；单管孔及少数径列复管孔；数少；大小中等；散生；在心材管孔内含少量白色沉积物。轴向薄壁组织放大镜下可见，环管状及轮界状。木射线肉眼下略见；密度中；窄。波痕不见。胞间道轴向者在放大镜下可见；散生。

微观特征

导管横切面卵圆及圆形，略具多角形轮廓；单管孔，少数径列复管孔(2~5个，多数2~3个)，稀管孔团；散生。2~7个/mm²；最大弦径260μm；平均167μm；导管分子长480μm；部分管孔内含沉积物；螺纹加厚未见。管间纹孔式互列，多角形；系附物纹孔。穿孔板单一，略倾斜，少数倾斜。导管与射线间纹孔式类似管间纹孔式。轴向薄壁组织环管束状，翼状，带状（宽2~5细胞）及轮界状；少数细胞含树胶；具分室含晶细胞；菱形晶体可达10个或以上。木纤维壁薄，直径21μm；长1340μm；径壁纹孔数多，具狭缘。木射线5~9根/mm；非叠生。单列射线高3~13细胞。多列射线宽2~3(稀4)细胞；高3~27(多数10~20)细胞。射线组织异形Ⅱ型，稀Ⅲ型。直立或方形射线细胞比横卧射线细胞高或高得多。射线细胞多列部分多为卵圆形，内含树胶；菱形晶体可见。胞间道轴向者常见，散生或呈弦列。

材料：W18062(巴)；W 18885(菲)。

【木材性质】

木材光泽弱；无特殊气味和滋味；纹理略交错；结构细，均匀。木材重量中(气干密度$0.67g/cm^3$)。干缩中至大，干缩率生材至气干径向1.5%，弦向5.7%；硬度及强度中等。

干燥性能良好。不耐腐，尤其与地面接触为然，抗白蚁性能中等。木材加工容易，油漆性能良好。

【木材用途】

木材可以做家具、细木工；房屋建筑如梁、椽子、房架、门、地板等。

甘巴豆属 *Koompassia* Maingay.

4种；分布马来半岛、加里曼丹及巴布亚新几内亚等地。本属常见的商品材树种有大甘巴豆 *K. excelsa*(Becc.)Taubert 及马来甘巴豆 *K. malaccensis* Maing 2 种。

大甘巴豆 *K. excelsa*(Becc.)Taubert
(彩版10.5；图版47.1~3)

【商品材名称】

芒吉斯 Manggis(菲)；吐阿郎 Tualang(马，印)；门嘎芮斯 Mengaris(沙，沙捞)；塔旁 Tapang，卡又-拉亚 Kayu raja(沙捞)；吉奴 Ginoo(菲，巴)；园 Yuan(泰)；本嘎瑞斯 Bengaris，魏西斯 Wehis，蒙格瑞斯 Menggeris(印)。

【树木及分布】

大乔木，高50~80m或以上，直径可达1.2~2m；分布泰国、马来西亚西部、菲律宾西部巴拉望岛及加里曼丹等地。

【木材构造】

宏观特征

木材散孔。心材暗红色，久则转呈巧克力褐色；与边材区别明显。边材灰白或黄褐色，常带粉红色条纹。生长轮不明显。管孔肉眼下略明显，单管孔及径列复管孔；管孔团偶见；数少；略大；散生；在心材管孔内树胶可见。轴向薄壁组织肉眼下略明显；聚翼状，带状，有时可见翼状和轮界状。木射线放大镜下可见；密度中；窄至略宽。波痕肉眼下可见。胞间道未见。

微观特征

导管横切面为卵圆形；少数圆形；单管孔，少数径列复管孔(2~6个，多数2~3个)，管孔团偶见；散生。2~6个/mm²；最大弦径270μm；平均220μm；导管分子长

570μm；少数管孔含树胶；螺纹加厚未见。管间纹孔式互列，多角形，系附物纹孔。导管分子叠生。穿孔板单一，平行或略倾斜。导管与射线间纹孔式类似管间纹孔式。**轴向薄壁组织数多**；带状；聚翼状；稀翼状；偶轮界状；部分细胞中含树胶；分室含晶细胞常见，内含菱形晶体达 13 个或以上；叠生。木纤维壁厚至甚厚；直径 19μm；长1410μm；叠生；纹孔难见。木射线6～9 根/mm，叠生。单列射线甚少，高 3～8 细胞。多列射线宽 2～5（多数 3～4）细胞；高 7～25（多数 13～20）细胞。射线组织异形Ⅲ，稀Ⅱ型。直立或方形射线细胞比横卧射线细胞高；射线细胞多列部分多为卵圆形；树胶常见；具菱形晶体，多位于边缘直立或方形射线细胞中。**胞间道未见。**

　　注：木材具同心式内含韧皮部，但在木材解锯时多被丢弃，所以通常不见。

　　材料：W 14173（印）；W 19508（马）。

【木材性质】

　　木材具光泽；无特殊气味和滋味；纹理交错或波浪形；结构粗，略均匀。木材重；硬；干缩甚小，干缩率生材至气干径向 1.5%，弦向 1.7%；强度高。

　　木材干燥稍慢，40mm 厚板材气干需 6 个月。干燥时应谨慎，否则发生劈裂和翘曲。木材耐腐，但易受白蚁危害；防腐处理比马来甘巴豆困难。锯不难，刨容易，刨面光滑，有时在径面因交错纹易发生饯荏；旋切性能尚好；用脲醛胶胶粘性能良好；油漆和染色亦佳，遇铁时易呈黑色，应使用专门钉子以防腐蚀。

产　　地	密　度（g/cm³）		顺纹抗压强度	抗弯强度	抗弯弹性模量	顺纹抗剪强度	
						径	弦
	基　本	气　干	MPa	MPa	MPa	MPa	
马来西亚	0.73	0.88	62 (75.9)	121(139)	17800 (18000)	16.3 (19.9)	
菲 律 宾	0.70	0.76:12% (0.864)	76.2 (70.4)	146 (134)	18100 (16800)	12.6 (13.0)	

【木材用途】

　　纹理交错，常产生带状花纹，可旋切单板、胶合板。木材防腐处理后可用于桩、柱、电杆、枕木。房屋建筑可用做梁、柱、搁栅、椽子、拼花地板等。也可用于车辆、造船、家具、农用机械、手杖。也适宜烧制木炭。

马来甘巴豆 *K. malaccensis* Maing
（彩版 10.6；图版 47.4～6）

【商品材名称】

　　克姆帕斯 Kempas，爱姆帕斯 Empas（沙）；恩姆帕斯 Impas（婆，印，沙）；门格芮斯 Mengeris，帕 Pah，乌皮尔 Upil（印）；通 Thong，崩 Bueng（泰）。

【树木及分布】

　　大乔木，高达 30～55m，胸径可达 3～4m；分布马来西亚、印度尼西亚及文莱。

【木材构造】

宏观特征

木材散孔。心材粉红色至砖红色，久则转深呈橘红色，并具窄的黄褐色条纹；与边材区别明显。边材白色或浅黄色。生长轮在放大镜下略明显或不明显，前者界以轮界薄壁组织或者深色带（管孔较少）。管孔在肉眼下略明显；单管孔及径列复管孔；数少；大小中等；散生。轴向薄壁组织肉眼下明显；主为翼状，少数聚翼状和轮界状。木射线放大镜下可见。波痕肉眼下略明显。胞间道未见。

微观特征

导管横切面卵圆形，主为单管孔，少数径列复管孔（2～4个）；散生。1～4个/mm²；最大弦径310μm；平均255μm；导管分子长580μm；具少量树胶；螺纹加厚未见。管间纹孔式互列，多角形，系附物纹孔。导管似叠生。穿孔板单一，平行或略倾斜。导管与射线间纹孔式类似管间纹孔式。轴向薄壁组织数多；翼状，聚翼状，偶星散状及轮界状；具分室含晶细胞，菱形晶体可达5个或以上。叠生。木纤维壁甚厚，直径19μm；长1550μm；叠生。纹孔略具狭缘，数少。木射线6～8根/mm；叠生。单列射线数少，高1～11细胞。多列射线宽2～4细胞；高8～50（多数18～28）细胞。射线组织异形Ⅲ型，稀Ⅱ型。直立（很少）或方形射线细胞比横卧射线细胞略高；射线细胞多列部分多为卵圆形；晶体未见。胞间道未见。

注：木材具同心式内含韧皮部，但多在解锯时丢弃，故通常不见。

材料：W14146（印）；W17495（新）。

【木材性质】

木材具光泽；无特殊气味和滋味；纹理交错；结构粗，均匀；木材重至甚重；质硬；干缩小，干缩率生材至气干径向2%，弦向3%；强度高至甚高。

产　地	密　度（g/cm³）		顺纹抗压强度	抗弯强度	抗弯弹性模量	顺纹抗剪强度	
	基　本	气　干	MPa	MPa	MPa	径	弦
						MPa	
马来西亚	0.71	0.85	65.6 (71.6)	122 (127)	18600 (18100)	12.4 (14.1)	
印度尼西亚		0.93:14.3% (1.067)	72.3 (75.8)	133.4 (135.1)	20882 (20061)	7.5,8.3 (8.3,9.2)	

木材干燥稍快，40mm厚板材气干需3～4个月。在正常情况下，由于径弦向收缩差异小，没有大的缺陷发生。但有人报道，有时因非正常带状组织产生，这样与正常组织之间干燥速度不同而引起劈裂。在温带使用木材耐腐，而在热带，木材不耐腐至略耐腐；不抗白蚁，易受粉蠹虫危害；但心材和边材防腐处理都容易。因木材硬，加工较困难，锯解时需较大动力；刨切性能良好；旋切性能欠佳；砂光、打蜡、染色均好；钉钉性能尚好，但需先钻孔以防劈裂；木材微酸性，有腐蚀金属倾向；有脆心材发生。

【木材用途】

木材经防腐处理后，可作码头、桥梁用材，矿柱、枕木、电杆等；在不暴露情况下，不经防腐处理可用于建筑如梁、柱、椽子、搁栅等。还可以用作农业机械、车辆以及拼花地板、家具、工农具柄、枴杖等。此外，在化学工业上用作木桶和木槽等。也是尚好烧炭原料。

双翼豆属 *Peltophorum* Benth.

16 种；分布于世界热带地区。常见商品材树种有：

粗轴双翼豆 *P. dasyrachis* Kurz ex Backer 详见种叙述。

盾柱双翼豆 *P. pterocarpum* Backer 异名有：*P. ferrugineum* Benth. ，*P. inerme* Lianos. 。商品材名称：农-贼 Non-tsei(印)；杰梅芮郎 Jemere lang(马)；特芮阿斯科 Trask(柬)；三沟恩 Sanngoen(泰)；西阿 Siar(菲)。乔木，高达 25m；胸径 0.5m；生长迅速，其花金黄色；在马来西亚作行道树供观赏。分布越南、泰国、马来西亚、印度尼西亚及菲律宾等地。中国广东引种栽培。气干密度产于菲律宾者为 0.67g/cm³。木材构造，性质及利用略同粗轴双翼豆。

双翼豆 *P. tonkinense* Ganep. 越南称莱母赛特 Lim xet。乔木，高达 30m，直径 0.8m；产越南及中国海南岛。

粗轴双翼豆 *P. dasyrachis* Kurz ex Backer
(彩版 10.7；图版 48.1～3)

【商品材名称】

杰梅芮郎 Jemerelang(马)；霍昂-林 Hoang Linh(越，柬)；茶-卡姆 Cha kham，农特芮 Nontri(泰)；特芮阿斯 Treas(柬)；特拉塞克 Trasec(柬，越)。

【树木及分布】

小至中乔木，高可达 20m，枝下高 15m，直径 0.6m；分布越南、柬埔寨、老挝、泰国、马来西亚、印度尼西亚等。

【木材构造】

宏观特征

木材散孔。心材橙红褐色，在径面上有深浅相间的带状条纹；与边材区别明显。边材浅黄色微带粉。生长轮明显，界以深色带。管孔肉眼可见；数少；大小中等；散生；树胶或沉积物可见。轴向薄壁组织肉眼下略见；翼状，少数聚翼状及轮界状。木射线放大镜下可见；密度中；甚窄至窄。波痕及胞间道缺如。

微观特征

导管横切面卵形，少数近圆形；单管孔及径列复管孔(2～3 个)，少数管孔团；散生；2～7 个/mm²，最大弦径240μm，平均180 μm；导管分子长430μm；部分导管内含树胶；螺纹加厚未见。管间纹孔式互列，多角形；系附物纹孔。穿孔板单一，略倾斜或倾斜。导管与射线间纹孔式类似管间纹孔式。轴向薄壁组织主为翼状，少数聚翼状，轮界状及星散状(常含菱形晶体)；少数细胞含树胶；分室含晶细胞普遍，局部成对排列，菱形晶体可达25 个或以上。木纤维壁薄至厚，直径19μm；长1260μm；单纹孔或略具狭缘；具分隔木纤维。木射线 5～9 根/mm；非叠生。单列射线高 2～15 细胞。多列射线宽 2～3(多为 2)细胞；高 5～18(多数 7～13)细胞。射线组织同形单列及多列。射线细胞多列部分多为卵圆形；内含树胶，晶体未见。胞间道缺如。

材料：W 11374，W 12780(越)。

【木材性质】

木材具光泽；具微弱气味；无特殊滋味；纹理交错或略斜；结构细而匀。因产地不同材性有变异，木材重量多为中；硬度软至中；干缩甚小，干缩率生材至气干径向 0.9%，弦向 1.1%；强度低。

产　　地	密　度(g/cm^3)		顺纹抗压强度	抗弯强度	抗弯弹性模量	顺纹抗剪强度	
	基　本	气　干	MPa	MPa	MPa	径　弦	
						MPa	
泰　国		0.82:16%	39.6	106.1	10294	6.6～15.5	

木材干燥稍慢，40mm 厚板材需 6 个月；稍有杯弯，弓弯和端裂。

不耐日晒雨淋；易被白蚁危害。木材锯、刨等加工容易，刨面光洁；花纹美观。

【木材用途】

木材作上等家具、细木工制品、客车车厢，仪器箱盒(径锯板)，胶合板及装饰单板；房屋建筑方面可作房架、门、窗、镶嵌板、隔墙板、拼花地板、车工等方面。

油楠属 *Sindora* Miq.

21 种，1 种分布热带非洲，其余种分布在东南亚。常见商品材树种有：

贝卡油楠 *S. beccariana* Burck 详见种叙述。

革质油楠 *S. coriacea* Maing ex Prain 商品材名称：塞佩替 Sepetir(文，沙)；塞佩替-里勤 Sepetir lichin(马)。大乔木，高 30～36m，直径可达 1.2m，但通常较小；重量中；干缩大，干缩率径向为 3.7%，弦向 7.0%；强度中等。

交趾油楠 *S. cochinchinensis* Baill. 详见种叙述。

东京油楠 *S. tonkinensis* A. Chew 商品材名称：古-麻特 Gu-mat(越，柬，老)。乔木，木材构造、性质及利用略同贝卡油楠。

毛油楠 *S. velutina* Baker 商品材名称：塞佩替-贝卢图-贝萨 Sepetir beludu besar(马)；塞帕替 Sepatir(印)。乔木，沙巴产者直径可达 1m；分布马来西亚及印度尼西亚。马来西亚产者气干密度 0.52～0.73g/cm^3，平均 0.67g/cm^3。

泰国油楠 *S. siamensis* Teysm. 商品材名称：麻卡-塔爱 Maka-tae(泰)；克拉克斯 Krakas(柬)；塞佩替-里勤 Sepetir lichin(马)。乔木；分布泰国、马来西亚北部地区等。

印度油楠 *S. wallichii* Graham ex Benth. 商品材名称：铁姆帕然-汉图 Tamparan hantu(印尼)；塞佩替 Sepetir(沙巴)；塞佩替-当-特塔尔 Sepetir daun tetal(马)。

乔木，在沙巴产者直径可达 0.6m 或以上。分布马来西亚及印度尼西亚等地。

中国海南省产油楠 *S. glabra* Merr. ex De Wit 1 种。

从试验数据表明，交趾油楠和泰国油楠密度及强度较其余种高。几种油楠主要性质如下：

产　　地	密　度(g/cm³)		顺纹抗压强度	抗弯强度	抗弯弹性模量	顺纹抗剪强度
	基　本	气　干	MPa	MPa	MPa	径　弦 MPa
马来西亚 *S. coriaceae*	0.59	0.69:15%	46.3 (54.3)	92 (102)	13600 (13500)	13.6 (16.3)
越　南 *S. siamensis*	—	1.04:12%	66.5	129.8	—	—
泰　国 *S. siamensis*	—	0.99:12%	48.1	141.7	12353	—
越　南 *S. tonkinensis*	—	0.70:12%	44.6	77.2	—	—

贝卡油楠 *S. beccariana* Burck
（彩版 10.8；图版 48.4～6）

【商品材名称】

塞配蒂 Sepetir(沙)；新杜尔 Sindur，桑姆皮特 Sampit，塞帕然图 Separantu(印)；塞配蒂 Sepetir，贝都芮 Berduri(文)。

【树木及分布】

乔木，树干圆满，直径可达 0.6m 或以上；产印度尼西亚、文莱及沙巴。

【木材构造】

宏观特征

木材散孔。心材金黄色，久放转深；与边材界限常明显。边材浅灰褐或浅黄色。生长轮明显，界以轮界薄壁组织和轴向胞间道构成的浅色线。管孔肉眼下略见；数少；大小中等；散生。心材管孔内常含深色沉积物。轴向薄壁组织肉眼略见；环管状及轮界状。木射线放大镜下可见；在材身上呈细纱纹；稀至中；甚窄。波痕缺如。胞间道轴向者可见，与轮界薄壁组织一起呈弦向排列。

微观特征

导管横切面为圆形及卵圆形，具多角形轮廓；主为单管孔，稀径列复管孔(2～3个)；管孔团偶见，散生。2～4 个/mm²；最大弦径 185μm；平均 146μm；导管分子长 420μm；少数导管内含树胶；螺纹加厚未见。管间纹孔式互列，略呈多角形；系附物纹孔。穿孔板单一，平行及略倾斜。导管与射线间纹孔式类似管间纹孔式。**轴向薄壁组织**主为环管束状，少数翼状，星散状及轮界状；部分细胞含树胶；分室含晶细胞可见，菱形晶体达 8 个以上。木纤维壁薄；直径 21μm；长 1150μm；纹孔具狭缘。木射线 4～8 根/mm；非叠生。单列射线较少，高 3～14 细胞。多列射线宽 2(稀 3)细胞；高 7～30 (多数 12～20)细胞。射线组织异形 III 型与同形单列及多列。方形射线细胞比横卧射线细胞略高或近等高；射线细胞多列部分多为椭圆形；内含少量树胶，晶体未见。**胞间道**

轴向者常见，与轮界薄壁组织一起排成弦列。

材料：W 14160（印）。

【木材性质】

木材具光泽；微具香气；无特殊滋味；纹理直；结构细，均匀。木材重量中（气干密度约 0.65g/cm³）；硬度弱至中；干缩小，干缩率径向 1.5%，弦向 2.9%。强度中。木材干燥稍慢；快时有翘曲和端裂倾向。耐腐，防腐处理困难。锯解较难；刨、旋切性能良好，切面光滑；油漆性能良好；握钉力亦佳。

【木材用途】

建筑方面用作房架、门、窗、镶嵌板，天花板及其他室内装修；交通方面用作船板、火车车厢等；还可为家具、细木工、胶合板以及仪器箱盒、包装箱、板条箱等的原料。

交趾油楠 *S. cochinchinensis* Baill.
（彩版 10.9；图版 49.1~3）

【商品材名称】

新斗 Sindoer（泰）；戈麻特 Gomat，古 Gu，勾 Go（越）；克拉卡斯 Krakas，克拉卡斯-斯贝克 Krakas sbek，克拉卡斯-蒙 Krakas meng（柬）。

【树木及分布】

乔木；分布越南、柬埔寨、泰国等。

【木材构造】

宏观特征

木材散孔。心材褐色，微带绿。边材色浅。生长轮略明显，轮间介以深色带。管孔放大镜下可见，单管孔，少数径列复管孔；少至略少；散生；在心材管孔内含树胶。轴向薄壁组织放大镜下可见，环管状及轮界状。木射线放大镜下可见；密度中；窄。波痕缺如。胞间道轴向者放大镜下略见，与轮界薄壁组织一道呈弦向排列。

微观特征

导管横切面圆形及卵圆形，略具多角形轮廓；单管孔，少数径列复管孔（2~4 个），稀管孔团；散生。2~9 个/mm²；最大弦径 247μm；平均 160μm；导管分子长 340μm；部分管孔内含树胶；螺纹加厚缺如。管间纹孔式互列，多角形，系附物纹孔。穿孔板单一，略倾斜。导管与射线间纹孔式类似管间纹孔式。轴向薄壁组织为环管状，环管束状，翼状，星散状及轮界状；薄壁细胞内含少量树胶；具分室含晶细胞，菱形晶体可达 15 个或以上。木纤维壁薄至厚；直径 18μm；长 1060μm；纹孔具狭缘。部分纤维内含少量树胶。木射线 5~7 根/mm；非叠生。单列射线甚少，高 2~9 细胞。多列射线宽 2（稀 3）细胞；在同一射线中有时出现 2 次多列部分；高 4~30（多数 7~18）细胞。射线组织为异形Ⅲ型，偶Ⅱ型。直立或方形射线细胞比横卧射线细胞高；射线细胞多列部分多为卵圆形；内含少量树胶；晶体未见。胞间道轴向者与轮界薄壁组织排呈长弦线。髓斑常见。

材料：W8920（越）；W9707（柬）。

【木材性质】

产　　地	密　度（g/cm³）		顺纹抗压强度	抗弯强度	抗弯弹性模量	顺纹抗剪强度	
	基　本	气　干				径　　　弦	
			MPa	MPa	MPa	MPa	
越南	—	0.88:12%	69.0	123.5	—		
越南	—	0.86～0.89 12%	62.3～66.2	133.3～140.4	—		
越南	—	0.78:12%	67.8	129.8	—		

　　木材具光泽；无特殊气味和滋味；纹理交错；结构细而匀。木材重（气干密度 0.79～0.92g/cm³）；质硬；干缩小至中，体积干缩率 6.4%～9.2%；强度高；冲击韧性中至高。

　　木材干燥慢；耐腐；锯较难；刨切性能良好；径向因交错纹理易产生戗茬，油漆性能优良；胶粘性能中等。

【木材用途】

　　交通方面可用作桥梁、枕木、造船和船板、龙骨、肋骨、甲板及船舱等；建筑方面可做搁栅、柱子、地板；径面花纹美丽可制作高级家具、木床及工艺品等。

蝶形花亚科 Faboideae Reichenb.（Papilionoideae Giseke）

　　482 属，约 12000 种。广泛分布于全世界各地。主要属有黄檀属 *Dalbergia*，刺桐属 *Erythrina*，崖豆属 *Millettia*，紫檀属 *Pterocarpus*，刺槐属 *Robinia* 等。中国（包括引种）有 118 属，1097 种，其中商品材属有 57 属，约 450 种。

　　著名的红木、花梨、酸枝和紫檀均来自本科。中国目前生产上使用这些木材大部分是从东南亚进口，通常以公斤为单位出售。

　　中国产的降香黄檀 *Dalbergia odorifera* T. Chen，黑黄檀 *Dalbergia fusca* Pierre，红豆树 *Ormosia hosiei* Hemsl. et Nils，小叶红豆 *Ormosia microphylla* Merr. 等均系本科木材，是制造高级家具、乐器和工艺美术品的优良材料。

黄檀属 *Dalbergia* L. f.

　　约 120 种；分布在热带地区。本属木材有显心材与隐心材两大类。前者心材为褐色、红褐色、深红褐色或栗褐色，为高级家具及雕刻装饰材。印度黄檀、奥氏黄檀及降香黄檀等具浓香气，为制佛香的原料。后者木材为浅黄或黄色。

奥氏黄檀 *D. oliveri* Gamble
(彩版 11.1；图版 49.4~6)

【商品材名称】

塔麻兰 Tamalan(缅)；缅甸-吐里普木 Burma tulipwood(缅)；秦蝉 Chingchan(泰)。

【树木及分布】

大乔木，高达 25m，通常 18~24m，胸径大者可达 2m，一般 0.5m 左右；分布在泰国、缅甸和老挝。

【木材构造】

宏观特征

木材散孔或半环孔。心材红褐色或浅红色；与边材区别明显。边材黄白色；窄。生长轮肉眼下略见；在生长轮外部管孔略小；略少。管孔肉眼下可见至略明显；数少；中至略大；大小不一致，分布欠均匀；散生；具树胶或沉积物。轴向薄壁组织数多，为傍管带状(呈同心圆)。木射线放大镜下可见，比管孔窄；中至略密；甚窄至窄。波痕在放大镜下明显。胞间道未见。

微观特征

导管横切面卵圆形，少数近圆形；单管孔，少数径列复管孔(2~4 个)；散生；1~6 个/mm^2；最大弦径 254μm，平均 189μm；导管分子长 250μm；部分管孔内具树胶状沉积物；螺纹加厚缺如。管间纹孔式互列，多角形，系附物纹孔。导管分子叠生。穿孔板单一，平行或略倾斜。导管与射线间纹孔式类似管间纹孔式。轴向薄壁组织数多，主为带状(宽 1~8，多为 2~4 细胞)，聚翼状，少数星散-聚合状；具分室含晶细胞，菱形晶体达 18 个或以上；具纺锤形薄壁细胞；叠生。木纤维壁厚，少数甚厚；直径 20μm；长 1230μm；叠生；单纹孔，或略具狭缘。木射线9~12 根/mm；叠生。单列射线甚少，高 2~7 细胞。多列射线宽 2~3 细胞；高 4~9 细胞。射线组织为同形单列及多列，稀异 III 型。方形射线细胞比横卧射线细胞略高或近似，射线细胞多列部分为卵圆形；树胶及晶体未见。胞间道未见。

材料：W 17845(缅)。

【木材性质】

木材具光泽；有香气；无特殊滋味；纹理交错；结构细，均匀。甚重(含水率12%时密度为 1.04g/cm^3)；甚硬；强度高。

木材气干时有开裂，扭曲和翘曲倾向。因此，如采用气干必须遮荫和重物压住；采用窑干亦宜缓慢，在缅甸干燥 1 英寸(约 27mm)厚的板材从含水率50% 降到15% 时用 18 天，降到8% 时需 30 天。木材很耐腐；能抗白蚁，边材有虫害；一般不需要处理；耐磨性能良好；由于木材重、硬，锯解时略困难，但加工后表面很光洁。锯末可能刺激眼睛和喉咙。

【木材用途】

宜做家具(特别是红木家具，因本种木材属《红木》国家标准中的红酸枝类)、精密仪器、装饰单板、室内装修、车辆、农业机械、工具柄、运动器材，木材蒸煮后弯曲性能良好，可作家具用的弯曲木、雕刻及车工制品。据说还可烧制上等木炭。

交趾黄檀 *D. cochinchinensis* Pierre
（彩版 11.2；图版 50.1~3）

【商品材名称】

帕永 Payung（泰）；暹罗-玫瑰木 Siam rosewood，特拉克 Trac（越，柬）；克让红 Kranghung（柬）。

【树木及分布】

乔木，高 12~16m，直径可达 1m；散生在泰国东北部的落叶或常绿的混交林中，越南和柬埔寨亦产。

【木材构造】

　　宏观特征

木材散孔。心材从浅红紫色到葡萄酒色，具深褐或黑色条纹；非常美丽，随着时间增长而加深，有时近黑色；与边材区别明显。边材灰白色。生长轮不明显。管孔肉眼下略见；少至略少；大小中等；散生；具少量树胶。轴向薄壁组织带状（部分为断续带状，部分为同心圆），环管状及翼状。木射线放大镜下略见；密至甚密；甚窄至窄。波痕在放大镜下可见。胞间道不见。

　　微观特征

导管横切面卵圆形，少数圆形，略具多角形轮廓；单管孔，少数径列复管孔（2~5 个，多 2~3 个），稀管孔团；散生。1~9 个/mm²；最大弦径 188μm；平均 125μm；导管分子长 240μm，含少量树胶；螺纹加厚缺如。管间纹孔式互列，近圆形；系附物纹孔。导管分子叠生。穿孔板单一，平行或略倾斜。导管与射线间纹孔式类似管间纹孔式。轴向薄壁组织数较多；傍管或离管带状（宽 1~4 细胞，多为不规则断续带状），星散-聚合状，星散状及翼状；分室含晶细胞可见，菱形晶体可达 6 个或以上；纺锤薄壁细胞可见；叠生。木纤维壁甚厚；直径 16μm；长 1240μm；叠生；单纹孔；胶质纤维可见。木射线10~15 根/mm，叠生。单列射线较多，高 1~13 细胞。多列射线宽 2~3（多 2）细胞；高 6~14 细胞。射线组织同形单列及多列。射线细胞多列部分多为卵圆形或圆形；含少量树胶，晶体未见。胞间道缺如。

　　材料：W20373（泰）。

【木材性质】

木材具光泽；无特殊气味和滋味；纹理直；结构细而匀。木材甚重（气干密度约 1.056g/cm³）；甚硬，体积干缩率8.2%；强度甚高。

产　　地	密　度(g/cm³)		顺纹抗压强度	抗弯强度	抗弯弹性模量	顺纹抗剪强度	
	基　本	气　干				径	弦
			MPa	MPa	MPa	MPa	
越　　南		1.09:12%	107.8	202.6			

干燥良好，板材干燥未产生翘曲和变形，但有时产生轻微端裂；干燥速度应缓慢。

不管与地面接触还是暴露在外面，木材都很耐腐。木材虽重、硬，但锯、刨加工并不难，刨面光洁漂亮。木材油性强，生产上常称本种为老红木。

【木材用途】

制造高级家具(包括红木家具，因本种木材属《红木》国家标准中的红酸枝类)、装饰性单板、雕刻、乐器、工具柄、拐杖、刀把、算盘珠和框等。

阔叶黄檀 *D. latifolia* Roxb.
(彩版 11.3；图版 50.4 ~ 6)

【商品材名称】

琐诺克凌 Sonkeling(印)；梭罗布瑞池 Sonobrits(爪哇)；印度-玫瑰木 Indian Rose-wood，孟买-黑-木 Bombay black-wood(印度)；玫瑰木 Rosewood(印度，新，缅)；爪哇-帕里三德芮 Java-palisandre，昂萨纳-克凌 Angsana keling(印)。

【树木及分布】

大乔木，但生长大小因产地而异。生长在印度北部的本德尔汗德(Bundelhand)主干高 3 ~ 4m，直径达 1 m；而在比哈尔(Bihar)胸径可达 1.5 ~ 2m；在南部的库尔哥(Coarg)，科因巴托尔(Coimbatore)，马拉巴尔(Malabar)，特拉凡科尔(travancore)等地，主干高达 13m，直径可达 5m，在爪哇高可达 43m，直径 1.5m；树干通常不直，大部有沟槽，无板根。外皮白色，呈小片脱落。主产印度、印度尼西亚的爪哇等。

【木材构造】

宏观特征

木材散孔。心材材色变异很大，以金黄褐色到深紫色，并带有深色条纹，时间久可能变成黑色。边材浅黄白色，常带有紫色窄条纹，宽 3 ~ 4cm。生长轮肉眼下略见或不见。管孔肉眼下略明显；少至略少；中等大小，大小略一致，分布欠均匀；部分管孔内含浅色沉积物。轴向薄壁组织放大镜下较明显，为断续带状(仅少数呈同心线)，翼状及轮界状。木射线放大镜下可见，比管孔小；中至略密；甚窄至窄。波痕放大镜下可见。胞间道未见。

微观特征

导管横切面卵圆及圆形，略具多角形轮廓；单管孔，少数径列复管孔(2 ~ 4 个)及管孔团；散生；2 ~ 7 个/mm^2；最大弦径 220μm，平均 189μm；导管分子长 240μm，螺纹加厚缺如。管间纹孔式互列，多角形，系附物纹孔。导管分子叠生。穿孔板单一，平行至略倾斜。导管与射线间纹孔式类似管间纹孔式。轴向薄壁组织断续带状，翼状，稀聚翼状，星散-聚合状及轮界状；具分室含晶细胞，内含菱形晶体达 8 个或以上；叠生。木纤维壁厚，直径 28μm；长 1130μm；叠生。单纹孔或略具狭缘。木射线 6 ~ 10 根/mm；叠生。单列射线甚少，高 2 ~ 10 细胞。多列射线宽 2 ~ 4 细胞；高 4 ~ 17(多 7 ~ 10 细胞)。射线组织为同形单列及多列。射线细胞多列部分多为多角形；含少量树胶；晶体未见。胞间道缺如。

材料：W9440(印)；W22634(南非)。

【木材性质】

木材具光泽；微具香气；无特殊滋味；纹理交错；结构细而匀。木材重（含水率12%时密度约0.85g/cm³）；干缩大，干缩率径向2.9%，弦向6.4%；强度高。

产　　地	密　度(g/cm³)		顺纹抗压强度	抗弯强度	抗弯弹性模量	顺纹抗剪强度	
	基　本	气　干	MPa	MPa	MPa	径	弦
						MPa	
产地不详		0.75:11.8%	63.2	116.1	11275	14.3	

木材干燥性能良好，以圆木干燥与其他硬阔叶材相比，几乎不降等；窑干不仅加快速度而且在干燥过程中使材色加深，更增加其利用价值。木材不管在露天里还是在水中都很耐腐，不受钻孔动物和白蚁危害，在印尼抗蚁性为II级。防腐处理困难。木材硬，锯解困难；管孔内常含白色沉积物，易钝刀具。

【木材用途】

由于木材强度大又耐腐，材色，花纹也很好，因此能满足多方面用途。主要用作家具（特别是红木家具，因本种木材属《红木》国家标准中的黑酸枝类）、装饰单板、胶合板、高级车厢、钢琴外壳、镶嵌板、隔墙板、地板等。

刺桐属 *Erythrina* Linn

200种，乔木或灌木；产世界热带及亚热带地区。常见商品材树种有：龙芽刺桐*E. corallodendron* L.，东方刺桐*E. orientalis* Merr.，刺桐*E. arborescens* Roxb.，缴花刺桐*E. subumbrans*（Hassk）Merr.，鸡冠刺桐*E. cristagalli* L. 等。中国包括引种栽培在内共9种。

本属木材多为轻、软，据说有一定韧性；多用来作浮标和绝缘材料。

缴花刺桐 *E. subumbrans*（Hassk）Merr.
（彩版11.4；图版51.1~3）

【商品材名称】

拉让 Rarang(菲)。

【树木及分布】

大乔木，树高可达20m；直径0.5m；产菲律宾等。

【木材构造】

宏观特征

木材散孔。心材浅黄色；与边材区别不明显。边材色浅。生长轮不明显。管孔在肉眼下可见；数少或至略少；略大；大小略一致，分布略均匀；散生。轴向薄壁组织肉眼下可见，量多；宽带状(比机械组织宽)，呈同心线。木射线在肉眼下略明显；比管孔小；密度稀；略宽至宽。波痕在放大镜下明显。胞间道未见。

微观特征

导管横切面为圆形及卵圆形，具多角形轮廓；多为单管孔，少数径列复管孔(2~3

个），偶呈管孔团；散生；1～7个/mm²；最大弦径350μm；平均245μm；导管分子长250μm；侵填体未见，螺纹加厚缺如。管间纹孔式互列，多角形，系附物纹孔。导管分子叠生。穿孔板单一，平行或略倾斜。导管与射线间纹孔式似管间纹孔式。**轴向薄壁组织量多，傍管带状**（常宽于机械组织）；树胶及晶体未见；具纺锤形薄壁细胞；叠生。**木纤维壁甚薄**；直径22μm；长1470μm；具缘纹孔明显。叠生。木射线1～3根/mm；部分叠生。单列射线甚少，高3～9细胞。多列射线宽2～11（多为6～10）细胞；高5～85（多数35～70）细胞。射线组织异形Ⅱ及Ⅲ型。直立或方形射线细胞比横卧射线细胞高或高得多；射线细胞多列部分多为卵圆形。具鞘细胞。树胶及晶体未见。**胞间道缺如**。

　　材料：W18351（菲）。

【木材性质】

　　木材光泽强；无特殊气味和滋味；纹理直；结构中至粗，均匀。木材甚轻；干缩小；强度甚低。

产　　地	密　度(g/cm³)		顺纹抗压强度	抗弯强度	抗弯弹性模量	顺纹抗剪强度	
	基　本	气　干	MPa	MPa	MPa	径	弦
						MPa	
菲律宾	0.23	0.27:12%	16.3	33.7	4630	11.0	
		(0.273)	(15.1)	(33.7)	(3980)	(11.4)	

　　干燥不难；不耐腐，易受干木白蚁危害；锯、刨加工容易，但刨面不光洁；钉钉容易，握钉力弱。

【木材用途】

　　木材甚轻软；可用作浮标、绝缘材料、墙壁板、天花板、胶合板心板以及瓶塞等。澳大利亚试验，认为本属木材宜做造纸原料。

　　树木先花后叶，花红色，宜作观赏树木；树皮可供药用。

崖豆属 *Millettia* Wight et Arn.

　　约200种；分布热带和亚热带地区。常见商品材树种产非洲者有：非洲崖豆木 *M. laurentii* De Wild 和斯图崖豆木 *M. stuhlmannii* Taub.；产亚洲主要有：雅花崖豆木 *M. albiflora* Prain，暗紫崖豆木 *M. atropurpurea*（Wall.）Benth.，白花崖豆木 *M. leucantha* Kurz，单叶崖豆木 *M. unifoliata* Prain 等。以上几种木材只有雅花崖豆木 *M. albiflora* 木纤维壁较薄，其余种除木纤维壁厚外，其他木材构造均相似。本属马来西亚产者商品材均称吐兰旦哥 Tulang daing。

　　中国有40种，产西部至台湾。

白花崖豆木 *M. leucantha* Kurz
(*M. pendula* Bak.)
(彩版 11.5；图版 51.4~6)

【商品材名称】

庭温 Thinwin，森-温 Theng-weng(缅)；萨-宗 Sathon(泰)。

【树木及分布】

中等乔木，枝下高可达 7~8m，直径 0.6m；产缅甸和泰国。

【木材构造】

宏观特征

木材散孔。心材紫褐色或深巧克力褐色；与边材区别明显。边材浅黄色。生长轮不明显或明显，后者介于较宽纤维组织带(几乎无管孔)。管孔肉眼下可见；数少；大小中等；大小不一，分布欠均匀，散生；部分管孔内含褐色或浅色沉积物。轴向薄壁组织肉眼下明显；数多；傍管带状(与机械组织相间排列，常呈同心带)，环管状及轮界状。木射线放大镜下可见；密度中；窄至略宽。波痕肉眼下略见。胞间道未见。

微观特征

导管横切面为卵圆形及圆形；单管孔，少数径列复管孔(2~4个)，稀管孔团；散生；2~6 个/mm²；最大弦径 232μm；平均 153μm；导管分子长 250μm；大部分管孔内含有树胶或沉积物；螺纹加厚缺如。管间纹孔式互列，略呈多角形，系附物纹孔。导管分子叠生。穿孔板单一，略倾斜。导管与射线间纹孔式类似管间纹孔式。轴向薄壁组织量多；主为傍管带状(不规则，有时为断续带状，宽 2~8 细胞)，疏环管状，有时侧向伸展，翼状，轮界状，通常较规则(宽 1~3 细胞)，呈同心线。薄壁细胞具树胶；分室含晶细胞量多，内含菱形晶体可达 17 个或以上；叠生。木纤维壁甚厚；与带状薄壁组织相间排列；直径 18μm；长 1550μm；叠生；纹孔小，常直立。木射线 5~8 根/mm；叠生。单列射线甚少，高 3~13 细胞。多列射线宽 2~6(多数 4~5)细胞；高 6~16 细胞。射线组织为同形多列或同形单列及多列。射线细胞多列部分多为卵圆形；含少量树胶；晶体未见。胞间道缺如。

材料：W13944，W15258(缅)；W20361(泰)。

【木材性质】

木材光泽弱；无特殊气味和滋味；纹理直至略交错；结构中，略均匀。木材甚重(含水率 12% 时密度为 1.02g/cm³)；甚硬；强度高。

干燥性能良好，但有时发生表面细裂纹。木材很耐腐，心材几乎不受任何菌虫危害。木材锯解困难，尤以干燥后为然，最好生材时就进行加工。木材在径切面呈现深浅相间的条状花纹，并不特别引入注目，而在弦面呈现羽状条纹很美丽。在印度台拉登(Dehradun)木材馆展示一块 6 英尺(约 1.62m)高的标本即具这种花纹。

【木材用途】

木材花纹很美观，可用来制造名贵家具(特别适宜制作鸡翅木类的红木家具)、隔墙板，可试用低温蒸煮旋切装饰单板，由于木材强度大又耐久，在缅甸多用做柱子、桥梁及农具如耙等。

紫檀属 *Pterocarpus* Jacq.

30 种；分布世界热带地区。本属生产高级装饰用材，不但材色好看，而且花纹美丽。最有名的商品材树种有：印度紫檀 *P. indicus* Willd.，安哥拉紫檀 *P. angolensis* Dc.，束状紫檀 *P. marsupium* Roxb，檀香紫檀 *P. santalinus* L. f.，大果紫檀 *P. macrocarpus* Kurz，鸟足紫檀 *P. pedatus* Pierre，安达曼紫檀 *P. dalbergioides* Roxb. 及非洲紫檀 *P. soyauxii* Taub 等。

中国引种栽培的有印度紫檀、囊状紫檀、檀香紫檀及菲律宾紫檀 *P. viddalianus* Rolfe 等 4 种。

印度紫檀 *P. indicus* Willd.
（图版 52. 1 ~ 3）

【商品材名称】

安姆波衣纳 Amboyna（通称）；昂萨纳 Angsana（沙捞）；帕岛克 Padauk（缅）；纳拉 Narra（菲）；新几内亚玫瑰木 New guinea rosewood，帕岛克 Padauk（新几内亚岛）；普拉都 Pradoo（泰）；凌勾 Linggoa，桑达纳 Sandana，欧雷 Oele，特剑姆帕嘎 Tjempaga，苏诺克姆邦 Sonokembang（印）；塞纳 Sena（马）。

【树木及分布】

大乔木，高可达 25 ~ 40m，直径可达 1.5 m，板根高达 3m。产印度、缅甸、菲律宾、巴布亚新几内亚、马来西亚及印度尼西亚等地。中国广东、广西、海南及云南有引种栽培。云南河口栽培 6 株，50 年生大树，平均高 33m，胸径 68cm，其中最大一株达 91cm。

本种材色和重量有较大变化，它们与生长条件密切相关，根据心材颜色，通常可分两类：一类为黄色的，木材为金黄褐至褐色；另一类红色的，木材为红褐到红色。前者生长速度中至快；后者生长比较慢，比前者重。

【木材构造】

宏观特征

木材半环孔至散孔。心材材色变化较大，常为金黄褐色，褐色或红褐色，具深浅相间条纹；与边材区别明显。边材近白色或浅黄色，宽 3 ~ 8cm。生长轮略明显至明显。管孔在肉眼下可见至略明显，从内向外逐渐减小；散生；数少；中至略大；管孔内具深色树胶或沉积物。轴向薄壁组织放大镜下明显；数多；主为傍管带状和聚翼状。木射线放大镜下可见；中至略密；甚窄。波痕放大镜下明显。胞间道未见。

微观特征

导管横切面为卵圆形及圆形，略具多角形轮廓；单管孔，少数径列复管孔（2 ~ 8 个，多为 2 ~ 3 个），稀管孔团；散生；2 ~ 5 个/mm^2；最大弦径 357μm；平均 190μm；导管分子长 280μm；部分管孔内有树胶状沉积物；螺纹加厚缺如。管间纹孔式互列，多角形，系附物纹孔。导管分子叠生。穿孔板单一，平行或略倾斜。导管与射线间纹孔式类似管间纹孔式。**轴向薄壁组织为带状**(宽1~8细胞，部分为断续带状，有时具分叉)，翼状及聚翼状，少数为轮界状及环管状；薄壁细胞内具分室含晶细胞，晶体达16个或以上；具纺锤形薄壁细胞。叠生。木纤维壁薄；直径19μm；长1320μm；叠生；具缘纹孔略明显。木射线7~14根/mm；叠生。射线单列(极少数成对或2列)，高2~9细胞。射线组织为同形单列。射线细胞内树胶偶见。菱形晶体未见。胞间道未见。

材料：W18888(菲)；W7721(中国台湾)；W14156(印)。

【木材性质】

木材具光泽；新切面具香气；无特殊滋味；纹理斜或略交错；结构中，均匀。木材重量因产地不同变异很大(密度从0.39~0.94g/cm³，平均约0.64g/cm³)，硬度中等；干缩甚小，干缩率从生材到含水率12%时径向为1.4%；弦向为2.2%；强度中。

产　　　地	密　度(g/cm³)		顺纹抗压强度	抗弯强度	抗弯弹性模量	顺纹抗剪强度
	基　本	气　干	MPa	MPa	MPa	径　弦
						MPa
菲律宾	0.52	0.54:12% (0.614)	53.8 (49.7)	93.4 (85.6)	11700 (10900)	10.9 (11.3)

木材干燥稍慢，40mm厚板材生材至气干需5个月。干燥性质良好，通常不发生翘曲和开裂，有时发生端裂；从生材降到含水率12%，窑干25mm厚的板材需9~10天。很耐腐，能抗白蚁危害。锯、刨加工容易，但径面因交错纹理有时产生戗茬而表面粗糙；旋切性能优良；油漆、染色、胶粘性能亦佳。

【木材用途】

用作高级家具(特别是红木家具，因本种木材属《红木》国家标准中的花梨类)、细木工、钢琴、电视机、收音机的外壳，旋切单板可用来作船舶和客车车厢内部装修。该树种产生的树瘤用来制做微薄木非常美丽，是高级家具和细木工的好材料。

大果紫檀 *P. macrocarpus* Kurz
(彩版11.7；图版52.4~6)

【商品材名称】

缅甸-帕岛克 Burma padauk(缅)；普拉都 Pradoo，普拉都 Pradu，麦-普拉都 Mai pra-doo(泰)；梅-斗 May dou(老)。

【树木及分布】

大乔木，高可达33m，直径1.2m，通常高10~25m，直径0.5~1.0m；分布泰国、缅甸和老挝等。

【木材构造】

宏观特征

木材散孔至半环孔。心材浅红到深砖红，带深色条纹；与边材区别明显。边材灰白色；窄。生长轮略明显至明显。管孔肉眼下可见至略明显，从内向外逐渐减小，少至略少；略大；管孔内具深色树胶或沉积物。**轴向薄壁组织数多，主为傍管带状（主要位于生长轮外部）及环管状。木射线放大镜下可见；中至略密；甚窄。波痕放大镜下明显。胞间道未见。**

微观特征

导管横切面圆形及卵圆形，具多角形轮廓；单管孔及径列复管孔（2～5个，多数2～3个），稀管孔团；散生；2～16个/mm^2；最大弦径350μm，平均155μm；导管分子长300μm；部分管孔内含树胶；螺纹加厚缺如。管间纹孔式互列，多角形；系附物纹孔。导管分子叠生。穿孔板单一，平行或略倾斜。导管与射线间纹孔式类似管间纹孔式。**轴向薄壁组织数多**，傍管带状（宽1～4细胞），聚翼状、翼状及轮界状；具分室含晶细胞，内含菱形晶体15个或以上；具纺锤形薄壁细胞；叠生。木纤维壁厚；直径17μm；长1100μm；叠生；纹孔小，具狭缘。胞腔内常含树胶。木射线9～12根/mm；叠生。射线单列（偶见成对或2列），高1～21（多数8～12）细胞。射线组织同形单列。射线细胞内含树胶；晶体未见。胞间道未见。

材料：W15231（缅）；W20336（泰）。

【木材性质】

木材具光泽；无特殊气味和滋味；纹理交错；结构中，略均匀。木材重（气干密度0.80～0.86g/cm^3）；硬；强度高。

产　　地	密　度(g/cm^3)		顺纹抗压强度	抗弯强度	抗弯弹性模量	顺纹抗剪强度	
	基　本	气　干				径	弦
			MPa	MPa	MPa	MPa	
泰国		0.82～0.84：11%	62.9～64.7	117.5～139.3	12 156～12 745	15.9～21.9	

木材干燥性能良好，干燥速度宜慢。很耐腐。木材干后加工很困难，而且锯末易刺激鼻子和眼睛，加工后板面光亮。

【木材用途】

用做高级家具（特别是红木家具，因本种木材属《红木》国家标准中的花梨类）、细木工、镶嵌板、地板、车辆、农业机械、工具柄、油榨及其他工艺品。

含羞草亚科 **Mimosoideae** Taub.

约56属，2800种，主产热带及亚热带地区。

金合欢属 *Acacia* Mill.

约900种；广布于热带及亚热带地区，以大洋洲及非洲最多。中国约10种，产西南部及东部；引入多种。

白韧金合欢 *A. leucophloea* (Roxb.) Willd.
(彩版 11.8；图版 53.1 ~ 3)

【商品材名称】

皮郎 Pilang(印)；塔囊 Tanaung(缅)；芮儒 Reru，潘哈亚 Panharya(印)：查雷普-钝 Chalaep daeng(泰)。

【树木及分布】

乔木，树高 10m，直径 0.5 ~ 0.8m；分布缅甸、印度尼西亚及印度等。

【木材构造】

宏观特征

木材散孔。心材浅红到砖红色，久则呈红褐色，具深色条纹；与边材界限不明显。边材浅黄白色。生长轮略明显，界以轮界薄壁组织带。管孔肉眼下略明显；数少；略大；单管孔及径列复管孔；心材管孔内含深色树胶。轴向薄壁组织肉眼下明显；呈翼状，聚翼状及轮界状。木射线肉眼可见，在弦切面上呈细纱纹；密度中等；窄至略宽。波痕及胞间道未见。

微观特征

导管卵圆形或圆形；单管孔，少数径列复管孔(2 ~ 3 个)；1 ~ 6 个/mm^2；最大弦径 281μm；平均 241μm；导管分子长 320μm；树胶可见；螺纹加厚缺如。管间纹孔式互列，多角形，系附物纹孔。穿孔板单一，平行或略倾斜。导管与射线间纹孔式类似管间纹孔式。轴向薄壁组织主为翼状及聚翼状，少数星散状及轮界状，局部呈岛屿状；分室含晶细胞数多，菱形晶体达 15 个或以上。木纤维壁厚；直径 17μm；长 1620μm；单纹孔或略具狭缘；具胶质纤维。木射线5 ~ 6 根/mm；非叠生。单列射线甚少，高 1 ~ 8 细胞。多列射线宽 2 ~ 6 细胞；高 3 ~ 34(多数 15 ~ 25)细胞。射线组织同形单列及多列，或同形多列。射线细胞多列部分多为卵圆形；树胶及晶体未见。胞间道缺如。

材料：W13187(印)。

【木材性质】

木材具光泽；无特殊气味和滋味；纹理交错；结构粗，略均匀。木材重量重(含水率 12% 时 0.71g/cm^3)；硬度中；干缩大，干缩率从生材至炉干径向 3.1%，弦向 5.9%；强度中等。

干燥性能良好；不耐腐，边材易遭虫害。锯解有时较困难，特别是干后为然；最好生材时进行加工；刨容易；刨面光亮。

产　　地	密　度(g/cm^3)		顺纹抗压强度	抗弯强度	抗弯弹性模量	顺纹抗剪强度	
	基　本	气　干				径	弦
			MPa	MPa	MPa	MPa	
印度尼西亚	—	0.76:14.2% (0.871)	51.5 (53.7)	85.1 (85.8)	10784 (10344)	7.9, 9.3 (8.8), (10.3)	

【木材用途】

木材用做柱子、梁；农业机械如车辆、犁、工农具柄、车工制品及燃材等。

树皮可提单宁。

合欢属 *Albizia* Durazz.

约 100 种；广布于世界热带及亚热带地区。常见商品材树种有：

南洋楹 *A. falcataria* Fosberg 详见种叙述。

缅甸合欢 *A. lebbekoides*（DC.）Benth. 商品材名称：扩扩 Kokko（缅）；卡瑞斯吉斯 Kariskis（菲）；铁瑞西-维如 Terisi weru，比拉廊-巴西 Bilalang bassi（印）。乔木，高可达 15m；分布缅甸、柬埔寨、老挝、越南、菲律宾、印度尼西亚等。木材构造除具分隔木纤维；多列射线宽 2~3 细胞外，余略同白格 *A. procera* Benth.。材性及利用略同白格。

光叶合欢 *A. lucidior*（Steudel）I. Nielsen（异名有 *A. lucida* Benth.，*A. meyeri* Ricker），商品材名称：占乍特 Thanthat，占-乍特-盆 Than-that-pen（缅）；梅斯-古赤 Mess-guch，勒克拉爱姆 Ngraem（印）；塔普瑞亚-西瑞斯 Tapria siris（尼泊尔）；茶-克哈爱 Cha khae（泰）。中至大乔木，高可达 40m，直径达 0.7m；分布印度、缅甸、越南、泰国及中国南部及西南部。除木纤维壁薄至厚，分隔木纤维可见，木薄壁组织内分室含晶细胞数少外，余略同白格。

大叶合欢 *A. lebbeck*（L.）Benth. 商品材名称：阿克列 Akle（菲）；扩扩 Kokko（缅）；麻拉 Mara（斯里兰卡）；普茹克 Pruk（泰）；松-让 Song rang（越）；维茹 Weru，铁吉克 Tekik（印）。乔木，高达 20m；原产非洲及亚洲，现广布于热带地区。中国福建、广东、广西、海南、四川等均有分布或栽培。材性及利用略同白格。

黑格 *A. odoratissima*（L. f.）Benth. 商品材名称：黑西瑞斯 Black siris（通称）；康 Kang（泰）。乔木，高达 20m；胸径 0.6m。产印度、缅甸、越南、泰国、马来西亚及中国南部及西南部，为热带雨林常见树种。除管孔弦径较小（最大弦径 180μm，平均 125μm）；木纤维壁薄至厚，分隔木纤维甚多外，余略同白格。材性及利用略同白格。

中国有 16 种，大多产南部和西南部。

南洋楹 *A. falcataria* Fosberg
（*A. falcata* Backer）
（彩版 **11. 9**；图版 **53. 4~6**）

【商品材名称】

巴来 Batai（马，文，沙）；生贡 Sengon，生贡-劳特 Sengon laut（印）；摩鹿加-绍 Moluccan sau（菲）；生贡-巴来 Sengon batai（印，马）。

【树木及分布】

大乔木，是世界上生长最快树种之一，树干通直，高达 45m，直径可达 1m 以上；原产印度尼西亚马鲁古群岛，现广植于亚洲、非洲热带地区。

【木材构造】

宏观特征

木材散孔。心材浅褐带粉，与边材区别略明显或不明显。边材黄白至浅黄褐色。生长轮不明显或略明显。管孔肉眼下可见至略明显；单管孔，少数径列复管孔；甚少至少；大小中等。**轴向薄壁组织**放大镜下可见；环管状。木射线放大镜下可见；密度中；甚窄。波痕及胞间道缺如。

微观特征

导管横切面为圆形及卵圆形，略具多角形轮廓；单管孔，少数径列复管孔（2～4个），偶见管孔团；1～3个/mm²；最大弦径221μm；平均150μm；导管分子长503μm树胶偶见；螺纹加厚缺如。管间纹孔式互列，多角形，系附物纹孔。穿孔板单一，略倾斜。导管与射线间纹孔式类似管间纹孔式。**轴向薄壁组织**为环管束状，星散状，稀星散-聚合状；薄壁细胞有时含树胶，分室含晶细胞量多，晶体可达25个或以上，有时成对或2列，多位于星散薄壁细胞中。木纤维壁甚薄；直径28μm；长1150μm；纹孔小，略具狭缘。木射线6～9根/mm；非叠生。单列射线（偶成对或2列）高2～39（多数12～22）细胞。射线组织为同形单列或同形单列及多列。射线细胞含少量树胶；晶体未见。胞间道缺如。

材料：W13197，W14115（印）。

【木材性质】

木材具光泽；新伐材有很强气味，干后则消失；无特殊滋味；纹理直，有时交错；结构中，均匀。木材轻；干缩小，干缩率从生材至气干径向2%，弦向3.5%；强度甚低至低。

产　　地	密　度(g/cm³)		顺纹抗压强度	抗弯强度	抗弯弹性模量	顺纹抗剪强度	
	基　本	气　干				径	弦
			MPa	MPa	MPa	MPa	
马来西亚	0.32	0.385	19.2 (27.7)	38 (51)	6800 (6800)	5.0 (7.3)	
印度尼西亚		0.37:16.6% (0.428)	27.7 (32.5)	51.6 (62.4)	—	4.9, (5.8),	5.3 (6.3)

木材干燥快，40mm厚板材从生材至气干需3个月，无缺陷。不耐腐，防腐处理困难，为了防止变色，伐后应及时加工。木材锯、刨等加工容易；刨面光滑，有钝刀具倾向，应力木的表面易起毛；握钉力弱；胶粘性能良好；靠根部木材常产生脆心材；不论生材还是气干材其锯屑都易刺激鼻子和喉咙。

【木材用途】

木材轻软，宜做室内装修、赛艇、碎料板、胶合板、包装箱、乐器、火柴杆、火柴盒、玩具、车工、造纸等。

白　格 *A. procera* Benth.

（彩版12.1；图版54.1～3）

【商品材名称】

白西芮斯 White siris（缅）；阿克雷 Akle（菲）；扩扩 Kokko（通称）；西特-盆 Sit pen，西波克 Sibok（缅）；萨达-科若依 Sada koroi（巴基斯坦）；镇 Then，普鲁克 Pluk（泰）；阿

克棱 Akleng，帕让 Parang(菲)；旺扩尔 Wangkol，魏茹 Weru，绍思蒂芮 Saoentlri(印)；萨菲德西芮斯 Safed siris(印，巴新)。

【树木及分布】

乔木，高达 25m，直径 1m；产印度、孟加拉国、缅甸、老挝、越南、马来西亚、菲律宾及中国南部及西南部。

【木材构造】

宏观特征

木材散孔。心材黑褐色或巧克力色；具不规则深浅相间条纹；与边材区别明显。边材黄白至黄褐色，宽 3~4cm，易变色或腐朽。生长轮不明显或略明显。管孔肉眼下可见至明显；单管孔，少数径列复管孔；数少；略大；心材管孔内常见深色树胶。轴向薄壁组织为环管束状，翼状及少量聚翼状和轮界状。木射线在放大镜下可见，密度稀至中；窄。波痕及胞间道缺如。

微观特征

导管横切面卵圆形及圆形；单管孔，少数径列复管孔(2~4个)，偶见管孔团；1~4 个/mm^2；最大弦径 304μm；平均 205μm；导管分子长 300μm；部分管孔内含树胶；螺纹加厚缺如。管间纹孔式互列，多角形，系附物纹孔。穿孔板单一，平行或略倾斜。导管与射线间纹孔式类似管间纹孔式。轴向薄壁组织为翼状，少数环管束状，聚翼状，轮界状及星散状；薄壁细胞内含硅石；分室含晶细胞常见，内含菱形晶体可达 10 个或以上，有时为结晶异细胞；纺锤形薄壁细胞常见。木纤维壁薄；直径 18μm；长 1170μm；纹孔具狭缘，数多；具胶质纤维。木射线4~6 根/mm，非叠生。单列射线较少，高 2~15 细胞。多列射线宽 2~4(偶 5)细胞；高 6~48(多数 15~40)细胞。射线组织为同形单列及多列。射线细胞多列部分多为卵圆形。部分含树胶；晶体未见。胞间道缺如。

材料：W14111(印)；W15243(缅)。

【木材性质】

木材具光泽；无特殊气味和滋味；纹理直或交错；结构中，均匀；木材重量轻至中；干缩小，干缩率从生材至含水率 12% 时径向为 2%，弦向为 2.8%；强度及冲击韧性中等。

木材干燥性能良好。很耐腐，缅甸用不经防腐处理的心材作枕木可达 10 年之久；防腐处理不易。锯解时有夹锯现象；径面有时难以刨光。

产　　地	密　度(g/cm^3)		顺纹抗压强度	抗弯强度	抗弯弹性模量	顺纹抗剪强度
						径　弦
	基　本	气　干	MPa	MPa	MPa	MPa
中国	0.565	0.68	54.7	103.0	10490	10.5，12.1

【木材用途】

是一种很有价值的用材。主要用于房屋建筑如檩条、柱子、梁、搁栅、门、窗、桥梁、码头桩材、电杆、枕木、火车车厢、农用马车部件、造船、胶合板、家具等。

球花豆属 *Parkia* R. Br.

约 60 种；产热带地区。常见商品材树种有：爪哇球花豆 *P. javanica*（Lour.）Merr.，球花豆 *P. roxburghii* G. Dou，独特球花豆 *P. singularis* Miq.，美丽球花豆 *P. speciosa* Hassk.，扭果球花豆 *P. streptocarpa* Hance，淀文球花豆 *P. timoriana*（A. DC.）Merr.。最后 1 种中国云南和台湾有引种。

独特球花豆 *P. singularis* Miq.
（彩版 12.2；图版 54.4~6）

【商品材名称】

佩太 Petai，佩太-梅然蒂 Petai meranti（马）；库彭 Kupang（沙）。

【树木及分布】

大乔木，直径可达 1.5m；分布马来西亚。

【木材构造】

宏观特征

木材散孔。心材黄褐色；与边材区别不明显。边材黄白至浅黄褐色，很宽。生长轮略明显，界以轮界薄壁组织和管孔很少的纤维层。管孔放大镜下明显，数少；略大；散生；侵填体未见。轴向薄壁组织肉眼下可见；翼状，聚翼状，带状及轮界状。木射线放大镜下明显；中至略密；窄。波痕及胞间道缺如。

微观特征

导管横切面卵圆形；单管孔，少数径列复管孔（2~3 个），稀管孔团；散生；1~6 个/mm^2；最大弦径 260μm，平均 194μm；导管分子长 310μm；含少量树胶状沉积物；螺纹加厚未见。管间纹孔式互列，多角形，系附物纹孔。穿孔板单一，平行至略倾斜。导管与射线间纹孔式类似管间纹孔式。轴向薄壁组织丰富，翼状，聚翼状，轮界状及不规则带状；树胶很少；具分室含晶细胞，菱形晶体可达数十个。木纤维壁薄至厚；直径 20μm；长 1040μm；单纹孔或略具狭缘。木射线 6~10 根/mm，局部排列较整齐。单列射线甚少，高 1~8 细胞。多列射线宽 2~5（多数 3~4）细胞；高 5~38（多数 10~25）细胞；同一射线有时出现两次多列部分。射线组织同形单列及多列，或同形多列。多列部分射线细胞多为圆形及卵圆形，含少量树胶；晶体未见。胞间道缺如。

材料：W20657（马）。

【木材性质】

木材具光泽；无特殊气味和滋味；纹理直至略交错；结构粗，略均匀。木材轻至中（气干密度 0.41~0.74g/cm^3，平均 0.55g/cm^3）；干缩甚小，干缩率从生材至气干径向 1.1%，弦向 1.9%；强度低。

木材干燥稍慢，40mm 厚的板材干燥至气干需 5 个月；有中等端裂，稍有杯弯，弓弯和扭曲发生。木材不耐腐，易蓝变和粉蠹虫危害；防腐处理容易。木材锯、刨加工容易；刨面光滑，车旋容易，但板面不够光滑。

产　地	密　度(g/cm³)		顺纹抗压强度	抗弯强度	抗弯弹性模量	顺纹抗剪强度	
	基　本	气　干				径　弦	
			MPa	MPa	MPa	MPa	
马来西亚		生材	24.3	49	9600		
		气干	30.8	62	10700		
			(33.5)	(70.5)	(9640)		

【木材用途】

可用做普通胶合板、室内装修、镜框、包装箱盒、卫生用筷子等。

猴耳环属 *Pithecellobium* Mart.

小乔木或灌木;约100种;分布热带亚洲和美洲。中国有4种,分布西南和东南部。东南亚常见商品材树种有:巴巴猴耳环 *P. babalinum*(Jack)Benth.,围延树 *P. clypearia* Benth.,椭圆猴耳环 *P. ellipticum* Hassk.,杰尔猴耳环 *P. jiringa* Prain,美丽猴耳环 *P. splendens*(Miq.)Corner 等。

美丽猴耳环 *P. splendens*(Miq.)Corner
(图版 55.1~3)

【商品材名称】

空库 Kungkur(马)。

【树木及分布】

乔木,分布马来西亚。

【木材构造】

宏观特征

木材散孔。心材红褐色,久则转深;与边材区别明显。边材白色或浅褐色。**生长轮不明显**。管孔在肉眼下略明显;数少;略大到甚大;散生;树胶偶见。轴向薄壁组织放大镜下明显,环管状,翼状,聚翼状。木射线放大镜下可见,稀或稀至中;窄。**波痕及胞间道未见**。

微观特征

导管横切面卵圆形,间或圆形,略具多角形轮廓;单管孔;少数径列复管孔(2~5个,多2~3个)及管孔团,散生;1~5个/mm²,最大弦径390μm,平均245μm;导管分子长430μm;具树胶;螺纹加厚缺如。管间纹孔式互列,多角形,系附物纹孔。穿孔板单一,平行至略倾斜。射线与导管间纹孔式类似管间纹孔式。**轴向薄壁组织**为翼状,聚翼状,稀环管束状;薄壁细胞内树胶及晶体未见。**木纤维**壁薄;直径21μm;长1350μm;具缘纹孔明显;分隔木纤维普遍。**木射线**4~6根/mm;非叠生。单列射线较少,高1~9细胞。多列射线宽2~4(偶5)细胞;高5~34(多数10~20)细胞。射线组织同形单列及多列。射线细胞多列部分多为卵圆及圆形;多含树胶,晶体未见。**胞间道未见**。

材料：WT3669（马来西亚编号）。

注：*P. babalinum*，*P. clypearia*，*P. ellipticum* 未见分隔木纤维和 2 ~ 3 列射线。

【木材性质】

木材具光泽；无特殊气味和滋味；纹理略交错；木材重量中等；干缩甚小，干缩率从生材至气干径向 0.6%，弦向 0.9%；强度中等。

产　　地	密　　度(g/cm³)		顺纹抗压强度	抗弯强度	抗弯弹性模量	顺纹抗剪强度	
	基　　本	含水率				径　弦	
			MPa	MPa	MPa	MPa	
马来西亚		0.75	44.1 (47.9)	89 (92.7)	10700 (10400)	12.8 (14.5)	

木材干燥稍慢，40mm 厚板材干燥需用 4.5 个月，干燥仅有轻微端裂。不耐腐，边材易受粉蠹虫危害。锯、刨等加工容易，刨面光洁。

【木材用途】

适宜做家具、高级橱柜、室内装修如镶嵌板、隔墙板、轻型地板、门框、窗框、楼梯、旋切单板、胶合板、雕刻，也可用于房柱、房梁、搁栅、椽子等。

雨树属 *Samanea* Merr.

18 种，大乔木；分布南美及热带非洲；现在不少地方有引种。

雨树 *S. saman* (Jacq.) Merr.
（彩版 12.3；图版 55.4 ~ 6）

【商品材名称】

雨树 Raintree，蒙克皮德-树 Monkepod-tree（菲）；吉胡德尧 Kihudjau，特瑞姆贝西 Trembesi（印）；卡姆普 Kampoo（泰）。

【树木及分布】

落叶乔木，高达 24m；原产南美洲。现在中国广东、福建、印度尼西亚和菲律宾均有栽培；据记载，菲律宾已作为有潜力的商品材树种。

【木材构造】

宏观特征

木材散孔。心材褐色，在径切面有深色条纹；与边材区别明显。边材白色或黄白色。生长轮明显。管孔肉眼可见；单管孔，少数为径列复管孔，偶见管孔团；散生。树胶或沉积物偶见。轴向薄壁组织肉眼可见，为环管束状（很宽）。木射线在肉眼下几不见，放大镜下明显；弦切面呈细纱纹，密度稀至中；窄或窄至略宽。波痕未见。胞间道缺如。

微观特征

导管横切面为卵圆形；单管孔，少数径列复管孔（2 ~ 3 个），管孔团偶见；散生；

1~4个/mm²；最大弦径198μm；平均159μm；导管分子长280μm；螺纹加厚缺如。管间纹孔式互列，多角形或横向椭圆形，系附物纹孔。穿孔板单一，略倾斜。导管与射线间纹孔式类似管间纹孔式。**轴向薄壁组织**为环管束状，翼状及少数聚翼状；具分室含晶细胞，菱形晶体可达12个或以上。木纤维壁薄；直径17μm；长1130μm；纹孔具狭缘。**木射线**4~8根/mm；非叠生。多列射线（单列射线偶见）宽2~5（多为2~3）细胞；高5~16细胞。射线组织为同形多列。射线细胞多列部分多为卵圆形；内含少量树胶；晶体未见。**胞间道**缺如。

材料：W14166（印）。

【木材性质】

木材光泽略强；无特殊气味和滋味；纹理略斜；结构略细，均匀。木材重量轻；硬度中，端面硬度4732N；干缩甚小，干缩率从生材至气干径向1.1%，弦向2.2%；强度很低。

木材锯、刨等加工容易，刨面光滑；径锯板常呈现出深色带状条纹。

| 产 地 | 密 度(g/cm³) | | 顺纹抗压强度 | 抗弯强度 | 抗弯弹性模量 | 顺纹抗剪强度 |
| | | | | | | 径 弦 |
	基 本	气 干	MPa	MPa	MPa	MPa
菲律宾	0.48	0.49:12% (0.557)	32.7 (30.2)	57.5 (52.7)	5470 (5070)	10.3 (10.7)

【木材用途】

木材用于家具、橱柜、镶嵌板、隔墙板、雕刻等。直径大的木材，斜向切下的圆盘做桌面很美观。

木荚豆属 *Xylia* Benth.

12种；产热带亚洲、非洲及马达加斯加。中国引入木荚豆 *X. xylocarpa*（Roxb.）Taub. 1种。

木荚豆 *X. xylocarpa*（Roxb.）Taub.
(*X. dolabriformis* Benth.)
(彩版12.4；图版56.1~3)

【商品材名称】

品卡多 Pyinkado（缅）；依茹尔 Irul（印）；卡姆-贼 Cam xe（柬，泰，越）；所克拉姆 Sokram（柬）；邓 Deng（泰）。

【树木及分布】

落叶大乔木，高可达30~40m，直径0.8~1.2m；分布缅甸、柬埔寨、泰国、老挝和印度等。中国海南引种栽培。

【木材构造】

宏观特征

木材散孔。心材红褐色，具较深色的带状条纹；与边材区别明显。边材浅红白色。

生长轮明显，界以轮界状薄壁组织浅。管孔肉眼下可见；略少；大小中等；散生或略斜列；部分管孔内含深色树胶或白色沉积物。轴向薄壁组织肉眼下可见；轮界状及环管状。木射线放大镜下可见；略密；甚窄。波痕及胞间道未见。

微观特征

导管横切面卵圆形及少数圆形；单管孔及径列复管孔（2~5个，多为2~4个），少数管孔团，散生。10~15个/mm²；最大弦径210μm；平均160μm；导管分子长430μm，内含有树胶状沉积物；螺纹加厚缺如。管间纹孔式互列，多角形，系附物纹孔。穿孔板单一，平行或略倾斜。导管与射线间纹孔式类似管间纹孔式。轴向薄壁组织为翼状，聚翼状，环管束状，轮界状和少数星散状；具分室含晶细胞，内含菱形晶体20个或以上，有时呈2列。木纤维壁甚厚，直径18μm；长1220μm；单纹孔或略具狭缘；含少量树胶；具分隔木纤维。木射线10~13根/mm；非叠生。单列射线高3~20细胞。多列射线宽2~3（多为2）细胞；高7~44（多数15~25）细胞。同一射线有时出现2~3次多列部分；射线组织为同形单列及多列。射线细胞多列部分多为卵圆形；内含树胶；菱形晶体未见。胞间道缺如。

材料：W15399（缅）。

【木材性质】

木材具光泽；无特殊气味和滋味；纹理不规则交错；结构细，均匀。木材甚重；质很硬；体积干缩率11%~12%；强度甚高。

产　　地	密　度(g/cm³)		顺纹抗压强度	抗弯强度	抗弯弹性模量	顺纹抗剪强度	
	基　本	气　干				径　弦	
			MPa	MPa	MPa	MPa	
越　南		1.05~1.23:12%	69.6~83.0	127.1~147.5	—	—	
越　南		1.13~1.18:12%	83.3~85.3	146.3~157.6	—	—	

木材干燥相当困难；窑干需要慢速处理，否则产生端裂和面裂，甚至降等。木材很耐腐；边材易受白蚁危害，但心材和柚木一样耐腐，能抗白蚁和水生钻木动物危害；树木和木材有长角动物和吉丁虫危害倾向。木材加工困难，锯解最好生材时进行；加工后表面光滑；钉钉和胶粘均困难。

【木材用途】

主要用于重型结构如码头、桥梁、重载地板、矿柱、枕木、车辆、造船用的桅杆及弯曲部件、农业机械、排水用木板、凿子柄等。

马钱科
Loganiaceae Mart.

约35属，750种；分布于热带、亚热带地区，少数分布于温带地区。中国有9属，

63 种；产西南部至东部。

灰莉属 *Fagraea* Thunb.

约 35 种；分布从斯里兰卡、印度马拉巴海岸经东南亚、中国南部、大洋洲东北部到太平洋诸岛，分布中心在马来西亚，马来西亚有 16 种。主要商品材树种有：香灰莉 *F. fragrans* Roxb. ，美丽灰莉 *F. speciosa* Bl. ，高灰莉 *F. gigantea* Ridl. ，矮灰莉 *F. racemosa* Jack，齿灰莉 *F. crenulata* Maing 等。本属木材通常分两类：

I. 铁姆布苏类（Tembusu）

本类木材密度范围以 $0.51 \sim 0.97 \text{g/cm}^3$；心边材区别明显，心材浅黄褐至橙黄色；侵填体丰富。

香灰莉 *F. fragrans* Roxb. 详见种叙述。

矮灰莉 *F. racemosa* Jacq. 商品材名称：恩库都-胡坦 Engkudu hutan（沙捞）；铁姆布苏 Tembusu（马）；邦扩斗 Bangkoedoe，玻铁 Poete（印）；贝林扭-巴里埃 Beliniu baliei（文）。灌木至小乔木；构造略同香灰莉。

高灰莉 *F. gigantea* Ridl. 商品材名称：铁姆布苏-胡坦 Tembusu hutan（马，沙捞）；佩瑞帕特-胡坦 Perepat hutan（沙捞）。

乔木，直径有时达 0.9m；气干密度 $0.51 \sim 0.72 \text{g/cm}^3$，平均 0.66g/cm^3。导管平均弦径约 200μm；木纤维壁薄，具分隔；带状薄壁组织宽可达 4 细胞或以上，余略同香灰莉。

II. 马拉伯拉类（Malabera）

本类木材在马来西亚系指齿灰莉 *F. crenulata* Maing，商品材名称：麻拉贝拉 Malabira（沙）。木材轻（气干密度 0.545g/cm^3），强度低。心边材区别不明显，木材奶油色。管孔平均弦径小于 200μm，侵填体偶见；带状薄壁组织宽小于 4 细胞。木材纹理直；结构细而匀；干缩甚小，干缩率径向 1.2%，弦向 2.5%，干燥稍慢，15mm 厚板材气干需 2 个月，40mm 厚板材干燥需 5 个月。木材耐腐性能中等，有菌虫危害；防腐处理性能中等。木材锯刨等加工容易，刨面光滑。木材适宜室内装修、隔墙板、镶嵌板、胶合板、包装箱、板条箱、调色板等。

香灰莉 *F. fragrans* Roxb

（*Cyrtophyllum lanceolatum* DC. ，*C. peregrinum* Bl. ，

F. wallichiana Benth. ）

（彩版 12.5；图版 56.4 ~ 6）

【商品材名称】

缅甸黄心木 Burma yellowheart，阿南 Anan（缅）；塔特绕 Tatrau（柬）；孔克绕 Kankrao（泰）；特莱 Trai（越，柬）；坦姆绍 Tam sao（越）；铁姆布苏 Tembusu（马）；铁姆布苏帕当 Tembusu padang（马）；特麻苏克 Temasuk（沙）；铁姆贝苏塔兰 Tembesu talang

（印）；乌荣 Urung（菲）。

【树木及分布】

常绿乔木；高可达 30m，胸径达 0.6m 或以上，无板根；树皮黑褐色，呈不规则开裂，内皮褐色；分布缅甸、柬埔寨、越南、泰国、马来西亚及印度尼西亚等。

【木材构造】

宏观特征

木材散孔。心材黄褐色，久置大气中转深，呈金黄色；与边材界限通常不明显。边材浅黄白色。生长轮不明显。管孔肉眼下可见，管孔略少；大小中等；单管孔及径列复管孔（2 ~ 6 个），少数管孔团；散生或略呈径列；侵填体丰富。轴向薄壁组织在放大镜下明显；带状。木射线放大镜下可见；略密至密；甚窄。波痕及胞间道缺如。

微观特征

导管横切面卵圆形，少数椭圆形，部分略具多角形轮廓；单管孔及径列复管孔（2 ~ 6 个），少数管孔团；散生；4 ~ 10 个/mm²；最大弦径 220μm，平均 152μm；导管分子长 520μm；侵填体丰富；螺纹加厚未见。管间纹孔式互列，横向椭圆形及多角形。系附物纹孔。穿孔板单一，平行及略倾斜。导管与射线间纹孔式大圆形及刻痕状。**轴向薄壁组织**为傍管带状（宽 1 ~ 6，多为 2 ~ 4 细胞），星散状；晶体未见。木纤维壁甚厚；直径 20μm；长 1550μm，木射线 13 ~ 16 根/mm；非叠生。单列（偶见成对或 2 列）射线高 1 ~ 22（多数 7 ~ 13）细胞。射线组织异形单列。射线细胞几不含树胶；晶体未见。**胞间道未见。**

材料：W9710（柬）；W13198，W14121（印）。

【木材性质】

木材具光泽；微具香气；无特殊滋味；纹理直至交错；结构细而匀；木材重；质硬；干缩甚小，干缩率生材至气干径向 1.1%；弦向 1.6%；强度高。

木材干燥很慢，在马来西亚气干 15mm 厚板材需 6 个月，40mm 厚板材需 16 个月；主要缺陷是有轻度表面裂和端裂。耐腐，在印度用做桥梁柱子寿命可达 200 年，但不能抗海生钻木动物危害；防腐处理困难。木材锯、刨容易，刨面光滑；车旋性能良好，板面具之字形花纹。

产　　地	密　度(g/cm³)		顺纹抗压强度	抗弯强度	抗弯弹性模量	顺纹抗剪强度	
	基　本	气　干				径	弦
	MPa	MPa	MPa	MPa	MPa	MPa	
马来西亚	0.75	0.865	52.0 (62.7)	95 (107)	14000 (14100)	10.3 (12.5)	

【木材用途】

木材重、硬、耐久，所以在房屋建筑上多用作柱子、重截地板、拼花地板、镶嵌板；交通方面可作桥梁、码头修建、造船、货车车底板、枕木；工业上用作家具、细木工制品、切肉砧板、雕刻、绘图板。

千屈菜科
Lythraceae Jaume St-Hil.

约25属，550种，乔木、灌木及草本；主要分布于热带和亚热带地区，尤以美洲热带最多，少数可延伸到温带。中国有9属，48种。

紫薇属 *Lagerstroemia* L.

约55种；分布亚洲东部至南部及澳大利亚北部。主要商品材树种有：狭叶紫薇 *L. angustifolia* Pierre，副萼紫薇 *L. calyculata* Kurz，披针紫薇 *L. lanceolata* Wall.，大花紫薇 *L. speciosa*(L.)Pers.，多花紫薇 *L. floribunda* Jack.，绒毛紫薇 *L. tomentosa* Presl. 等。中国有16种，引种栽培2种，产西南部至台湾。

副萼紫薇 *L. calyculata* Kurz
(彩版 12.6；图版 57.1~3)

【商品材名称】

雷札布乌 Leza byu(缅)；塔贝克 Tabaek，印塔宁 Intanin，帮郎 Bang lang(泰)；皮姆麻-赫普 Pyinmma-hpyoo(缅)。

【树木及分布】

常绿乔木，高可达 40m，直径 0.4~0.7m；分布泰国和缅甸；在泰国落叶与常绿阔叶混交林中常见。

【木材构造】

宏观特征

木材散孔。心材灰黄或浅褐色。边材浅灰白色。生长轮放大镜下略明显。管孔肉眼可见；数略少；大小中等；单管孔及径列复管孔；散生；具侵填体。轴向薄壁组织肉眼下可见；为弦向带状及傍管状。木射线放大镜下可见；略密至密；甚窄。波痕及胞间道缺如。

微观特征

导管横切面卵圆形；略具多角形轮廓；单管孔，径列复管孔(2~5个，多为2~3个)及管孔团；散生；9~20个/mm²，最大弦径 220μm，平均 140μm；导管分子长 420μm，侵填体丰富；螺纹加厚未见。管间纹孔式互列，多角形；系附物纹孔。穿孔板单一，平行或略倾斜。导管与射线间纹孔式大圆形及刻痕状。轴向薄壁组织为带状(长短不一，带宽 1~5 细胞)，环管状及轮界状；分室含晶细胞普遍，内含菱形晶体达 10 个或以上；部分细胞含树胶。木纤维壁薄或略厚；直径 16μm；长 1200μm，单纹孔或略具狭缘；分隔木纤维普遍。木射线 12~16 根/mm；非叠生。单列射线高 1~20(多数 7~12)细胞。射线组织同形单列(偶见方形细胞)。射线细胞多充满树胶；晶体未见。胞间道缺如。

材料：W15194，W20349（泰）。

【木材性质】

木材具光泽；无特殊气味和滋味；纹理直至略斜；结构细而匀。木材重；质硬；强度高。

产　　地	密　度（g/cm³）		顺纹抗压强度	抗弯强度	抗弯弹性模量	顺纹抗剪强度	
						径　　　弦	
	基　　本	气　干	MPa	MPa	MPa	MPa	
泰国		0.72：14%	50.0	114.5	11078	18～19.6	

天然干燥不易掌握，如果放置不当，翘曲和开裂严重。不耐腐。锯解性能良好，其余加工较困难，但加工后木材表面光亮。

【木材用途】

木材可用于房屋建筑和室内装修，如房柱、地板、隔墙板、家具以及农业机械、船桨、工具柄、枪托等。

大花紫薇 *L. speciosa* (L.) Pers.
(*L. flosreginae* Retz.)
（彩版 12.7；图版 57.4～6）

【商品材名称】

本戈 Bungor（马）；皮英马 Pyinma（缅）；印塔宁 Intanin；达贝克 Tabeck（泰）；邦郎 Bang lang（越）；巴纳巴 Banaba（菲）；本古 Bungur（印）；夹乌尔 Jarul（印度，孟）。

【树木及分布】

大乔木，在菲律宾高可达 25m 或以上，直径可达 1.2m；产缅甸、泰国、越南、菲律宾、马来西亚、印度尼西亚及中国南部。

【木材构造】

宏观特征

木材散孔至半环孔。心材新切面浅红，久置于空气中转呈浅红褐色。边材灰白至浅黄白色。生长轮略明显，在生长轮内部通常有一列较大管孔。管孔肉眼下略明显（生长轮内部），向外减小；数少至略少；中至略大；单管孔及径列复管孔，少数管孔团；散生；侵填体丰富。轴向薄壁组织肉眼下可见；量多，傍管带状及轮界状。木射线放大镜下可见；中至密；甚窄。波痕及胞间道缺如。

微观特征

导管横切面卵圆形及圆形，略具多角形轮廓；单管孔，少数径列复管孔（2～3 个），稀管孔团；散生；3～9 个/mm²，最大弦径 330μm，平均 167μm，导管分子长 400μm；侵填体丰富，壁厚；螺纹加厚未见。管间纹孔式互列，系附物纹孔，多角形。穿孔板单一至略倾斜。导管与射线间纹孔式为大圆形及刻痕状。轴向薄壁组织量多；傍管带状（宽 2～12，多为 4～8 细胞），聚翼状及轮界状；少数细胞含树胶；分室含晶细胞普遍，内含菱形晶体可达 24 个或以上。木纤维壁薄至厚；直径 18μm；长 1 390μm；单纹孔或略具狭缘；分隔木纤维常见。木射线8～15根/mm；非叠生。单列射线高1～32(多数8～25)细胞。多列者宽常为2细胞；高8～35(多10～25)细胞，同一射线有时出现两次2列部分。射线组织为同形单列及多列。射线细胞大部分充满树胶；晶体未见。胞间道缺如。

材料：W12719(越)；W14139(印)；W15205(泰)。

【木材性质】

木材具光泽；无特殊气味和滋味；纹理直或略斜；结构细至中，略均匀。木材重量中至重，干缩大，干缩率径向为3.8%；弦向为7.2%；木材强度中至高。

木材干燥性能良好，无大缺陷。木材耐腐，在马来西亚一般讲可用4.5～9年，边材易受粉蠹虫危害，而心材具抵抗能力；能抗白蚁和海生钻木动物危害；防腐处理困难。木材锯、刨等加工性能良好，油漆后光亮。

产　　地	密　度(g/cm³)		顺纹抗压强度	抗弯强度	抗弯弹性模量	顺纹抗剪强度
						径　弦
	基　本	气　干	MPa	MPa	MPa	MPa
菲律宾	0.53	0.59:12% (0.671)	50.0 (46.2)	96.6 (88.6)	10 600 (9 830)	10.7 (11.1)
印度尼西亚		0.69:15.2% (0.794)	64.2 (70.5)	84.4 (80.6)	— —	— —

【木材用途】

用作房屋建筑、高级家具、刨切单板、胶合板、镶嵌板，造船用作船壳板，农业机械等。

木兰科
Magnoliaceae Juss.

约15属，250种；分布于亚洲东南部和南部、北美东南部、大小安的列斯群岛至巴西东部。主要商品材属有：香兰属 *Aromodendron*，埃梅木属 *Elmerrillia*，木莲属 *Manglietia*，白兰属 *Michelia*，假白兰属 *Paramichelia*，盖裂木属 *Talauma* 等。

中国有11属，约100种；主产东南部至西南部。

香兰属 *Aromadendron* Blume

3种；产马来群岛、加里曼丹及爪哇等地。

香　兰 *A. elegans* Bl.
(彩版12.8；图版58.1～3)

【商品材名称】

切姆帕卡 Chempaka(泰)；切姆帕卡-胡坦 Chempaka hutan(马)；德甲拉普让 Djalaprang，玛雷欧维 Maleoewei，麻拉邦 Malabang，乌铁普 Utep，乌塔普-乌塔普 Utap-utap（印）。

【树木及分布】

中至大乔木；分布马来西亚及印度尼西亚等。

【木材构造】

宏观特征

木材散孔。心材浅褐色，微带绿；与边材区别略明显。边材白色至浅黄色。生长轮明显，界以轮界薄壁组织带。管孔肉眼下略见，数略少；散生。轴向薄壁组织放大镜下明显；轮界状。木射线放大镜下可见；稀至中；窄。波痕及胞间道缺如。

微观特征

导管横切面为圆形及卵圆形；略具多角形轮廓；单管孔，少数径列复管孔（2～4个），稀管孔团；散生。6～13 个/mm^2，最大弦径 173μm，平均 160μm；导管分子长1 087μm；侵填体未见；具螺纹加厚状条纹。管间纹孔式梯状，横向长椭圆形。复穿孔板梯状，甚倾斜。导管与射线间纹孔式刻痕状（单侧复纹孔式）及大圆形。轴向薄壁组织轮界状（宽2～4细胞）；含少量树胶，晶体未见，油细胞或黏液细胞未见。木纤维壁薄，直径25μm；长1845μm；具缘纹孔略明显。木射线5～7 根/mm；非叠生。单列射线数很少，高1～10细胞。多列射线宽2～3（稀4）细胞；高6～38（多数13～30）细胞。射线组织异形 II 型。直立或方形射线细胞比横卧射线细胞高或高得多；射线细胞多列部分多为椭圆形或多角形。少数细胞含树胶；晶体未见，油细胞或黏液细胞未见。胞间道缺如。

注：P. K. Balan Menon 记射线内有油细胞或黏液细胞，该材料中未见。

材料：W20750（马）。

【木材性质】

木材具光泽；无特殊气味和滋味；纹理直；结构细，均匀；木材重量多中等；干缩甚小，干缩率从生材至气干径向 1.2%，弦向 1.4%；强度低。

木材干燥稍快，40mm 厚板材从生材至气干需 4 个月，干燥性能良好。稍耐腐，在马来西亚有兰变及干木白蚁危害。木材锯、刨等加工容易，刨面光滑。

产　　　地	密　度(g/cm^3)		顺纹抗压强度	抗弯强度	抗弯弹性模量	顺纹抗剪强度	
	基　本	气　干				径	弦
			MPa	MPa	MPa	MPa	
印度尼西亚		0.69:14% (0.791)	39.6 (40.89)	70.9 (70.9)	10588 (10130)	3.6，4.0 (3.9，4.0)	

【木材用途】

房屋建筑、室内装修如镶嵌板、隔墙板、轻载地板、家具、细木工制品、调色板等。

埃梅木属 *Elmerrillia* Dandy

7种；分布菲律宾、马来西亚、印度尼西亚、巴布亚新几内亚等。常见商品材树种有：

西里伯埃梅木 *E. celebica* Dandy 商品材名称：瓦西安 Wasian(印)。

埃梅木 *E. mollis* Dandy 商品材名称：卡铀-阿绕 Kaju arau，阿岛 Adau，阿绕 Arau，梅当-林坦 Madang lintan，图普尔-贝通 Tupul betiung(印)。

广椭圆埃梅木 *E. ovalis* Dandy 商品材名称：特杰姆帕克-胡坦 Tjempaka hutan(印)。

巴布亚埃梅木 *E. papuana* Dandy 详见种叙述。

毛埃梅木 *E. pubescens*(Merr.)Dandy 商品材名称：麻赖库特 Manaikut(菲)。

巴布亚埃梅木 *E. papuana* Dandy
(彩版 12.9；图版 58.4~6)

【商品材名称】

瓦乌-山毛榉 Wau beech(巴新)。

【树木及分布】

常绿乔木，高可达40m，直径1m；分布在巴布亚新几内亚。

【木材构造】

宏观特征

木材散孔。心材草黄色。边材色浅，近白色。生长轮放大镜下明显，轮间界以轮界薄壁组织带。管孔放大镜下明显，单管孔及径列复管孔；散生；具侵填体。轴向薄壁组织放大镜下明显，轮界状。木射线放大镜下明显，稀至中；窄。波痕及胞间道缺如。

微观特征

导管横切面椭圆形及卵圆形，略具多角形轮廓，单管孔，少数径列复管孔(2~5个)，管孔团偶见。散生。3~9 个/mm²；最大弦径230μm，平均146μm，导管分子长499μm；侵填体少见；螺纹加厚未见。管间纹孔式梯状或对列-梯状。复穿孔板梯状，横隔可至5个或以上。导管与射线间纹孔式大圆形及刻痕状(单侧复纹孔式)。**轴向薄壁组织轮界状**(宽2~4细胞)；树胶及晶体未见；油细胞可见。木纤维壁薄，直径18μm，长1337μm，具缘纹孔可见。木射线4~6根/mm，非叠生。单列射线数少，高3~7细胞。多列射线宽2~4细胞；高5~30(多数8~16)细胞。射线组织异形 II 型。射线细胞多列部分多为椭圆形，略具多角形轮廓。树胶及晶体未见；油细胞或黏液细胞常见，多位于上、下两端直立或方形射线细胞中，在射线中部也可见。**胞间道缺如**。

材料：W9062(绪方键送)。

【木材性质】

木材光泽强；无特殊气味和滋味；纹理直或略交错；结构细而匀。木材轻(基本密度0.41)；强度低；木材锯、刨等加工容易，刨面光滑，具油性感，当地列为 I 类材。

【木材用途】

木材用作家具、仪器箱盒、装饰单板、胶合板、船壳板、车厢板、镶嵌板、隔墙板、门、窗、地板等室内装修；也可作包装箱、车工制品、绘图板、三脚架、木尺等文化用品。

木莲属 *Manglietia* Blume

常绿乔木，约 30 种；分布亚洲热带、亚热带。常见商品材树种有：木莲 *M. fordiana* (Hemsl.) Oliv.；灰木莲 *M. glauca* Bl；格氏木莲 *M. garrettii* Craib. 等。中国有 20 余种；产长江以南，为常绿阔叶林的主要树种。

木莲 *M. fordiana* (Hemsl.) Oliv.
(彩版 13.1；图版 59.1~3)

【商品材名称】

磨旺田姆 Mo-vang-tam，旺田姆 Vangtam(越)。

【树木及分布】

乔木，高可达 25m，枝下高 15m，直径 0.7m；主产越南及中国广东、广西、福建、江西、云南、贵州等地。

【木材构造】

宏观特征

木材散孔。心材黄绿色；与边材区别明显。边材浅黄白至灰黄褐色。生长轮略明显，轮间界以浅色细线。管孔放大镜下可见，单管孔及径列复管孔；略多；略小或小至中；散生。轴向薄壁组织肉眼下可见；轮界状。木射线肉眼下可见；比管孔小，中至略密；甚窄至窄。波痕及胞间道缺如。

微观特征

导管横切面为多角形；单管孔及径列复管孔(2~4 个，多为 2~3 个)，少数管孔团；散生；21~34 个/mm²；最大弦径 130μm，平均 93μm；导管分子长 990μm，具侵填体；螺纹加厚缺如。管间纹孔式梯状及梯状-对列，呈线形及椭圆形。复穿孔板梯状，横向 2~7 条或以上；穿孔板甚倾斜。导管与射线间纹孔式为刻痕状，少数大圆形。轴向薄壁组织轮界状(宽 2~5 细胞)；筛状纹孔式常见；晶体，油细胞或粘液细胞未见。木纤维壁薄，直径 24μm；长 1610μm；径壁具缘纹孔多而明显；木纤维具分隔。木射线 6~10 根/mm；非叠生。单列射线高 1~9 细胞。多列射线宽 2~3(偶 4)细胞；同一射线内间或出现 2 次多列部分，单列部分有时与多列部分等宽；高 4~27(多数 10~20)细胞。射线组织异形 II 及 III 型。直立或方形射线细胞比横卧射线细胞高；射线细胞多列部分多为卵圆形及椭圆形；晶体未见；油细胞或粘液细胞未见。胞间道缺如。

材料：W8903，W8941(越)。

【木材性质】

木材光泽强；无特殊气味和滋味；纹理直；结构甚细，均匀。木材轻；硬度及强度中等。

产　地	密　度(g/cm³)		顺纹抗压强度	抗弯强度	抗弯弹性模量	顺纹抗剪强度	
	基　本	气　干				径	弦
			MPa	MPa	MPa	MPa	
越南		0.45:12%	47.7	81.2	—	—	

木材稍耐腐，稍抗蚁蛀。锯、刨等加工容易，刨面光滑；油漆后光亮性良好，胶粘容易。

【木材用途】

木材为优良家具用材；适宜作胶合板、包装箱，室内装修如门、窗，工艺美术用品，雕刻等，越南用来生产铅笔杆。

灰木莲 *M. glauca* Bl.
(*Talauma betongensis* Craib)

【商品材名称】

磨旺田姆 Mo-vang-tam，切姆帕克 Champak（印）；特杰姆帕卡 Tjempaka，胡坦 Hutan，满里德 Manlid，苏谋安蒂 Soemoennti，切姆帕卡 Champaka（缅）；棱坑 Lengkeng（泰）。

【树木及分布】

乔木，高达 26m，直径可达 1m；原产越南、印度尼西亚爪哇等地，缅甸、泰国、马来西亚也有分布。中国广东、广西及海南有引种栽培。

【木材构造】

导管数少，长 920μm；木纤维长 2120μm；轴向薄壁组织轮界状及带状（宽 3~12 细胞），星散状（有时位于导管傍）；木射线宽 2~4 细胞；具少量油细胞或黏液细胞，圆形，与直立或方形射线细胞近等大。余略同木莲。

【木材性质】

木材纹理直；结构甚细，均匀。木材重量轻；干缩小；强度低。

木材干燥不难，干后尺寸稳定。稍耐腐。锯、刨等加工容易，刨面光滑。

【木材用途】

木材宜用作房屋建筑、室内装修、家具、胶合板等。

白兰属 *Michelia* L.

约 60 种；产于亚洲热带，亚热带及温带。

中国约 35 种，产西南部至东部。东南亚常见商品材树种有：

白兰 *M. alba* DC. 商品材名称：切姆帕卡 Champaka（沙）；茶姆帕抗-普提 Champakang-puti（菲）。乔木，高达 17m，直径 0.3m；原产印度尼西亚爪哇。现在中国福建、广东、广西、云南等地有栽培。

高山白兰 *M. montana* Bl. 商品材名称：特杰姆帕卡-德甲赫 Tjempaka djahe（印）；切姆帕卡 Chempaka（马）。乔木；产印度尼西亚及马来西亚。射线中油细胞较多；余略同黄兰。

绒叶含笑 *M. velutina* DC. 异名 *M. lanuginosa* Wall.。商品材名称：曼格里德 Manglid（印）。乔木，高达 15~20m，直径 0.9m；产印度尼西亚。中国西藏和云南也有分布。

西里伯斯白兰 *M. celebica* KDS. 商品材名称：瓦西安 Wasian（印）。乔木；产印度尼西亚。

黄兰 *M. champaca* L. 详见种叙述。

本属木材纹理通常直；结构细而匀；重量轻至中；强度低至中；木材加工容易。适宜房屋建筑、室内装修、家具、胶合板等。

黄兰 *M. champaca* L.
（彩版 13.2；图版 59.4~6）

【商品材名称】

茶姆帕克 Champak；茶姆帕 Champa（泰）；苏 Su（越南）；茶姆帕克-梅尔赤 Chempaka merch（马）；茶姆帕卡 Champaka（菲，马）；萨嘎 Sagah；萨范 Safan（缅）；德杰姆帕卡 Tjempaka（印）。

【树木及分布】

乔木，高达 30~40m；直径达 1m；产印度、缅甸、泰国、越南、尼泊尔及中国南部。

【木材构造】

宏观特征

木材散孔。心材浅黄褐色至绿黄色；心边材区别不明显。边材色浅。生长轮明显，轮间常界以浅色细线。管孔在肉眼下可见；略少；大小中等；单管孔及径列复管孔；侵填体未见；散生。轴向薄壁组织肉眼下通常可见；轮界状。木射线肉眼略见；比管孔小；稀至中；甚窄至窄。波痕及胞间道缺如。

微观特征

导管横切面卵圆形，略具多角形轮廓；单管孔及少数径列复管孔（2~5 个，多 2~3 个），稀管孔团；散生；6~11 个/mm²；最大弦径 165μm，平均 135μm；导管分子长 990μm，侵填体常见；螺纹加厚未见。管间纹孔式梯状及梯状-对列，呈线形及椭圆形。复穿孔板梯状，略倾斜至倾斜。导管与射线间纹孔式为刻痕状及大圆形。**轴向薄壁组织**为轮界状（宽 2~4 细胞），稀星散状及不规则带状；晶体未见；筛状纹孔式常见。木纤维壁薄；直径 18μm，长 1660μm，径壁具缘纹孔多而明显；分隔木纤维未见。木射线 5~8 根/mm；非叠生。单列射线甚少，高 1~4 细胞。多列射线宽 2~3 细胞，高 7~35（多为 15~25）细胞；同一射线内间或出现 2 次多列部分。射线组织异形 II 及 III 型。直立或方形射线细胞比横卧射线细胞高或高得多；射线细胞多列部分多为卵圆形及椭圆形，略具多角形轮廓；晶体未见；具油细胞或黏液细胞，多位于射线上下边缘，比直立或方形细胞大。胞间道缺如。

材料：W13952，W15239(缅)；W14192(印)。

【木材性质】

木材具光泽；无特殊气味和滋味；纹理直或略斜；结构细而匀。重量中或轻至中；干缩甚小，干缩率从生材至气干径向 1.2%，弦向 1.4%；强度低至中。

干燥稍慢，40mm 厚板材从生材至气干需 4 个月；干燥情况良好，干后材色稍变灰。木材稍耐腐。锯、刨等加工容易，刨面光滑。

产　　地	密　度(g/cm³)		顺纹抗压强度	抗弯强度	抗弯弹性模量	顺纹抗剪强度	
						径	弦
	基　本	气　干	MPa	MPa	MPa	MPa	
菲律宾	0.48:8.8% (0.538)		44.0 (33.9)	63.5 (54.3)	9509 (7770)	——	
印度尼西亚	0.61:14.1% (0.699)		42.6 (44.2)	70.0 (70.9)	8333 (7980)	10.6，11.6 (11.7，12.8)	

【木材利用】

用于房屋建筑、室内装修、家具、胶合板、微薄木等。

盖裂木属 *Talauma* Juss.

约 40 种；分布于亚洲东南部的热带及亚热带，从我国喜马拉雅中部向东经中南半岛至马来群岛和巴布亚新几内亚，以及热带美洲从墨西哥南部、古巴至巴西东部。东南亚常见商品材树种有：

马拉盖裂木 *T. angatensis* F. -Vill. 地方名称：麻拉皮纳 Malapina，帕拉-帕拉 Pala-pala(菲)。小乔木，枝下高 6 ~ 10m，直径可达 0.6m；树皮很苦；分布在菲律宾各地。心边材区别不明显，木材奶油色，生长轮在肉眼下明显，轮间界以轮界薄壁组织。单管孔及径列复管孔(2 ~ 4 个)，在一些管孔内具沉积物。轴向薄壁组织为环管状及轮界状，环管束状不总是存在，存在时即明显。木射线 4 ~ 6 根/mm；异形多列。木材重量中，或中至重(气干密度平均为 0.752g/cm³)；硬度及强度中等；干燥性能良好，室内能耐久。木材主要用于建筑。

帕特盖裂木 *T. villariana* Rolfe 地方名称：帕坦吉斯 Patangis(菲)。乔木；在菲律宾低至中海拔地带分布普遍。木材构造、性质及利用与马拉盖裂木类似。

吉奥盖裂木 *T. gioi* A. Chev. 详见种叙述。

中国有盖裂木 *T. hodgsoni* Hook. f. et Thoms. 和吉庭盖裂木 *T. gitingensis* Elm. 2 种；产南部地区。

吉奥盖裂木 *T. gioi* A. Chev.
(彩版 13.3；图版 60.1 ~ 3)

【商品材名称】

吉奥 Gioi(越)；切姆帕克 Champak(缅)。

【树木及分布】

乔木，高可达 25m，枝下高 15m，直径 0.7m；分布越南、缅甸等。

【木材构造】

宏观特征

木材散孔。心材黄色微带灰，久置于大气中呈黄褐色。边材色浅。生长轮肉眼下略明显，界以浅色线。管孔肉眼下略见；单管孔及径列复管孔；略少至略多；大小中等；散生。轴向薄壁组织肉眼下略明显；轮界状。木射线在放大镜下可见；比管孔小；密度稀；窄。波痕及胞间道缺如。

微观特征

导管横切面卵圆形或圆形；单管孔；少数径列复管孔(2~6 个，多为 2~3 个)及管孔团；散生；16~28 个/mm²；最大弦径 158μm，平均 102μm，导管分子长 800μm；侵填体可见；具螺纹加厚。管间纹孔式梯状及梯状-对列，线形或椭圆形。复穿孔板梯状，略倾斜至倾斜。导管与射线间纹孔式为刻痕状及大圆形。轴向薄壁组织为轮界状(宽 2~6 细胞)；晶体、油细胞或黏液细胞未见；筛状纹孔式常见。木纤维壁薄；直径 21μm；长 1370μm；径壁具缘纹孔明显。分隔木纤维未见。木射线 4~6 根/mm；非叠生。单列射线甚少，高 1~5 细胞。多列射线宽 2~4 细胞；高 6~25(多为 11~18)细胞；同一射线内有时出现两次多列部分，射线组织为异形 II 及 III 型。直立或方形射线细胞比横卧射线细胞高；射线细胞多列部分多为卵圆形，略具多角形轮廓。晶体未见；油细胞或黏液细胞常见。胞间道缺如。

材料：W8914，W11381，W12928，W12775(越)。

【木材性质】

木材光泽强；稍有香气；无特殊滋味；纹理直；结构细而匀。重量中等；干缩小至中；强度及冲击韧性中。

产　　地	密　度(g/cm³)		顺纹抗压强度	抗弯强度	抗弯弹性模量	顺纹抗剪强度	
	基　本	气　干	MPa	MPa	MPa	径	弦
						MPa	MPa
越南		0.58:12%	59.3	105.5	—	—	—

木材干燥不难。耐腐，能抗白蚁和虫害。木材锯、刨等加工容易，刨面很光滑；油漆不难。

【木材用途】

木材可供建筑、造船、家具、包装箱盒、胶合板及雕刻等。

野牡丹科
Melastomataceae Juss.

乔木、灌木或草本，约 240 属，3000 余种；分布热带和亚热带地区。常见商品材属有：钟康木属 *Dactylocladus*，谷木属 *Memecylon*，翼药花属 *Pternandra* 等。

钟康木属 *Dactylocladus* Olive.

仅1种；分布沙巴、沙捞越及印度尼西亚等。

钟康木 *D. stenostachys* Olive.
（彩版 13.4；图版 60.4~6）

【商品材名称】

钟康 Jongkong（沙巴，沙捞）；梅当-钟康 Medang Jongkong，梅宝 Merebong（沙捞）；梅当-塔巴克 Medang tabak（沙）；沙皮奴尔 Sampinur，Mentibu（印）。

【树木及分布】

大乔木，高可达 25m 或以上，直径达 1.2m；分布同属。

【木材构造】

宏观特征

木材散孔。心材浅褐色，久呈红褐色；与边材区别不明显。边材色浅。生长轮不明显。管孔在放大镜下明显，数少；大小中等；散生；侵填体未见。轴向薄壁组织放大镜下略见；傍管状。木射线在放大镜下略见，略密；甚窄。波痕未见。在弦切面上常见透镜形小洞，高约 1mm。有学者称之为胞间隙，也有人称为内函韧皮部。根据 Menon P. K. B（1978）记载，产马来西亚东部的木材此特征可见，而西部产者则不见。

微观特征

导管横切面卵圆形，少数椭圆形，具多角形轮廓；主为单管孔，少数径列复管孔（多为 2~3 个）；散生。4~11 个/mm²，最大弦径 166μm，平均 125μm；导管分子长 650μm；侵填体未见；螺纹加厚缺如。管间纹孔式互列，略具多角形轮廓，系附物纹孔。穿孔板单一，略倾斜。导管与射线间纹孔式为大圆形，少数刻痕状。轴向薄壁组织为翼状，有时侧向伸展呈聚翼状，环管状及少数星散状；少数细胞含树胶；晶体未见。纤维管胞壁薄，直径 28μm，长 1198μm；具缘纹孔径、弦两壁均明显。木射线 11~17 根/mm；非叠生，单列射线高 1~42（多数 10~20）细胞。射线组织异形单列，方形细胞比横卧射线细胞略高；大部分射线细胞含树胶；晶体未见。在射线中部常见大形空洞，高达 1270μm，宽 300μm。胞间道未见。

材料：W21678（东南亚）。

【木材性质】

木材具光泽；无特殊气味和滋味；纹理直或略交错；木材轻至中；干缩小至中，在科伦波木材干缩率从生材至气干径向 1.1%，弦向 1.8%；而在沙捞越径向 3.1%，弦向 5.5%。强度低。

木材干燥稍慢，15mm 和 40mm 厚的板材气干分别需要 3 个月和 5 个月。主要缺陷是中度弓弯和端裂及轻微瓦弯和劈裂。木材不耐腐或略耐腐；不抗白蚁；防腐处理不难；木材锯、刨等加工容易，刨面光滑。

产　地	密　度(g/cm³)		顺纹抗压强度	抗弯强度	抗弯弹性模量	顺纹抗剪强度	
	基　本	含水率				径	弦
			MPa	MPa	MPa	MPa	
马来西亚		0.633	38.3 (41.6)	72.5 (75.5)	11200 (10900)	9.3 (10.6)	

【木材用途】

　　普通建筑、家具、胶合板、地板等。

谷木属 *Memecylon* L.

　　灌木或小乔木，约300种；分布非洲、亚洲、大洋洲及太平洋热带地区，其中以东南亚和太平洋诸岛为最多。中国有11种。常见商品材树种有：中脉谷木 *M. costatum* Miq.，似山竹谷木 *M. garcinoides* Bl.，平滑谷木 *M. laevigatum* Bl.，多花谷木 *M. multiflorum* Bakh. f.，球状谷木 *M. glomeratum* Bl.，铁仔谷木 *M. myrsinoides* Bl.，毛谷木 *M. pubescens* King. 。

毛谷木 *M. pubescens* King.
(图版 61. 1 ~ 3)

【商品材名称】

　　尼皮斯-库里特 Nipis kulit，地雷克-太姆巴嘎 Delek tembaga(马)。

【树木及分布】

　　小到中乔木；产马来西亚等地。

【木材构造】

宏观特征

　　木材散孔。心材黄褐色；与边材界限不明显。边材色浅。生长轮不明显。管孔肉眼可见，数略少；小至中；侵填体未见。轴向薄壁组织放大镜下可见，环管状，翼状，聚翼状。木射线放大镜下可见，密；窄。波痕及胞间道未见。内含韧皮部可见。

微观特征

　　导管横切面卵圆形，间椭圆形或圆形。略具多角形轮廓；主为单管孔，稀径列复管孔(2 ~ 3 个)；散生。12 ~ 23 个/mm²；最大弦径151μm，平均119μm，导管分子长360μm，具沉积物；螺纹加厚缺如。管间纹孔式互列，多角形，系附物纹孔。穿孔板单一，平行或略倾斜。导管与射线间纹孔式类似管间纹孔式。轴向薄壁组织为翼状或似聚翼状，环管束状，星散-聚合及星散状；薄壁细胞内含少量树胶，晶体未见。纤维管胞壁甚厚，直径16μm；长860μm；具缘纹孔明显。木射线14 ~ 16 根/mm；非叠生。单列射线数多，高1 ~ 8 细胞。多列射线宽2 ~ 4 细胞；高4 ~ 22(多数8 ~ 15)细胞。射线组织异形 II，稀 I 型。直立或方形射线细胞比横卧射线细胞高或高得多；射线细胞多列部分多为卵圆或圆形。射线细胞内含树胶；晶体未见。胞间道未见。内含韧皮部为多孔式，散生在基本组织中。

材料：W3991（马来西亚编号）。

【木材性质】

木材具光泽；无特殊气味和滋味；纹理交错；结构细，略均匀。木材重（气干密度 0.94g/cm³）；干缩小，干缩率径向 2.7%，弦向 4.0%；强度高。木材干燥慢，40mm 厚板材气干要 6 个月；干燥时略有弓弯、翘曲、端裂和表面裂发生。不耐腐；防腐处理边材容易，心材不易渗透；木材锯、刨不易；径面难刨光。

【木材用途】

木材重硬，强度高，常用作工具柄、浆柱、木槌及薪材。

棟　科
Meliaceae Juss.

约 50 属，1400 种；广布于全世界热带，少数分布于亚热带，极少分布至温带。

Kribs 根据树木形态和木材解剖特征将棟科分为 3 个亚科，即桃花心木亚科 Swietenioideae，棟亚科 Melioideae 和洛沃棟亚科 Lovoinoideae。

桃花心木亚科 Swietenioideae Harms

蟹木棟属 *Carapa* Aubl.

7 种，常绿乔木，产热带。常见商品材树种有摩鹿加蟹木棟 *C. moluccensis* Lamk.，圭亚纳蟹木棟 *C. guianensis* Aubl. 和倒卵蟹木棟 *C. obovata* Blume 等树种。

摩鹿加蟹木棟 *C. moluccensis* Lamk.
(*Xylocarpus moluccensis* Roem.)
（彩版 13.5；图版 61.4~6）

【商品材名称】

印度-克拉伯木 Indian crabwood，普苏木 Pussur wood，波苏 Poshur，德红都尔 Dhundul（印度）；吉阿纳 Kyana，吉阿站 Kyathan，拼雷-恩 Pinle-on，盆-乃-欧昂 Penglay-oang（缅）；皮阿高 Piagau（菲）。

【树木及分布】

中到大乔木，高 15~25m，直径可达 0.4~0.5m；分布缅甸、泰国、印度、孟加拉国、印度尼西亚和菲律宾等。

【木材构造】

宏观特征

木材散孔。心材红褐色至栗褐色；与边材界限明显。径面常具深色条纹。边材浅黄褐色，久置于大气中材色较深。生长轮在放大镜下略明显，界以轮界状薄壁组织带。管孔肉眼下略见；略少；大小中等，散生或径列；含深色树胶。轴向薄壁组织在放大镜下可见；中至略密；甚窄至窄。波痕可见。胞间道未见。

微观特征

导管横切面近圆形，少数卵圆形，略具多角形轮廓；单管孔及径列复管孔（2~4个，多为2~3个）；稀管孔团；散生或径列；7~15个/mm²；最大弦径126μm，平均100μm；导管分子长430μm；含树胶；螺纹加厚缺如。管间纹孔式互列，多角形。穿孔板单一，平行或略倾斜。导管与射线间纹孔式类似管间纹孔式。轴向薄壁组织轮界状，疏环管状及少数环管束状；薄壁细胞大部分含树胶；菱形晶体可见。木纤维壁薄；直径20μm；长1180μm；单纹孔或略具狭缘；分隔木纤维普遍。木射线6~10根/mm；局部呈有规则排列或叠生。单列射线数少，高1~7细胞，多列射线宽2~4细胞；高7~34（多数15~25）细胞。射线组织异形III型。方形射线细胞比横卧射线细胞略高；射线细胞多列部分多为卵圆形或椭圆形；树胶丰富；菱形晶体常见；多位于方形射线细胞内。胞间道缺如。

材料：W15277，W15318（缅）。

【木材性质】

木材具光泽；无特殊气味和滋味；纹理略交错；结构细而匀。木材重（含水率12%时为0.78g/cm³）。

干燥情况良好，适宜窑干。木材耐腐，很少受菌虫危害，在海水和淡水中使用都好。木材加工性能良好，锯、刨容易，刨面光滑。

【木材用途】

木材可用作房屋建筑、造船、车辆、家具、铸造木模、工具柄，上等木材适宜做装饰品，如花边、框架等。

树皮可用来生产单宁。

麻楝属 *Chukrasia* A. Juss.

1~2种，分布于亚热带地区。中国西藏、云南和广东、广西也产之。

毛麻楝 *C. tabularis* A. Juss. var. *velutina* King（*C. velutina* W. et A.）商品材名称：永姆含-阿嘎来 Yomhin agalai（泰）；拉特-霍阿 Lat hoa（越）；英麻 Yeng-ma，依姆麻 Yim mah

产　　　地	密　度(g/cm³)		顺纹抗压强度	抗弯强度	抗弯弹性模量	顺纹抗剪强度	
	基　本	气　干				径	弦
			MPa	MPa	MPa	MPa	
泰　国		0.87	50.9	149.3	12941	13.6，17.6	

（缅）。分布越南、泰国和中国。木材构造、材性及利用略同麻楝。

麻　楝 *C. tabularis* A. Juss.
（彩版 13.6；图版 62.1~3）

【商品材名称】

其特拉贡木 Chittagong wood（通称）；苏园-巴图 Surian batu（马）；其克拉西 Chick-rassy（印度，缅，孟加拉国）；拉特-霍阿 Lat hoa（越）；盈-麻 Yeng-ma，陶-盈麻 Taw-yeng ma，印麻 Yin ma（缅）；岳姆-希姆 Yom him（泰）；切拉纳-佩特 Cherana puteh，芮坡 Repoh，孙唐 Suntang，孙唐-普特 Suntang puteh（马）。

【树木及分布】

乔木，高 10m 余，直径可达 0.5m 或以上。分布巴基斯坦、缅甸、泰国、越南、老挝、印度和马来西亚等地。

【木材构造】

宏观特征

木材散孔。心材栗褐色带黄或红褐色；与边材区别明显。边材灰红褐色。生长轮略明显，轮间介以浅色细线。管孔肉眼可见；略少；大小中，略一致；分布均匀；散生或略呈斜径列。**轴向薄壁组织放大镜下略明显；轮界状及环管状。木射线在放大镜下可见；密度中等；窄。波痕及胞间道未见。**

微观特征

导管横切面卵圆及圆形；单管孔及径列复管孔（2~4 个，多数 2~3 个），偶见管孔团；散生或略呈斜列；7~12 个/mm^2；最大弦径 184μm，平均 134μm，导管分子长 500μm；部分含树胶；螺纹加厚缺如。管间纹孔式互列，多角形。穿孔板单一，平行或略倾斜。导管与射线间纹孔式类似管间纹孔式。轴向薄壁组织为轮界状，环管状，环管束状及星散状；分室含晶细胞数多，菱形晶体可达 15 个以上。木纤维壁薄至厚；直径 18μm；长 1230μm；纹孔略具狭缘。分隔木纤维可见。木射线 5~8 根/mm；非叠生，但有时局部排列较规则。单列射线甚少，高 1~7 细胞。多列射线宽 2~4 细胞，高 5~31（多数 12~20）细胞。射线组织异形 III 型。方形射线细胞比横卧射线细胞高；多列射线细胞多为卵圆形，细胞内大部分含树胶；菱形晶体偶见。**胞间道未见。**

材料：W12709（越）；W15249（缅）；W17842（柬）。

【木材性质】

木材具光泽；无特殊气味和滋味；纹理交错；结构细而匀。木材重量中至重；干缩甚小，干缩率生材至气干径向 1.3%，弦向 1.7%；强度中至重；冲击韧性中至高。木材干燥快，40mm 厚板材气干需 2.5 个月；干燥性能良好，表面有开裂现象，干后尺寸

产　　地	密　度（g/cm^3）		顺纹抗压强度	抗弯强度	抗弯弹性模量	顺纹抗剪强度
						径　弦
	基　本	气　干	MPa	MPa	MPa	MPa
马来西亚	0.75	0.88	56.1 (63.7)	94 (101)	14300 (14100)	15.3 (17.8)
中国海南	0.57	0.62				

稳定。耐腐。锯困难；刨容易，刨面光亮；旋切性能中等，径向刨切单板和径锯板上具深浅相间的带状花纹；油漆、胶粘性能良好；握钉力佳，不劈裂。

【木材用途】

是名贵家具用材，径向刨切单板，花纹鲜艳夺目，是做贴面板的优良材料；用来制做特级火车车厢、家具、仪器箱盒、电视机及收音机外壳等。可用于建筑、室内装修、钢琴琴壳等。

桃花心木属 *Swietenia* Jacq.

7~8 种；原产美洲热带和亚热带地区以及西非等地。由于材质优良，现已有不少国家和地区先后引种如菲律宾、印度尼西亚、斐济、越南及中国云南、广东等地引种栽培，生长情况良好。本属主要的树种为桃花心木 *S. mahagoni*(L.)Jack. 和大叶桃花心木 *S. macrophylla* King 2 种。

桃花心木 *S. mahagoni*(L.)Jack.
（彩版 13.7；图版 62.4~6）

【商品材名称】

桃花心木 Mahogany，古巴桃花心木 Guban mahogany，圣多明哥桃花心木 San domingo mahogany，西印度桃花心木 West indian mahogany，西班牙桃花心木 Spanish mahogany（商业通称）；麻霍尼 Mahoni，当-克特吉尔 Daun ketjil(印)。

【树木及分布】

常绿乔木，高可达 25m，直径可达 4m；原产西印度群岛、南佛罗里达等地，现引种到世界上各热带地区。在整个爪哇均有分布，高达 35m，直径 1.25m，无板根。

【木材构造】

宏观特征

木材散孔。心材暗红褐色；与边材区别明显。边材浅黄褐至浅红褐色。生长轮在放大镜下明显，界以轮界薄壁组织带(细线)。管孔肉眼下可见；略少或至略多；略小；大小略一致，分布均匀；散生；内含有黄色沉积物和树胶。轴向薄壁组织在放大镜下较明显；轮介状及环管状。木射线放大镜下明显；密度中等；甚窄至窄。波痕可见。胞间道轴向创伤者可见。

微观特征

导管横切面卵圆形或圆形；单管孔及少数径列复管孔(2~3 个，稀 4 个)，偶见管孔团；散生；2~9 个/mm²；最大弦径 225μm；平均 141μm；导管分子长 400μm，含沉积物或树胶。螺纹加厚缺如。管间纹孔式互列，多角形。穿孔板单一，平行或略倾斜。导管与射线间纹孔式类似管间纹孔式。轴向薄壁组织轮界状，环管状及环管束状，稀星散状；大部分含树胶；菱形晶体常见。木纤维壁薄；直径 18μm；长 1070μm；具单纹孔；多为分隔木纤维。木射线6~8 根/mm；单列射线数少，高 1~11 细胞。多列射线宽 2~5 细胞；高 6~20（多数 13~17）细胞。射线组织异形 II 及 III 型。直立或方形射线细胞比横卧射线细胞高；射线细胞多列部分多为卵圆形，部分细胞内含树胶；菱形晶体通常较多，位于方形和直立射线细胞中。胞间道轴向创伤者偶见。

材料：W13165，W14178，W15144（印）。

【木材性质】

木材光泽强；无特殊气味和滋味；纹理直或略交错；结构甚细，均匀。木材重量中等；干缩甚小，干缩率从生材至气干径向 0.9%，弦向 1.3%；强度低。

产　　地	密　度(g/cm³)		顺纹抗压强度	抗弯强度	抗弯弹性模量	顺纹抗剪强度	
	基　本	气　干	MPa	MPa	MPa	径	弦
						MPa	
印度尼西亚		0.64:15% (0.736)	36.8 (40.0)	54.7 (57.0)	9550 (9272)	6.8，7.4 (7.7，8.4)	

木材干燥快，50mm 厚板材在印度尼西亚从含水率 40% 到气干需 80 天；干燥性能良好；干后尺寸稳定。耐腐，防腐处理困难。锯、刨等加工容易，刨面光亮；胶粘性能良好；油漆性能亦佳。

【木材用途】

为世界上最好的细木工材料之一，径向刨切单板可获得美丽花纹，可用于装饰性单板；木材适宜作家具、室内装修、镶嵌板、乐器、木模、车工、雕刻等。由于木材较脆不宜用作建筑材料。

洋椿属 *Cedrela* P. Br.

9 种；产美洲热带地区。因木材有较高利用价值，世界上不少地区已引种栽培。我国引种栽培的有洋椿 *C. glaziovii* C. DC. 1 种。世界上最负盛名的是洋香椿 *C. odorata* L.。

洋　香　椿 *C. odorata* L.
（彩版 13.8；图版 63.1~3）

【商品材名称】

中美洲-杉 Central american cedar，烟盒杉 Cigarbox cedar，南美杉 South american cedar，西印度-杉 West indian cedar（通称）；西班牙杉 Spanish cedar（菲）；杉木 Cederwood（印）。

【树木及分布】

大乔木，高可达 25~30m，直径可达 1m。原产南美洲、中美洲和西印度。后被许多热带地区引种栽培如所罗门群岛、斐济、菲律宾、澳大利亚昆士兰等地。

【木材构造】

宏观特征

木材散孔。心材颜色变化较大，从浅粉红至暗红褐色；与边材区别明显。边材黄白色，很窄。**生长轮略明显**；在生长轮起始处管孔有时稍大，略多。**管孔在肉眼下可见**；少至略少；大小中等；散生；部分管孔内含深色树胶。**轴向薄壁组织放大镜下可见**；环管状及轮界状。**木射线放大镜下可见**；密度中等；窄。**波痕未见**。胞间道轴向创伤者可见，呈长弦线，内充满树胶。

微观特征

导管横切面近圆形，略具多角形轮廓；多为单管孔，少数径列复管孔（2 ~ 6 个，多为 2 ~ 3 个），稀管孔团；2 ~ 12 个/mm^2；最大弦径 190μm，平均 155μm；导管分子长 350μm，部分含树胶；螺纹加厚缺如。管间纹孔式互列，多角形。穿孔板单一，平行或略倾斜。导管与射线间纹孔式类似管间纹孔式。**轴向薄壁组织轮界状**，环管束状及星散状；大部分含树胶；具晶簇和菱形晶体，部分为结晶异细胞，分室含晶细胞可见。**木纤维壁薄**；直径 19μm；长 1040μm；单纹孔，或略具狭缘。分隔木纤维离析材料可见。**木射线 4 ~ 8 根/mm**；非叠生。单列射线数少，高 1 ~ 5 细胞。多列射线宽 2 ~ 4 细胞；高 3 ~ 13 细胞。射线组织异形 III 型，稀 II 型。直立或方形射线细胞比横卧射线细胞高或略高；射线细胞多列部分多为卵圆形，大部分细胞内含树胶；菱形晶体常见，位于方形射线细胞中。**胞间道未见**。

材料：W18864（菲）。

【木材性质】

产　　地	密　　度（g/cm^3）		顺纹抗压强度	抗弯强度	抗弯弹性模量	顺纹抗剪强度	
	基　本	气　干				径	弦
			MPa	MPa	MPa	MPa	
菲律宾	0.37	0.45：12% （0.523）	29.8 （27.5）	63.6 （63.6）	6863 5950	6.54 （6.76）	

木材有光泽；具芳香气味；纹理直或略交错；结构细，略均匀。木材因产地、生长条件不同其生长快慢有很大变化，所以木材重量也有很大差异；但一般多为轻，或轻至中；干缩中；强度低。

木材干燥快，有扭曲倾向，尤其应力木为然；板材气干可能产生皱缩，圆木可能发生端裂。木材耐腐性中等，有时遭小蠹虫危害，抗白蚁性能不定；防腐处理边材中等，心材需加压处理。木材锯、刨等加工容易；钉钉容易，握钉力低；胶粘及油漆性能良好。制材时产生的粉尘可能刺激鼻子和喉咙，需要加以防护。

【木材用途】

木材可用于建筑，室内装修如门、窗等；造船如船壳板、游艇；乐器如钢琴、手风琴外壳，家具、单板、胶合板、仪器箱盒，在国外是有名的雪茄烟烟盒的原料，据说它能增加烟草芳香气味，保持烟草干湿适度。

香椿属 *Toona* M. Roem.

约 15 种，分布于亚洲及大洋洲。

　　本属系从洋椿属 *Cedrela* P. Br. 分出。二者区别是洋椿属分布于美洲和西印度群岛。子房柄极长，长于子房数倍；而香椿分布于亚洲和大洋洲，子房柄极短，盘状，短于子房或与子房长度相等。从木材构造和材性上讲，二者区别不大。

　　本属常见商品材树种有：西里伯香椿 *T. celebica* KDS. 商品材名称：苏任苏拉威西 Surian sulawesi，麻帕拉 Mapala(印)；卡兰塔椿 *T. calantas* Merr. & Rolfe. 商业上称卡兰塔斯 Kalantas(菲)；泡香椿 *T. pucijuga* Merr. 商业上称卡兰塔斯-依兰安 Kalantas-ilanan(菲)；解热香椿 *T. febrifuga* M. Roem. 商业上称剀姆查 Chom Cha，卡姆查 Chham cha(柬)；小安母柯 Xoan moc(越)。我国有香椿 *T. sinensis* Roem.，小果香椿 *T. microcarpa* Harms 和红椿 *T. ciliata* Roem 3 种及 1 变种。

红 椿 *T. ciliata* Roem

(*T. sureni* Merr.， *Cedrela toona* Roxb.)

(彩版 13.9；图版 63.4~6)

【商品材名称】

　　红杉 Red cedar(通用名)；永姆-霍姆 Yom hom(泰)；苏任 Surian，苏任-萨布襄 Surian sabrang，苏瑞安-比阿萨 Surian biasa，麻帕拉 Mapala，寇梅阿 Koemea(印)；剀姆查 Chomcha(柬)；图尼 Tuni(尼泊尔)；通 Toon(印)；林姆帕嘎 Limpaga(马)。

【树木及分布】

　　大乔木，高达 25~30m 或以上，直径可达 1.5m。分布自印度至马来西亚，爪哇向东至摩鹿加群岛均产之。中国广东、广西、云南普遍生长。

【木材构造】

宏观特征

　　木材半环孔。心材浅砖红色或红褐色；与边材界限明显。边材浅黄白色。生长轮明显。管孔肉眼下可见至略明显，从内向外逐渐减小；数少或至略少；略大；散生；含红色树胶；具侵填体。轴向薄壁组织在放大镜下略明显；轮界状及傍管状。木射线肉眼下略见；密度稀至中；窄或略宽。波痕及胞间道未见。

微观特征

　　导管横切面近圆形，稀卵圆形；单管孔及少数径列复管孔(多为 2~3 个)，偶见管孔团；1~7 个/mm^2；最大弦径 338μm，平均 244μm；导管分子长 490μm；部分含树胶；螺纹加厚缺如。管间纹孔式互列，多角形。穿孔板单一，平行或略倾斜。导管与射线间纹孔式类似管间纹孔式。轴向薄壁组织轮界状，环管束状及环管状，稀星散状；部分细胞含树胶；菱形晶体可见。木纤维壁薄；直径 22μm；长 1570μm；单纹孔。分隔木纤维可见于离析材料。木射线 3~7 根/mm；非叠生。单列射线很少；高 1~8 细胞。多列射线宽 2~5(多为 2~4)细胞；高 4~16 细胞。射线组织异形 III 型。直立或方形细胞比横卧射线细胞高；多列部分多为卵圆或椭圆形，部分细胞内含树胶；菱形晶体偶见。胞间道未见。

　　材料：W13949(缅)；W9934，W14137(印)。

【木材性质】

　　木材有光泽；具芳香气味；无特殊滋味；纹理直；结构中至粗，略均匀。木材甚轻；干缩小，干缩率生材至气干径向 1.1% ，弦向 2.7% ；强度很低。

干燥稍慢，25mm 厚板材从生材至气干需要 3.5 个月。木材干燥性质良好；但有端裂和翘曲倾向。不耐腐。蒸煮后弯曲性能好。锯、刨等加工容易，刨面光滑，钉钉容易，握钉力中等，不劈裂；胶粘、油漆性能良好。

产　地	密　度(g/cm³)		顺纹抗压强度	抗弯强度	抗弯弹性模量	顺纹抗剪强度	
						径　　弦	
	基　本	气　干	MPa	MPa	MPa	MPa	
马来西亚	0.28	0.33	14.6 (23.2)	29 (43)	6600 (5700)	4.4 (6.4)	

【木材用途】

木材旋切、刨切均可，可作高级装饰单板；木材适宜做家具、细木工、造船、室内装修、胶合板、木模、乐器、雕刻、车工等。

楝亚科 Melioideae Harms

米仔兰属 Aglaia Lour.

250～300 种；分布印度、缅甸、柬埔寨、越南、马来西亚、菲律宾、印度尼西亚和大洋洲及中国云南、广东、广西和台湾。

东南亚常见商品材树种有：

银米仔兰 A. argentea Bl. 商品材名称：帕萨克 Pasak，甲仑甘-萨萨克 Jalongan sasak（沙捞）；拉萨-东德瑞 Lasa dondri，贝仑剑 Belunjan（印）；克隆盖 Kelongai，西西尔-阿瓦德 Sisil awad，本刚 Bengang，本亚 Bunya，塞格拉 Segera（文）。

莫肉米仔兰 A. merostela Pelligr. 商品材名称：帕萨克 Pasak（马）。

心叶米仔兰 A. cordata Hiern 商品材名称：帕萨克 Pasak（马）；克隆盖 Kelongai，西西尔-阿瓦德 Sisil awad，本亚 Bunya，塞格拉 Segera（文）；郎萨特-郎萨特 Langsat langsat（沙）。

格氏米仔兰 A. griffithii Kurz 商品材名称：帕萨克 Pasak（马）；卡赛-库崩 Kasai kubong（文）。

二色米仔兰 A. bicolor Merr. 商品材名称：巴图康 Batukanag（菲）。木材红褐色，纹理交错，结构细，木材重、硬。生长轮有时明显。管孔肉眼下略见，单管孔及径列复管孔（2～5 个，多为 2～3 个），内含浅色沉积物。轴向薄壁组织带状和聚翼状。射线甚细，肉眼不见。

巴羊米仔兰 A. llanosiana C. DC. 商品材名称：巴羊替 Bayanti（菲）。心材红褐色；与边材区别明显。边材浅黄色。管孔肉眼略见，单管孔及径列复管孔（2～5 个）；内含浅色沉积物。轴向薄壁组织主为翼状和聚翼状，轮界状也可见。射线肉眼几不见。

香米仔兰 *A. odoratissima* Bl. 商品材名称：帕萨克 Pasak（马）；克隆盖 Kelongai，西西尔-阿瓦德 Sisil awad，本刚 Bengang，本亚 Bunya，塞格拉 Segera（文）；郎萨特-郎萨特 Langsat langsat（沙）。轮界薄壁组织不见。

平米仔兰 *A. laevigata* Merr. 商品材名称：基思汉 Gisihan。心材红褐色；与边材区别明显。边材奶油色。生长轮肉眼下明显。管孔放大镜下可见，单管孔及径列复管孔（2~5 个，主为 2 个），在部分管孔内具黄白色沉积物。轴向薄壁组织肉眼下略见，主为聚翼带状，轮界状也可见。射线肉眼下不见。木材光泽强；新切面有愉快气味；纹理略交错或波浪型；结构甚细至细。

大花米仔兰 *A. gigantea* Pellegr. 商品材名称：戈依-替阿 Goi tia（越）；本-克欧 Beng kheou（柬）。详见种叙述。

散米仔兰 *A. diffusa* Merr. 商品材名称：麻拉萨金 Malasaging（菲）。心材新切面微红，久转呈栗褐色；与边材区别不明显。边材色浅。生长轮明显。管孔肉眼下略见，单管孔及径列复管孔（2~3 个）；具白色或橘黄白沉积物。轴向薄壁组织肉眼看不见，典型聚翼带状。射线放大镜下可见，细。木材具光泽；纹理直；结构细；木材硬，重。

琉球米仔兰 *A. luzoniensis*（Vid）Merr. & Rolfe 商品材名称：库凌-麻奴克 Kuling manuk（菲）。心材新时微红，干后呈淡褐色；与边材区别不明显。边材色浅。生长轮明显。管孔放大镜下可见；单管孔及径列复管孔（2~5 个，多为 2 个）；具白色或浅黄色沉积物。轴向薄壁组织肉眼下不明显，常为聚翼带状。射线仅放大镜下可见，细。木材具光泽；纹理直或略交错；结构甚细；略轻至重。

土坎米仔兰 *A. clarkii* Merr. 商品材名称：图康卡捞 Tukang-kalau（菲）；扩彭-扩彭 Kopeng-kopeng（沙巴）。心材微红，久则呈暗褐色；与边材区别明显。边材灰黄色。管孔肉眼下略见，单管孔及径列复管孔（2~3 个或以上）；偶见黄白或深色沉积物。轴向薄壁组织放大镜下可见，环管束状，翼状，偶聚翼状，轮界状可见。射线肉眼不见，细。木材具光泽；纹理交错；结构略细，重；略硬。

铁米仔兰 *A. eusideroxylon* K. et V. 商品材名称：郎萨特-卢桐 Langsat lutung（印）。轴向薄壁组织比大花米仔兰数多，主为傍管带状，聚翼状，翼状，环管束状，少数星散状；具分室含晶细胞，内含菱形晶体可达 28 个或以上。木纤维壁薄至厚。射线组织同形单列及多列，稀异 III 型。余略同大花米仔兰。木材重量（含水率 13.8% 时密度为 0.69g/cm³），强度（顺纹抗压 53.7MPa、抗弯强度 102.1MPa、抗弯弹性模量13333MPa）中等。木材利用略同大花米仔兰。

大花米仔兰 *A. gigantea* Pellegr.
（彩版 14.1；图版 64.1~3）

【商品材名称】

戈尔-蒂阿 Goi tia（越）；崩-克欧 Beng kheou（柬）。

【树木及分布】

乔木，高达 35~40m，直径可达 0.7~1.0m。产柬埔寨、缅甸、越南、印度尼西亚等地。

【木材构造】

宏观特征

木材散孔。心材浅红褐色,久露大气中材色转深红褐色。边材色浅。生长轮不明显。管孔肉眼下可见;少至略少;大小中等,略一致,分布较均匀;散生或略呈斜裂;具深色树胶。轴向薄壁组织放大镜下可见;傍管状。木射线放大镜下可见;比管孔小;密度中至略密;甚窄至窄。波痕及胞间道未见。

微观特征

导管横切面为卵圆形;单管孔及径列复管孔(2~5个,多2~3个),稀管孔团;3~10个/mm^2;最大弦径190μm,平均155μm;导管分子长650μm;部分含树胶;螺纹加厚缺如。管间纹孔式互列,多角形。穿孔板单一,略倾斜。导管与射线间纹孔式类似管间纹孔式。轴向薄壁组织主为环管状,环管束状,似翼状或单侧翼状,局部呈不规则短带状及星散状;大部分细胞含树胶。木纤维壁薄,或薄至厚;直径17μm;长1470μm;纹孔具狭缘。几全部为分隔木纤维。木射线7~10根/mm;非叠生。单列射线甚少,高1~7细胞。多列射线宽2~3细胞;高7~41(多数15~28)细胞。射线组织为异形Ⅱ及Ⅲ型。直立或方形射线细胞比横卧射线细胞高;射线细胞多列部分多为卵圆形。大部分细胞内含树胶。胞间道未见。

材料:W8930,W12699,W15341(越)。

【木材性质】

产　　地	密　度(g/cm^3)		顺纹抗压强度	抗弯强度	抗弯弹性模量	顺纹抗剪强度
	基　本	气　干				径　弦
			MPa	MPa	MPa	MPa
越　南		0.56:12%	54.9	80.8	—	—
越　南		0.716:15%	45.6	116.8	—	—

木材具光泽;无特殊气味和滋味;纹理交错;结构细,均匀。木材重量中等;体积干缩率14.3%;强度中。

本属木材干燥不难,干燥过程中一般没有严重降等现象。木材耐腐;心材防腐处理比较困难。锯、刨等加工性能良好;油漆、胶粘性能亦佳。

【木材用途】

木材宜用作细木工、家具、造船、车辆,房屋建筑如门、窗及其他室内装修;还可用制造单板、胶合板;越南用来制造枪托。

阿摩楝属 *Amoora* Roxb.

约25种;分布印度、缅甸、巴基斯坦、泰国、马来西亚、印度尼西亚、菲律宾及中国西南部。

常见商品材树种有:

卡突阿摩楝 *A. aherniana* Merr. 商品材名称:卡突 Kato(菲)。心材红褐色;与边材区别明显。边材色浅。管孔肉眼下较明显；主为单管孔，少数径列复管孔（2~3个），有些标本中可见黄白色沉积物。轴向薄壁组织放大镜下几不见。射线细，肉眼下不见。木材纹理直或略交错；结构略粗；木材重、硬。用于重型建筑、桥梁、码头、房屋建筑、柱子、搁栅、椽子、地板、门、窗、家具、细木工等。

褐阿摩楝 *A. rubiginosa* Hiern 商品材名称：贝卡克 Bekak（马）；杰姆班甘 Jambangan，克拉木 Keramu（文）；帕拉克-阿皮 Parak api（印）。心材浅红色，久则转深，呈红褐色；与边材区别明显。边材浅黄色。导管平均弦径大于 200μm；内含树胶或沉积物；管间纹孔式互列。单穿孔，导管与射线间纹孔式类似管间纹孔式。轴向薄壁组织环管束状、翼状及带状；内含菱形晶体。具分隔木纤维。木射线为异形 II 或 III 型。木材重、硬，强度中。

瓦氏阿摩楝 *A. wallichii* King 商品材名称：阿麻瑞 Amari（印度）；拉尔基尼 Lalchini，嘎凌里玻 Galing libor（印）。大乔木，高可达 27m，直径可达 0.5m 以上。分布印度和缅甸。心材新切面红色，久则呈红褐色。边材浅红色。木材纹理直，结构中，轻（气干密度 0.528g/cm³），软；干燥性能良好，相当非洲桃花心木（Khaya spp.）。耐腐性能中等。锯、刨等加工容易，刨面光滑，胶粘性能良好。木材可用做造船、小舟、桨、家具、细木工、装饰单板、胶合板等。

阿摩楝 *A. rohituka* Wight & Arn 商品材名称：阿木拉 Amoora，罗塔-阿麻拉 Lota amara，嘎林嘎辛 Galingasing（印度）；贼特尼 Thitni，茶亚-卡亚 Chaya-kaya（缅）；班德瑞发尔 Bandriphal（尼泊尔）；皮特来 Pitrai（孟加拉国）。乔木，因产地不同而不同，高可达 6m 或以上，直径 0.5m。心材酒红色，久呈暗红褐色。边材浅红色。管孔比 *A. wallichii* King 大。木材纹理直至略交错；结构略粗；轻（气干密度约 0.56g/cm³）。木材干燥容易，性能良好；但在印度有些树木进行环剥，或者贮存在水中一个时期后加工，宜保存在干燥地方，否则易降等。木材加工性能良好，表面光洁。木材用作船的肋骨、小舟、细木工、胶合板等。

兜状阿摩楝 *A. cucullata* Roxb. 详见种叙述。

兜状阿摩楝 *A. cucullata* Roxb.
（彩版 14.2；图版 64.4~6）

【商品材名称】

塔苏阿 Tasua（泰）；阿木拉 Amoora（巴基斯坦，新几内亚岛，所罗门群岛）；戈衣 Goi（越）；贼特-尼 Thit nee（缅）；克拉木 Keramu，箭姆班甘 Jambangan（文）。

【树木及分布】

常绿乔木，树高可达 20~40m，直径可达 1.2m；分布范围从泰国、缅甸至所罗门群岛和巴布亚新几内亚。

【木材构造】

宏观特征

木材散孔。心材红褐色；与边材区别不明显，从外向内逐渐变深。边材白色至浅褐或粉红色。生长轮不明显。管孔肉眼下可见至略明显；少至略少；略大，大小略一致；

散生或略呈斜列；管孔内含有树胶和白色沉积物。**轴向薄壁组织在放大镜下隐约可见；傍管状。木射线放大镜下隐约可见；密度中等；甚窄至窄。波痕及胞间道未见。**

微观特征

导管横切面卵圆形，稀椭圆形，单管孔及径列复管孔(2～6 个，多 2～3 个)；3～9个/mm²；最大弦径 266μm；平均 204μm；导管分子长 600μm；部分导管含树胶；螺纹加厚缺如。管间纹孔式互列，多角形。穿孔板单一，平行或略倾斜。导管与射线间纹孔式类似管间纹孔式。**轴向薄壁组织主为环管状，环管束状，少数翼状及星散状，局部呈不规则断续带状；大部分含树胶；具菱形晶体，分室含晶细胞可达 7 个或以上。木纤维壁薄；直径 21μm；长 1400μm；为具缘纹孔。普遍为分隔木纤维。木射线 4～9 根/mm；非叠生。单列射线较少，高 1～18(多 6～12)细胞。多列射线宽 2～3 细胞；高 7～29(多数 13～20)细胞。射线组织异形 III 型，稀 II 型。直立或方形射线细胞比横卧射线细胞高；射线细胞多列部分多为卵圆形；细胞内大部分含树胶；晶体未见。胞间道未见。**

材料：W18938(东南亚)。

【木材性质】

木材具光泽；无特殊气味和滋味；纹理交错；结构中，均匀。木材重量轻至中；强度低。

产　　　地	密　度(g/cm³)		顺纹抗压强度	抗弯强度	抗弯弹性模量	顺纹抗剪强度	
	基　　本	气　干	MPa	MPa	MPa	径	弦
						MPa	
巴布亚新几内亚	0.44	0.53:15%	—	74.9	9441	—	

　　木材干燥不难，25～50mm 厚板材从生材窑干到含水率 12% 容易，但有可能发生轻微溃陷和扭曲。木材不耐腐；有海生钻木动物和白蚁蚁危害倾向；生材或锯材可撒硼进行处理，木材防腐处理较难，虽然木材重量轻至中(0.53～0.64g/cm³)，但锯不易；施刨尚好，刨面光滑；握钉力中等；油漆、胶粘性能中等。立木有脆心材发生，据日本林业试验场报道，直径 65cm 圆木，脆心直径达 14.6cm，占横断面面积 5.1%。

【木材用途】

木材可为一般建筑、地板、室内装修、家具、细木工、车辆、造船、车工、单板、胶合板、木模等。

山棵属 *Aphanamixis* Blume.

　　约 25 种；产印度、柬埔寨、马来西亚、印度尼西亚、菲律宾及中国广东、广西和云南。

裴菜山棵 *A. perrottetiana* A. Juss.
(彩版 14.3；图版 65.1～3)

【商品材名称】

康扩 Kangko(菲)。

【树木及分布】

小乔木，产菲律宾等地。

【木材构造】

宏观特征

木材散孔。心材灰红褐色。边材色浅。生长轮略明显或不明显。管孔肉眼下可见至略明显；少至略少；大小中等，分布略均匀；散生。轴向薄壁组织放大镜下明显；量多，带状。木射线放大镜下可见；略密至密；甚窄。波痕及胞间道未见。

微观特征

导管横切面为卵圆形，少数圆形及椭圆形，略具多角形轮廓；单管孔及径列复管孔（2～4个，多2～3个），稀管孔团；3～13个/mm²；最大弦径183μm，平均142μm；导管分子长830μm；树胶可见；螺纹加厚缺如。管间纹孔式互列，多角形。穿孔板单一，略倾斜。导管与射线间纹孔式类似管间纹孔式。轴向薄壁组织数量多；主为带状（宽2～4细胞，多为2～3细胞），及环管状，少数环管束状和似翼状；含少量树胶；晶体未见；具硅石。木纤维壁厚；直径20μm；长1660μm；纹孔具狭缘。几全为分隔木纤维。木射线10～15根；非叠生。单列射线高1～27（多数10～18）细胞。多列射线通常成对或2列，偶见3列；高7～52（多数15～30）细胞；同一射线内有时出现2～3次多列部分。射线组织同形单列和多列（方形细胞可见）。射线细胞多列部分多为卵圆形，内含树胶；具硅石。胞间道未见。

材料：W18915（菲）。

【木材性质】

木材光泽弱；无特殊气味和滋味；纹理交错，结构细，均匀。重量及强度中。干燥不难。锯、刨等加工容易，刨面光滑，花纹美丽；胶粘容易；油漆后光亮性良好。

【木材用途】

木材可供房屋建筑如房架、门、窗及其他室内装修；家具、农具、胶合板、车厢等。

蒜棟属 *Azadirachta* A. Juss.

2 种，印度蒜棟 *A. indica* A. Juss. 和蒜棟 *A. excelsa*（Jack）Jacobs。分布印度、缅甸、泰国、越南、马来西亚、菲律宾、印度尼西亚等地。

蒜　棟 *A. excelsa*（Jack）Jacobs
（*Melia excelsa* Jack，*A. intergrifolia* Merr.）
（彩版 14.4；图版 64.4～6）

【商品材名称】

森唐 Sentang（马）；林姆帕嘎 Limpaga（沙）；让-古 Rang-gu（沙捞）；麻让戈 Marang-go，鸟眼-卡兰塔斯 Bird's eye kalantas（菲）；卡又-贝旺 Kaju bewang，苏瑞安-巴王 Surian bawang（印）。

【树木及分布】

常绿大乔木，高可达45m，直径可达1.5m或以上；因树木种子弄伤时具蒜味故称蒜楝。分布马来西亚、菲律宾、印度尼西亚、新西兰等地。

【木材构造】

宏观特征

木材散孔。心材红褐色；与边材区别明显。边材灰白或黄白色，很窄。生长轮略明显，界以浅色轮界薄壁组织带。管孔肉眼下略见；少至略少；大小中等，略一致；分布欠均匀；散生；含深色树胶。轴向薄壁组织放大镜下明显；轮界状及傍管状。木射线放大镜下明显；密度中等；甚窄至窄。波痕及胞间道未见。

微观特征

导管横切面卵圆及圆形；略具多角形轮廓；单管孔，少数径列复管孔（2～3个，多为2个）及管孔团；散生；2～8个/mm²；最大弦径190μm；平均139μm；导管分子长430μm；部分导管内含树胶；螺纹加厚未见。管间纹孔式互列、多角形。穿孔板单一，略倾斜。导管与射线间纹孔式类似管间纹孔式。轴向薄壁组织轮界状，环管状及星散状；少数含树胶；具菱形晶体，分室含晶细胞可达10个或以上。木纤维壁薄；直径19μm；长1200μm，具缘纹孔，在径面上数多而明显。分隔木纤维未见。木射线6～9根/mm；非叠生。单列射线甚少，高1～6细胞。多列射线宽2～3细胞；高4～18（多数7～15）细胞。射线组织异形Ⅲ型。方形细胞比横卧射线细胞高；射线细胞多列部分多为卵圆形，具多角形轮廓；部分射线细胞含树胶；菱形晶体未见。胞间道未见。

材料：W14155（印）。

【木材性质】

木材光泽强，无特殊气味和滋味；纹理斜或交错；结构细而匀；木材重量中至重；干缩中，干缩率从生材到气干径向2.2%；弦向4.3%；体积6.5%；强度低。

木材干燥稍快，40mm厚板材从生材至气干需4个月。干燥性能良好，仅有轻微扭曲和端裂。稍耐腐至耐腐。锯、刨等加工容易，刨面光滑；油漆性能良好。

【木材用途】

木材宜用做细木工、家具、仪器箱盒、乐器、烟盒、单板、胶合板等。在马来西亚为重要建筑用材。据说它可代替真正桃花心木。

树皮、根等可用来制药和生产杀虫剂。

溪杪属 *Chisocheton* Blume

乔木或灌木，约100种；产印度、中南半岛、马来西亚、印度尼西亚。常见商品材树种有：分叉溪杪 *C. divergens* Bl.，缬花溪杪 *C. glomerulatus* Hiern，大叶溪杪 *C. macrophyllus* King，大聚缬溪杪 *C. macrothyrsus* King，五雄蕊溪杪 *C. pentandrus*（Blanco）Merr.，刚溪杪 *C. rigidus* Ridl. 等。中国广东、广西和云南产溪杪 *C. paniculata* Hisern 1种。

在叉溪杪和大聚缬溪杪中可见硅石；分隔木纤维除叉溪杪外，均可见。

五雄蕊溪杪 *C. pentandrus*（Blanco）Merr.
（彩版 14.5；图版 66.1～3）

【商品材名称】

卡腾-麻津 Katong-matsin，卡腾-麻秦 Katong-maching（菲）。

【树木及分布】

中乔木；分布在菲律宾。

【木材构造】

宏观特征

木材散孔。心材黄褐色；与边材区别略明显。边材草黄色。生长轮不明显。管孔肉眼下略见；少至略少；大小中等，略一致；分布较均匀；散生或略呈径列；少数管孔具沉积物。轴向薄壁组织肉眼下易见；带状及傍管状。木射线放大镜下较明显；中至略密；甚窄至窄。波痕及胞间道未见。

微观特征

导管横切面卵圆形，略具多角形轮廓；主为单管孔，少数径列复管孔（多为 2 个，偶 3 个），稀管孔团；4～13 个/mm²；最大弦径 175μm；平均 129μm；导管分子长 660μm；含少量树胶；螺纹加厚未见。管间纹孔式互列，多角形。穿孔板单一，平行或略倾斜。导管与射线间纹孔式类似管间纹孔式。轴向薄壁组织数多，主为带状（宽 1～5 个细胞），少数翼状，环管状及星散状；含少量树胶；具菱形晶体，分室含晶细胞可达 10 个或以上。木纤维壁厚；直径 19μm；长 1600μm；具缘纹孔小；具分隔木纤维，木射线 7～10 根/mm；非叠生。单列射线高 1～6 细胞。多列射线宽 2～3，稀 4 细胞；高 5～27（多数 8～20）细胞。同一射线有时出现两次多列部分。射线组织异形 III 型，稀 II 型。直立或方型射线细胞比横卧射线细胞高；射线细胞多列部分多为卵圆形；晶体未见。胞间道未见。

材料：W18352（菲）。

【木材性质】

木材光泽强；无特殊气味和滋味；纹理交错；结构细而匀；木材重量中；干缩大，干缩率从生材到含水率 12% 径向 2.5%，弦向 6.1%；强度中等。

产　　地	密　度（g/cm³）		顺纹抗压强度	抗弯强度	抗弯弹性模量	顺纹抗剪强度
	基　本	气　干	MPa	MPa	MPa	径　弦
						MPa
菲律宾	0.52	0.64:12%（0.648）	48.1（44.4）	93.7（86.2）	10490（9740）	7.39（7.64）

木材干燥尚可，但有扭曲倾向，皱缩严重。耐久性不详，边材易蓝变色；应及时处理，防腐处理边材易渗透，心材较难；木材加工性能尚好，宜用锋利工具以免起毛；钉钉、旋切、胶粘、油漆性能良好。

【木材用途】

可做一般建筑、地板、家具、细木工、单板、胶合板及车工制品等。

樫木属 *Dysoxylum* Blume

200 种左右；分布于印度、东南亚至波利尼西亚。据不完全统计；印度东部有 12 种。马来半岛约 17 种，印度尼西亚爪哇 14 种，菲律宾 30 余种，中南半岛 10 种，新喀里多尼亚 18~20 种，萨摩亚群岛有 1 种。中国有 14 种，分布广东、广西、云南和台湾。常见商品材树种有：

锐角樫木 *D. acutangulum* Miq. 商品材名称：梅姆巴卢姆 Membalum（印）；甲茹姆-甲茹姆 Jarum-jarum（马）；兰图帕克 Lantupak（沙）。主产马来西亚及印度尼西亚。木材构造略同角樫木 *D. corneri* Hend. ，只是在轴向薄壁组织内具少量晶体。木材重（在含水率 14% 时密度为 0.91g/cm³），硬，强度甚高。

乔木樫木 *D. arborescens* C. DC. 商品材名称：甲茹姆-甲茹姆 Jarum-jarum（马）；兰图帕克 Lantupak（沙）；本亚 Bunya（文）；塔楼萨-楼萨 Taloesa-loesa，万德-剖特 Wande-poete（印）。

麦巴樫木 *D. caulostachyum* Miq. 商品材名称：梅姆巴卢姆 Membalum，孔洞吉欧-剖特 Kondongio poete，凌扩褒-剖特 Lingkoboe poete（印）；拦图帕克 Lantupak（沙）。木材构造略同甲茹樫木 *D. thyrsoideum* Griff.。

角樫木 *D. corneri* Hend. 商品材名称：甲茹姆-甲茹姆 Jarum-jarum（马）；帕萨克-凌嘎 Pasak lingga（马）。导管内含树胶或沉积物，管间纹孔式互列，多角形。单穿孔，导管与射线间纹孔式类似管间纹孔式。轴向薄壁组织翼状-聚翼状及带状，晶体未见。木纤维壁薄，具分隔。木射线异 III 型，稀 II 型。胞间道未见。

克来樫木 *D. klemmei* Merr. 商品材名称：麻拉阿图阿斯 Malaaduas（菲）。木材散孔。心材黄褐色。边材浅黄。管孔肉眼几不见，单管孔及径列复管孔（2 个），偶见白色或浅黄色沉积物。轴向薄壁组织肉眼下可见，典型带状。射线肉眼几不见。木材纹理直或交错；结构细，略均匀。木材可制造橱柜、门、窗等。

戟叶樫木 *D. euphlebium* Merr. 详见种叙述。

丛花樫木 *D. densiflorum* Miq. 商品材名称：梅姆巴卢姆 Membalum（东南亚）；特杰姆-帕嘎 Tjem-paga，孔洞吉欧-摩塔哈 Kondongio motaha（印）。大乔木；产印度尼西亚等地。木材构造除轴向薄壁组织为断续带状（宽 1~3 细胞），射线组织为同形单列（偶见方形细胞），余略同戟叶樫木。木材浅红褐色，光泽强，纹理略交错，结构细而匀；重量（含水率在 13.6% 时密度为 0.73g/cm³）及强度（顺纹抗压 56.1MPa）中；干缩小。加工性质及利用略同戟叶樫木。

琉球樫木 *D. turczaninowii* C. DC. 商品材名称：卡亚陶 Kayatau（菲）；兰图帕克 Lantupak（沙）。木材散孔。心材黄色微带红；与边材区别明显。边材浅黄。生长轮明显，界以轮界状薄壁组织浅。管孔肉眼不见或不明显。单管孔及径列复管孔（2~5 个），在一些管孔内具桔黄色沉积物。轴向薄壁组织环管状及轮界状。射线组织肉眼不见。

甲茹樫木 *D. thyrsoideum* Griff. 商品材名称：甲茹姆-甲茹姆 Jarum-jarum，帕萨克-凌嘎 Pasak lingga（马）。木材散孔，红褐色；管孔内含树胶或沉积物。轴向薄壁组织带状

（宽可达4细胞或以上），翼状，偶轮界状，具分室含晶细胞。木纤维壁薄，具分隔。木射线为异形Ⅲ型，稀Ⅱ型。

戟叶樫木 *D. euphlebium* Merr.
（彩版14.6；图版66.4~6）

【商品材名称】

苗 Miau（菲）。

【树木及分布】

小乔木，树干圆柱形，但通常不直；直径达0.6m；主产菲律宾。

【木材构造】

宏观特征

木材散孔。心材黄色微红；与边材界限略明显。边材浅黄色。生长轮不明显。管孔肉眼下略见；少至略少；大小中等，略一致；分布欠均匀；散生或略呈径列。轴向薄壁组织数多，放大镜下明显，带状及傍管状。木射线放大镜下明显；中至略密。甚窄至窄。波痕及胞间道未见。

微观特征

导管横切面卵圆形，略具多角形轮廓；单管孔及径列复管孔（2~3个），稀管孔团；3~10个/mm²；最大弦径164μm，平均122μm；导管分子长730μm；散生或略呈径列；侵填体未见；螺纹加厚缺如。管间纹孔式互列，多角形。穿孔板单一，略倾斜。导管与射线间纹孔式类似管间纹孔式。轴向薄壁组织数多；带状（宽1~4，多为2~3细胞，比机械组织略窄，但分布均匀）及环管状；菱形晶体甚多，分室含晶细胞可达数十个。木纤维壁薄；直径20μm；长1500μm；纹孔略具狭缘。分隔木纤维普遍。木射线9~12根/mm；非叠生。单列射线高2~15细胞。多列射线宽2~3细胞；多列部分有时与单列部分近等宽；高7~43（多数15~28）细胞；同一射线内有时出现2~3次多列部分。射线组织为同形单列及多列，稀异Ⅲ型。方形射线细胞比横卧射线细胞高；射线细胞多列部分多为卵圆形；晶体未见；硅石较多。胞间道未见。

材料：W18346（菲）。

【木材性质】

木材具光泽；无特殊气味和滋味；纹理交错；结构细而匀。木材重量中至重；干缩小，干缩率从生材至气干径向1.7%；弦向3.0%；强度中。

产　　地	密　度(g/cm³)		顺纹抗压强度	抗弯强度	抗弯弹性模量	顺纹抗剪强度	
	基　本	气　干	MPa	MPa	MPa	径	弦
						MPa	
菲律宾	0.60	0.77:12% (0.784)	58.2 (53.8)	109.6 (101)	15686 (14600)	12.1 (12.5)	

干燥慢，最好制成径锯板以防开裂和变形。木材耐腐；能抗白蚁和海生钻木动物危害；心材防腐处理较难。

【木材用途】

木材可用于重型建筑、重载地板、矿柱、坑木、电杆、造船、车辆、农业机械、雕刻及车旋材等。如果采用精加工可生产高级家具。

棟 属 *Melia* L.

约 20 种；分布于东半球热带和亚热带地区。中国有苦楝 *M. azedarach* L. 和川楝 *M. toosendan* Sieb. et Zucc. 2 种；产西南部和东部。

苦 楝 *M. azedarach* L.
（彩版 14.7；图版 67.1~3）

【商品材名称】

波斯丁香花 Persian lilac（印，巴）；支那草梅树 Chinaberry tree（美）；明迪 Mindi（沙）；塔麻嘎 Tamaga，扎-麻-卡 Tha-ma-kha（缅）；宗迪 Xondi（印）；帕来索 Paraiso（菲）；左安 Xoan（越）。

【树木及分布】

乔木，高可达 25m；分布缅甸、越南、泰国、老挝、印度、印度尼西亚、马来西亚、澳洲及中国。

【木材构造】

宏观特征

木材环孔至半环孔。心材红褐色；常与边材区别明显。边材黄白或浅黄褐。生长轮明显。早材管孔肉眼下明显，排成连续早材带；部分管孔含褐色树胶。晚材管孔肉眼下略见；散生或弦列。轴向薄壁组织肉眼下略见；环管状及环管束状。木射线肉眼下略见；弦切面上呈细纱纹；稀；宽。波痕及胞间道未见。

微观特征

导管在早材带横切面上，大导管为圆形、卵圆及椭圆形，小导管为多角形；多为管孔团，少数单独及径列复管孔；最大弦径 377μm，平均 322μm，导管分子长 250μm。在晚材带横切面上，较大的导管形状同早材带大导管，略具多角形轮廓；小导管为多角形，多呈管孔团，少数径列复管孔及单管孔，生长轮末端有时排成斜列或弦列；管孔弦径平均 200μm；导管分子长 370μm；部分导管含树胶；螺纹加厚在小导管上可见；管间纹孔式互列，多角形或椭圆形。穿孔板单一，平行或略倾斜。导管与射线间纹孔式类似管间纹孔式。轴向薄壁组织为轮界状，环管束状，疏环管状及星散状，在晚材带常与小导管一起形成斜向或弦向带状，有时与管孔团一起呈簇集状；含树胶；具菱形晶体，分室含晶细胞可达数十个。木纤维壁薄；直径 18μm；长 1110μm；单纹孔或略具狭缘。分隔木纤维量少。印度尼西亚产者，分室含晶细胞可见。木射线 2~5 根/mm；非叠生。单列射线甚少，高 1~8 细胞。多列射线宽 2~8（多为 5~7）细胞；高 4~35（多数 17~25）细胞。射线组织为同形单列及多列和异 III 型。方形射线细胞很少，比横卧射线细胞略高，射线细胞多列部分多为卵圆形，部分细胞内含树胶；晶体未见。胞间道未见。

材料：W14177，W15128(印)。

【木材性质】

木材具光泽；无特殊气味和滋味；纹理直或斜；结构中，不均匀。重量轻；干缩小；强度低。

产　　地	密　度(g/cm³)		顺纹抗压强度	抗弯强度	抗弯弹性模量	顺纹抗剪强度	
	基　本	气　干	MPa	MPa	MPa	径 弦	
						MPa	
印度尼西亚	—	:37.5%	21.3	45.1	7451	2.4, 4.3	
中国广西	0.37	0.46:15%	36.0	68.7	9216	7.9, 7.9	
中国安徽	0.45	0.54:15%	40.8	92.5	8823	10.5, 11.1	

木材干燥性能良好，没有开裂和翘曲等降等现象。木材耐腐，能抗白蚁，边材有变色和腐朽发生。锯、刨等加工容易，刨面光滑；油漆后光亮性良好；胶粘容易；钉钉容易，握钉力中等，不劈裂。

【木材用途】

家具、仪器箱盒、农具，建筑如房架、门、窗、胶合板、包装箱盒、玩具、网球及羽毛球球拍，人造丝和纸浆的原料。

果及根可入药；叶、根皮、树皮及花均可制杀虫剂。

山道棟属 *Sandoricum* Cav.

10种；产印度、缅甸、泰国、越南、马来西亚、印度尼西亚、菲律宾等。常见商品材树种有：

婆罗山道棟 *S. borneense* Miq. 商品材名称：森图尔 Sentul(文)。

微凹山道棟 *S. emarginatum* Hiern 商品材名称：森图尔 Sentul(马)；卡图尔 Katul，克拉姆普 kelampu(印)。木材构造，材性及利用略同山道棟 *S. koetijape* (Burm. f.)Merr.。

山道棟 *S. koetijape* (Burm. f.) Merr. 详见种叙述。

维达山道棟 *S. vidallii* Merr. 商品材名称：麻拉散陀尔 Malasantol(菲)。木材构造，除轴向薄壁组织带宽 1~4 细胞；多列射线宽 2~4 细胞外，余略同山道棟。

山道棟 *S. koetjape* (Burm. f.) Merr.
(*S. indicum* Cav.)
(彩版 14.8；图版 67.4~6)

【商品材名称】

森图尔 Sentul(马)；克拉-宗 Kra thon(泰)；贼陀 Thitto(缅)；克来姆普 Klampu(沙捞)；卡通 Katon(缅，泰，印)；绍-岛 Sau dau(越)；孔姆彭-芮赤 Kompeng reach(柬)；克特亚皮 Ketjapi(印)；三特尔 Santol(菲)。

【树木及分布】

大乔木，高可达 20m，直径 0.6~0.7m；产缅甸、泰国、印度、越南、印度尼西亚、菲律宾等；泰国产量丰富。缅甸不仅林区有，农村也多栽培。

【木材构造】

宏观特征

木材散孔。心材浅红色；与边材界限略明显。边材浅黄白色。生长轮不明显。管孔肉眼下略见；数少；大小中等，分布较均匀；散生。轴向薄壁组织放大镜下明显；数少，为断续带状及傍管状。木射线放大镜下明显；中至略密；甚窄至窄。波痕及胞间道未见。

微观特征

导管横切面为卵圆形，具多角形轮廓；单管孔，少数为径列复管孔（2~3个），偶见管孔团；2~6个/mm²；最大弦径160μm；平均129μm；导管分子长620μm；少数管孔内含树胶；侵填体未见；螺纹加厚缺如。管间纹孔式互列，多角形。穿孔板单一，略倾斜。导管与射线间纹孔式类似管间纹孔式。轴向薄壁组织为翼状（多为单侧）及聚翼状；内含树胶；晶体未见。木纤维壁薄，直径26μm；长1390μm；纹孔具狭缘。分隔木纤维未见。木射线6~11根/mm，非叠生。单列射线高1~19细胞。多列射线宽2~3细胞；高8~48（多数15~25）细胞；同一射线有时出现2~3次多列部分。射线组织异形II及III型。直立或方形射线细胞比横卧射线细胞高；射线细胞多列部分多为椭圆或卵圆形；部分细胞内含树胶；菱形晶体未见。胞间道未见。

材料：W14096（印）；W20389（泰）。

【木材性质】

木材具光泽；无特殊气味和滋味；纹理直或略斜；结构细而匀。木材重量轻至中（气干密度0.48~0.58g/cm³）；干缩大，干缩率从生材至含水率12%时径向为2.1%，弦向6.6%，强度弱至中；木材干燥性能良好，通常不产生开裂和变形。木材在露天情况下易腐朽，但在室内则耐久；室外易受小蠹虫危害，使用时应进行防腐处理；边材防腐处理容易，心材渗透性较差。锯、刨等加工容易，刨面光滑。

【木材用途】

木材可用做房架，室内装修如门、窗、家具、单板、胶合板、农具、菜墩、玩具、雕刻及车工制品等。

缅甸用山道楝制做马车和造船。

桑　科
Moraceae Link.

53属，1400种；分布热带及亚热带，少数在温带。大部分为乔木或灌木。主要商品材属有：波罗蜜属 Artocarpus，构树属 Broussonetia，柘树属 Cudrania，榕属 Ficus，桑属 Morus，臭桑属 Parartocarpus，鹊肾树属 Streblus 等。中国有11属，各地均有分布，主产长江以南各地区。

波罗蜜属 *Artocarpus* J. R. et G. Forst.

乔木，约 47 种；分布巴基斯坦、印度至马来半岛及中国。常见商品材树种有：异叶桂木 *A. anisophyllus* Miq.，达达赫桂 *A. dadah* Miq.，波罗密 *A. heterophyllus* Lam.，卡曼多桂 *A. kemando* Miq.，弹性桂木 *A. elasticus* Reinw.，硬性桂 *A. rigidus* Bl.，莱柯桂木 *A. lakoocha* Roxb.，粗桂木 *A. hirsutus* Lamk.，剑叶桂 *A. lanceifolius* Roxb.，斯柯特桂 *A. scortechini* Hook. f. 等。

弹性桂木 *A. elasticus* Reinw.
(*A. kunstleri* Hook. f.)
(彩版 14.9；图版 68.1 ~ 3)

【商品材名称】

特拉普 Terap(印，马)；麻拉古米亨 Malagumihan(菲)；扣姆博 Koemboe，头 Teo，蒂剖楼 Tipoeloe，头-蒙扣尼 Teo mongkoeni，库木特 Kumut(印)；铁拉普衣卡尔 Terapikal (文)；丢刘普 Teureup(印)。

【树木及分布】

乔木，高可达 30 ~ 45m，直径 0.6 ~ 1m；分布菲律宾、马来西亚、印度尼西亚等地。

【木材构造】

宏观特征

木材散孔。心材桔黄褐色，久则转深；与边材区别略明显。边材浅黄褐或干草黄色。生长轮不明显。管孔肉眼下可见；数少；中至略大；散生或略呈斜列；侵填体可见。轴向薄壁组织放大镜下明显，翼状及环管状。木射线肉眼下略见；稀至中；略宽。波痕及胞间道未见。

微观特征

导管横切面卵圆形；单管孔，稀径列复管孔(2 ~ 3 个)；散生或略斜列；1 ~ 4 个/mm^2；最大弦径 270μm，平均 206μm，导管分子长 550μm；侵填体未见；螺纹加厚缺如。管间纹孔式互列，多角形。穿孔板单一，平行或略倾斜。导管与射线间纹孔式大圆形及刻痕状。轴向薄壁组织主为翼状，少数聚翼状；部分细胞含深色树胶，晶体未见。木纤维壁薄；直径 31μm，长 1530μm；具缘纹孔在径壁上略明显；分隔木纤维可见。木射线 4 ~ 7 根/mm；非叠生。单列射线数少，高 1 ~ 14(多数 4 ~ 8)细胞。多列射线宽 2 ~ 8(多数 4 ~ 6)细胞；高 5 ~ 60(多数 20 ~ 45)细胞。射线组织异形 II 型。具鞘细胞；直立或方形射线细胞比横卧射线细胞高或高得多；射线细胞多列部分多为卵圆形；树胶很少；晶体未见。乳汁管可见，有时一射线内出现 2 个。胞间道未见。

材料：W13156，W14158(印)。

【木材性质】

木材具光泽；无特殊气味和滋味；纹理直；结构细至中，均匀。木材轻；干缩小，干缩率从生材至气干径向 1.5%；弦向 2.9%；强度很低。

产　　地	密　　度（g/cm³）		顺纹抗压强度	抗弯强度	抗弯弹性模量	顺纹抗剪强度	
	基　本	气　干	MPa	MPa	MPa	径	弦
						MPa	
印度尼西亚		0.43 : 12.6% (0.490)	27.84 (26.6)	48.82 (50.2)	8530 (7.41)	4.9 ~ 5.29 (5.2 ~ 5.6)	

　　干燥稍快，40mm 厚板材气干需 2.5 个月；无严重翘曲和开裂发生。不耐腐，边材易受虫害；木材不能抵抗白蚁和海生钻木动物危害；防腐处理边材易浸注，心材困难。木材锯、刨等加工容易，刨面光滑；胶粘和钉钉性能良好。

【木材用途】

　　用于轻型建筑、地板、室内装修、家具、单板、胶合板、农业机械、乐器用材、车旋、儿童玩具等。

粗桂木 *A. hirsutus* Lamk.
（彩版 15.1；图版 68.4 ~ 6）

【商品材名称】

　　爱尼 Ainee（印度）；米特-奈 Mit nai（越）；克诺-普芮 Khnor prey（柬）。

【树木及分布】

　　大乔木，高可达 30m，直径达 1.2m 或以上；分布印度、柬埔寨、越南等地。

【木材构造】

宏观特征

　　木材散孔。心材金黄色，久则转深；与边材区别明显。边材白色至浅黄褐色。生长轮略明显或不明显。管孔肉眼下略见，纵面呈白色细线。轴向薄壁组织放大镜下明显；翼状，稀聚翼状。木射线肉眼可见；密度中；窄至略宽。波痕及胞间道缺如。

微观特征

　　导管横切面卵圆形；单管孔，稀径列复管孔（2 ~ 3 个）；散生；1 ~ 4 个/mm²；最大弦径 175μm；平均 166μm；导管分子长 430μm；具侵填体；螺纹加厚缺如。管间纹孔式互列，多角形。穿孔板单一，略倾斜。导管与射线间纹孔式大圆形，少数刻痕状。轴向薄壁组织主为翼状，少数傍管带状（宽达 10 细胞，但不呈同心圆），及聚翼状；常不含树胶；晶体未见。木纤维壁薄；直径 25μm；长 1590μm；具缘纹孔略明显；具少量硅石；分隔木纤维偶见。木射线5 ~ 8 根/mm；非叠生。单列射线少，高 1 ~ 9 细胞。多列射线宽 2 ~ 6（多数 4 ~ 5）细胞；高 5 ~ 30（多数 10 ~ 20）细胞，同一射线有时出现 2 次多列部分。射线组织异形 II 型。鞘细胞偶见；射线细胞多列部分多为卵圆形，含少量树胶；晶体未见。胞间道及乳汁管未见。

　　材料：W9699（柬）。

【木材性质】

　　木材光泽强；无特殊气味和滋味；纹理略交错；结构细至中，均匀。重量中等；干缩中，干缩率径向 3.4%，弦向 5.3%；强度中。

产　　地	密　度（g/cm³）		顺纹抗压强度	抗弯强度	抗弯弹性模量	顺纹抗剪强度	
						径　弦	
	基　本	含水率	MPa	MPa	MPa	MPa	
马来西亚		0.61:12.9%（0.696）	56.67（55.1）	91.47（87.3）	11670（10973）	—	

　　木材干燥性能良好，无严重缺陷；很耐腐，无菌和白蚁危害。木材锯、刨等加工容易，刨面光滑；有些木材刨切单板产生美丽花纹。

【木材用途】

　　用于造船如船体、船桅、独木舟；房屋建筑如横梁、椽子，门、窗、天花板；家具、细木工；车辆、枕木、单板、胶合板等。在很多方面可代替柚木。

莱柯桂木 *A. lakoocha* Roxb.
（彩版 15.2；图版 69.1～3）

【商品材名称】

　　克雷当 Keledang（印，马）；查普拉什 Chaplash（缅）；麻脑 Manao，麻哈特 Mahat（泰）；拉库赤 Lakuch（印度）；米特-奈 Mitnai（越）；拉库赤 Lakooch（马）。

【树木及分布】

　　大乔木，高可达 20m，直径 0.8m；分布印度、缅甸、泰国、越南至马来西亚等。

【木材构造】

宏观特征

　　木材散孔。心材新鲜时黄褐色，久则呈深褐色。边材灰白色。生长轮略明显或不明显。管孔放大镜下明显；数少；大小中等；散生；侵填体丰富；具白色沉积物，纵面呈白线。轴向薄壁组织主为翼状，稀为聚翼状，偶呈傍管带状。木射线放大镜下可见；稀至中；略宽。波痕及胞间道缺如。

微观特征

　　导管横切面卵圆形，单管孔，少数径列复管孔（2～3 个）；散生；1～5 个/mm²；最大弦径 220μm，平均 152μm；导管分子长 355μm；具侵填体，螺纹加厚缺如。管间纹孔式互列，多角形。穿孔板单一，略倾斜。导管与射线间纹孔式大圆形，少数刻痕状。轴向薄壁组织主为翼状，少数聚翼状；树胶稀少；晶体未见。木纤维壁薄；直径 16μm，长 1270μm；具缘纹孔略明显；具分隔木纤维。木射线 4～6 根/mm；非叠生。单列射线略少，高 1～8 细胞。多列射线宽 2～7（多数 5～6）细胞，2～3 列部分常与单列部分近等宽；高 7～35（多数 15～25）细胞。射线组织异形 II 型；具鞘细胞；直立或方形射线细胞比横卧射线细胞高或高得多；射线细胞多列部分多为卵圆形，具多角形轮廓。部分细胞含树胶，晶体未见。乳汁管未见。胞间道缺如。

　　材料：W20358（泰）。

【木材性质】

　　木材具光泽；无特殊气味和滋味；纹理直至略斜；结构细而匀。木材重量中等；强度高。木材干燥不难；耐腐，未见白蚁危害，能抗船蛆。木材锯、刨等机械加工不难，切面美观。

【木材用途】

供建筑如柱子、梁、椽子；交通运输如造船、浆、独木舟；有时供制家具等。

榕属 *Ficus* L.

约1000种；分布于热带及亚热带地区。

变异榕 *F. variegata* Bl.
（彩版15.3；图版69.4~6）

【商品材名称】

阿拉 Ara(马)；阿拉 Arah，卡又-阿拉 Kayu ara(沙)；坦吉桑-巴摇阿克 Tangisang bayauak(菲)；菲格 Fig(巴新)。

【树木及分布】

大乔木，树干通直；分布菲律宾、马来西亚、巴布亚新几内亚等地。

【木材构造】

宏观特征

木材散孔。心材黄白或灰白色；与边材区别不明显。边材色浅。生长轮不明显。管孔肉眼下略见；数少；大小中等；散生；侵填体可见。轴向薄壁组织肉眼下略明显，带状。木射线肉眼可见，稀至中；窄至略宽。波痕及胞间道未见。

微观特征

导管横切面圆形及卵圆形；单管孔，少数径列复管孔(2~3个)，偶见管孔团；散生；1~4个/mm²；最大弦径325μm；平均217μm；导管分子长520μm；侵填体可见；螺纹加厚缺如。管间纹孔式互列，多角形，穿孔板单一，略倾斜。导管与射线间纹孔式刻痕状及大圆形。轴向薄壁组织丰富；局部叠生。傍管带状(宽2~6细胞)，环管束状，环管状；树胶未见；菱形晶体可见。木纤维壁薄；直径34μm；长1280μm；具缘纹孔略明显。木射线5~7根/mm；非叠生。单列射线高1~14(多数5~8)细胞。多列射线宽2~7(多数4~6)细胞；高8~62(多数20~40)细胞，同一射线偶见2次多列部分。射线组织异形Ⅱ型，稀Ⅰ型。直立或方形射线细胞比横卧射线细胞高得多；鞘细胞可见；射线细胞多列部分常为多角形。乳汁管常见。胞间道未见。

材料：W18961(巴新)。

木材性质

木材具光泽；无特殊气味和滋味；纹理直；结构中，略均匀。木材轻(气干密度0.37g/cm³)；强度甚低。木材干燥容易；不耐腐，易受干木白蚁危害和虫蛀。木材不易刨光；钉钉容易，不劈裂。

【木材用途】

胶合板芯板、包装箱盒、木屐、浮子等。

臭桑属 *Parartocarpus* Baill.

2 种；分布泰国、马来西亚到所罗门群岛。

臭 桑 *P. venenosus*(Zoll. et Mor.) Becc
(*P. triandra* J. J. Smith.)
(彩版 15.4；图版 70.1 ~ 3)

【商品材名称】

铁拉普 Terap(马)；阿拉-贝芮-帕亚 Ara berteh paya(马)；铁拉普-胡丹 Terap hutan (沙)。

【树木及分布】

乔木，直径可达 0.6m 或以上，树形良好；树干弄伤后渗出的乳液可用于箭头的毒药。分布马来西亚、印度尼西亚、巴布亚新几内亚等。

【木材构造】

宏观特征

木材散孔。心材黄色至浅黄褐；与边材区别不明显。边材色浅，黄色。生长轮不明显。管孔在肉眼下略见；数甚少；略大；散生；具侵填体。轴向薄壁组织肉眼可见；聚翼状及翼状。木射线放大镜下明显；稀至中；窄。波痕及胞间道未见。

微观特征

导管横切面卵圆形，略具多角形轮廓；单管孔，少数径列复管孔(2~3 个)；散生；1~2 个/mm^2；最大弦径 365μm；平均 213μm；导管分子长 450μm，具硬化侵填体；螺纹加厚缺如。管间纹孔互列，卵圆形及椭圆形。穿孔板单一，略倾斜。导管与射线间纹孔式大圆形，少数刻痕状。轴向薄壁组织丰富；聚翼状，翼状；树胶常不见；具晶体。木纤维壁薄；直径 26μm；长 1470μm；具缘纹孔略明显。木射线4~6 根/mm；非叠生。单列射线甚少，高 2~10 细胞。多列射线宽 2~4 细胞；高 5~25(多为 10~20)细胞。射线组织同形单列及多列。射线细胞多列部分多为卵圆形；树胶稀少；晶体未见。乳汁管常见。胞间道未见。

材料：W18940(巴新)。

【木材性质】

木材具光泽；无特殊气味和滋味；纹理直或略斜；结构中至略粗，略均匀。木材重量中(气干密度 0.57~0.67g/cm^3)；干缩小，干缩率从生材至气干径向 2%；弦向 4.4%；强度低。

木材干燥稍慢，40mm 厚板材气干需 5 个月。干燥稍有开裂和变形。不耐腐，边材易变色，防腐处理容易。木材加工不难，锯时有起毛倾向。

产　地	密　度(g/cm³)		顺纹抗压强度	抗弯强度	抗弯弹性模量	顺纹抗剪强度
	基　本	气　干				径　弦
			MPa	MPa	MPa	MPa
马来西亚	0.47	0.595	34.8 (41.6)	68 (76)	12000 (12000)	9.2 (11.1)

【木材用途】

可用于制作百叶窗、板条箱、胶合板芯板。未经防腐处理通常不宜作暴露在外面部件。

鹊肾树属 *Streblus* Lour.

约22种；分布印度及马来半岛地区。

长叶鹊肾树 *S. elongatus* (Miq.) Corner
(*Sloetia elongata* Koord.)
(彩版15.5；图版70.4~6)

【商品材名称】

铁姆皮尼斯 Tempinis(马，印，泰)。

【树木及分布】

大乔木，高可达33m，材身常有凹槽，没有板根；分布马来西亚、泰国、印度尼西亚等。

【木材构造】

宏观特征

木材散孔。心材新切面红褐色，久则转深，呈暗褐或巧克力褐色；与边材区别明显。边材浅黄褐色。生长轮不明显。管孔放大镜下明显，少至略少；大小中等；散生或略呈斜列；侵填体丰富，沉积物普遍。轴向薄壁组织放大镜下明显；翼状及聚翼状。木射线放大镜下明显；稀至中；窄。波痕及胞间道缺如。

微观特征

导管横切面卵圆形；单管孔，少数径列复管孔(2~3个)，偶见管孔团；散生或略呈斜列；4~9个/mm²；最大弦径145μm，平均109μm；导管分子长310μm；具侵填体；螺纹加厚缺如。管间纹孔式互列，密，多角形。穿孔板单一，平行或略倾斜。导管与射线间纹孔式刻痕状及大圆形。轴向薄壁组织翼状，聚翼状；薄壁细胞含少量树胶；分室含晶细胞偶见。木纤维壁甚厚；直径12μm；长1110μm；具单纹孔；分隔木纤维偶见。木射线4~7根/mm；非叠生。单列射线甚少，高2~5细胞。多列射线宽2~4(多数3)细胞；高5~60(多数12~35)细胞。同一射线有时出现两次多列部分。射线组织异形III型，稀II型或异形多列。直立或方形射线细胞比横卧射线细胞高；射线细胞多列部分多为卵圆形；部分细胞含树胶；晶体未见。胞间道缺如。

材料：W20659（马）；W14144（印）。

注：P. K. Balan Menon：射线组织异形 II 型，具乳汁管。

【木材性质】

木材具光泽；无特殊气味和滋味；纹理交错；结构细而匀。木材甚重（气干密度 $0.915 \sim 1.03 \mathrm{g/cm^3}$）；硬；干缩甚小，干缩率从生材至气干径向 0.8%，弦向 1.0%；强度甚高。

产　　地	密　度（g/cm³）		顺纹抗压强度	抗弯强度	抗弯弹性模量	顺纹抗剪强度	
	基　本	气　干	MPa	MPa	MPa	径	弦
						MPa	
马来西亚	0.81	0.975	89.6 (91.1)	—	—	18.7 (20.5)	

木材干燥稍快，40mm 厚板材气干需 3.5 个月；干燥性能良好，几无缺陷；很耐腐。木材锯、刨困难，但刨面光滑；钉钉时易劈。

【木材用途】

宜用于需要强度大和耐久之处；如桥梁、码头，亦适宜作拼花地板、重载地板、枕木、电杆等。

桃金娘科
Myrtaceae Juss.

约 100 属，3000 种；分布于热带地区，主产美洲和大洋洲。中国原产 8 属，89 种，引种栽培有 8 属，73 种，共 162 种。

桉属 *Eucalyptus* L'Herit

600 种以上，多集中澳大利亚及其附近岛屿，为当地森林的主要成分。很多木材材质优良，被热带地区国家引种栽培。

白 桉 *E. alba* Reinw. ex Blume
（彩版 15.6；图版 71.1~3）

【商品材名称】

安姆普普 Ampupu（印）；胶树 Gum（巴新）；胶白杨树 Poplar gum（大洋洲）。

【树木及分布】

乔木，高 6~20m，直径 0.3~0.7m；分布大洋洲北部、巴布亚新几内亚、爪哇、渧汶岛及其附近岛屿，从海平面至海拔 500m 左右的地带。在斐济、马来西亚和斯里兰卡已引种成功。

【木材构造】

宏观特征

木材散孔。心材红褐色。边材色浅，近白色。生长轮不明显。管孔在横切面肉眼可见；少至略少；大小中等；散生；侵填体丰富。轴向薄壁组织放大镜下可见，环管状，星散-聚合状。木射线在放大镜下可见；比管孔小；略密至密。甚窄至窄。波痕及胞间道未见。

微观特征

导管横切面卵圆形，少数椭圆形和圆形；单管孔；散生；3~8 个/mm²；最大弦径 170μm，平均 120μm；导管分子长 400μm；侵填体丰富；部分含树胶；螺纹加厚未见。管间纹孔式互列，椭圆形，系附物纹孔。穿孔板单一，平行或略倾斜。导管与射线间纹孔式为大圆形。环管管胞常见，位于导管周围；径壁具缘纹孔明显，1~2 列，圆形。轴向薄壁组织量多；星散-聚合，不规则单列带状，环管状（与环管管胞一起）及星散状；薄壁细胞内多含树胶，晶体未见。纤维管胞壁薄至厚；直径 17μm；长 1020μm；具缘纹孔明显。木射线10~15 根/mm；非叠生。单列射线高 1~12 细胞。多列射线宽 2~3 细胞；高 5~20（多数 7~12）细胞，同一射线有时出现 2~3 次多列部分。射线组织同形单列及多列。射线细胞多列部分多为卵圆形；大部分细胞内含树胶；晶体未见。胞间道未见。

材料：W14097（印）。

【木材性质】

产　　　地	密　度(g/cm³)		顺纹抗压强度	抗弯强度	抗弯弹性模量	顺纹抗剪强度	
	基　本	气　干				径	弦
			MPa	MPa	MPa	MPa	
印度尼西亚	0.63	:61.3% (0.769)	53.9 (62.6)	78.6 (113.6)	10686 (15.13)	5.8，6.3 (15.7，17.1)	

木材具光泽；无特殊气味和滋味；纹理交错；结构细而匀。木材重量重；质硬；干缩中；强度高。

木材干燥宜小心，干后尺寸稳定。很耐腐，抗蚁性能相当好；边材防腐处理容易，心材稍差。由于木材有较高的韧性，用手工加工困难，刨时刨刀宜锋利，否则易产生戗茬而不平；钉钉不易，打孔后握钉性能良好。

【木材用途】

用于重型建筑、地板、造船、车底板、运动器械、农业机械、枕木、桩木、矿柱、工具柄、雕刻等。

树皮含单宁 30%~32%。

剥皮桉 E. deglupta Bl.
（彩版 15.7；图版 71.4~6）

【商品材名称】

雷达 Leda(印)；巴格拉斯 Bagras，巴尼卡格 Banikag(菲)；油卡里普吐斯 Eucalyptus(马);棉兰老-树胶 Mindanao gum(澳大利亚);扩摩 Komo,卡麻芮芮 Kamarere(巴新);第格卢普塔 Deglupta(斐济)。

【树木及分布】

大乔木,树干通直,是世界上生长最快树种之一,最高可达 70m,胸径 0.5~2.5m以上;产菲律宾和太平洋西部诸岛,现广泛栽种到世界热带地区。

【木材构造】

宏观特征

木材散孔。心材浅红色,浅褐至红褐色;与边材界限不明显。边材近白色,宽 2~4cm。生长轮不明显。管孔在横切面上肉眼可见;少至略少;大小中等;单管孔,斜列或散生;侵填体可见。轴向薄壁组织放大镜下可见,环管状。木射线放大镜下可见;略密至密;甚窄。波痕及胞间道未见。

微观特征

导管横切面卵圆形及圆形;单管孔;斜列;3~11 个/mm²;最大弦径 215μm;平均 146μm;导管分子长 540μm;具侵填体;螺纹加厚未见。管间纹孔式互列,多角形,系附物纹孔。穿孔板单一,平行或略倾斜。导管与射线间纹孔式大圆形。环管管胞量多;径壁具缘纹孔明显;形状及大小类似管间纹孔式,常 1~3 列。轴向薄壁组织为环管状,环管束状(与环管管胞一起),星散及星散-聚合状;分室含晶细胞常见,内含菱形晶体可达 8 个或以上;树胶未见。纤维管胞壁薄;直径 20μm;长 1040μm;具缘纹孔径、弦两面均可见。木射线 12~14 根/mm;非叠生。单列射线(少数成对或 2 列)高1~19(多数 5~13)细胞。射线组织同形单列或同形单列及多列。少数射线细胞含树胶;晶体未见。胞间道未见。

注:Peter J. Eddowes(1977):具轴向胞间道。

材料:W14143(印)。

【木材性质】

木材具光泽;无特殊气味和滋味;纹理常交错,径面产生带状花纹;结构细而匀,木材轻至中;干缩大,干缩率从生材至含水率 12% 时径向 2%,弦向 5.7%;强度低。

产　　地	密　度(g/cm³)		顺纹抗压强度	抗弯强度	抗弯弹性模量	顺纹抗剪强度	
						径　弦	
	基　本	气　干	MPa	MPa	MPa	MPa	
马来西亚	0.40	0.46	24.7 (36.7)	49.8 (67)	7500 (8900)	7.3 (9.0)	
巴布亚新几内亚	0.54	0.69:12%					

干燥宜小心,否则会产生皱缩或翘曲。木材略耐腐,抗菌能力中等,但易受白蚁和海生钻木动物危害;防腐剂处理边材容易,心材稍难。木材加工容易,切面光滑;油漆、胶粘、染色性能良好。

【木材用途】

木材用于建筑、室内装修、车辆、造船、家具、细木工、农业机械、胶合板或微薄木、刨花板、纸浆、包装箱盒、酿造用木桶、木模、车工制品、工具柄等。

如果用来生产纸浆，树木生长 6 ~ 7 年即可采伐；用作制材或圆木在适宜条件下 10 ~ 15 年即可。

番樱桃属 *Eugenia* L.

常绿乔木或灌木；约 1000 种；分布热带地区，尤以热带美洲最多；根据分类学家最近统计，本属仅马来半岛就有 200 种。本属与蒲桃属 *Syzygium* 不同之处为花单生或数朵簇生；种子的种皮包围着胚体，非如蒲桃的胚体裸露，而种皮则与果皮的内壁粘合。

本属常见商品材树种有：番樱桃 *E. cumini* Druce，铜色番樱桃 *E. cuprea* K. et V.，长花番樱桃 *E. longiflora* F. Vil，多花番樱桃 *E. polyantha* Wight，盖番樱桃 *E. operculata* Roxb.，亮番樱桃 *E. hemilampra* F. V. M.，古斯塔番樱桃 *E. gustavioides* F. M. Bail.，墨番樱桃 *E. jambolana* Lam. 等。

中国引种有红果子 *E. uniflora* L.，吕宋番樱桃 *E. aherniana* C. B. Rob. 2 种。

多花番樱桃 *E. polyantha* Wight
（彩版 15.8；图版 72.1 ~ 3）

【商品材名称】

萨烈姆 Salam（印）；克拉特 Kelat（马，本类木材通称）；欧巴 Obah（沙），乌巴 Ubah（沙捞，本类木材通称）。

【树木及分布】

乔木，直径达 0.6m；分布马来西亚、印度尼西亚等地。

【木材构造】

宏观特征

木材散孔。心材灰褐至红褐色，与边材区别不明显。边材色稍浅。生长轮不明显。管孔横切面肉眼下略见；略少；大小中等；单管孔，少数 2 ~ 3 个径列复管孔；散生；具沉积物及少量侵填体。轴向薄壁组织在放大镜下湿切面上可见；环管状。木射线在放大镜下可见；密；甚窄至窄。波痕及胞间道未见。

微观特征

导管横切面为卵圆形及少数椭圆形，略具多角形轮廓；单管孔，少数径列复管孔（2 ~ 3 个），偶见管孔团；散生；10 ~ 20 个/mm²；最大弦径 165μm，平均 110μm；导管分子长 700μm；侵填体未见；螺纹加厚缺如。管间纹孔式互列，多角形，系附物纹孔。穿孔板单一，略倾斜。导管与射线间纹孔式大圆形，少数刻痕状。轴向薄壁组织为翼状及聚翼状，稀星散状；少数细胞内含树胶；晶体未见。木纤维壁薄；直径 20μm；长 1510μm；纹孔略具狭缘。木射线 14 ~ 18 根/mm；非叠生。单列射线高 1 ~ 21（多数 6 ~ 14）细胞。多列射线宽 2 ~ 4 细胞；高 8 ~ 60（多数 15 ~ 35）细胞，同一射线有时出现两次多列部分。射线组织异形 II 型。直立或方形射线细胞比横卧射线细胞高或高得多；

多列射线细胞多为卵圆形及圆形。射线细胞内含树胶；晶体未见，**胞间道未见。**

材料：W14120（印）。

注：E. koodersiana King 有资料记载具径向胞间道，而且相当大，肉眼可见。

【木材性质】

木材光泽弱；无特殊气味和滋味；纹理斜至交错；结构细，均匀。木材重量中等；干缩甚大，干缩率径向 4.9%，弦向 8.3%；强度低至中。

产　　地	密　度(g/cm^3)		顺纹抗压强度	抗弯强度	抗弯弹性模量	顺纹抗剪强度
						径　弦
	基　本	气　干	MPa	MPa	MPa	MPa
印度尼西亚		0.67:14.2% (0.768)	42.0 (43.8)	94.4 (95.2)	11372 (10.91)	5.7~6.5 (6.3~7.2)

木材干燥宜缓慢，以防端裂。耐腐性能中等。木材锯、刨等加工容易，切面光滑；旋切性能良好。

【木材用途】

木材可供建筑如梁、柱、椽子、搁栅、地板等。车辆、船板、枕木、农业机械等。树皮含单宁可供栲胶原料。

白千层属 *Melaleuca* L.

约 100 种；分布在大洋洲，不少地方引种栽培。中国引种有白千层 *M. leucadendron* L. 等 3 种。

白千层 *M. leucadendron* L.
（彩版 15.9；图版 72.4~6）

【商品材名称】

格烈姆 Gelam（马，印）；宽叶茶树 Broad leaved Tea tree（商业通称）；卡又普铁 Kayu puteh（印）；尼奥里 Niaouli（新喀里多尼亚岛）；褐-特娃-树 Brown tra-tree，纸皮树 paper bark（大洋洲）；卡耶普特 Cajeput（美国）；斯麻赤-蝉路斯 Smach chanlus（柬）；茶-树 Tea-tree（巴新）；特然姆 Tram（越）。

【树木及分布】

乔木，高 15~30m，直径 0.3~1.5m；广泛分布从大洋洲东部至缅甸，包括新喀里多尼亚岛及热带和亚热带许多地方都有栽培。

【木材构造】

宏观特征

木材散孔。心材红褐色，与边材界限常不明显。边材灰褐色。生长轮不明显。**管孔**在放大镜下略明显；略少至略多；大小中等，略一致；分布欠均匀，散生或斜列；侵填体未见。轴向薄壁组织放大镜下可见；环管状。木射线放大镜下略见；密；甚窄。**波痕**

及胞间道缺如。

微观特征

导管横切面卵圆形或圆形，单管孔，偶见径列复管孔（2个）；斜列或散生；12～23个/mm²；最大弦径165μm或以上，平均129μm；导管分子长510μm；侵填体未见；螺纹加厚缺如。管间纹孔式互列，圆形或卵圆形，略具多角形轮廓，系附物纹孔。穿孔板单一，略倾斜。导管与射线间纹孔式大圆形及刻痕状。环管管胞数多，位于导管周围，具缘纹孔明显，形似管间纹孔式，常2～3列。轴向薄壁组织为环管状，环管束状（与环管管胞）一起，有时侧向伸展，星散状及不规则短带状。少数细胞含树胶；晶体未见。纤维管胞胞壁薄至厚，直径18μm；长1010μm；具缘纹孔在径、弦两壁上均数多而明显。木射线14～18根/mm；非叠生。单列射线（稀成对或2列）高1～25（多为10～15）细胞。射线组织异形单列或异形Ⅲ型。方形射线细胞比横卧射线细胞略高。射线细胞内含树胶；晶体未见。胞间道缺如。

材料：W13214（印）。

【木材性质】

产　　地	密　度(g/cm³)		顺纹抗压强度	抗弯强度	抗弯弹性模量	顺纹抗剪强度	
						径	弦
	基　本	气　干	MPa	MPa	MPa	MPa	
越　　南		0.80∶12%	70.6	127.4	12941	—	
中国广西		0.64∶15%	—	—	—	—	
巴布亚新几内亚	0.66	0.77∶12%					

木材具光泽；无特殊气味和滋味；纹理斜；结构甚细，均匀。木材重量中至重；干缩中等（体积干缩系数0.490%）；强度高。

木材干燥有翘裂倾向，因此干燥要注意。在陆地上或水中都耐腐；处理困难；能抗白蚁和海水浸泡，易钝锯；由于纹理交错，刨、打榫较困难；胶粘、油漆性能良好。

【木材用途】

木材用于重型结构、桥梁、码头；枕木、矿柱、家具及食品包装箱等。

树形美观，树皮别致，为优良的行道树树种。

铁心木属 *Metrosideros* Banks ex Gaertn.

60种；分布于非洲南部、马来西亚东部、澳大利亚、新西兰及波利尼西亚。常见商品材树种有：铁心木 *M. petiolata* K. et V.，微拉铁心木 *M. vera* Roxb，大叶铁心木 *M. robusta* A. Cunn.，毛铁心木 *M. tomentosa* A. Rich 等。

铁心木 *M. petiolata* K. et V.
（彩版16.1；图版73.1～3）

【商品材名称】

拉拉 Lara，卡又拉拉 Kaju lara（印）。

【树木及分布】

  乔木,为印度尼西亚常见商品材之一;分布于印度尼西亚的西里伯斯岛及摩鹿加岛。

【木材构造】

  宏观特征

  木材散孔。心材紫红或巧克力色;与边材区别明显。边材灰褐色。生长轮不明显。管孔放大镜下可见;略少至略多;大小中等,略一致;分布欠均匀;散生或斜列,具侵填体和白色沉积物。轴向薄壁组织放大镜下可见;环管状。木射线放大镜下可见;略密至密;甚窄。波痕及胞间道未见。

  微观特征

  导管横切面卵圆形;单管孔,斜列或散生;14~23 个/mm^2;最大弦径 135μm 或以上;平均 110 μm;导管分子长 590 μm;螺纹加厚未见。管间纹孔式互列,近圆形。系附物纹孔。穿孔板单一,略倾斜。导管与射线间纹孔式主为大圆形,少数刻痕状。**维管管胞**可见;径壁具缘纹孔明显,常 2~3 列。**轴向薄壁组织**主为星散状,少数星散-聚合,环管状(有时侧向伸展)及不规则短带状;部分细胞含树胶;晶体未见。**纤维管胞**胞壁甚厚;直径 20μm;长 1250μm;具缘纹孔,径、弦两面均可见,弦面比径面多,近圆形。木射线10~14 根/mm;非叠生。单列射线高 1~30(多为 10~20)细胞。多列射线稀少,宽 2 细胞;高略同单列射线。射线组织异形单列,稀异Ⅲ型。方形射线细胞比横卧射线细胞略高;射线细胞内含大量树胶;晶体未见。**胞间道缺如。**

  材料:W14141(印)。

【木材性质】

  木材光泽强;无特殊气味和滋味;纹理交错;结构甚细,均匀。木材甚重(气干密度 0.98~1.23 g/cm^3,平均 1.15 g/cm^3),强度及硬度很高。很耐腐。

产 地	密 度(g/cm^3)		顺纹抗压强度	抗弯强度	抗弯弹性模量	顺纹抗剪强度	
	基 本	含水率	MPa	MPa	MPa	径	弦
						MPa	
印度尼西亚		1.17: 16.9% (1.355)	79.22 (94.3)	138.14 (154.8)	17060 (17040)	11.96~12.65 (14.4~15.2)	

【木材用途】

  木材宜用于重型结构,桥梁、码头、地板、枕木、电杆、造船如龙骨、龙筋、肋骨等。

红胶木属 *Tristania* R. Br.

  50 种;分布马来西亚、昆士兰岛、新喀里多尼亚、斐济等。主要商品材树种有:红胶木 *T. conferta* R. Br.,月桂红胶木 *T. laurina* R. Br.,曼氏红胶木 *T. maingayi* Duthie,莫昆红胶木 *T. merguensis* Griff,香味红胶木 *T. suaveolens* Sm.,耳形红胶木

T. subauriculata King 等。

红胶木 *T. conferta* R. Br.
(彩版 16.2；图版 73.4 ~ 6)

【商品材名称】

佩拉万 Pelawan(印)；塞棱苏 Selunsur(沙捞)；刷箱 Brush box(大洋洲)。

【树木及分布】

乔木，高 24 ~ 42m；直径 0.5 ~ 1m，有较少的板根；原产大洋洲新南威尔士和昆士兰，在夏威夷和马拉加斯栽种生长良好，现不少热带地区有栽培。

【木材构造】

宏观特征

木材散孔。心材浅红褐色，久露大气中转灰；与边材界限略明显。生长轮略可得见，外部管孔较少。管孔在横切面肉眼下略见；略少至略多；略小至中；主为单管孔；散生；侵填体丰富。轴向薄壁组织环管状。木射线放大镜下可见，比管孔小；略密至密；甚窄。波痕及胞间道未见。

微观特征

导管横切面为卵圆形；单管孔，稀径列复管孔(2 个)，散生；16 ~ 27 个/mm²；最大弦径 130μm；平均 96μm；导管分子长 490μm；具侵填体；螺纹加厚未见。管间纹孔式稀少，互列，圆形，系附物纹孔。穿孔板单一，略倾斜。导管与射线间纹孔式大圆形，刻痕状偶见。环管管胞可见；位于导管旁，径壁具缘纹孔明显，互列，圆形，常 2 ~ 3 列。轴向薄壁组织量少，主为环管状，少数星散状，偶见星散 – 聚合；薄壁细胞内含少量树胶；晶体未见。纤维管胞壁厚，少数薄；直径 21μm；长 1050μm；具缘纹孔明显，圆形。木射线 13 ~ 17 根/mm；非叠生。单列射线(稀成对或 2 列)高 1 ~ 38(多为 8 ~ 18)细胞。射线组织为同形单列，稀为同形单列及多列与异 Ⅲ 型。方形射线细胞可见，与横卧细胞等高或略高。部分细胞内含树胶；晶体未见。胞间道缺如。

材料：W14184(印)。

【木材性质】

木材具光泽；无特殊气味和滋味；纹理斜至略交错；结构细而匀。木材重(气干密度 0.91 g/cm³)，干缩甚大，干缩率生材至炉干径向 5.5%；弦向 10.9%；强度高。

产　地	密　度(g/cm³)		顺纹抗压强度	抗弯强度	抗弯弹性模量	顺纹抗剪强度	
	基　本	气　干				径	弦
			MPa	MPa	MPa	MPa	
印度尼西亚	0.69	67.6% (0.844)	35.5 (69.4)	72.2 (125.6)	12157 (16.75)	5.6 ~ 7.6 (15.5)	

木材干燥有翘曲倾向，气干至含水率 30% 后进行窑干较好，干后在湿度变化大的条件下，尺寸稳定性差。能抗白蚁和海中钻木动物危害。防腐处理边材易渗透，心材则很差。原产地木材硬，加工时工具易磨损；由于纹理交错，刨时刀要锋利，角度要小，

可防蚀蛀，能获得好的切面；钉钉较困难。

【木材用途】

木材用于建筑、地板、造船、车辆、运动器材、农业机械、矿柱、枕木、电杆等。通常多用于承重材料及码头修建。

蓝果树科
Nyssaceae Dum.

乔木，3 属，约 12 种；分布北美洲和亚洲。中国 3 属：旱莲属 *Camptotheca*，珙桐属 *Davidia*，蓝果树属 *Nyssa* 均产。

蓝果树属 *Nyssa* L.

10 种；产于北美洲和亚洲。产美洲主要商品材树种为：水生蓝果树 *N. aquatica* L.，奥格蓝果树 *N. ogeche* Bartr.，林生蓝果树 *N. sylvatica* Marsh.，二花蓝果树 *N. sylvatica* var. *biiflora* Sary；亚洲主要商品材树种为：蓝果树 *N. sinensis* Oliv. 和华南蓝果树 *N. javanica*（Bl.）Wang. 等。

华南蓝果树 *N. javanica*（Bl.）Wang.（*N. sessiliflora* Hook. f. et Thoms）
（彩版 16.3；图版 74.1~3）

【商品材名称】

吉隆 Kirung（印）；卡雷 Kalay，其劳尼 Chilauni（印度）；库恩-卡克 Khueng khak，抗-扩克 Khang khok（泰）。

【树木及分布】

乔木，高可达 40m；树皮黑灰色，光滑或浅裂；分布印度尼西亚、马来半岛、越南、老挝、泰国、缅甸、印度及中国西南部。

【木材构造】

宏观特征

木材散孔。心材浅黄色，与边材区别不明显。边材色浅。生长轮略明显，轮间介以深色（管孔较少）带。管孔放大镜下略明显；略少；大小中等，颇一致；分布略均匀；散生；侵填体未见。轴向薄壁组织不见。木射线放大镜下略明显；略密；甚窄至窄。波痕及胞间道缺如。

微观特征

导管横切面椭圆形及卵圆形，具多角形轮廓；单管孔及径列复管孔（2~3 个），少数管孔团及管孔链；散生；9~20 个/mm^2；最大弦径 148μm，平均 107μm；导管分子长 1600μm；侵填体及螺纹加厚未见。管间纹孔式对列，横向椭圆形。复穿孔板，梯状，具分枝。导管与射线间纹孔式类似管间纹孔式。轴向薄壁组织甚少；星散状；薄壁细胞含少量树胶；晶体丰富，分室含晶细胞可达 40 个或以上。**木纤维壁薄**；直径 33μm；长 2700μm；径壁具缘纹孔明显，圆形。木射线10 ~ 14 根/mm；非叠生。单列射线高 2 ~ 23（多为 5 ~ 15）细胞。多列射线宽 2 ~ 4（多 2 ~ 3）细胞，有时多列部分与单列近等宽；高 7 ~ 62（多为 15 ~ 40）细胞，同一射线有时出现 2 ~ 4 次多列部分。射线组织异形 Ⅰ 及 Ⅱ 型。直立或方形射线细胞比横卧射线细胞略高或高得多；射线细胞多列部分多为椭圆形；含少量树胶；晶体未见。**胞间道缺如。**

　　材料：W13152，W14113（印）。

【木材性质】

　　木材具光泽；无特殊气味和滋味；纹理斜或略交错；结构细而匀。木材重量（密度含水率12% 时 0.62 g/cm³）、硬度及强度中等。

产　　地	密　度(g/cm³)		顺纹抗压强度	抗弯强度	抗弯弹性模量	顺纹抗剪强度	
						径	弦
	基　本	气　干	MPa	MPa	MPa	MPa	
印度尼西亚		0.63: 13.9% (0.722)	48.92 (50.2)	71.18 (70.9)	11570 (11.05)	6.76 ~ 7.25 (7.4 ~ 8.0)	

　　干燥不难，易产生翘曲。天然耐腐性差，易发生蓝变和虫害。锯、刨加工容易，刨面光亮；旋切性能良好；劈开容易；握钉力中等，不劈裂。

【木材用途】

　　木材旋切单板、胶合板、家具、包装箱盒，尤其适宜作茶叶及食品包装；可用于建筑及室内装修等。

铁青树科
Olacaceae Juss.

　　乔木或灌木，25 属，250 种；分布于两半球热带及亚热带地区。中国有 5 属，8 种，产秦岭以南各地区。

皮塔林属 *Ochanostachys* Mast.

　　仅 1 种，产马来西亚。

皮塔林木 *O. amentacea* Mast.
（图版 74.4 ~ 6）

【商品材名称】

　　皮塔林 Petaling（马）；坦嘎尔 Tanggal（沙）；皮提克尔 Petikal（沙捞）；吐姆帮阿苏 Tumbung asu（印）。

【树木及分布】

乔木，直径可达 0.4 m，通常较小；分布同属。

【木材构造】

宏观特征

木材散孔。心材红褐或紫红褐；与边材区别略明显。边材深黄褐或浅红褐。生长轮放大镜下略见。管孔在放大镜下明显，单管孔及径列复管孔，数略多；大小中等；径列。轴向薄壁组织放大镜下可见，星散-聚合状。木射线放大镜下可见，密；窄。波痕缺如。胞间道未见。

微观特征

导管横切面卵圆形，少数椭圆形；主为径列复管孔(2~5 个，多为 2~3 个)，少数单管孔；径列。18~26 个/mm²，最大弦径 155μm，平均 118μm；导管分子长 1360 μm，侵填体偶见，螺纹加厚缺如。管间纹孔式互列，多为横向卵圆形，有时略具多角形轮廓。复穿孔板梯状，倾斜至甚倾斜。导管与射线间纹孔式大圆形，少数刻痕状。轴向薄壁组织星散-聚合状，稀呈单列短带状；具分室含晶细胞，菱形晶体可达 30 个或以上。木纤维壁甚厚，直径 28μm；长 2420μm；单纹孔或略具狭缘。木射线 16~20 根/mm；非叠生。单列射线甚少。多列射线宽 2~3 细胞，多列部分有时与单列近等宽，同一射线有时出现 2~4 次多列部分；高至许多细胞。射线组织异形 I 型。射线细胞多列部分多为卵圆形，大部分细胞含树胶；晶体未见。胞间道未见。

材料：W1053(马来西亚编号)。

【木材性质】

木材光泽弱；无特殊气味和滋味；纹理直至略交错；结构甚细，均匀。木材重而硬；木材干缩小至中，干缩率从生材至气干径向 1.6%~2.1%，弦向 3.0%~4.5%；强度高。

产　　地	密　度(g/cm³)		顺纹抗压强度	抗弯强度	抗弯弹性模量	顺纹抗剪强度	
	基　本	气　干				径	弦
			MPa	MPa	MPa	MPa	
马来西亚	0.73	0.915	56.1 (65.2)			9.8 (11.6)	

木材干燥很慢，15 mm 和 40 mm 厚板材气干分别需 6 个月和 9 个月。干燥无严重缺陷，仅有轻微瓦弯、弓弯和开裂。耐腐；防腐处理中等。木材锯、刨等加工容易，刨面光滑。

【木材用途】

适宜作桩、柱；房屋建筑，家具，地板条，馒灰合子，板条箱子等。

铁青木属 *Strombosia* Bl. ▬▬▬▬▬▬▬▬▬

17 种；产非洲及亚洲的印度、斯里兰卡、缅甸、马来西亚及菲律宾等。常见商品材树种：爪哇铁青木 *S. javanica* Bl.；泡状铁青木 *S. pustulata* Oliv.；圆叶铁青木 *S. rotundifolia* King；铁青木 *S. scheffleri* Engl；多花铁青木 *S. multiflora* King；菲律宾铁青木 *S. philippinensis*（Baill.）Rolfe 等。

菲律宾铁青木 *S. philippinensis*（Baill.）Rolfe
（彩版 16.4；图版 75.1～3）

【商品材名称】

塔麻园 Tamayuan，拉拉格 Larag，拉拉克 Larak，塔满胡盐 Tamanhuyan（菲）。

【树木及分布】

乔木，树干通直，高达 30 m，直径 0.6～0.7 m；从琉球群岛到棉兰老岛广大的菲律宾各地均有分布。

【木材构造】

宏观特征

木材散孔。心材褐色至巧克力褐色；与边材区别明显。边材浅黄色，很宽。生长轮不明显或明显。管孔放大镜下可见，数多；略小；径列。轴向薄壁组织放大镜下不见或略见。木射线在肉眼下不见，放大镜下可见；比管孔大或近似；密；窄至略宽。波痕及胞间道未见。

微观特征

导管横切面多角形；单管孔及径列复管孔（2～4 个），少数管孔链，偶见管孔团；径列；37～76 个/mm²；最大弦径 65μm；平均 60μm；导管分子长 1050μm；具侵填体；螺纹加厚未见。管间纹孔式梯状及对列。复穿孔板，梯状（横闩多为 10 个以上），倾斜。导管与射线间纹孔式为大圆形及刻痕状，轴向薄壁组织为星散状及星散-聚合状；少数薄壁细胞含树胶；菱形晶体未见。木纤维壁甚厚；直径 21μm；长 1970μm；纹孔不明显。木射线16～19 根/mm；非叠生。单列射线高 1～35（多为 8～15）细胞。多列射线宽 2～5 细胞；高 5 至许多细胞。射线组织异形 I 型；稀 II 型。直立或方形射线细胞比横卧射线细胞高或高得多；射线细胞多列部分多为椭圆形或圆形；部分细胞含树胶；菱形晶体普遍。胞间道未见。

材料：W18910（菲）。

【木材性质】

木材具光泽；无特殊气味和滋味；纹理直或略斜；结构甚细，均匀。木材重；强度及硬度大。

产　　　地	密　度(g/cm³)		顺纹抗压强度	抗弯强度	抗弯弹性模量	顺纹抗剪强度	
	基　　本	气　干	MPa	MPa	MPa	径	弦
						MPa	
菲律宾	0.74	0.78:12% (0.887)	65.8 (60.8)	120.6 (111)	13627 (12600)	15.2 (15.7)	

在干燥时，大木板有裂纹。心材耐腐。虽然木材重硬，但加工不困难，切面光滑。

【木材用途】

木材可做柱子及类似需要强度大和耐久的地方；可试作木梭和纱管；小材可用作拐杖。

蒜果木属 *Scorodocarpus* Becc.

仅1种；产马来西亚及印度尼西亚。

蒜果木 *S. borneensis* Becc.
（彩版 16.5；图版 75.4~6）

【商品材名称】

库里姆 Kulim（马，印）；巴旺-胡坦 Bawang hutan（文，马，沙，沙捞）；翁苏纳 Ungsunah（沙捞）；巴万 Bawan，卡西诺 Kasino，麻杜杜 Madudu，新杜克 Sinduk（印）。

【树木及分布】

中至大乔木，高可达 36 m，直径达 0.7 m；新切开的木材具很强大蒜气味，尤其是雨后切开部分为然。但暴露几天后即完全消失。在马来西亚，除玻璃布（Perlis）和骨兰丹北部（N. Kelantan）外，海拔 150 m 左右普遍生长，罕达 600 m 山坡上。印度尼西亚、文莱也产。

【木材构造】

宏观特征

木材散孔。心材紫褐色，久置大气中转呈深红褐色；与边材界限不明显。边材色浅。生长轮不明显，局部略见。管孔肉眼可见，单管孔及径列复管孔；略少；大小中等；散生或径列；侵填体丰富。轴向薄壁组织放大镜下隐约可见，呈浅色细弦线。木射线放大镜下可见，比管孔小；略密至密。甚窄至窄。波痕及胞间道缺如。

微观特征

导管横切面椭圆形及卵圆形，略具多角形轮廓；单管孔及径列复管孔（2~3个），稀管孔团；散生；8~17 个/mm²；最大弦径 190 μm；平均 132 μm；导管分子长 1470μm；具侵填体；螺纹加厚未见。管间纹孔式对列或过渡形，多为横向椭圆形。穿孔板单一，少数复穿孔梯状，略倾斜至倾斜。导管与射线间纹孔式为大圆形。轴向薄壁组织星散及星散-聚合；部分薄壁细胞含树胶，菱形晶体未见。木纤维壁甚厚；略呈径列，两射线中 1~4（通常 2~3）列；直径 26μm；长 2730μm；单纹孔；具螺纹加厚。木射线 13~15 根/mm；非叠生。单列射线高 8~22 细胞。多列射线宽 2~3 细胞；高 12~70 细胞或以上，同一射线内有时出现多次多列部分；多列部分有时与单列部分近等宽。射线组织异形 I 及 II 型。直立或方形射线细胞比横卧射线细胞高或高得多；射线细胞多列部分多为卵圆形；大部分射线细胞含树胶；晶体未见。胞间道未见。

材料：W13148，W14193，W15145（印）；W19475（马）。

【木材性质】

木材光泽弱；无特殊气味和滋味；纹理略斜至交错；结构细而匀。木材重；干缩小，干缩率从生材至气干径向 1.7% ，弦向 3.2% ；强度中至高。干燥稍快，40mm 厚板材气干需 4 个月。干燥性能良好，但太快可能发生径向劈裂。木材耐腐，抗蚁性能中等，有受粉蠹虫及天牛危害倾向，抗海生钻木动物性能良好；防腐处理边材容易，心材中等。木材加工干时锯、刨略难，但刨面光滑；旋切性能中等。

产　　地	密　度(g/cm³)		顺纹抗压强度	抗弯强度	抗弯弹性模量	顺纹抗剪强度	
	基　本	气　干				径	弦
			MPa	MPa	MPa	MPa	
道 马来西亚	道 0.66	道 0.815	57.0	107	14900	10.3	
			(64.5)	(115)	(14700)	(11.9)	

【木材用途】

木材适宜作重型结构、柱子、梁、搁栅、椽子、门、窗及铁路枕木、电杆和造船等。

山龙眼科
Proteaceae Juss.

62 属，约 1050 种；大部分分布于大洋洲及南非，少数产东亚和南美洲。常见商品材属有：银桦属 *Grevillea* ，卡地木属 *Cardwelllia* ，山龙眼属 *Helicia* ，假山龙眼属 *Heliciopsis* 等。

假山龙眼属 *Heliciopsis* Sleum.

7 种；分布东南亚及中国南部。

山地假山龙眼 *H. montana* Sleum.
(图版 76.1~3)

【商品材名称】

萨瓦卢卡 Sawa luka(马)。

【树木及分布】

中至大乔木；分布马来西亚等地。

【木材构造】

宏观特征

木材散孔。心材红褐色；与边材区别略明显或明显。边材灰黄褐色。生长轮不明显。管孔肉眼可见；数少；略大；弦列；侵填体未见。轴向薄壁组织肉眼下略见，带状。木射线分宽窄两类：窄者仅放大镜下略见；宽者肉眼下明显；稀；甚窄至甚宽。波痕及胞间道缺如。

微观特征

导管横切面圆形或卵圆形，略具多角形轮廓；单管孔及复管孔(2~5个，弦向，径向或斜向)，少数管孔团，常位于轴向薄壁组织带中，弦列。1~5个/mm²；最大弦径390μm，平均252μm；导管分子长678μm；侵填体及螺纹加厚未见。管间纹孔式互列，密集，多角形。穿孔板单一，略倾斜至倾斜。导管与射线间纹孔式类似管间纹孔式。**轴向薄壁组织较丰富**，带状(宽常2~7细胞)，背髓心方向弯曲；具少量树胶；晶体未见。木纤维壁薄，直径35μm，长1823μm；具缘纹孔数多，略明显。木射线1~3根/mm；非叠生。分宽窄两类：①窄射线为单列射线，高1~10(多为2~5)细胞。②宽射线(复合射线)，宽许多细胞；高至许多细胞。射线组织异形Ⅲ型。方形射线细胞比横卧射线细胞高。具鞘细胞。射线细胞含树胶；晶体未见。**胞间道未见**。

材料：W1369(马来西亚编号)。

【木材性质】

木材有光泽；无特殊气味和滋味；纹理直或略斜；结构粗，不均匀。木材轻、软，强度弱。木材干燥性能良好，有轻微端裂和面裂；木材不耐腐；锯、刨等加工容易，钉钉不劈裂。

【木材用途】

因具宽射线，具栎木花纹。因此适宜作装饰性单板(应使用弦锯板)；家具、室内装修、普通房架等。

鼠李科
Rhamnaceae Juss.

58属，900种；广布全世界。主要商品材属有：翼核木属 *Ventilago*，马甲子属 *Paliurus*，枣属 *Ziziphus*，鼠李属 *Rhamnus*，枳椇属 *Hovenia*，咀签属 *Gouania* 等。

枣 属 *Ziziphus* Mill.

约100种；分布热带和亚热带地区。中国有13种；产西南部至中部。枣 *Z. jujuba* Mill. 是著名果树，全国到处有栽培。

巴拉克枣 *Z. talanai*(Blornco) Merr.
(彩版 **16.6**；图版 **76.4~6**)

【商品材名称】

布拉卡特 Blakat(菲)。

【树木及分布】

大乔木，主干高12~18m；直径可达1.2m。在菲律宾，是最常见商品材之一，从吕宋岛至巴拉望和棉兰老岛都有分布。

【木材构造】

宏观特征

木材散孔。心材黄褐色微带红；与边材略可区别。边材很窄，浅黄褐色。生长轮不明显或略明显。管孔放大镜下可见；略少；大小中等；散生。轴向薄壁组织放大镜下可见，翼状及聚翼状。木射线放大镜下可见；略密至密；甚窄。波痕及胞间道缺如。

微观特征

导管横切面卵圆形，略具多角形轮廓；单管孔，少数径列复管孔（2～4个）及管孔团；散生；4～10个/mm²；最大弦径185μm，平均138μm；导管分子长670μm；侵填体未见；螺纹加厚未见。管间纹孔式互列，卵圆形。穿孔板单一，复穿孔梯状偶见，略倾斜至倾斜。导管与射线间纹孔式类似管间纹孔式。轴向薄壁组织为翼状，聚翼状及不规则傍管带状，稀星散状；薄壁细胞通常不含树胶；晶体未见；筛状纹孔式常见。纤维管胞壁薄至厚；直径18μm；长1290μm，具缘纹孔明显，圆形；1～2列。木射线12～15根/mm；非叠生。单列射线高1～52（多为8～30）细胞。射线组织异形单列。方形射线细胞比横卧射线细胞略高或近等高。射线细胞内含树胶；菱形晶体普遍。胞间道缺如。

材料：W18893（菲）。

【木材性质】

木材具光泽；无特殊气味和滋味；纹理直，偶呈波浪形；结构细而匀。木材重量中；硬度中等，端面硬度7660 N；强度中。

产　　地	密　度(g/cm³)		顺纹抗压强度	抗弯强度	抗弯弹性模量	顺纹抗剪强度	
	基　本	气　干				径	弦
			MPa	MPa	MPa	MPa	
菲律宾	0.56	0.58:12%	49.5	104	11800	12.9	
		(0.659)	(45.7)	(95.3)	(10900)	(13.3)	

木材干燥性能良好；不耐腐；机械加工性能优良。

【木材用途】

木材供一般建筑、家具、单板、胶合板、棒球棒等。

红树科
Rhizophoraceae R. Br.

16属，120种；广布于热带。主要商品材属有：异叶树属 *Anisophyllea*，木榄属 *Bruguiera*，竹节树属 *Carallia*，角果木属 *Ceriops*，风车果属 *Combretocarpus*，山红树属 *Pellacalyx*，红树属 *Rhizophora* 等。中国有6属，13种；产西南部至台湾。

异叶树属 *Anisophyllea* R. Br.

30 种；分布热带非洲及亚洲，1 种产美洲南部。亚洲常见商品材树种：无瓣异叶树 *A. apetala* Scort，似樟异叶树 *A. cinnamoides* Alston，大异叶树 *A. grandis* Benth.，格氏异叶树 *A. griffithii* Oliv. 等。

格氏异叶树 *A. griffithii* Oliv.
（图版 77.1~3）

【商品材名称】

德列克 Delek(马)；德列克-铁姆巴嘎 Delek tembaga，哈姆帕斯-达达 Hampas dadah (马)，梅尔塔麻 Mertama(沙捞)。

【树木及分布】

中等乔木；分布马来半岛、沙捞越等。

【木材构造】

宏观特征

木材散孔。心材红褐色至巧克力褐色；与边材区别不明显。边材色浅。生长轮缺如。管孔肉眼可见至略明显；数甚少至少；略大；散生；具深色树胶或白色沉积物。轴向薄壁组织肉眼下可见，带状，少数翼状。木射线分宽窄两类：①宽者肉眼下明显；②窄者放大镜下可见。稀至中；甚窄至宽。波痕及胞间道缺如。

微观特征

导管横切面卵圆形，少数椭圆形，略具多角形轮廓；单管孔，少数径列复管孔 (2~3 个)；散生，局部略呈弦列；0~4 个/mm²；最大弦径 295μm，平均 258μm；导管分子长 995μm。管间纹孔式很少见。穿孔板单一，平行至略倾斜。导管与射线间纹孔式类似管间纹孔式。轴向薄壁组织量多；带状(宽通常 2~5 细胞)，稀星散状，偶翼状；薄壁细胞内具菱形晶体。木纤维壁甚厚；直径 30μm，长 2850μm；具缘纹孔明显。木射线 4~8 根/mm；非叠生。分宽窄两类：①窄者多为单列射线；高 1~20 细胞。②宽射线宽 5~11(多为 6~8)细胞；高常超出切片范围。射线组织异形 II 型。直立或方形射线细胞比横卧射线细胞高或高得多。射线细胞多列部分多为椭圆形。细胞内含树胶及晶体。胞间道缺如。

材料：W7275(马来西亚编号)。

【木材性质】

木材具光泽；无特殊气味和滋味；纹理直或略斜；结构中至粗，不均匀。木材重至甚重；干缩甚大，干缩率从生材至气干径向 2.8%，弦向 7.1%；强度中。

木材干燥稍慢，25mm 厚板材从生材至气干需 4 个月，无严重缺陷，仅有轻微端裂。耐腐性能中等；防腐处理困难。木材锯、刨等加工不难，刨面光滑。

产　地	密　度(g/cm³)		顺纹抗压强度	抗弯强度	抗弯弹性模量	顺纹抗剪强度
	基　本	气　干				径　弦
			MPa	MPa	MPa	MPa
马来西亚	0.75	0.895	42.8	79.6	16900	8.9
			(46.5)	(82.3)	(16447)	(10.1)

【木材用途】

因木材具宽射线，可出现枥型花纹。宜做室内装修、镶嵌板、家具、刨切单板、拼花地板、工具柄、拐杖、篱笆桩等。

木榄属 *Bruguiera* Laim.

灌木至小乔木，6 种；分布于东半球热带海岸，多见于滨海污泥中。常见商品材树种有：木榄 *B. gymnorrhiza*（L.）Lam.，海莲 *B. sexangula*（Lour.）Poir.，柱果木榄 *B. cylindrica*（L.）Bl.，小叶木榄 *B. parvifolia* W. et A. 等。前三种中国南部沿海至台湾盛产之，为构成红树林的重要树种。

木榄 *B. gymnorrhiza*（L.）Lam.（*B. conjugata* Merr.）
（彩版 16.7；图版 77.4 ~ 6）

【商品材名称】

巴考 Bakau（印，马）；缅甸-芒若夫 Burma mangrove（缅）；图木-梅拉 Tumu merah（马）；布劳克-芒若夫 Blaok mangrov，芒若夫 Mangrov（巴新）；普图特 Putut（沙）；波托坦 Pototan（菲，本类木材通称）；布新 Busin（菲）；帕萨克 Pasak，旁-卡-华-苏姆 Pang ka hua Sum（泰）。

【树木及分布】

乔木，直径可达 0.8m，为本属中最大的树种；分布印度、斯里兰卡、孟加拉国、缅甸、菲律宾、印度尼西亚等。

【木材构造】

宏观特征

木材散孔。心材新切面，材色一致，为浅红至红色，久露大气为红褐色；与边材界限不明显。边材窄，浅红色。生长轮不明显，有时略见，界以深色纤维带（管孔较少）。管孔放大镜下略明显；数略少至略多；大小略一致，分布颇均匀；散生；具侵填体。轴向薄壁组织放大镜下略见；傍管状。木射线在放大镜下略明显，与管孔近等宽；中至略密；窄。波痕及胞间道未见。

微观特征

导管横切面卵圆形，间或椭圆形，略具多角形轮廓，单管孔及径列复管孔（2 ~ 4 个，多 2 ~ 3 个），少数管孔团；散生；17 ~ 26 个/mm²；最大弦径 105μm；平均 86μm；导管分子长 840μm；侵填体未见；螺纹加厚缺如。管间纹孔式梯状。复穿孔板，梯状，略倾斜至甚倾斜。导管与射线间纹孔式为刻痕状，少数大圆形。**轴向薄壁组织少，疏环管状**；薄壁细胞含少量树胶；晶体未见。木纤维壁甚厚，直径 22μm；长 1760μm；单纹孔或略具狭缘；分隔木纤维可见。**木射线**7~10 根/mm；非叠生。单列射线很少，高 1~5 细胞。多列射线宽 2~5(多 4~5)细胞；高 8~102(多数 40~70)细胞。射线组织异形Ⅲ型，稀Ⅱ型。直立或方形射线细胞比横卧射线细胞略高，多列部分射线细胞多为卵圆或椭圆形；射线细胞大部分含树胶；菱形晶体普遍。**胞间道未见。**

材料：W14133(印)；W6961(马)。

【木材性质】

木材具光泽；无特殊气味和滋味；纹理直；结构细而匀。木材重至甚重(气干密度，印度产者 0.87~1.08g/cm³；印度尼西亚产者 0.82~1.03 g/cm³，平均 0.94g/cm³)；干缩中，干缩率径向 1.4%，弦向 5.1%；强度高至甚高。干燥不易；耐久性能中等；防腐处理容易，在马来西亚防腐处理后作枕木可达 14 年以上；由于木材硬、重，加工比较困难。

【木材用途】

木材防腐处理后可用于房屋建筑中的柱子、枕木；据文献记载为生产纸浆的好原料，用硫酸盐法生产，纸浆漂白度高，强度大，也是生产优质木炭和烧柴原料。

树皮可取单宁。

竹节树属 *Carallia* Roxb.

约 10 种，分布东半球热带地区。常见商品材树种有：婆罗竹节树 *C. borneensis* Oliv.，竹节树 *C. brachiata*(Lour.) Merr.，似枪竹节树 *C. euryoides* Ridl.，锯叶竹节树 *C. diplopetala* Hand. -Mazz.，亮叶竹节树 *C. lucida* Roxb.，篦叶竹节树 *C. pectinifolia* Ko.，大叶竹节树 *C. garciniaefolia* How et Ho 等。

竹节树 *C. brachiata*(Lour.) Merr.

(*C. lucida* Roxb.；*C. integerrima* DC.)

(彩版 16.8；图版 78.1~3)

【商品材名称】

梅然西 Meransi(马)；普塔特-胡坦 Putat hutan(沙)；云吉特-达拉 Ringgit darah，巴拉 Bara(印)；克拉卡斯 Kerakas，巴尧 Payau(文)；巴考安-古巴特 Bakauan gubat(菲)；强布拉 Chiangprar(泰)；拉崩 Rabong(沙捞)；卡拉里亚木 Carallia wood(印)。

【树木及分布】

常绿乔木，高可达 30m，直径 0.6 m。产印度、斯里兰卡、泰国、马来西亚、菲律宾、印度尼西亚等。

【木材构造】

宏观特征

木材散孔。心材红褐色带橘黄；与边材区别略明显。边材黄褐色。生长轮不明显。

管孔肉眼略见；甚少至少；散生；具侵填体。轴向薄壁组织量多；肉眼下可见，傍管带状。**木射线**略密；分窄宽两类：①窄者放大镜下可见，比宽者多。②宽者在肉眼下明显，弦切面呈长线，高至数厘米，为复合射线。波痕及胞间道缺如。

微观特征

导管横切面圆形及卵圆形；多为单管孔，少数为短径列复管孔（2～3 个），稀管孔团；散生；1～4 个/mm²；最大弦径 278μm，平均 180μm；导管分子长 1220μm；侵填体偶见；螺纹加厚缺如。管间纹孔式互列，多角形。系附物纹孔。穿孔板单一，略倾斜。导管与射线间纹孔式为大圆形及刻痕状。**轴向薄壁组织**数多；聚翼状，翼状，偶离管带状（宽 1～3 细胞），少数星散状；含少量树胶，晶体偶见。**纤维**管胞胞壁甚厚；直径 25μm；长 2660μm；具缘纹孔明显。**木射线** 8～13 根/mm；非叠生。①窄木射线多，多单列，少数宽 2～3 细胞；高 1～30（多为 8～20）细胞。②宽射线多为复合射线，少数半复合射线；宽 8～15（偶至 20 或以上）细胞；高至许多细胞，常超出切片范围。具鞘细胞。射线组织异形 Ⅱ 及 Ⅰ 型。直立或方形射线细胞比横卧射线细胞高或高得多；射线细胞多列部分多为卵圆形或圆形，部分细胞含树胶，菱形晶体常见，常为分室含晶细胞（2 个）。**胞间道**缺如。

材料：W20390（泰）；W20665（马）；W15235（缅）。

【**木材性质**】

木材具光泽；无特殊气味和滋味；纹理直或略斜；结构粗，略均匀。木材重；质硬；干缩甚大；强度高或中。

在马来西亚 15m 厚板材，从生材干至含水率 15% 需 2 个月；40mm 厚板材需 5 个月；干燥时略有菌、虫危害；木材干燥不易掌握，干燥速度相当慢时，可避免瓦弯、弓弯、扭曲和劈裂。木材稍耐腐；采用敞槽防腐法，由杂酚油和柴油各 1/2 处理吸收达 100～130 kg/m³。锯不难，切削较难；因具宽射线，径锯板上有银光纹理，颇好看；油漆后光亮性好；容易胶粘。

产　　地	密　度（g/cm³）		顺纹抗压强度	抗弯强度	抗弯弹性模量	顺纹抗剪强度	
						径	弦
	基　本	气　干	MPa	MPa	MPa	MPa	
马来西亚	—	生材	43	83	12400	—	
	—	气干	55	104	13200	—	
中国海南岛	0.80	0.84	65.6	116.3	17255	—	
	0.74	0.87	65.6	124.5	16824	—	

【**木材用途**】

因径面具银光纹理，非常适宜作家具、仪器箱盒，室内装修如护墙板、拼花地板。建筑方面可用作房架、柱子。工业上用来刨切单板作贴面板。交通方面可用作电杆，枕木（须经防腐处理）等。

风车果属 *Combretocarpus* Hook. f.

仅 1 种；产马来西亚和印度尼西亚。

风车果 *C. rotundatus* (Miq.) Dans
(彩版 16. 9；图版 78. 4~6)

【商品材名称】

克容图姆 Keruntum(印，马)；配瑞帕特-帕亚 Perepat paya(沙)；配瑞帕特-达拉特 Perepat darat(印)。

【树木及分布】

乔木，高 20~30 m，直径可达 0.8m 或以上，老树常常中空；分布沙巴、沙捞越及印度尼西亚等。

【木材构造】

宏观特征

木材散孔。心材红褐色；与边材界限常不明显。边材近白色。生长轮不明显。**管孔**肉眼可见；数少；略大；散生；具侵填体和白色沉积物。**轴向薄壁组织量多，放大镜下**明显；环管状，带状。木射线密度中；分宽窄两类：①窄射线放大镜下略见。②宽射线肉眼可见，放大镜下明显，最宽者宽于 1/2 孔径；多为复合射线。**波痕及胞间道缺如。**

微观特征

导管横切面为卵圆形，略具多角形轮廓；多为单管孔，稀径列复管孔(2 个)；散生；1~3 个/mm²；最大弦径 270μm 或以上，平均 228 μm；导管分子长 530 μm；侵填体未见；螺纹加厚缺如。管间纹孔式难见。穿孔板单一，平行或略倾斜。导管与射线间纹孔式为大圆形及刻痕状(方向不定)。**轴向薄壁组织为傍管带状**(连续或不连续带，带宽 1~7，多为 2~4 细胞)；薄壁细胞含少量树胶；分室含晶细胞常见；菱形晶体可达 12 个或以上。木纤维壁甚厚，少数厚，直径 25μm；长 1580μm；纹孔小，略具狭缘。木射线 6~10 根/mm；非叠生。射线分宽窄两类：①窄射线多为单列射线，稀 2~3 列细胞；高 1~16 细胞。②宽射线为聚合射线，复合射线及半复合射线，宽 5~10 细胞；高许多细胞；具鞘细胞。射线组织异形 II 型。直立或方形射线细胞比横卧射线细胞高；射线细胞多列部分多为卵圆形或圆形，略具多角形轮廓。射线细胞含少量树胶；晶体未见。胞间道缺如。

材料：W14195(印)。

【木材性质】

木材具光泽；无特殊气味和滋味；纹理直或略斜；结构中至粗，略均匀。木材重量中至重(气干密度 0.64~0.80g/cm³)；干缩小，干缩率从生材至气干径向 2.2%，弦向 3.6%；强度中。

干燥稍慢，在马来西亚 15mm 厚板材从生材至气干需 3 个月；40mm 厚板材需 6 个月；干燥慢时无严重降等。耐腐或稍耐腐，防腐处理不难；木材锯、刨不难，刨面良好。

【木材用途】

木材可用于建筑、地板、室内装修、胶合板、造船、农业机械，防腐处理后可用于枕木、矿柱，也是较好薪炭材。

红树属 *Rhizophora* L.

约7种；产热带海岸泥滩上。常见商品材树种有：烛红树 *R. candeleria* Dc.，红树 *R. apiculata* Bl.，尖叶红树 *R. mucronata* Poir. 及柱红树 *R. stylosa* Griff. 等。

中国有后3种，产南部至台湾。

尖叶红树 *R. mucronata* Poir.
（彩版17.1；图版79.1~3）

【商品材名称】

巴考 Bakau（马西本属总称）；巴考-库拉普 Bakau kurap（沙，马，文，沙捞）；当 Dang（越）；孔-康 Kong kang（柬）；欧配若 Opejo（印）；巴考安-巴贝 Bakauan-babae（菲）；稜嘎永 Lenggayong（沙）；芒哥若夫 Mangrove（巴新）。

【树木及分布】

乔木，很少达大乔木；分布从越南向东到马来西亚、印度尼西亚及巴布亚新几内亚。

【木材构造】

宏观特征

木材散孔。心材黄褐色；与边材区别不明显。边材色浅，浅黄褐色。生长轮不见。管孔放大镜下略明显；数略少；略小；散生；侵填体未见。轴向薄壁组织不见。木射线放大镜下明显；中至略密；略宽。波痕及胞间道缺如。

微观特征

导管横切面近圆形或卵圆形；单管孔，少数径列复管孔（2~3个），稀管孔团；散生；10~16个/mm²；最大弦径105μm，平均89μm；导管分子长693μm；侵填体偶见；螺纹加厚缺如。管间纹孔式梯状。复穿孔板梯状（横闩4~8个），倾斜。导管与射线间纹孔式刻痕状及大圆形。轴向薄壁组织少，疏环管状；树胶很少；晶体未见。木纤维壁甚厚；直径26μm；长1466μm；单纹孔或略具狭缘。木射线7~10根/mm；非叠生。单列射线甚少，高1~7细胞。多列射线宽2~8（多数4~6）细胞；高6~125（多数20~80）细胞或以上。射线组织异形Ⅲ型或异形多列。方形射线细胞比横卧射线细胞略高；射线细胞多列部分多为卵圆形，多含树胶；晶体常见。胞间道未见。

材料：W20666（马）。

【木材性质】

木材具光泽；无特殊气味和滋味；纹理直；结构细而匀。木材甚重（气干密度0.96~1.17g/cm³）；甚硬；干缩中；干缩率从生材至气干径向1.4%；弦向5.1%。强度高。干燥困难，有翘曲和开裂倾向。略耐腐。生材解锯容易，干时解锯困难；精加工后表面光滑。

【木材用途】

通常用圆木，如椽子、桩木，烧制木炭，需冲击力大的工具柄，拐杖，生产纸浆用做吸墨纸，人造丝等。

蔷薇科
Rosaceae Juss.

乔木，灌木或草本，约124属，3300余种；广布于全球。中国有47属，854种，全国各地都产。

马来蔷薇属 *Parastemon* A. DC.

小至大乔木，有马来蔷薇 *P. urophyllum* A. DC. 和穗状蔷薇 *P. spicatum* Ridl 2 种；产马来西亚及印度尼西亚。

马来蔷薇 *P. urophyllum* A. DC.
（彩版 17.2；图版 79.4~6）

【商品材名称】

麻拉斯 Malas(印)；尼拉斯 Ngilas(马)；坦姆帕卵 Tampaluan，门戴拉斯 Mendailas(沙)；贝布安 Bebuan，面吉拉斯 Mangilas，卡又-麻拉斯 Kaju malas(印)；塞姆帕-拉万 Sempalawan(文)。

【树木及分布】

乔木，高 10~25 m，直径 0.3~0.7m；产马来半岛、苏门答腊、沙捞越及安达曼群岛等。

【木材构造】

宏观特征

木材散孔。心材浅紫红褐色；生材时与边材区别不明显，干后则明显。边材新伐时紫褐色，久露大气中转呈灰褐至浅红褐色，宽约 1 cm。生长轮不明显，但由于生长轮末端管孔小或少，偶尔也可见。管孔放大镜下明显。数少；大小中等；散生；具侵填体。轴向薄壁组织丰富，在肉眼下明显；为离管带状(连续或断续细弦线)。木射线在放大镜下明显；稀至中；甚窄至窄。波痕及胞间道未见。

微观特征

导管横切面卵圆形；单管孔；散生；3~5 个/mm²；最大弦径 185μm 或以上；平均170μm；导管分子长 1120μm；侵填体偶见。管间纹孔式(甚少)互列，圆形。穿孔板单一，略倾斜。导管与射线间纹孔式为刻痕状(常纵裂)及大圆形。轴向薄壁组织离管带状(常单列，少数成对或2列)，少数星散-聚合状；部分细胞含树胶；具菱形晶体，常为分室含晶细胞(5个或以上)。**纤维管胞胞壁甚厚**；直径22μm；长1830μm；具缘纹孔数多；明显，圆形。木射线4~8根/mm；非叠生。单列射线数多，高1~47(多为10~25)，细胞。多列射线宽2(稀3)细胞；高7~74(多数25~55)细胞，同一射线有时出现2~4次多列部分。射线组织异形Ⅲ型。直立或方形射线细胞比横卧射线细胞略高，射线细胞多列部分多为长椭圆形及圆形。内含树胶和硅石；晶体未见。**胞间道未见。**

注：P. K. Balan Menon 记载本种射线组织为异形单列。

材料：W9946(印)。

【木材性质】

木材具光泽；无特殊气味和滋味；纹理直或略交错；结构细而匀。木材甚重；很硬；干缩中等，干缩率径向2.5%~3.0%，弦向4.5%~5.0%；强度高。

产　　地	密　度(g/cm³)		顺纹抗压强度	抗弯强度	抗弯弹性模量	顺纹抗剪强度	
	基　本	气　干	MPa	MPa	MPa	径　　弦	
						MPa	
马来西亚	0.84	] 1.075	67.0	130	21100	16.1	
			(84.5)	(1.53)	(21500)	(20.0)	

木材干燥稍慢；38 mm厚板材气干约4个月即可达到含水率15%；无严重降等，但有扭曲变形倾向。木材耐腐，有少量虫害，能抗船蛆和其他水生钻木动物危害。由于木材重、硬，又加上含有较多的硅石，所以锯很困难；刨略困难，但刨面光滑；凿孔容易，孔周光滑；旋切稍困难，加工后质量中等。

【木材用途】

用于建筑、地板、矿柱、枕木，造船如龙骨、农业机械及运动器材等。

姜饼木属 *Parinari* Aubl.

60种；分布世界热带地区。常见商品材树种有：阿纳姜饼木 *P. anamense* Hance，粗姜饼木 *P. asperulum* Miq.，串姜饼木 *P. corymbosum* Miq.，脉姜饼木 *P. costatum* Bl.，褐姜饼木 *P. rubiginosum* Ridl.，光姜饼木 *P. glaberrimum* Hask，亮姜饼木 *P. nitidum* Hook. f.，椭圆叶姜饼木 *P. oblongifolium* Hook. f. 等。除亮姜饼木管孔弦径平均100~200 μm，其余7种均在200 μm以上。

串姜饼木 *P. corymbosum* Miq.
(彩版17.3；图版80.1~3)

【商品材名称】

梅尔巴吐 Merbatu(马，印，泰，本类木材通称)；班卡旺 Bankawang(沙)；刘新 Liusin(菲)；波聂 Bone，东格 Donge，九寿卡多亚 Joesoekadoja，卡拉克 Kalake，科拉萨 Kolasa(印)。

【树木及分布】

乔木，树干通直，主干高可达 15m，直径可达 1.6m；分布马来西亚、菲律宾及印度尼西亚等。

【木材构造】

宏观特征

木材散孔。心材褐色或浅红褐色。边材色浅。生长轮不明显。管孔在肉限下略明显；数少；中至略大；散生或略呈斜列。轴向薄壁组织丰富；肉眼下略见；离管带状。木射线放大镜下可见；密；甚窄。波痕及胞间道未见。

微观特征

导管横切面卵圆形；单管孔；散生或略斜列；$1 \sim 5$ 个/mm^2；最大弦径 $305\mu m$；或以上，平均 $210\mu m$；导管分子长 $940\mu m$；侵填体及螺纹加厚未见。管间纹孔式很少见，互列，多角形。穿孔板单一，平行或略倾斜。导管与射线间纹孔式为刻痕状（方向不定）及大圆形。轴向薄壁组织量多；为不规则离管带状（宽 $1 \sim 3$ 细胞；略呈波浪形），星散状，有时数个一起位于纤维之中；少数细胞含树胶；晶体未见。纤维管胞胞壁甚厚；直径 $20\mu m$；长 $1740\mu m$；具缘纹孔多而明显，在径壁上有时为 2 列，圆形。木射线 $16 \sim 19$ 根/mm；非叠生。单列射线高 $1 \sim 52$（多数 $12 \sim 30$）细胞。2 列射线很少，高似单列射线。射线组织异形单列或异形 Ⅲ 型。直立或方形射线细胞比横卧射线细胞略高；射线细胞内含硅石；晶体未见。胞间道未见。

材料：W14151（印）。

【木材性质】

木材具光泽；无特殊气味和滋味；纹理直或略斜；结构中，均匀。木材重；质硬（端面硬度 8262N；干缩甚大，干缩率从生材至含水率 29.2%，径向 4.9%，弦向 9.2%。强度甚高。

木材干燥稍快，40mm 厚板材需 3.5 个月；木材干燥性能尚好，没有严重开裂现象，略有瓦弯、弓弯、劈裂、扭曲倾向。稍耐腐，能抗水生钻木动物危害，但边材有粉蠹虫孔；本类木材防腐处理容易，因木材重、硬，又含有硅石，锯等其他加工困难。

产　地	密　度(g/cm^3)		顺纹抗压强度	抗弯强度	抗弯弹性模量	顺纹抗剪强度
	基　本	气　干				径　弦
			MPa	MPa	MPa	MPa
菲律宾	0.79	0.88:12% (1.00)	80 (73.9)	155 (142)	20800 (19300)	14.2 (14.7)

【木材用途】

木材经防腐处理后宜做水下桩材、矿柱、建筑上柱子等，也适宜作薪炭材。因重，硬，锯困难，所以很少用来生产板材。

臀果木属 *Pygeum* Gaerin.

约 20 种；分布于东半球热带地区及非洲。常见商品材树种有：非洲臀果木

P. africahum Hook. f. ，乔木臀果木 *P. arboreum* Engl. ，小花臀果木 *P. parviflorum* Teijsm & Binn. ，阔叶臀果木 *P. latifolium* Miq. ，多穗臀果木 *P. polystachyum* Hook. f. ，菲律宾臀果木 *P. vulgare* Merr. 等。中国有臀形果 *P. henryi* Dunn，疏花臀果木 *P. laxiflorum* L. ，臀果木 *P. topengii* Merr. 等5种；产南部、西南部及台湾。

乔木臀果木 *P. arboreum* Engl.
（彩版17.4；图版80.4~6）

【商品材名称】

肖-道 Xoan dao（越，柬）；宣-道 Xuan dao（越）。

【树木及分布】

乔木，高可达20m，枝下高12m，直径0.5m；分布越南，柬埔寨等。

【木材构造】

宏观特征

木材散孔。心材黄褐色至红褐色。边材色浅。生长轮略明显。管孔肉眼可见，数少至略少；散生；侵填体未见。轴向薄壁组织环管状，环管束状。木射线肉眼略见；中至略密；窄或至略宽。波痕缺如。胞间道在肉眼下明显，呈长弦线。

微观特征

导管横切面卵圆形，少数椭圆形，略具多角形轮廓；单管孔及径列复管孔（2~4个，多为2~3个），稀管孔团；3~11个/mm²；最大弦径26μm，平均184μm；导管分子长500μm；侵填体未见；具少量树胶；螺纹加厚未见。管间纹孔小，互列，多角形。穿孔板单一，略倾斜。导管与射线间纹孔式类似管间纹孔式。轴向薄壁组织疏环管状，环管束状，少量星散及星散-聚合状；含树胶；晶体未见。木纤维壁薄，直径21μm；平均长1300μm；具缘纹孔明显；分隔木纤维常见。木射线7~10根/mm；非叠生。单列射线高1~8细胞。多列射线宽2~5（多数3~4）细胞；高6~28（多数10~20）细胞。射线组织异形Ⅱ，少数Ⅲ型。直立或方形射线细胞比横卧射线细胞高；射线细胞多列部分多为纺锤形。射线细胞内含树胶；晶体未见。胞间道未见。

材料：W8911（越）。

【木材性质】

木材光泽强；干后无特殊气味和滋味；纹理斜至略交错；结构细而匀。木材轻至中；质软至中；干缩大（体积干缩率12.4%~15.3%）；强度中等。

产　　地	密　度(g/cm³)		顺纹抗压强度	抗弯强度	抗弯弹性模量	顺纹抗剪强度	
	基　本	气　干	MPa	MPa	MPa	径	弦
						MPa	MPa
印支		0.48:12%	43.1	63.9	—	—	—
越南		0.62:12%	58.5	110.6	—	—	—

木材干燥性能良好；不耐腐；锯、刨等加工容易，切削面光滑；油漆后光亮性良好；胶粘容易；钉钉不劈裂。

【木材用途】

家具、胶合板、房屋建筑如房架、屋顶、门、窗及其他室内装修。

茜草科
Rubiaceae Juss.

500 属，6000 种；主产热带和亚热带地区，少数分布温带或北极地带。

水黄棉属 *Adina* Salisb.

约 20 种；分布于亚洲和非洲热带和亚热带地区。常见商品材树种有：

心叶水黄棉 *A. cordifolia* Hook. f. 详见种叙述。

法洁水黄棉 *A. fagifolia* Val. 商品材名称：考 Kwao，拉西 Lasi，卡又-拉西 Kaju lasi（印）；乔木，产印度尼西亚西里伯斯岛及摩鹿加岛。木材构造，导管内含树胶；长 850 μm；木纤维胞壁甚厚，长 1 660 μm；木射线多列者宽 2～4 细胞。余略同心叶水黄棉。

小花水黄棉 *A. minutiflora* Val. 商品材名称：考 Kwao（东南亚）；贝茹姆笨 Berumbung，格荣刚 Gerungang，卡又-罗班 Kaju lobang（印）。乔木，产印度尼西亚、文莱等地。木材构造、性质及利用略同心叶水黄棉。

心叶水黄棉 *A. cordifolia* Hook. f.
（彩版 17.5；图版 81.1～3）

【商品材名称】

靠 Kwao（泰）；高-旺 Gao vang（越）；哈尔杜 Haldu（印度，泰）；何脑 Hnau（缅）；克沃 Kvao（柬）；克隆 Kolon（斯）。

【树木及分布】

大乔木，高可达 30 m 或以上，枝下高有时达 20 m，直径达 1.2 m；分布印度、泰国、越南、老挝、斯里兰卡、缅甸等。

【木材构造】

宏观特征

木材散孔。心材黄色，久露大气中转呈黄褐色；与边材区别不明显。边材黄白色。生长轮略明显。管孔在放大镜下明显；略多至多；略小；散生或斜列。轴向薄壁组织不见。木射线在横切面放大镜下可见；射线密；甚窄至窄。波痕及胞间道缺如。

微观特征

导管横切面卵圆形及圆形，略具多角形轮廓；单管孔，稀径列复管孔（2～3 个），偶见管孔团；散生或略呈斜列；43～69 个/mm²；最大弦径 105 μm；平均 70 μm；导管分子长 820 μm；侵填体及螺纹加厚未见。管间纹孔式互列，卵圆及圆形；略具多角形轮廓，系附物纹孔。穿孔板单一，略倾斜。导管与射线间纹孔式类似管间纹孔式。轴向

薄壁组织为星散及星散-聚合状，少数环管状；薄壁细胞内树胶及晶体未见；筛状纹孔式常见。木纤维胞壁厚；直径 21μm；长 1550μm；具缘纹孔明显，圆形。分隔木纤维缺如。木射线17～19 根/mm；非叠生。单列射线高 1～17 细胞。多列射线宽 2～3（稀 4）细胞；多列部分有时与单列部分近等宽，高 4～44（多数 10～25）细胞，同一射线内常出现 2～3 次多列部分。射线组织异形 I 型。直立或方形射线细胞比横卧射线细胞高或高得多，多列部分射线细胞多为卵圆形。射线细胞内含少量树胶；晶体未见。**胞间道**缺如。

材料：W9713（柬）；W13954（缅）；W20368（泰）。

【木材性质】

木材光泽强；无特殊气味和滋味；纹理直，有时斜或交错；结构甚细，均匀。木材中至重；干缩大，干缩率从生材至气干径向 3.4%，弦向 6.8%；强度中或中至高。

产　　地	密　度（g/cm³）		顺纹抗压强度	抗弯强度	抗弯弹性模量	顺纹抗剪强度	
	基　本	气　干				径	弦
			MPa	MPa	MPa	MPa	
越　南		0.58:12%	39.2	70.2	—	—	
越　南		0.77:12%	61.8	118.0	—	—	
马来西亚		0.66:14.6%	41.5	83.9	9216	8.5	
		(0.758)	(44.2)	(86.0)	(8894)	(9.5)	

木材气干性能良好，无严重的翘曲和开裂，干后尺寸不太稳定。稍耐腐，仅有少许虫害。锯解容易；刨时要小心，防止戗茬，刨面光滑；着色均匀；油漆后光亮。

【木材用途】

木材用于建筑、地板、造船、农业机械、运动器材、家具、单板、胶合板，乐器如钢琴琴键，精密仪器箱盒、食品盒、雕刻、车工等。木材耐酸，适宜作澡盆，实验室用的桌面等。

团花属 Anthocephalus A. Rich.

3 种；分布印度、巴基斯坦、越南、缅甸、柬埔寨、菲律宾、马来西亚及印度尼西亚等。

黄梁木 A. chinensis（Lam）Rich. et Walp.（A. cadamba Miq.）
（彩版 17.6；图版 81.4～6）

【商品材名称】

拉然 Laran（马）；高 Gao（越）；卡丹姆 Kadam（缅，印，巴）；克列姆帕盐 Kelampa-jan，埃姆巴让-布诺 Empajang buno，依劳 Ilau，塔娃 Tawa，铁拦 Telan，吐阿克 Tuak，阿塔旁 Atapang，边特耶-波埃特 Bantje poete，扩卡宝 Kokaboe，楼拉 loera，受基灭姆 Soegimani，克烈姆派埃姆 Kelampaiam（印）；卡托安-班卡尔 Kaatoan Bankal（菲）；克烈

姆帕盐 Kelempayan(马)；塞姆帕杨 Sempayang，塞里姆波 Selimpoh，里姆波 Limpoh(沙捞)；卢戴 Ludai(沙)；毛-列坦射 Mao-lettanshe(缅)；帮卡尔 Bangkal，恩蒂朋 Entipong(文)；丝克欧 Thkeou(柬)。

【树木及分布】

大乔木，高可达 40m；直径 0.7m；在适宜条件下生长迅速，有奇迹树(Miracle tree)之称。中国广东林业科学研究所试种，7 年高达 15m，直径 0.35m。分布印度、尼泊尔、缅甸、斯里兰卡、菲律宾、马来西亚、印度尼西亚等。

【木材构造】

宏观特征

木材散孔。心材浅黄白色，草黄色，久露大气中转为深黄褐色。边材色浅。生长轮略见或不明显。管孔在肉眼下略见；少至略少；大小中等；径列；侵填体未见。轴向薄壁组织在横切面放大镜下可见；在射线间呈短弦线。木射线在放大镜下明显；密；甚窄至窄。波痕及胞间道缺如。

微观特征

导管横切面卵圆形；单管孔及径列复管孔(2~3 个)，稀管孔团；径列或散生；2~9 个/mm^2；最大弦径 228μm 或以上，平均 178μm；导管分子长 970μm；侵填体未见；螺纹加厚缺如。管间纹孔式互列，圆形。系附物纹孔。穿孔板单一，平行至略倾斜。导管与射线间纹孔式类似管间纹孔式。轴向薄壁组织为星散状，星散-聚合状，少数环管状；薄壁细胞内树胶及晶体未见。纤维管胞壁薄；直径 26 μm，长 2330 μm；具缘纹孔径，弦两面均明显。木射线14~16 根/mm；非叠生。单列射线高 1~18 细胞。多列射线宽 2~3(偶 4)细胞，多列部分常与单列部分近等宽，高 7~65(多数 25~40)细胞；同一射线可出现 2~4 次多列部分。射线组织异形 I 型。直立或方形射线细胞比横卧射线细胞高；射线细胞多列部分多为卵圆形；射线细胞内树胶及晶体未见。胞间道缺如。

材料：W15271，W15293(缅)。

【木材性质】

木材具光泽；无特殊气味和滋味；纹理直；结构细而匀。木材轻；质软；干缩甚小，干缩率从生材至气干径向 0.8%，弦向 2.1%；强度弱。

产　　地	密　度(g/cm^3)		顺纹抗压强度	抗弯强度	抗弯弹性模量	顺纹抗剪强度
	基　本	气　干				径　弦
			MPa	MPa	MPa	MPa
菲律宾	0.34	0.35:12%	24.5	53.6	5860	6.24
		(0.398)	(22.6)	(53.6)	(5040)	(6.45)
马来西亚	0.37	0.450	27.9	50	7700	6.4
			(34.6)	(64)	(7200)	(7.8)
中国广西		0.50	33.3	73.9	7157	

干燥稍快，气干 15mm 和 40mm 厚板材分别需 2.5 个月和 3.5 个月；木材干燥容易，不翘裂，不耐腐，不抗白蚁及海中蛀虫危害，易蓝变色；防腐处理容易，心边材均易浸注。锯、刨等加工容易，切面光滑；容易胶粘，油漆后光亮性颇佳；握钉力弱。

【木材用途】

单板、胶合板，建筑用的门、窗，家具、食品包装、木屐、铅笔杆、木模、卫生筷子等。

生长颇快，是第七届世界林业会议（1972 年）推荐树种。适宜生产纸浆，用硫酸盐法所得浆粕强度大，用中性亚硫酸盐生产颜色好。

土莲翘属 *Hymenodictyon* Wall.

约 20 种；分布热带亚洲及非洲。最常见商品材树种为大土连翘 *H. excelsum* Wall.。

大土连翘 *H. excelsum* Wall.（*H. utile* Wight，
H. thyrsiflorum Wall.，*Cinchona excelsus* Roxb.）
（彩版 17.7；图版 82.1 ~ 3）

【商品材名称】

库山 Kuthan（缅，印度）；欧罗克 Ooloke，乌罗克 Ulok（泰）；台-贺 Tai nghe（越）；阿里干戈 Aligango（菲）；梅当-克拉迪 Medang keladi（马）。

【树木及分布】

中至大乔木，高可达 40 m；直径 0.7 m；分布从喜马拉雅向南印度、缅甸、泰国、马来西亚、爪哇、菲律宾均有分布。中国云南和广西亦产之。

【木材构造】

宏观特征

木材散孔。心材近白色，久露大气中变呈灰黄或浅灰褐色。边材色浅。生长轮在肉限下略见。管孔在肉眼下可见；数少；略大；散生。轴向薄壁组织在横切面放大镜下可见；木射线略密至密；甚窄至窄。波痕及胞间道未见。

微观特征

导管横切面为卵圆形，具多角形轮廓；单管孔及径列复管孔（2 ~ 3 个），稀管孔团；散生；1 ~ 4 个/mm²；最大弦径 305μm；平均 220μm；导管分子长 570μm；侵填体未见；螺纹加厚缺如。管间纹孔式互列，多角形；系附物纹孔。穿孔板单一，略倾斜。导管与射线间纹孔式类似管间纹孔式。轴向薄壁组织丰富；星散状，星散-聚合状，不规则离管带状（单列）及疏环管状；极少数细胞含树胶；晶体未见。纤维管胞壁薄；直径 20μm；长 1120μm；具缘纹孔明显。分隔木纤维可见。木射线 12 ~ 14 根/mm；非叠生。单列射线高 1 ~ 11 细胞。多列射线宽 2 ~ 3 细胞，多列部分有时与单列部分近等宽；高 4 ~ 25（多数 8 ~ 15）细胞。射线组织异形 I，稀 II 型。直立或方形射线细胞比横卧射线细胞高或高得多；射线细胞多列部分多为卵圆或圆形，具多角形轮廓，含少量树胶；晶体未见。胞间道缺如。

材料：W20375（泰）；W15278，W15325（缅）。

【木材性质】

木材具光泽；无特殊气味和滋味；纹理直；结构中，均匀。木材重量轻（含水率12%时为0.5g/cm³），质软，强度低。木材干燥性能良好。木材不耐腐，易受虫害，不剥皮者尤甚；防腐处理不难。锯、刨加工容易；油漆性能良好。

【木材用途】

可用来制造普通家具，酿造业用做木桶、酒桶、火柴合等。

树木生长快，其用途待进一步研究。

帽柱木属 *Mitragyna* Korth.

约10种；分布热带亚洲和非洲。常见商品材树种有：美丽帽柱木 *M. speciosa* Korth，爪哇帽柱木 *M. javanica* Koord. et Valet.，缘毛帽柱木 *M. ciliata* Kuntze，圆叶帽柱木 *M. rotundifolia* (Roxb.) O. Kuntze 等。

圆叶帽柱木 *M. rotundifolia* (Roxb.) O. Kuntze

(*Stephegyne diversifolia* Hook. f.)

（彩版 17.8；图版 82.4~6）

【商品材名称】

宾嘎 Binga（缅，印度）；满博格 Mambog（菲）；库吐姆 Kutum（马）。

【树木及分布】

中乔木；分布缅甸、印度、菲律宾等地，在吕宋岛低海拔密林中相当普遍。

【木材构造】

宏观特征

木材散孔。心材浅黄白色，久露大气中浅黄褐色。边材色浅。生长轮在肉眼下略见。管孔在横切面放大镜下明显；略少至略多；大小中等；散生或径列。轴向薄壁组织在放大镜下略见；星散-聚合状。木射线放大镜下可见；略密；窄至略宽。波痕及胞间道缺如。

微观特征

导管横切面为卵圆形及椭圆形；单管孔，少数径列复管孔（2~3个）；散生或径列；16~27个/mm²；最大弦径140μm或以上，平均114 μm；导管分子长670 μm；侵填体未见；螺纹加厚缺如。管间纹孔式互列，密集；近圆形；系附物纹孔。穿孔板单一，平行至略倾斜。导管与射线间纹孔式类似管间纹孔式。轴向薄壁组织为星散状，星散-聚合状，不规则带状及少量疏环管状；少数细胞含树胶；晶体未见；筛状纹孔式常见。纤维管胞壁薄；直径29μm；长1460μm；少数厚；具缘纹孔径、弦两面均明显，圆形。分隔木纤维未见。木射线10~13根/mm；非叠生。单列射线高1~25（多数8~15）细胞。多列射线宽2~6（多数3~5）细胞；高7~68（多数25~45）细胞。射线组织异形Ⅱ型。直立或方形射线细胞比横卧射线细胞高或高得多；射线细胞多列部分多为卵圆形；少数细胞含树胶；晶体未见。胞间道缺如。

材料：W17837（缅）。

【木材性质】

木材具光泽；无特殊气味和滋味；纹理直或略交错；结构细而匀。木材重量中等；质硬；端面硬度 7854N；干缩甚高，干缩率从生材至含水率 12% 时径向 3.8%，弦向 7.3%；强度中。

产　地	密　度(g/cm^3)		顺纹抗压强度	抗弯强度	抗弯弹性模量	顺纹抗剪强度	
	基　本	气　干				径	弦
			MPa	MPa	MPa	MPa	
印　度		0.66:12.8%	51.9	96.8	11055	10.0	

木材干燥性能良好。锯、刨等加工容易；刨面较光滑；旋切性能亦佳。

【木材用途】

木材宜用于建筑，包装箱盒，拼花地板，纱管，鞋楦等。

类金花属 *Mussaendopsis* Baill.

2 种；分布马来西亚西部及印度尼西亚。

贝卡类金花 *M. beccariana* Baill.
（彩版 17.9；图版 83.1 ~ 3）

【商品材名称】

麻拉比拉-布基特 Malabira bukit，梅姆佩达尔-巴比 Mempedal babi（马）；卡又-帕蒂恩 Kaju patin，塞路麻 Selumar（印）。

【树木及分布】

乔木，直径可达 0.4 ~ 0.6m；分布马来半岛、加里曼丹岛和印度尼西亚的苏门答腊岛等。

【木材构造】

宏观特征

木材散孔。心材橘黄色，久露大气中转呈黄褐色。边材色浅。生长轮不明显。管孔在肉限下略见；略少至略多；大小中等；径列或散生。轴向薄壁组织在放大镜下不见。木射线在横切面放大镜下可见；略密；窄。波痕及胞间道未见。

微观特征

导管横切面卵圆形，具多角形轮廓；单管孔及径列复管孔（2 ~ 5 个，多数 2 ~ 3 个），管孔团偶见。径列或散生；13 ~ 22 个/mm^2；最大弦径 130μm 或以上；平均 100μm；导管分子长 1070μm；侵填体及螺纹加厚缺如。管间纹孔式互列，多角形。系附物纹孔。穿孔板单一，略倾斜。导管与射线间纹孔式类似管间纹孔式。轴向薄壁组织量少，疏环管状，薄壁细胞内树胶及晶体未见。木纤维胞壁厚，少数甚厚；直径

25μm；长1870μm；具缘纹孔数多，卵圆形；分隔木纤维可见。木射线11～13根/mm；非叠生。单列射线少，高2～13细胞。多列射线宽2～4细胞；高5～65（多数15～40）细胞。同一射线有时出现2～3次多列部分。射线组织异形Ⅱ，稀Ⅰ型。直立或方形射线细胞比横卧射线细胞高或高得多；射线细胞多列部分多为卵圆形；树胶少见，晶体未见。**胞间道缺如。**

材料：W14147，W15125（印）。

【木材性质】

木材具光泽；无特殊气味和滋味；纹理直或略斜；结构细而匀。木材重；质硬；干缩甚大，干缩率生材至炉干径向5％，弦向9％；强度高至甚高。

产　　地	密　度（g/cm^3）		顺纹抗压强度	抗弯强度	抗弯弹性模量	顺纹抗剪强度	
	基　本	气　干				径	弦
			MPa	MPa	MPa	MPa	
印度尼西亚		0.90:16.1%	70.7	127.9	17255	—	
		(1.039)	(81.1)	(139.1)	(17029)		

木材耐腐，但不抗白蚁，未见粉蠹虫危害。木材硬、重，加工稍困难，但刨面光滑。

【木材用途】

木材在建筑上可用作柱子、电杆、枕木及家具等。

黄胆属 *Nauclea* L.

约35种；分布于热带亚洲、非洲及大洋洲。常见商品材树种有：药黄胆 *N. officinalis* Pierre，黄胆 *N. orientalis* L.，曼氏黄胆 *N. maingayi* Hook. f.；印马黄胆 *N. subdita*（Miq.）Merr.

黄　胆 *N. orientalis* L.
（彩版18.1；图版83.4～6）

【商品材名称】

帮卡尔 Bangkal（菲）；本卡尔 Bengkal，杰姆波尔 Gempol（印）。

【树木及分布】

乔木，主杆高可达8～10 m，直径0.8 m；分布菲律宾、印度尼西亚等地。

【木材构造】

宏观特征

木材散孔。心材橘黄或深黄色；与边材界限不明显。边材浅黄色。**生长轮略明显或不明显。**管孔在肉眼下略见；略少；大小中等；斜列或径列；侵填体未见。**轴向薄壁组**织肉眼不见；放大镜下湿切面上略见；呈短弦线。木射线在放大镜下可见；密，甚窄至窄。**波痕及胞间道缺如。**

微观特征

导管横切面为卵圆形，椭圆形及圆形，略具多角形轮廓；主为单管孔，少数径列复管孔(2~3 个)，稀管孔团；斜列或径列；5~11 个/mm²；最大弦径 180μm 或以上，平均 130μm；导管分子长 950μm；侵填体及螺纹加厚未见。管间纹孔式互列，多角形。系附物纹孔。穿孔板单一，平行或略倾斜。导管与射线间纹孔式类似管间纹孔式。**轴向薄壁组织**星散状及星散-聚合状；少数薄壁细胞内含树胶；晶体未见。**纤维管胞**胞壁薄；直径 25μm；长 2120μm；具缘纹孔径、弦两面均明显，弦面比径面多，圆形。**木射线**13~16 根/mm；非叠生。单列射线数少；高 1~14 细胞。多列射线宽 2~3 细胞；多列部分有时与单列部分近等宽，同一射线常出现 2~4 次多列部分；高 6~60(多数 15~40)细胞。射线组织异形 I 型。直立或方形射线细胞比横卧射线细胞高或高得多，射线细胞多列部分多为椭圆形或卵圆形；射线细胞内树胶及晶体未见。胞间道缺如。

材料：W4604(菲)；W13223(印)。

【木材性质】

木材具光泽；无特殊气味，滋味苦；纹理略交错；结构细而匀；具油性感；木材重量(气干密度印度尼西亚产者平均 0.58 g/cm³，菲律宾产者为 0.66g/cm³)，硬度及强度中等。干燥性能良好，不开裂，但有翘曲倾向。天然耐腐性中等，一般不受虫害；加工性能良好；油漆亦佳。

【木材用途】

一般房屋建筑、家具、细木工、雕刻等。

芸香科
Rutaceae Juss.

150 属，约 900 种；分布热带和温带地区，以南非及大洋洲最多。

吴茱萸属 *Euodia* J. R. et G. Forst.

45 种；分布亚洲. 非洲、大洋洲及太平洋热带及亚热带地区。常见商品材树种有：香吴茱萸 *E. aromatica* Bl. ，邦威吴茱萸 *E. bonwickii* F. Muell. ，菲律宾吴茱萸 *E. confusa* Merr. ，西里伯吴茱萸 *E. celebica* KDS. ，艾勒吴茱萸 *E. elleryana* F. Muell. ，光吴茱萸 *E. glabra* Bl. ，楝叶吴茱萸 *E. meliaefoiia* Benth. ，洛氏吴茱萸 *E. roxburghiana* Benth. ，美丽吴茱萸 *E. speciosa* Reich. 等。

中国有 25 种，产西南部至东北。

光吴茱萸 *E. glabra* Bl.
(图版 84. 1~3)

【商品材名称】

萨姆帮 Sampang(印，东南亚本类木材通称)；佩泡 Pepauh(马)。

【树木及分布】

灌木或乔木，分布马来西亚等地。

【木材构造】

宏观特征

木材散孔。心材浅黄白色；与边材区别不明显。边材色浅。生长轮不明显。管孔肉眼下可见，数略少，大小中等；径列；侵填体未见。轴向薄壁组织肉眼可见，傍管带状及不规则聚翼状。木射线肉眼可见，中至略密；窄。波痕及胞间道缺如。

微观特征

导管横切面卵圆形，少数椭圆形，略具多角形轮廓；单管孔及径列复管孔(2~4个，多数 2~3 个)，偶管孔团；径列。6~11 个/mm^2；最大弦径 160 μm；平均 119 μm，导管分子长 585μm；沉积物可见。管间纹孔式互列，多角形。穿孔板单一，略倾斜；导管与射线间纹孔式类似管间纹孔式。轴向薄壁组织为傍管带状(不规则，宽 2~6 细胞)，不规则聚翼状及翼状；薄壁细胞含少量树胶；晶体未见。木纤维壁甚薄；直径 21μm，长 1282μm 单纹孔或略具狭缘。木射线17~12 根/mm；非叠生。单列射线高 1~14(多数 3~8)细胞。多列射线宽 2~3 细胞；高 5~32(多数 10~20)细胞，同一射线有时出现两次多列部分。射线组织同形单列及多列，少数异Ⅲ型。射线细胞多列部分多为卵圆形；内含硅石，晶体未见。胞间道缺如。

材料：W9531(马来西亚编号)。

【木材性质】

木材具光泽；无特殊气味和滋味；纹理直或略交错；结构细而匀。木材甚轻至轻(气干密度 0.352 g/cm^3)；软；干缩小；强度低。不耐腐；切削容易，切面光滑。

【木材用途】

室内装修、镶嵌板、模型材、胶合板、包装箱、板条箱、雕刻等。

花椒属 *Zanthoxylum* L.

约 250 种；分布东南亚和北美。在东南亚常见商品材树种有：密花花椒 *Z. myriacanthum* Wall. ex Hook. f. 和瑞特花椒 *Z. rhetsa*(Boxb.)DC. 2 种。两种木材构造、材性及利用略同。

瑞特花椒 *Z. rhetsa*(Roxb.)DC.
(图版 84.4~6)

【商品材名称】

汉图-都瑞 Hantu duri(马)；沈克云 Chenkring(马)；卡助-塔纳 Kaju tanah(印)；凯塔纳 Kaitana(菲)；助姆米纳 Juminina，瑞特萨 Rhetsa(印)。

【树木及分布】

小至中乔木，直径达 0.6 m；分布马来西亚、菲律宾、印度尼西亚、印度等。

【木材构造】

宏观特征

木材散孔。心材浅黄色至灰黄色；与边材区别不明显。边材色浅。生长轮明显；界以轮界薄壁组织带。管孔肉眼可见；少至略少；大小中等；单管孔及径列复管孔；散生；侵填体未见。轴向薄壁组织肉眼可见；轮界状。木射线肉眼可见；稀；窄。波痕及胞间道未见。

注：Pearson and Brown(1932)记载本种胞间道偶见；溶生；径向直径 $40 \sim 60\mu m$，最大者弦向直径达 $300~\mu m$。

微观特征

导管横切面圆形，少数卵圆形，略具多角形轮廓；单管孔及径列复管孔(2～3个，稀4个)，少数管孔团；散生。3～4个/mm²；最大弦径 $195\mu m$，平均 $150\mu m$；侵填体及螺纹加厚未见。管间纹孔式互列，多角形。穿孔板单一，略倾斜。导管与射线间纹孔式类似管间纹孔式。轴向薄壁组织轮界状及疏环管状；具分室含晶细胞，菱形晶体可达16个或以上。木纤维胞壁甚薄；具缘纹孔可见。木射线3～4根/mm；非叠生。单列射线很少，高1～6细胞。多列射线宽2～6(多为4～5)细胞；高5～30(多为12～20)细胞。射线组织异形Ⅲ型或同形单列及多列。方形射线细胞数少，比横卧射线细胞略高或等高。射线细胞多列部分多为卵圆形，略具多角形轮廓；树胶及晶体未见。胞间道未见。

材料：W18344(菲)。

【木材性质】

木材具光泽；无特殊气味和滋味；纹理直，偶波状；结构细而匀；木材轻；质软；干缩大，干缩率从生材至炉干径向 3.6%，弦向 5.6%；强度甚低。

产　　　地	密　度(g/cm³)		顺纹抗压强度	抗弯强度	抗弯弹性模量	顺纹抗剪强度	
	基　　本	气　干				径	弦
			MPa	MPa	MPa	MPa	
菲律宾	0.33	0.35:12%	28.7	58.2	8050	5.43	
		(0.387)	(26.5)	(58.2)	(6930)	(5.62)	

木材干燥性能良好，不劈裂。耐腐，未见虫害；加工容易。

【木材用途】

用作家具、包装箱盒、珠宝盒及其他工艺品。据说可以代替槭木 *Acer* spp. 使用。

天料木科
Samydaceae Vent.

约17属，400种；大部分分布于热带地区，少数产亚热带地区。

天料木属 *Homalium* Jacq.

约 200 种；分布于热带及亚热带。常见商品材树种有：天料木 *H. foetidum*（Roxb.）Benth.，苞天料木 *H. bracteatum* Bcnth.，帕纳天料木 *H. panayanum* F. -Vill.，长叶天料木 *H. lengifolium* Benth.，毛天料木 *H. tomentosum* Benth. 等。

天料木 *H. foetidum*（Roxb.）Benth.
（彩版 18.2；图版 85.1~3）

【商品材名称】

德林塞姆 Delinsem（东南亚）；麻拉斯 Malas（巴新）；阿然嘎 Aranga（菲）；哈木 Hia，喜甲 Hjia，甲 Gia（印）。

【树木及分布】

乔木，高 27~40 m，直径 1~1.5 m；分布巴布亚新几内亚、马来西亚、印度尼西亚、菲律宾、缅甸等地。

【木材构造】

宏观特征

木材散孔。心材橘黄色至红褐色。与边材区别通常不明显。边材色较浅。生长轮略明显。管孔在肉眼下略见或不见，少至略少；大小中等；单管孔及径列复管孔；径列；侵填体可见。轴向薄壁组织不见。木射线放大镜下明显，略密至密；窄。波痕及胞间道缺如。

微观特征

导管横切面卵圆形，少数椭圆形；径列复管孔（2~4 个），少数单管孔；径列；17~27 个/mm²；最大弦径 145μm 或以上，平均 110μm；导管分子长 1270μm；侵填体未见；具螺纹加厚状条纹。管间纹孔式互列，多角形。穿孔板单一，复穿孔板梯状偶见，平行至倾斜。导管与射线间纹孔式类似管间纹孔式。轴向薄壁组织甚少。木纤维胞壁甚厚；平均直径 20μm；平均长 2350μm；具缘纹孔明显；具分隔木纤维。木射线 13~16 根/mm，非叠生。单列射线数少，高 1~15 细胞。多列射线宽 2~3（偶 4）细胞；同一射线常出现 2~5 次多列部分，高 6~99（多为 25~50）细胞。射线组织异形 II 及 I 型。直立或方形射线细胞比横卧射线细胞略高或高得多；射线细胞多列部分多为卵圆形；少数细胞内含树胶；菱形晶体丰富。胞间道缺如。

材料：W9921（印）。

【木材性质】

木材具光泽；无特殊气味和滋味；纹理直，稀交错；结构细而匀。木材重；质硬；干缩很小，干缩率从生材至气干径向 1.3%；弦向 1.9%；强度中至高。

木材干燥稍慢；几个不同地区试验结果如下：在巴布亚新几内亚径锯板几乎无降等，而弦锯板在含水率降至 30% 以下就有表面裂纹倾向。在加里曼丹 40 mm 厚的板材气干需 5 个月，13mm 厚的需 3~4 个月。在巴布亚新几内亚 25 mm 厚的板材窑干从生材到含水率12%需5~6天。耐腐性中等；木材有小蠹虫危害，抗白蚁及船蛆性中等；防腐剂处理边材易浸注而心材稍差；锯、刨等加工性能良好，切面光滑；刨有时可能产生戗茬；钉钉时宜先打孔。

产　地	密　度(g/cm³)		顺纹抗压强度	抗弯强度	抗弯弹性模量	顺纹抗剪强度	
	基　本	气　干	MPa	MPa	MPa	径	弦
						MPa	
印度尼西亚		0.82:14.6% (0.942)	56.1 (59.8)	118.6 (121.6)	— —	7.7~8.5 (8.6~9.5)	

【木材用途】

用于重型建筑如桥梁、码头修建，造船如龙骨、船底板、车辆、电杆、矿柱、枕木、农用机械、运动器材、机座、汽锤垫板、家具等。

毛天料木 *H. tomentosum* Benth.

【商品材名称】

缅甸长矛木 Burma lance wood，长矛木 Lance wood，苗克剉 Myaukchaw(缅)；德凌塞姆 Delingsem(印)。

【树木及分布】

乔木，高25~30 m，枝下高13~16 m，直径0.8~1 m；分布缅甸、泰国、印度尼西亚等。

【木材构造】

管孔比天料木小(最大弦径110μm，平均85μm)，数较多(18~40 个/mm²)，多列射线宽2~5 细胞。余略同天料木。

材料：W20360(泰)。

【木材性质】

木材甚重；质硬；强度高。

产　地	密　度(g/cm³)		顺纹抗压强度	抗弯强度	抗弯弹性模量	顺纹抗剪强度	
	基　本	气　干	MPa	MPa	MPa	径	弦
						MPa	
印度尼西亚		0.96:13.7% (1.099)	67.5 (68.6)	129.7 (128.1)	14313 (13625)	9.8~10.5 (10.7)~(11.5)	
马来西亚		0.95:8.6% (1.065)	69.0 (51.0)	13 1.5 (101.9)	15098 (13251)	—	

【木材利用】

略同天料木。

无患子科
Sapindaceae Juss.

约 150 属，2000 种；分布热带及亚热带。常见商品材属有：细子龙属 *Amesioden-dron*，甘欧属 *Ganophyllum*，假山萝属 *Harpullia*，荔枝属 *Litchi*，韶子属 *Nephelium*，栾树属 *Koelreuteria*，柄果木属 *Mischocarpus*，番龙眼属 *Pometia*，无患子属 *Sapindus*，油无患子属 *Schleichera* 等。

甘欧属 *Ganophyllum* Blume

2 种，1 种分布热带西非，1 种分布菲律宾、安达曼群岛、苏门答腊、爪哇、巴布亚新几内亚及大洋洲东北部。

斜形甘欧 *G. obliquum*（Blanco）Merr.（*G. falcatum* Bl.）
（彩版 18.3；图版 85.4 ~ 6）

【商品材名称】

曼吉 Mangir，阿纳梅阿 Anamea，扩纳维 Konawe，麻拉寿罗 Marasoelo（印）；阿然根 Arangen（菲）；斯卡里阿什 Scalyash（巴新）。

【树木及分布】

大乔木，高可达 30 ~ 40m，直径 1m；分布由安达曼、东南亚、北昆士兰，巴布亚新几内亚到新不列颠和所罗门群岛，常散生在低海拔排水良好的热带雨林地区。

【木材构造】

宏观特征

木材散孔。心材黄褐至浅褐色，与边材区别不明显。边材浅黄白色至草黄色。生长轮不明显或略明显。管孔在放大镜下明显；略少至略多；大小中等；斜列或散生；内含白色沉积物。轴向薄壁组织放大镜下略见，环管状。木射线放大镜下可见；略密至密；窄。波痕及胞间道未见。

微观特征

导管横切面卵圆形，单管孔及少数径列复管孔（2 ~ 3 个）；斜列或散生；12 ~ 24 个/mm²；最大弦径 145μm；平均 105μm；导管分子长 370μm；具沉积物；螺纹加厚未见。管间纹孔式互列，多角形。穿孔板单一，平行至略倾斜。导管与射线间纹孔式似管间纹孔式。轴向薄壁组织疏环管状，环管束状，翼状，聚翼状及星散状；具分室含晶细胞，菱形晶体可达 6 个或以上。木纤维壁多数厚或薄至厚；直径 20 μm；长 1080 μm；单纹孔或略具狭缘；分隔木纤维普遍。木射线 13 ~ 16 根/mm，局部排列整齐或叠生。单列射线数多，高 1 ~ 23 细胞。多列射线宽 2 ~ 3 细胞，同一射线有时出现 2 ~ 3 次多列部分；高 6 ~ 27（多数 10 ~ 18）细胞。射线组织同形单列及多列；多列部分射线细胞多为卵圆形；树胶及晶体未见。胞间道未见。

材料：W9950，W13160，W14180（印）。

【木材性质】

木材光泽强；具不愉快气味；无特殊滋味；纹理直，有时略交错；结构细而匀。木材重；干缩大；强度中或中至高。

木材干燥性能良好，板面几乎无开裂；25 mm 厚的板材气干至纤维饱和点平均需 8 周；同样厚的板材从生材到含水率 12% 窑干需 5～8 天。耐腐；防腐剂处理边材易浸注，心材浸注很难。锯解容易，但个别木材相当硬，锯略困难；除交错纹理外，刨面光滑；木材胶粘，钉钉，油漆性能良好。木材中含有皂角苷（saponin）和其他抽提物可用作医药；锯屑可能刺激眼睛和喉咙，使皮肤过敏。

产　　地	密　度（g/cm³）		顺纹抗压强度	抗弯强度	抗弯弹性模量	顺纹抗剪强度	
	基　本	气　干				径	弦
			MPa	MPa	MPa	MPa	
印度尼西亚	0.81:12.6%	(0.923)	57.8 (55.3)	88.4 (83.2)	12549 (11740)	11.9，12.5 (12.5，13.2)	
巴布亚新几内亚	0.76:12%		58.9	105.0	13725	16.2	

【木材用途】

建筑、地板、家具、造船、车辆、农业机械、运动器材、电杆、矿柱、桩、车工等。

假山萝属 *Harpullia* Roxb.

37 种；分布于热带亚洲、非洲至大洋洲。中国云南和海南产哈莆木 *H. cupanioides* Roxb.。

乔木假山萝 *H. arborea*（Blanco）Radlk.
（彩版 18.4；图版 86.1～3）

【商品材名称】

瓦斯 Uas（菲）。

【树木及分布】

乔木；高可达 20 m；分布从印度、菲律宾、马来西亚到所罗门群岛。在菲律宾低至中海拔地带普遍生长。

【木材构造】

宏观特征

木材散孔。心材浅橘黄色。边材色浅。生长轮略明显。管孔在放大镜下明显；略少，大小中等；散生。轴向薄壁组织为轮界状，环管束状，翼状及聚翼状。木射线放大镜下可见，中至密；窄。波痕及胞间道未见。

微观特征

导管横切面卵圆形，部分略具多角形轮廓；单管孔，少数径列复管孔（2~4个），稀管孔团；散生；10~19 个/mm^2；最大弦径 135 μm；平均 105 μm；导管分子长 380 μm；侵填体未见；螺纹加厚缺如。管间纹孔式互列，多角形。穿孔板单一，平行至略倾斜。导管与射线间纹孔式类似管间纹孔式。**轴向薄壁组织疏环管状，环管束状，翼状，不规则聚翼状，轮界状及星散状；分室含晶细胞甚多，菱形晶体达 44 个或以上。木纤维壁薄；**直径 16 μm；长 830 μm；纹孔略具狭缘。木射线9~14 根/mm；非叠生。单列射线很少，高 1~11 细胞。多列射线宽 2~3（稀4）细胞，同一射线有时出现 2 次多列部分；高 5~30（多数 8~18）细胞。射线组织异形 Ⅱ 及 Ⅲ 型。直立或方形射线细胞比横卧射线细胞高或高得多；多列射线细胞多为卵圆形；具少量树胶；晶体未见。**胞间道未见。**

材料：W18854（菲）。

【木材性质】

木材光泽强；无特殊气味和滋味；纹理直或波状；结构细而匀。木材重量、硬度（端面硬度 5181N）中等；干缩小，干缩率从生材至含水率 12% 时径向 1.9%，弦向 3.9%；强度低至中。

产　　　地	密　　度（g/cm^3）		顺纹抗压强度	抗弯强度	抗弯弹性模量	顺纹抗剪强度	
						径	弦
	基　本	气　干	MPa	MPa	MPa	MPa	
菲律宾	0.60	0.61:12% (0.693)	46.2 (42.7)	98.0 (89.8)	10600 (9830)	13.4 (13.9)	

【木材用途】

一般建筑、家具、包装箱盒，大者可制胶合板。

番龙眼属 *Pometia* J. R. et G. Forst.

8 种；分布亚洲东南部。主要商品材树种有：

赤杨叶番龙眼 *P. alnifolia* Radlk. 商品材名称：卡塞 Kasai（马）。

大果番龙眼 *P. macrocarpa* Kurz。

番龙眼 *P. pinnata* Forst. 详见种叙述。

毛番龙眼 *P. tomentosa* Teysm & Binn. 商品材名称：卡塞·克特吉尔-当 Kasai Ketjll daun（印）；图高依 Tugaui（菲）；麻托阿 Matoa（印）。

以上四种木材构造相似，二列射线很少，射线组织异形单列。

瑞德番龙眼 *P. ridleyi* King 商品材名称：卡塞-当-里秦 Kasai daun lichin（马）。射线组织异形单列或异Ⅲ型。二列射线比前 4 种多。

番龙眼 *P. pinnata* Forst.
（彩版 18.5；图版 86.4~6）

【商品材名称】

卡赛 Kasai（印，马，本类木材通称）；特容 Truong（越）；麻托阿 Matoa（印）；唐 Taun（巴新）；麻芦盖 Malugai（菲，本类木材通称）；通 Toun（所罗门，本类木材通称）。卡赛-北萨-当 Kasi besar daun，兰-多恩 Lan doeng（印）；西布 Sibu（沙）。

【树木及分布】

乔木，高达 23~45 m，直径 0.6~0.9 m；分布从斯里兰卡、安达曼，经东南亚、巴布亚新几内亚到萨摩亚群岛。

本种在菲律宾有两个变形：*P. pinnata* J. R. & G. Forst. forma Pinnata 地方称麻芦盖 Malugai 和 *P. pinnata* J. R. & G. Forst. forma repanda Jacobs 地方称麻芦盖-里坦 Malugai-li-itan。

在巴布亚新几内亚产者密度变化如下：

	最小值	最大值	平均值
P. pinnata	0.54 g/cm³	0.81g/cm³	0.66 g/cm³
P. pinnata f. *glabra*	0.39 g/cm³	0.86 g/cm³	0.64 g/cm³
P. pinnata f. *pinnata*	0.53 g/cm³	0.83 g/cm³	0.71 g/cm³

【木材构造】

宏观特征

木材散孔，心材红褐色，灰红褐色，常带紫红色，通常与边材区别不明显。边材浅红褐色。生长轮略明显。管孔肉眼下可见；数少；略大；散生；具白色沉积物。轴向薄壁组织放大镜下可见；轮界状及环管状。木射线放大镜下可见；略密至密；甚窄。波痕及胞间道缺如。

微观特征

导管横切面卵圆形，略具多角形轮廓；单穿孔，少数径列（2~6 个）复管孔，稀管孔团；散生；2~5 个/mm²；最大弦径 268μm；平均 198μm；导管分子长 530μm；具树胶状沉积物。管间纹孔式互列，多角形。穿孔板单一，略倾斜。导管与射线间纹孔式类似管间纹孔式。轴向薄壁组织环管束状，似翼状，轮界状，偶星散状；部分细胞含树胶；分室含晶细胞可见，内含菱形晶体。木纤维壁薄；平均直径 21μm；平均长 1210μm；具缘纹孔多而明显；分隔木纤维普遍。木射线 8~14 根/mm；非叠生。单列射线高 1~27（多数 6~15）细胞；少数成对或 2 列；射线组织异形单列，偶异Ⅲ型。方形射线细胞与横卧射线细胞近等高或略高；射线细胞大部分含树胶；菱形晶体普遍。胞间道缺如。

材料：W18754，W19462（巴新）；W18887（菲）；W13154（印）。

【木材性质】

木材具光泽；无特殊气味和滋味；纹理直至略交错；结构细而匀。木材重量中，接近重；硬度中（端面硬度 4110 N）；干缩大，干缩率从生材至含水率12%，径向3.1%，弦向 6.1%；强度中。

产　　地	密　度（g/cm³）		顺纹抗压强度	抗弯强度	抗弯弹性模量	顺纹抗剪强度	
						径　弦	
	基　本	气　干	MPa	MPa	MPa	MPa	
马来西亚	0.58	0.735	49.3 （59.5）			13.4 （16.3）	
菲律宾	0.56	0.60：12% （0.682）	52.4 （48.4）	104 （95.3）	12800 （11900）	12.6 （13.0）	

　　木材干燥困难，因干缩率大易开裂和变形。干燥稍慢，15 mm 厚板材气干需 3 个月；40 mm 则需 5 个月。木材稍耐腐至耐腐；易感染小蠹虫及海生钻木动物危害；边材浸注性能中等，心材难浸注。木材加工容易，锯解板面光洁；胶粘，油漆，染色性能良好，蒸煮后弯曲性能良好。

【木材用途】

　　建筑上用做梁、檩条、椽子、地板、天花板、壁板等；工业上可用来造船如船壳板、船桅、车辆、农用机械、工具柄、包装箱合、一般家具、车工、玩具；纺织上用做沙管、木梭、文体用品如棒球棒、高尔夫球棒、网球拍、三角架、丁字尺、纸浆等。

油无患子属 *Schleichera* Willd.

　　1 种；分布印度、缅甸、菲律宾，马来西亚及印度尼西亚等。

油无患子 *S. trijuga* Willd. (*S. oleosa* Merr.)
（彩版 18.6；图版 87.1 ~ 3）

【商品材名称】

　　库萨姆比 Kusambi（爪哇）；克萨姆比 Kesambi（印）；锡兰橡树 Celon-oak（斯）。

【树木及分布】

　　大乔木，高可达 18m，直径 0.8m；分布同属。

【木材构造】

宏观特征

　　木材散孔。**心材浅红褐色。边材灰白，微带褐色。生长轮不明显。**管孔放大镜下明显；略少，大小中等；散生；具白色沉积物。**轴向薄壁组织放大镜下略见，离管带状。**木射线放大镜下略明显；密；甚窄至窄。**波痕及胞间道未见。**

微观特征

　　导管横切面卵圆形，单管孔及径列复管孔（2 ~ 6 个，多 2 ~ 3 个），稀管孔团；散生；6 ~ 13 个/mm²；最大弦径 155μm；平均 115μm；导管分子长 490μm；沉积物普遍；螺纹加厚未见。管间纹孔式互列，多角形，穿孔板单一，略倾斜。导管与射线间纹孔式类似。管间纹孔式。**轴向薄壁组织**量少；疏环管状，星散状；少数细胞含树胶；分室含晶细胞量多，菱形晶体可达 20 个以上。木纤维胞壁甚厚，直径 19μm；长 1160μm；单纹孔；少数细胞含树胶。木射线17～20 根/mm；非叠生。单列射线高 2～40（多数 10～20）细胞。多列射线宽 2～3 细胞，同一射线有时出现 2～3 次多列部分；高 5～65（多数 15～40）细胞。射线组织同形单列及多列。射线细胞多列部分多为圆形或卵圆形；多数细胞含树胶，具菱形晶体。胞间道未见。

材料：W14080（印）。

【木材性质】

木材具光泽；无特殊气味和滋味；纹理交错；结构细而匀；木材重量（含水率12%时密度为 0.95）、硬度及强度大至甚大。干燥困难，尤其是圆木气干要特别小心，否则开裂严重难以利用；窑干情况尚好。木材不耐腐，但在室内很耐久，不易受虫和白蚁危害；木材锯困难，切削性能尚可，切面光滑。

【木材用途】

适宜用在要求强度，韧性大的地方，如车毂、油榨、糖榨；建筑用的柱子、工具柄，1924 年在英国做小提琴琴弓展出。

山榄科
Sapotaceae Juss.

35～75 属，属的界限学者们意见不一，约 800 种；广布于热带地区。中国有 11 属，29 种，产西南部至台湾。

子京属 Madhuca J. F. Gmel.

约 85 种；分布印度、泰国、缅甸、菲律宾、马来西亚至印度尼西亚等地。主要商品材树种有：贝特子京 *M. betis*（Blco.）Merr.，倒卵叶子京 *M. obovatifolia*（Merr.）Merr.，菲律宾子京 *M. philippinensis* Merr.，绢毛子京 *M. sericea* H. J. Lam，阔叶子京 *M. latifolia*（Roxb.）Mac Br.，马来亚子京 *M. utilis*（Ridl.）H. J. Lam. 等。

菲律宾子京 *M. philippinensis* Merr.
（彩版 18.7；图版 87.4～6）

【商品材名称】

苏烈威 Sulewe，帕拉皮 Palapi（印）；麻尼里格 Manilig（菲）。

【树木及分布】

大乔木；分布菲律宾、印度尼西亚等。

【木材构造】

宏观特征

木材散孔。心材暗红褐色。边材比心材色浅。生长轮略明显，轮间介以深色带。管孔肉眼略见，放大镜下明显；少至略少；大小中等；径列。**轴向薄壁组织**放大镜下可见；离管带状（细弦线）。**木射线**放大镜下可见；略密至密；甚窄至窄。**波痕**及**胞间道**缺如。

微观特征

导管横切面卵圆形及圆形；主为径列复管孔（2~4个），少数单管孔，稀管孔团；径列；4~9个/mm²；最大弦径 190 μm 或以上，平均 146μm；导管分子长 770μm；侵填体可见；螺纹加厚缺如。管间纹孔式互列，多角形。穿孔板单一，略倾斜至倾斜。导管与射线间纹孔式为刻痕状，肾形及大圆形。**环管管胞**可见；径壁具缘纹孔类似管间纹孔式，1~2列。**轴向薄壁组织**量多；星散状，星散-聚合状及不规则短带状（单列）；薄壁细胞硅石可见；晶体未见。**木纤维**壁厚；直径 19μm；长 1660μm；纹孔数少，单纹孔或略具狭缘。**木射线** 13~16 根/mm；非叠生。单列射线高 1~14 细胞。多列射线宽 2~3（稀4）细胞；多列部分有时与单列部分等宽，同一射线有时出现 2~4 次多列部分，高 5~57（多数高 15~40）细胞。射线组织异形 Ⅱ 型。直立或方形射线细胞比横卧射线细胞高；射线细胞多列部分多为卵圆形；含少量树胶；晶体未见；硅石常见。**胞间道**缺如。

材料：W13140（印）。

【木材性质】

木材具光泽；无特殊气味和滋味；纹理略斜；结构细而匀。木材重至甚重；干缩甚大；干缩率径向 3.9%；弦向 7.3%；强度中至高。

产　　　地	密　　度（g/cm³）		顺纹抗压强度	抗弯强度	抗弯弹性模量	顺纹抗剪强度	
						径	弦
	基　本	气　干	MPa	MPa	MPa	MPa	
印度尼西亚		0.88:15.8% (1.015)	54.0 (61.0)	105.4 (113.3)	10000 (9.830)	9.8~10.3 (11.4~12.0)	

【木材用途】

木材耐腐，能抗海生钻木动物危害。适宜需要强度大和耐腐的用途。渔轮、码头修建、桥梁、枕木以及其他重型建筑，亦为工具柄、铺地木块好材料。

马来亚子京 *M. utilis* (Ridl.) H. J. Lam.
（彩版 18.8；图版 88.1~3）

【商品材名称】

比蒂斯 Bitis（马）。本类商品材除马来亚子京外，还包括瑞德胶木 *Palaquium ridleyi* K. et G. 和星芒胶木 *P. stellatum* K. et G. 等。木材甚重（气干密度 0.93~1.12 g/cm³），甚硬。

【树木及分布】

大乔木，高达 45 m，直径 0.8 m；在马来半岛及沙巴常见。

【木材构造】

宏观特征

木材散孔。心材红褐或紫红褐色；与边材区别略明显。边材色浅。生长轮不明显。管孔肉眼下略见，少至略少；大小中等；径列；侵填体丰富。轴向薄壁组织放大镜下明显；带状。木射线在放大镜下可见；密；甚窄。波痕及胞间道缺如。

微观特征

导管横切面卵圆形；径列复管孔(2~4个)及单管孔，径列；3~9个/mm²；最大弦径210μm；平均137μm；导管分子长750μm；侵填体丰富；螺纹加厚缺如。管间纹孔式互列，多角形。穿孔板单一，略倾斜。导管与射线间纹孔式大圆形及刻痕状。环管管胞可见，径壁具缘纹孔类似管间纹孔，常1~2列。轴向薄壁组织丰富；主为单列带状，间成对或2列；树胶常见，晶体未见。木纤维壁甚厚，直径20μm；长1530μm；单纹孔或略具狭缘。木射线14~19根/mm；非叠生。单列射线(极少成对或2列)高1~42(多为15~30)细胞。射线组织异形单列。直立或方形射线细胞比横卧射线细胞高或高得多；射线细胞含树胶；晶体未见，硅石常见。胞间道缺如。

材料：W19486(马)。

【木材性质】

木材具光泽；无特殊气味；滋味微苦；纹理直至略交错；结构细而匀。甚重，质很硬；干缩甚大，干缩率径向6.8%，弦向9.6%；强度甚高。

产　　　地	密　度(g/cm³)		顺纹抗压强度	抗弯强度	抗弯弹性模量	顺纹抗剪强度	
	基　　本	气　干	MPa	MPa	MPa	径　弦	
						MPa	
印度尼西亚	—	1.14:14% (1.306)	89.9 (87.7)	170.5 (170.5)	23725 (22688)	14.9~16.0 (16.4)　(17.6)	
马来西亚	0.92	1.120	90.3 (93.3)	171.5 (171)	23793 (22700)	15.4 (16.9)	

木材干燥困难，速度慢，40 mm厚板材气干需6个月；主要缺陷是倾向表面开裂，端裂并不显著。很耐腐；但变异较大，能抗白蚁，但抗海生钻木动物能力低；防腐处理心材困难，边材浸注性能中等。因木材重、硬，加工困难；但刨、旋性能良好，切面光滑。

【木材用途】

柱子、梁、搁栅、椽子、乘重地板、拼花地板、门、窗框、桥梁、码头、枕木、电杆、横担木、造船、车辆、农业机械、运动器材、工具柄、细木工等。

铁线子属 *Manilkara* Adans.

70种；产热带地区。主要商品材树种有：二齿铁线子 *M. bidentata* A. Chev，西里伯铁线子 *M. celebica* H. J. Lam.，考基铁线子 *M. kauki*(L.) Dub.，簇生铁线子 *M. fasciculata*

H. J. Lam., 迈氏铁线子 *M. merrilliana* H. J. Lam., 铁线子 *M. hexandra* Dub., 美丽铁线子 *M. spectabilis* Standl. 等。

考基铁线子 *M. kauki*(L.) Dub.
(彩版 18.9；图版 88.4~6)

【商品材名称】

萨窝克赛克 Sawo kecik (印)；萨窝-克蒂吉克 Sawo ketjik (印)；萨乌-德甲 Sawu djawa(爪哇)；替姆布瓦罗 Timbuwalo，扩梅阿 Komea(西里伯斯岛)；绍-克蒂克特 Sauh Ketjik，纳突 Natoe(印)；萨维 Sawai(缅，菲)；萨娃 Sawah(马)；凯庭 Kating(泰)。

【树木及分布】

常绿乔木，高达 12 m 或以上，树皮灰褐色，深纵裂；分布印度、缅甸、菲律宾、马来西亚及印度尼西亚等。

【木材构造】

宏观特征

木材散孔。心材深红褐或暗红褐色；与边材区别略明显。边材色浅，黄褐色。生长轮放大镜下略见。管孔放大镜下可见；略多；略小；径列。轴向薄壁组织放大镜下略明显；离管带状。木射线放大镜下可见；略密；甚窄至窄。波痕及胞间道未见。

微观特征

导管横切面为卵圆形；单管孔及径列复管孔(2~5 个，多为 2~4 个)，少数管孔链，稀管孔团；径列；17~45 个/mm²；最大弦径 76μm；平均 55μm；导管分子长 440μm；侵填体偶见；螺纹加厚缺如。管间纹孔式互列，圆形及椭圆形，部分略具多角形轮廓。穿孔板单一，略倾斜至倾斜。导管与射线间纹孔式刻痕状及大圆形。**轴向薄壁组织丰富**，为不规则带状(宽 1~4 细胞)，星散状及星散-聚合状；少数细胞含树胶；晶体丰富，多为分室含晶细胞，内含菱形晶体可达 13 个或以上。木纤维壁甚厚；直径 19μm；长 1110μm；纹孔少见。木射线 10~18 根/mm；非叠生。单列射线高 1~11 细胞。多列射线宽 2~4 细胞，单列部分有时与多列部分近等宽，同一射线有时出现 2~3 次多列部分；高 5~36(多数 10~20)细胞。射线组织异形 II 及少数 I 型。直立或方形射线细胞比横卧射线细胞高或高得多，射线细胞多列部分多为卵圆形；内含树胶，晶体未见。胞间道缺如。

材料：W9952，W13172(印)。

【木材性质】

木材具光泽；无特殊气味；滋味微苦；木材纹理直或略交错；结构甚细，均匀；重(气干密度 0.90g/cm³)；强度高(顺纹抗压强度 63.7 MPa)；木材天然耐腐性强。

【木材用途】

可做上等家具、仪器箱合、房屋建筑用的柱子、门槛；工具柄、雕刻、车工、图画板、丁字尺等。

铁线子 *M. hexandra* Dubard
(*Mimusops hexandra* Roxb; *M. indica* A. DC.)
(彩版 19.1; 图版 89.1~3)

【商品材名称】

凯拉库里 Kirakuli, 吉 Khir(印度); 克斯 Kes(柬); 克特 Ket(泰)。

【树木及分布】

小至大乔木, 在立地条件好的情况下能长成大乔木, 如在斯里兰卡直径可达 0.5m; 分布印度、泰国、斯里兰卡、柬埔寨等。

【木材构造】

宏观特征

木材散孔。心材红色, 巧克力色; 与边材区别明显。边材白色带红至褐白色。生长轮不明显。管孔放大镜下可见; 略少至略多; 略小; 径列; 侵填体丰富。轴向薄壁组织放大镜下可见; 离管带状(细弦线)。木射线放大镜下可见; 略密; 甚窄。波痕及胞间道缺如。

微观特征

导管横切面圆形, 少数卵圆形, 部分略具多角形轮廓; 主为径列复管孔(2~8 个, 多数 3~5 个), 少数单管孔, 稀管孔团; 径列; 15~24 个/mm²; 最大弦径 107μm, 平均 84μm; 导管分子长 670μm; 侵填体常见, 螺纹加厚缺如。管间纹孔式互列, 多角形。穿孔板单一, 略倾斜。导管与射线间纹孔式为大圆形及刻痕状。轴向薄壁组织丰富, 为不规则带状(宽 1~3 细胞), 星散状及星散 - 聚合状; 分室含晶细胞普遍, 内含菱形晶体可达 16 个或以上; 树胶少见。木纤维胞壁甚厚; 直径 18 μm; 长 1450μm; 纹孔可见。木射线 10~14 根/mm; 非叠生。单列射线高 1~12 细胞。多列射线宽 2(稀 3)细胞, 多列部分有时与单列部分近等宽, 同一射线内常出现 2~3 次多列部分; 高 5~36(多为 10~15)细胞。射线组织异形 I 型。直立或方形射线细胞比横卧射线细胞高或高得多, 射线细胞多列部分多为卵圆形或多角形; 部分细胞含树胶; 菱形晶体可见。胞间道缺如。

材料: W20354(泰)。

【木材性质】

木材具光泽; 无特殊气味和滋味; 纹理直至略交错; 结构甚细、均匀。甚重(密度约 1.09g/cm³); 甚硬; 强度甚高。木材干燥难以掌握, 常产生端裂和表面裂纹。木材非常耐腐, 在斯里兰卡用作门, 135 年后仍完好; 在水下用作桩材可达 100 年。木材锯困难, 尤其干燥后更是如此; 木材切面光亮。

【木材用途】

建筑用的梁、柱、码头木桩、枕木、农业机械如耙、犁、卡车、工农具柄、木槌头、燃材、尤其适用需强度大和耐久地方。

种子含油 25%, 种仁含油 47%, 油供食用及药用。

迈氏铁线子 *M. merrilliana* H. J. Lam.
(*Mimusops calophylloides* Merr.)
(彩版 19. 2；图版 89. 4 ~ 6)

【商品材名称】

杜若克-杜若克 Duyok-duyok(菲)；寇梅阿 Koemea(印)。

【树木及分布】

中乔木；一般生长通直，直径可达 0.6 m；分布菲律宾吕宋岛东海岸低海拔原始林及印度尼西亚等地。

【木材构造】

宏观特征

木材散孔。心材红褐色；与边材区别不明显。边材色浅。生长轮常不明显。管孔肉眼下不见，放大镜下较明显，数略少；大小中等；径列；具侵填体。**轴向薄壁组织在肉眼下不见，放大镜下较明显，呈离管带状(细弦线)。木射线仅在放大镜下可见；中至略密。波痕及胞间道缺如。**

微观特征

导管横切面卵圆形及圆形；略具多角形轮廓；单管孔及径列复管孔(2 ~ 5 个，多 2 ~ 4 个)；径列；7 ~ 17 个/mm²；最大弦径 145μm；平均 110μm；导管分子长 970μm；侵填体可见；螺纹加厚未见。管间纹孔式互列，多角形；纹孔口内含，透镜形。单穿孔，卵圆形或圆形；穿孔板倾斜。导管与射线间纹孔式大圆形及刻痕状，稀肾脏形。**轴向薄壁组织丰富，带状(宽 1 ~ 2 细胞，通常单列)，星散及星散-聚合状。端壁节状加厚不明显，部分细胞含树胶；分室含晶细胞量多，内含菱形晶体达 12 个或以上。木纤维壁甚厚，直径 23μm；长 1780μm；单纹孔在径壁常见。木射线 9 ~ 11 根/mm；非叠生。单列射线数多，高 1 ~ 12 细胞。多列射线宽 2(稀 3)细胞，多列部分常与单列部分近等宽，同一射线有时出现两次多列部分，高 5 ~ 22 细胞。射线组织异形 Ⅰ 型，少数 Ⅱ 型。直立或方形射线细胞比横卧射线细胞略高或高得多；射线细胞多列部分多为卵圆形或圆形，部分射线细胞含树胶；晶体未见。胞间道缺如。**

材料：W18884(菲)。

【木材性质】

木材具光泽；无特殊气味；滋味苦；纹理直或略呈波状；结构细而匀。甚重(气干密度 1.07g/cm³)；甚硬；强度甚高。木材干燥性能良好，可能有点端裂。木材耐腐。由于木材重硬，加工略困难；但切面光滑。

【木材用途】

用于桥梁，码头的桩、柱、枕木、车旋用材，工具柄等。尤其适宜需要强度大和耐久的地方。

胶木属 *Palaquium* Blanco(*Dichopsis* Thw.)

115 种以上；分布从印度至马来西亚，中国台湾产台湾胶木 *P. formosanum* Hayata

1 种。本属在马来西亚将木材分为两组：

（1）比蒂斯 Bitis：木材较重（木材密度 815～1200kg/m³），心边材区别不明显至略明显；木材紫红褐或灰紫褐色。主要树种为：瑞德胶木 *P. ridleyi* King et Gamble，星芒胶木 *P. stellatum* King et Gamble 及马来亚子京 *Madhuca utilis*（Ridl.）H. J. Lam. 等。

（2）纳托 Nyatoh：木材轻至重（密度 400～1075 kg/m³），心边材区别略明显至明显；心材浅红褐色，边材黄色带粉红。主要树种有：柯拉克胶木 *P. clarkeanum* K. et G.，固塔胶木 *P. gutta*（Hook.）Baill.，六雄蕊胶木 *P. hexandrum*（Griff.）Baill.，毛胶木 *P. hispidum* H. J. Lam，曼氏胶木 *P. maingayi* K. et G.，小叶胶木 *P. microphyllum* K. et G.，倒卵胶木 *P. obovatum*（Griff.）Engl.，吕宋胶木 *P. luzoniense.*（F. -Vill.）Vid.，菲律宾胶木 *P. philippense* Perr. C. B. Rob.，曲胶木 *P. rostratum* Burck，西马胶木 *P. semaram* H. J. Lam，瓦尔斯胶木 *P. walsurifolium* Pierre，黄胶木 *P. xanthochymum*（de Vr.）Pierre，毛特胶榄 *Ganua motleyana*（de Vr.）. Pierr ex Dubard，尖叶巴因山榄 *Payena acuminata* Pierr，李瑞巴因山榄 *Payena leerii* Kurz，光巴因山榄 *Payena lucida* DC. 等。

比蒂斯 Bitis

瑞德胶木 *P. ridleyi* King et Gamble（*P. macrocarpum* Burk）
（彩版 19.3；图版 90.1～3）

【商品材名称】

比蒂斯 Bitis（印）；纳陶 Nyatau（文）；纳托-巴图 Nyatoh batu（沙，沙捞）；纳托 Nyatoh（沙）；纳托-克拉拦 Nyatoh kelalang（沙捞）；比蒂斯-帕亚 Bitis paya（马）。

【树木及分布】

大乔木，具有高的板根，树高可达 40m，直径 1m；树干通直，树皮浅纵裂；分布马来西亚、印度尼西亚、新加坡、巴布亚新几内亚等。

【木材构造】

宏观特征

木材散孔。心材紫红褐色；与边材区别略明显。边材色浅。生长轮不明显。管孔肉眼下可见，少至略少；大小中等；径列；侵填体丰富。轴向薄壁组织放大镜下明显，呈不规则带状（细弦线）。木射线放大镜下可见；略密；甚窄。波痕及胞间道未见。

微观特征

导管横切面卵圆形，略具多角形轮廓；单管孔，少数径列复管孔（2～3 个），稀管孔团；径列；2～12 个/mm²；最大弦径 210μm，平均 160μm，导管分子长 1230μm；具侵填体；螺纹加厚未见。管间纹孔式互列；多角形。穿孔板单一，略倾斜。导管与射线间纹孔式为刻痕状，少数大圆形。轴向薄壁组织丰富，主为单列（偶成对或 2 列）带状，稀星散及星散-聚合状；含少量树胶；晶体未见。木纤维壁甚厚，直径 23μm，长 2090μm；径壁纹孔可见。木射线 9～14 根/mm；非叠生。单列（偶成对）射线高 1～27（多数 6～12）细胞。射线组织异形单列。直立或方形射线细胞比横卧射线细胞略高或高得多；细胞内含树胶，晶体未见。胞间道缺如。

材料：W14142（印）。

【木材性质】

木材具光泽；无特殊气味和滋味；纹理直或略交错；结构细而匀。木材重至甚重（在马来西亚气干密度 0.87～1.04g/cm³，平均 0.99g/cm³）；甚硬；干缩小，干缩率生材至气干径向 2.8%，弦向 4.0%；强度甚高。

产　　地	密　度(g/cm³)		顺纹抗压强度	抗弯强度	抗弯弹性模量	顺纹抗剪强度	
						径　弦	
	基　本	气　干	MPa	MPa	MPa	MPa	
印度尼西亚	0.85	:35% (1.043)	49.0 (87.4)	94.3 (157.7)	17843 (21000)	5.3～5.7 (9.6～10.4)	

木材干燥慢，40 mm 厚的板材气干需 6 个月。干燥稍有端裂，劈裂和面裂发生。木材很耐腐；防腐处理很困难。顺锯困难；横断容易至稍困难；刨稍困难，但刨面光滑。

【木材用途】

适用于所有的重型建筑，梁、柱、桥梁、码头、桩、电杆、枕木、造船、承重地板、拼花地板、木瓦等。

纳　托 Nyatoh

吕宋胶木 *P. luzoniense*(F. -Vill.) Vid. 商品材名称：纳托 Nyatoh（东南亚）；纳图-布梅-普蒂 Njatuh bume putih，寇摩 Koemo，纳托-寇梅 Nato koemeh，塞斗 Sedoe（印）。乔木，在菲律宾低至中海拔的原始林中普遍分布。木材构造，单管孔及径列复管孔（2～4个），少数管孔团；2～6 个/mm²；最大弦径 225μm.，平均 165 μm；长 770 μm；穿孔板单一，稀复穿孔（梯状，横闩 3 个）。射线组织异形Ⅱ型，稀Ⅲ型。余略同倒卵胶木。

菲律宾胶木 *P. philippense*(Perr.)C. B. Rob. 商品材名称：马拉克-马拉克 Malak malak（菲）。乔木；高 10～12m，直径可达 1.2m；主产菲律宾。木材构造，管孔多为复管孔 2～6 个，部分为管孔链，少数单独及管孔团；导管分子长 730μm；轴向薄壁组织离管带状，宽 1～2 细胞；木纤维壁薄，少数厚；长 1780μm；射线组织异形Ⅱ型。余略同倒卵胶木。

曲胶木 *P. rostratum* Burck 商品材名称：纳托 Nyatoh（沙）；勒甲陀-西当 Njatoh sidang（马）；勒甲图-普特炯 Njatuh putjung，格塔 Getah，勒剑图 Njantu，勒甲图-帕拉嘎 Njatu palaga（印）。大乔木，高可达 48m；印度尼西亚产者直径 1.75m；板根高 2～3m；分布印度尼西亚、马来西亚等地。木材构造与材性及用途略同倒卵胶木。

印度尼西亚把本类主要木材密度及强度记载如下：

毛特胶榄	*Ganua motleyana*	0.56(0.42～0.69)Ⅲ～Ⅱ级
泊克胶木	*Palaquium burckii*	0.66(0.52～0.76)Ⅱ～Ⅲ
费茹胶木	*P. ferox*	0.67(0.52～0.78)Ⅱ～Ⅲ
固塔胶木	*P. gutta*	0.71(0.61～0.91)Ⅱ
六雄蕊胶木	*P. hexandrum*	0.56(0.45～0.73)Ⅲ～Ⅱ

爪哇胶木	*P. javense*	0.48(0.45~0.51)Ⅲ
平果胶木	*P. leiocarpum*	0.73(0.61~0.79)Ⅱ
吕宋胶木	*P. luzoniense*	0.69(0.63~0.76)Ⅱ
小叶胶木	*P. microphyilum*	0.78(0.53~0.92)Ⅱ~Ⅲ
钝叶胶木	*P. obtusifolium*	0.56(0.39~0.74)Ⅲ~Ⅳ
栎叶胶木	*P. quercifolium*	0.54(0.46~0.61)Ⅲ
曲胶木	*P. rostratum*	0.61(0.48~0.76)Ⅱ~Ⅲ
瓦尔斯胶木	*P. walsurifolium*	0.66(0.56~0.84)Ⅱ~Ⅲ
尖叶巴因山榄	*Payena acuminata*	0.73(0.58~0.88)Ⅱ~Ⅲ
李瑞巴因山榄	*Payena leerii*	0.87(0.76~1.06)Ⅱ~Ⅰ
光巴因山榄	*Payena lucida*	0.77(0.73~0.82)Ⅱ

倒卵胶木 *P. obovatum* Engl.
(彩版 19.4；图版 90.4~6)

【商品材名称】

　　纳托 Nayatoh，纳托-普特 Nyatoh puteh(马)；其-古塔-配若哈 Chay gutta percha(越)；确尔恩 Chorni(柬)；卡-弄罗克 Kha-nunnok，其克欧姆 Chiknom(泰)；纳托 Nato，寇麻 Koema(印)；拉哈斯 Lahas(菲)。

【树木及分布】

　　中至大乔木，高达 36m，直径 0.8m；分布印度、缅甸、越南、柬埔寨、马来西亚等。

【木材构造】

　　宏观特征

　　木材散孔。心材粉红褐色或红褐色带紫；通常与边材区别明显。边材色浅，灰褐色。生长轮略明显。管孔肉眼可见；略少；径列；具侵填体。轴向薄壁组织放大镜下明显；离管带状。木射线放大镜下略明显；略密；甚窄至窄。波痕及胞间道不见。

　　微观特征

　　导管横切面卵圆形或圆形；单管孔及径列复管孔(2~8 个，多数 2~3 个)，稀管孔团；径列；6~13 个/mm²；最大弦径 152μm，平均 115μm；导管分子长 780μm；具侵填体。管间纹孔式互列。穿孔板单一，平行至略倾斜。导管与射线间纹孔式为刻痕状及大圆形。轴向薄壁组织离管带状，通常 1~2 细胞宽，少数细胞含树胶；分室含晶细胞普遍，内含菱形晶体。木纤维壁薄；直径 20μm，平均长 1620μm，单纹孔或略具狭缘。木射线 8~12 根/mm；非叠生。单列射线甚少，高 1~7 细胞。多列射线宽 2~3 细胞，单列部分有时与多列部分近等宽；高 5~35(多数 10~25)细胞；同一射线常出现 2~3 次多列部分。射线组织异形Ⅱ型，偶Ⅰ型。射线细胞多列部分多为卵圆形；直立或方形射线细胞比横卧射线细胞高或高得多；射线细胞含硅石及树胶。胞间道未见。

　　材料：W18960(巴新)；W18979(柬)；W20357(泰)。

【木材性质】

木材具光泽；无特殊气味和滋味；纹理直或略交错；结构细，均匀。木材重量中（气干密度 0.73g/cm³）；木材干缩小至中；强度低。

产　　地	密　度(g/cm³)		顺纹抗压强度	抗弯强度	抗弯弹性模量	顺纹抗剪强度	
	基　本	气　干	MPa	MPa	MPa	径	弦
						MPa	
泰 国		0.65:14%	29.8	82.2	6569	15.9 ~ 18.0	

木材干燥稍慢，稍有翘曲和端裂。耐腐；不抗海生钻木动物和白蚁危害。防腐处理时浸注困难。木材锯、刨等加工容易，刨面光滑。

【木材用途】

用作房梁、椽子、搁栅、门、窗、地板、天花板、造船、细木工、家具、旋切单板、胶合板等。

山榄属 *Planchonella* Pierre

100 种；产亚洲东南部、大洋洲及南美洲等。常见商品材树种有：凯特山榄 *P. thyrsoidea* C. T. White ex F. S. Walker，坚硬山榄 *P. firma* Dub.，光亮山榄 *P. nitida* Dub.，倒卵叶山榄 *P. obovata* (R. Br.) Pirre，膜质山榄 *P. membranacea* K. & H. J. Lam.，摩鹿加山榄 *P. moluccana* H. J. Lam，印尼山榄 *P. oxyedra* Dub.，洛氏山榄 *P. roxburghioides* K. & H. J. Lam. 等。

凯特山榄 *P. thyrsoidea* C. T. White ex F. S. Walker
(彩版 19.5；图版 91.1 ~ 3)

【商品材名称】

凯特 Kete(所罗门)。

【树木及分布】

大乔木，高 36 ~ 46m；广布于所罗门、新不列颠、新爱尔兰及马努阿群岛。

【木材构造】

宏观特征

木材散孔。心材浅黄白色，橘黄褐色；与边材区别常不明显。边材白色至草黄色。生长轮略明显。管孔肉眼下略见；数甚少至少；中或中至略大；径列。轴向薄壁组织放大镜下明显；离管带状。木射线放大镜下可见；略密；甚窄。波痕及胞间道缺如。

微观特征

导管横切面卵圆形，略具多角形轮廓；主为径列复管孔(2 ~ 6 个，多 2 ~ 3 个)，少数单管孔，稀管孔团；径列；0 ~ 6 个/mm²；最大弦径 225μm，平均 176μm；导管分子长 877μm。管间纹孔式互列，多角形。穿孔板单一，平行或略倾斜。导管与射线间纹孔式大圆形及刻痕状。轴向薄壁组织离管带状(常宽 1 ~ 2 细胞)，稀星散状；部分薄壁细胞内含沉积物。木纤维壁甚薄，平均直径29μm；平均长1560μm；纹孔数多，而明显，略具狭缘。木射线10~12根/mm；非叠生。单列射线少，高1~17（多数5~8）细胞。多列射线宽2（偶3）细胞；高6~50（多数10~30）细胞，同一射线有时出现两次多列部分。射线组织异形Ⅱ型，少数Ⅰ型。直立或方形射线细胞比横卧射线细胞高或高得多；多列部分射线细胞近菱形；树胶及晶体未见。胞间道缺如。

材料：W18958（巴新）。

【木材性质】

木材具光泽；无特殊气味和滋味；纹理直；结构细而均匀。木材轻（气干密度0.4~0.45g/cm³）；干缩小；强度低。干燥性能良好，窑干无开裂和翘曲倾向。木材不耐腐，有蓝变倾向，不抗小蠹虫和白蚁危害，防腐处理容易。锯、刨等加工容易；胶粘性能良好。

【木材用途】

建筑、家具、胶合板、仪器箱盒、纸浆、木桶、玩具、车旋材等。

海桑科
Sonneratiaceae Engle. & Gilg

本科有八宝树属 *Duabanga* 和海桑属 *Sonneratia* 2 属，8 种；分布热带亚洲、非洲、大洋洲及太平洋西部地区。

八宝树属 *Duabanga* Buch-Ham

有八宝树 *D. grandiflora* Walp.，摩鹿加八宝树 *D. moluccana* Blume，细花八宝树 *D. taylorii* Tay. 3 种；分布从印度至马来西亚。前一种中国云南亦产；最后一种中国海南有引种。

摩鹿加八宝树 *D. moluccana* Blume
（彩版 19.6；图版 91.4~5）

【商品材名称】

北囊-拉基 Benuang laki（印）；麻嘎萨维 Magasa wih（马）；罗克托布 Loktob（菲）；麻嘎斯 Magas，塔嘎哈斯 Tagahas（沙）；北拉姆班 Berambang（文）；菲 Phay（越）；叠姆-赤霍又铁 Dem chhoeuter（柬）；便德波拉 Banderbola（巴基斯坦）；列姆帕蒂 Lampati（缅，印）；苗肯戈 Myaukngo（缅）。

【树木及分布】

乔木，直径可达 1 m，通常 0.5~0.6 m；分布菲律宾、沙巴、沙捞越、印度尼西亚等。

【木材构造】

宏观特征

木材散孔。心材灰褐色或浅黄褐色。边材草黄色；宽可达 10cm。生长轮不明显。管孔肉眼可见；数少；大；散生；具侵填体。轴向薄壁组织放大镜下可见；傍管状。木射线放大镜下可见；中至略密；甚窄。波痕及胞间道未见。

微观特征

导管横切面卵圆形；单管孔及径列复管孔（2 个）；散生；1～4 个/mm²；最大弦径 325μm；平均 272μm；导管分子长 810μm；侵填体丰富；螺纹加厚缺如。管间纹孔式互列，多角形；系附物纹孔。穿孔板单一，略倾斜。导管与射线间纹孔式刻痕状及大圆形。轴向薄壁组织环管束状（鞘宽 2～4 细胞），部分侧向伸展呈翼状或聚翼状；树胶及晶体未见。木纤维壁薄；直径 31μm；长 1650μm；纹孔略具狭缘。木射线 7～10 根/mm；非叠生。单列射线多，高 1～32（多数 8～18）细胞。多列射线甚少，宽 2 细胞；高略同单列射线。射线组织异形Ⅲ型及Ⅱ型。直立或方形射线细胞比横卧射线细胞略高。射线细胞多列部分常为椭圆形；内含少量树胶，晶体未见。胞间道缺如。

材料：W13200（印）。

【木材性质】

木材具光泽；无特殊气味和滋味；纹理直或略交错；结构略粗，均匀。木材轻；软；强度低。

产　　　地	密　度(g/cm³)		顺纹抗压强度	抗弯强度	抗弯弹性模量	顺纹抗剪强度	
	基　本	气　干				径	弦
			MPa	MPa	MPa	MPa	
印度尼西亚	0.36	:29.4% (0.434)	18.9 (32.2)	31.7 (59.4)	6569 (7840)	4.1～4.2 (4.9～5.0)	
菲律宾	0.37	(0.446)	19.6 (33.4)	43.0 (61.0)	7800 (8100)	5.74 (8.40)	

干燥快而好，在室外易感染虫害和变色；防腐处理边材易浸注；心材浸注性能中等。木材不含硅石，锯不困难，但表面有发毛倾向，加工容易，由于太软表面加工很光滑困难。新鲜材旋切和胶粘性能良好；钉钉容易，握钉力弱。

木材利用

单板、胶合板、纸浆、室内装修、火柴、鱼网浮子等。

八宝树 *D. grandiflora* Walp.
(*D. sonneratioides* Ham.)
(彩版 19.7；图版 92.1～3)

【商品材名称】

麻嘎萨维 Magasawih（马）；列姆帕蒂 Lampati（缅，印）；菲 Phay（越）；佩达塔-布基特 Pedata bukit，北瑞姆班-布基特 Berembang bukit（马）；阿麻斯 Amas（印）；班德波拉

Banderbola（巴）；罗克托 Loktoh（菲）；塔诺 Tawo（印）。

【树木及分布】

　　大乔木，高达 25～30m，枝下高 15～24 m，直径 1～1.2 m；产巴基斯坦、印度、缅甸、越南、柬埔寨、菲律宾、马来西亚（仅产马来半岛）及印度尼西亚等。中国云南亦产。

【木材构造】

　　宏观特征

　　木材散孔。心材灰黄褐色微带绿；与边材区别不明显。边材色浅。生长轮不明显。管孔肉眼可见至明显；数少；中至略大；散生；侵填体未见。轴向薄壁组织放大镜下可见；傍管状。木射线放大镜下可见；中至略密；甚窄。波痕及胞间道缺如。

　　微观特征

　　导管横切面卵圆形；单管孔及径列复管孔（2～3 个）；散生；1～4 个/mm²；最大弦径 280μm 或以上，平均 210μm；导管分子长 650μm。侵填体未见；螺纹加厚缺如。管间纹孔式互列，多角形；系附物纹孔。穿孔板单一，平行至略倾斜。导管与射线间纹孔式为刻痕状及大圆形。轴向薄壁组织为环管束状（鞘宽 2～4 细胞），2～3 个管孔相邻似聚翼状；树胶少见，晶体未见。木纤维壁薄；直径 27μm；长 1460μm；单纹孔或略具狭缘。木射线 8～12 根/mm；非叠生。单列射线数多，高 1～26（多数 5～15）细胞。多列射线宽 2（偶 3）细胞，有时多列部分与单列部分近等宽；高 6～35（多数 8～22）细胞，同一射线有时出现 2～3 次多列部分。射线组织异形Ⅱ及Ⅰ型。直立或方形射线细胞比横卧射线细胞高或高得多；射线细胞多列部分多为椭圆形或多角形；部分细胞含树胶，晶体可见。胞间道缺如。

　　材料：W15281（缅）。

【木材性质】

　　木材光泽弱；微具难闻气味；无特殊滋味；纹理直；结构中，均匀。木材轻而软；干缩大，干缩率从生材至气干径向 3.9%，弦向 6.6%；强度低。

　　木材干燥容易；不耐腐，易被白蚁危害；防腐处理不易。木材切削容易；油漆后光亮性差；胶粘容易；握钉力弱。

产　　地	密　度(g/cm³)		顺纹抗压强度	抗弯强度	抗弯弹性模量	顺纹抗剪强度	
						径	弦
	基　本	气　干	MPa	MPa	MPa	MPa	
马来西亚		0.45∶11.8% (0.511)	38.0 (34.7)	63.2 (62.6)	8235 (7063)	— —	

【木材用途】

　　制造普通胶合板、家具、包装箱盒、独木舟、纸浆、绝缘材料等。

海桑属 *Sonneratia* L. f.

　　5 种；分布热带海岸，从非洲东部、马达加斯加、海南岛、琉球群岛、马来西亚、新赫布里斯岛、所罗门群岛及大洋洲北部等广大地区。主要商品材树种有：杯萼海桑 *S. alba* J. Smith.，海桑 *S. caseolaris*(L.) Engler，卵形海桑 *S. ovata* Baker。前2种中国福建、广东亦有分布。

杯萼海桑 *S. alba* J. Smith.
(彩版 19.8；图版 92.4～6)

【商品材名称】

佩瑞帕特-劳特 Perepat laut(印，沙)；佩纳塔 Penata(沙)；佩瑞帕特 Perepat(马，沙，文)；巴隆姆波 Balombo，贝若帕 Beropa，波隆姆波-佩若帕 Balombo Peropa(印)；帕嘎特-帕特 Pagat pat(菲)。

【树木及分布】

乔木，高 15～24m，直径 0.5～1m；分布从东非经东南亚大陆，大洋洲北部向东到新喀里多尼亚等地。

【木材构造】

宏观特征

木材散孔。心材灰红褐到巧克力褐色；与边材区别常不明显。边材色浅，灰褐色。生长轮不明显。管孔肉眼下略见；略少至略多；大小中等。轴向薄壁组织未见。木射线放大镜下略见；略密至密；甚窄。波痕及胞间道缺如。

微观特征

导管横切面卵圆形；略具多角形轮廓；单管孔及径列复管孔(2～5个，多为2～3个)；17～25个/mm²；最大弦径142μm；平均100μm；导管分子长520μm；具侵填体，螺纹加厚缺如。管间纹孔式互列，多角形，系附物纹孔。穿孔板单一，平行至略倾斜。导管与射线间纹孔式类似管间纹孔式及刻痕状。轴向薄壁组织缺如。木纤维壁薄或薄至略厚；直径25μm；长1100μm；单纹孔；分隔木纤维普遍。木射线10～15根/mm；非叠生。射线单列(极少成对或2列)，高1～24(多数8～15)细胞。射线组织异形单列。直立或方形射线细胞比横卧射线细胞略高；射线细胞多含树胶，菱形晶体数多，常位于方形射线细胞中。胞间道缺如。

材料：W13164，W14196，W18722(印)。

【木材性质】

木材光泽弱；无特殊气味和滋味；纹理直或略交错；结构细而匀；木材密度中至大(马来西亚产气干密度 0.67g/cm³，印度尼西亚为 0.78g/cm³)；干缩甚小，干缩率从生材至气干径向 0.8%，弦向 1.6%；强度中等。木材干燥几无翘曲和开裂；天然耐久性中等，能抗海生钻木动物危害，有受白蚁危害倾向；与铁接触易腐蚀；木材不含硅石，加工性能良好，加工面光滑。

【木材用途】

木材供建筑如梁、柱、地板、室内装修、家具、细木工、矿柱、枕木、运动器材、造船、纸浆、枪托，为优良薪炭材。

梧桐科
Sterculiaceae Vent.

约 68 属，1100 种；分布世界热带地区。

银叶树属 *Heritiera* Dryand.

35 种；分布热带西非，印度至马来西亚、大洋洲及太平洋地区。

本属在生产上最常见的为盾棍 Dungun 和孟库廊 Mengkulang 两类商品材。

1. 盾棍 Dungun

银叶树 *H. litioralis* Dryand. 地方名称：盾棍 Dungun（马）；盾恭-拉特 Dungon-late（菲）；卡纳佐 Kanazo（缅）；孙达瑞 Sundri（印）；多恩够 Doengoe，佩肉帕-卡剖特 Peropa kapoete，乳姆 Roemoe，塔罗恩刚 Taloengang（印）；桂 Cui（越）；勒嘎万凯 Ngawan Kai（泰）。乔木，直径可达 0.8 m；具较高的板根。分布马来西亚、印度尼西亚及菲律宾等。心材红褐色，紫褐至暗褐色；与边材界限不明显。边材浅褐色或浅红褐色。木材构造除木纤维壁略厚至厚；射线局部叠生，射线组织为异形Ⅲ型外，其余略同爪哇银叶树。纹理交错或不规则；结构细而匀。木材重至甚重（气干密度 785 ~ 1170 kg/m³），干缩中，干缩率从生材至气干径向 2%，弦向 4.5%；强度中等（顺纹抗压 48.3 MPa）。木材干燥困难，主要缺陷是端裂和面裂；稍耐腐；因具沉积物和侵填体，浸注可能不易；因含硅石，锯和其他加工困难；车旋性能良好。主要用于造船和房屋建筑的柱子。

2. 孟库廊 Mengkulang

黄银叶树 *H. aurea* Kost. 地方名称：孟库廊-西普-克卢盎 Mengkulang sipu keluang（文）；孟库廊 Menkulang（沙）。乔木，高可达 20 m，直径 0.6 m；具板根。树木易与 *H. simplicifolia* Kost. 相混淆。

婆罗洲银叶树 *H. boneensis*（Merr.）Kost. 地方名称：孟库廊 Mengkulang（马来西亚）。木材构造、性质与用途略同 *H. javanica*（Bl.）Kost. 。

高银叶树 *H. elata* Ridl. 地方名称：孟库廊 Mengkulang（马来西亚）。导管弦径平均小于 200μm；射线组织为异形Ⅱ型；轴向胞间道未见。余略同爪哇银叶树 *H. javanica*（Bl.）Kost. 。木材纹理交错或不规则；结构细而匀；木材重（边材气干密度 0.79 g/cm³）。

爪哇银叶树 *H. javanica*（Bl.）Kost. 详见种叙述。

单银叶树 *H. simpilcifolia*（Mast.）Kost. 地方名称：孟库廊 Mengkulang（马，文莱）；孟库廊-希库-克卢盎 Mengkulang siku Keluang（马）；特拉林 Teraling（印尼）。乔木，在沙巴分布很普遍，树形极好；高达 45 m；直径可达 0.8 m 或以上，具有大的板根，分布马来西亚、印度尼西亚等地。木材构造、性质及用途略同爪哇银叶树 *H. javanica*（Bl.）Kost. 。木材重量中等（气干密度沙巴产者 0.65；马来西亚及印度尼西亚产者 0.75 g/cm³）。

苏门答腊银叶树 *H. sumatra*(Miq.)Kost. 地方名称：孟库廊 Mengkulang(马来西亚，沙巴，文莱)。乔木，直径可达 0.7 m.，具大的板根。

爪哇银叶树 *H. javanica*(Bl.)Kost.
(彩版 19.9；图版 93.1~3)

【商品材名称】

孟库廊 Mengkulang(马，沙)；孟库廊-加瑞 Mengkulang jari(马)；克姆班 Kembang (沙巴)；路姆巴尧 Lum bayau(菲)；冲姆-福芮克 Chum phraek(泰)；普拉皮 Palapi (印)。

【树木及分布】

大乔木，高可达 42 m，直径 1 m，枝下高可达 24 m，树皮灰褐，鳞片状脱落。分布从印度向东经泰国、马来西亚、菲律宾到印度尼西亚的西里伯斯岛。

【木材构造】

宏观特征

木材散孔。心材浅红或红褐色，有时具黑色条纹；与边材区别有时明显。边材色浅，黄褐色；宽 8~12.5 cm。生长轮略明显。管孔肉眼下可见；少至略少；大小中等；散生；树胶偶见。轴向薄壁组织在放大镜下略见；环管状及轮界状。木射线放大镜下可见；密度中；略宽。波痕不见。胞间道放大镜下可见；呈细弦线。

微观特征

导管横切面卵圆形，略具多角形轮廓；单管孔及径列复管孔(2~3 个，稀 4 个)，少数管孔团；散生；0~4 个/mm²；最大弦径 320μm；平均 234μm；导管分子长 426μm；部分导管内具树胶；螺纹加厚未见。管间纹孔式互列，多角形。穿孔板单一，平行或略倾斜。导管与射线间纹孔式类似管间纹孔式。轴向薄壁组织丰富；局部叠生；为不规则离管带状(宽常 1，偶 2 细胞)，星散-聚合状，星散状，轮界状，疏环管状及环管束状。部分细胞含硅石；晶体可见。木纤维壁薄；局部叠生；平均直径 21μm，平均长 1694μm；具缘纹孔明显。木射线 4~7 根/mm；窄射线叠生。单列射线高 1~6 细胞。多列射线宽 2~9(多数 5~7)细胞；高 8~60(多数 15~40)细胞。射线组织异形Ⅱ及Ⅲ型。直立或方形射线细胞比横卧射线细胞高或高得多；射线细胞多列部分常呈六角形或卵圆形；具鞘细胞。射线细胞充满树胶；具硅石；菱形晶体可见。胞间道轴向创伤者可见；单独，呈弦向排列。

材料：W20392(泰)。

【木材性质】

木材具光泽；无特殊气味和滋味；纹理直至略交错；结构中而匀。木材重量中等；质软，端面硬度 3193 N；干缩小，干缩率从生材到含水率 15%，径向 1.3%，弦向 3.0%；强度中。

木材干燥快，40 mm 厚板材从生材至气干只需 3 个月；干燥有翘曲和开裂倾向；窑干性能良好，但速度快时亦有翘曲现象；木材稍耐腐；边材有粉蠹虫危害，心材具抵抗能力；防腐处理难；加工性能中等；因含硅石，锯稍困难，有钝锯倾向；半径切面刨可避免戗茬，通常刨面光滑，旋切，油漆性能良好。

产　　　地	密　度(g/cm³)		顺纹抗压强度	抗弯强度	抗弯弹性模量	顺纹抗剪强度	
						径　弦	
	基　本	气　干	MPa	MPa	MPa	MPa	
马来西亚	0.52	0.64	31.8	68	10600	9.8	
			(50.3)	(92)	(12200)	(11.7)	

【木材用途】

用于房屋建筑、室内装修、门、窗、地板、造船甲板、枕木、车辆、家具、胶合板、纸浆及运动器材如标枪等。

鹧鸪麻属 *Kleinhovia* L.

只有鹧鸪麻 *K. hospita* L. 1 种；分布于东非和热带亚洲。

鹧鸪麻 *K. hospita* L.
(彩版 20.1；图版 93.4~6)

【商品材名称】

坦-阿格 Tan-ag(菲)；贡托格 Gontoge，侯恩塔克 Hoentake，卡蒂莫霍 Katimoho，托寇罗 Tokoelo(印)；蒂麻哈 Timahar，蒂满哈尔 Timangal(沙)。

【树木及分布】

乔木，高达 20 m，直径 0.4 m；树皮灰黄褐色；分布从印度、菲律宾至马来西亚和热带非洲均有。中国海南和台湾亦产。

【木材构造】

宏观特征

木材散孔。心材浅黄色；与边材区别不明显。边材色浅。生长轮在肉眼下可见或明显。管孔在肉限下略见，少至略少；大小中等；单管孔及短径列复管孔；径列或散生。轴向薄壁组织在放大镜下略见，带状(呈短弦线)。木射线放大镜下略明显；密度中等；窄或略宽。波痕隐约可见。胞间道未见。

材料：W14132(印)。

微观特征

导管卵圆形；径列复管孔(2~5 个)及单管孔，少数管孔团；径列；4~16 个/mm²；最大弦径 150μm，；平均 115μm，导管分子长 420μm；侵填体及树胶未见，螺纹加厚缺如。管间纹孔式互列，多角形。穿孔板单一，平行至略倾斜。导管与射线间纹孔式类似管间纹孔式。轴向薄壁组织叠生；为星散状，星散-聚合状及环管状；薄壁细胞含少量树胶；晶体未见。木纤维壁薄，叠生，平均直径 23μm；平均长度 1210μm；具缘纹孔明显，数多。木射线 5~8 根/mm，局部排列规则。单列射线高 1~14(多数 5~10)细胞。多列射线宽 2~5(多数 3~4)细胞；高 5~30(多数 10~20)细胞。射线组织异形 Ⅱ 型及

Ⅲ型。直立射线细胞比横卧射线细胞高得多；瓦状细胞数多（榴莲型）；射线细胞多列部分常为多角形；部分细胞含树胶；晶体普遍，位于直立或方形射线细胞中。**胞间道未见。**

　　材料：W14132（印）。

【木材性质】

　　木材具光泽；无特殊气味和滋味；纹理直；结构细而匀。木材轻；硬度中，端面硬度5790N；干缩小，干缩率从生材至含水率12%，径向2%，弦向3.2%；强度低。

产　地	密　度(g/cm^3)		顺纹抗压强度	抗弯强度	抗弯弹性模量	顺纹抗剪强度	
	基　本	气　干	MPa	MPa	MPa	径	弦
						MPa	MPa
菲律宾	0.50	0.52:12% (0.591)	35.5 (32.8)	82.1 (75.1)	8922 (7570)	8.24 (8.52)	

　　木材干燥容易；伐后，及时干燥，否则易变色；有白蚁和蠹虫危害，室内装修用相当耐久；容易加工，加工后表面光滑，油漆后不光亮，易钉钉，握钉力弱。

【木材用途】

　　用作一般木器，木屐，渔网浮子，纸浆和造纸的好原料。

　　树皮富纤维质可用来作绳子，据说在雨天用相当耐久。树皮可用毒鱼；树皮和树叶均可入药。

马松子属 *Melochia* L.

　　54种；分布世界热带地区。中国有马松子 *M. corchorifolia* L.，产东南部和南部。

伞形马松子 *M. umbellata*（Houtl.）Stapt.
（ *M. velutina* Wall.）
（彩版20.2；图版94.1~3）

【商品材名称】

　　拉巴若 Labayo（菲）。

【树木及分布】

　　小乔木，高达10 m，直径0.2 m或以上；分布从印度至巴布亚新几内亚。

【木材构造】

宏观特征

　　木材散孔。边材灰白色（心材未见）。生长轮略明显。管孔肉眼下可见；略少；大小中等；散生。轴向薄壁组织不见。木射线放大镜下可见；略密；窄。波痕未见。胞间道缺如。

微观特征

　　导管横切面卵圆形，略具多角形轮廓；单管孔及径列复管孔（2~4个），管孔团偶见；散生；5~11 个/mm²；最大弦径 195μm；平均 140μm；导管分子长 430μm；侵填体未见；螺纹加厚缺如。管间纹孔式互列，多角形、穿孔板单一，平行至略倾斜。导管与射线间纹孔式类似管间纹孔式。轴向薄壁组织数少，疏环管状；部分薄壁细胞含树胶；晶体未见。木纤维壁薄；直径 28μm；长 1100μm；单纹孔或略具狭缘。木射线 10~13 根/mm；非叠生。单列射线高 1~13 细胞。多列射线宽 2~4(多 2~3)细胞；单列部分有时与多列部分近等宽，同一射线有时出现 2 次多列部分。高 7~57(多数 10~25)细胞。射线组织异形 II 型，稀 I 型。直立或方形射线细胞比横卧射线细胞高或高得多；瓦状细胞翻白叶形。射线细胞多列部分多为卵圆形；部分细胞含树胶，晶体未见。胞间道未见。

材料：W18881，W18905(菲)。

【木材性质】

木材具光泽；无特殊气味和滋味；纹理直；结构细，均匀。木材轻而软；干缩小；强度低。木材干燥容易；无严重缺陷；不抗白蚁和粉蠹虫危害，但标本上未见虫孔。木材锯、刨等加工容易，刨面光滑，钉钉容易，不劈裂。

【木材用途】

用于包装箱盒、蓄电池隔电板、硬质纤维板、纸浆、火柴、木屐、生活器具等。

翻白叶属 *Pterospermum* Schreb.

43 种；分布热带亚洲。常见商品材树种有：

翅子树 *P. acerifolium* Willd. 商品材名称：班脚若-萨必 Banjoro sabe，班戈若 Bangoro，麻夜雷 Mayene(印)；堂佩特翁 Taungpetwun(缅)。木材构造略同爪哇翻白叶。

大果翻白叶 *P. diversifolium* Bl. 商品材名称：巴又 Bayur(马)；巴又-里塔克 Bayor litak(沙巴)；巴约克 Bayok(菲)；巴又艾兰 Bajur elang，探基林干 Tenggilingan(印尼)；洪曼 Hong mang(越)。乔木，高达 35 m，直径 0.6 m；产印度、越南、菲律宾、马来西亚、印度尼西亚及中国。导管最大弦径 160μm，平均 120μm；木纤维壁薄至略厚；轴向分子及木射线均叠生；波痕明显。余略同爪哇翻白叶。木材重量中等(含水率 15% 时，密度 0.676 g/cm³)；术材质硬；强度中等(顺纹抗压强度为 55.8 MPa)。木材可用于建筑、造船、农业机械，防腐处理后可作枕木、坑木、垒球棒等。

爪哇翻白叶 *P. javanicum* Jungh. 详见种叙述。

台湾翻白叶 *P. niveum* Vid. 商品材名称：巴约克-巴约刊 Bayok-bayokan(菲)。小乔木，分布菲律宾等地。木材轻(含水率 12% 时密度 0.54g/cm³)；干缩甚大，干缩率生材至含水率 12%，径向 4.2%，弦向 8.4%。强度中(顺纹抗压 46.1 MPa，抗弯强度 99 MPa)。

斯塔翻白叶 *P. stapfianum* Kurz 商品材名称：巴又 Bajur，里塔克 Litak(沙巴)；巴哟 Bajor，巴又 Bajur(文)。木材构造除创伤轴向胞间道可见外；余略同爪哇翻白叶。

爪哇翻白叶 *P. javanicum* Jungh. （*P. blumeanum* Korth.）
（彩版 20.3；图版 94.4~6）

【商品材名称】

巴又 Bayur，克达 Kedah（马）；巴又-比阿萨 Bajur biasa（印）。

【树木及分布】

中至大乔木，高可达 42m，直径达 1m，树皮灰色，光滑至不明显的开裂；分布缅甸、泰国、马来西亚、爪哇、苏门答腊、加里曼丹等。

【木材构造】

宏观特征

木材散孔。心材浅红褐色。边材色浅。生长轮明显。管孔肉眼可见，少至略少；大小中等；单管孔，少数径列复管孔，径列或散生；具侵填体。轴向薄壁组织仅在放大镜湿切面上可见，不规则短弦线。木射线在放大镜下明显，中至略密；窄。波痕不明显。胞间道未见。

材料：W9955，W14190（印）。

微观特征

导管在横切面卵圆形；单管孔及径列复管孔（2~3 个，稀至 8 个），少数管孔团；径列或散生；6~10 个/mm^2；最大弦径 245μm，平均 190μm，导管分子长 470μm；近叠生；侵填体未见；螺纹加厚缺如。管间纹孔式互列。穿孔板单一，平行或略倾斜。导管与射线间纹孔式类似管间纹孔式。轴向薄壁组织量多；叠生；星散-聚合（常宽 1 细胞与 1~3 木纤维细胞相间排列），星散状，疏环管状及环管束状；少数细胞含树胶；晶体未见。木纤维壁薄，叠生；直径 25μm；长 1860μm；具缘纹孔明显。木射线 8~12 根/mm；局部叠生。单列射线高 1~13 细胞。多列射线宽 2~4（多数 2~3）细胞，2 列部分常与单列部分等宽；高 6~32（多数 10~20）细胞。同一射线常出现 2~多次多列部分。射线组织异形 II 型。射线细胞有两种类型；多列部分小者为卵圆形或圆形；直立或方形射线细胞比横卧射线细胞高或高得多；瓦状细胞翻白叶型。部分细胞含树胶；晶体未见。胞间道未见。

材料：W14190（印）。

【木材性质】

木材具光泽；无特殊气味和滋味；纹理直；结构细而匀。木材轻；质软；干缩小，干缩率从生材至气干径向 2.0%，弦向 3.7%；强度低。

产　　地	密　度(g/cm^3)		顺纹抗压强度	抗弯强度	抗弯弹性模量	顺纹抗剪强度	
	基　本	气　干				径	弦
			MPa	MPa	MPa	MPa	
马来西亚	0.42	0.50	28.8 (35.5)	54 (68)	7500 (7000)	7.0 (8.6)	

木材干燥快，几无缺陷。不耐腐。锯、刨等加工容易，切面光滑。

【木材用途】

用作胶合板、家具、高级细木工、包装箱合；房屋建筑如房架、室内装修门、窗及天花板、地板等。

翅苹婆属 *Pterygota* Schott et Endl.

约20种；分布热带亚洲和热带非洲。常见商品材树种有：翅苹婆 *P. alata*（Roxb.）R. Br.，西非翅苹婆 *P. bequaertii* D. Wild，霍氏翅苹婆 *P. horsfieldii* Kosterm.，大果翅苹婆 *P. macrocarpa* K. Schum. 等。中国只有翅苹婆 *P. alata*（Roxb.）R. Br. 1 种。

霍氏翅苹婆 *P. horsfieldii* Kosterm.
（彩版 20.4；图版 95.1~3）

【商品材名称】

凯萨 Kasah（马）；白图里普栎 White tulip oak（巴新）；翅苹婆 Pterygota，衣姆帕 Impa（新几内亚岛）。

【树木及分布】

大乔木，高可达 40m，直径 1.5m；分布印度尼西亚、马来西亚、巴布亚新几内亚等。

【木材构造】

宏观特征

木材散孔。心材浅黄至浅褐色；与边材区别不明显。边材乳白，草黄色。生长轮不明显。管孔肉眼可见；数少；略大；散生；侵填体未见，树胶可见，轴向薄壁组织放大镜下明显，傍管带状。木射线在肉眼下明显；数少；宽。波痕略见。胞间道未见。

微观特征

导管横切面圆形及卵圆形；单管孔及径列复管孔（2~4 个），少数管孔团；散生；0~4 个/mm²。最大弦径 330μm，平均 227μm；导管分子长 442μm。侵填体及螺纹加厚未见。管间纹孔式互列，密集，多角形。穿孔板单一，略倾斜，导管与射线间纹孔式似管间纹孔式。轴向薄壁组织叠生；较丰富；傍管带状（宽 2~6 细胞）；树胶很少，菱形晶体可见。木纤维叠生；壁薄至厚，直径 23μm；长 1833μm；具缘纹孔略明显。木射线 3~4 根/mm；非叠生。单列射线高 3~19（多数 5~10）细胞。多列射线宽 2~11（多数 5~8）细胞；高至许多细胞。射线组织异形 II 型。直立或方形射线细胞比横卧射线细胞高或高得多。射线细胞多列部分多为卵圆及椭圆形，略具多角形轮廓；具鞘细胞；瓦状细胞翻白叶型。含少量树胶；菱形晶体普遍，位于直立或方形细胞中。胞间道未见。

材料：WT9788（马来西亚编号）。

【木材性质】

木材具光泽；无特殊气味和滋味；纹理直至略交错；结构中至粗；重量中等；干缩中至大；强度中等。

产　地	密　度（g/cm³）		顺纹抗压强度	抗弯强度	抗弯弹性模量	顺纹抗剪强度
	基　本	气　干				径　弦
			MPa	MPa	MPa	MPa
马来西亚	0.48	0.575	27.6 （45.8）	51 （84）	9200 （11100）	7.3 （10.8）

　　木材干燥不难，25 mm 厚板材窑干需 5 天；有表面裂倾向。不耐腐或略耐腐；木材易蓝变和受白蚁、小蠹虫危害；防腐剂处理容易。木材锯、刨等加工略易；油漆，染色，胶粘性能良好。

【木材用途】

　　用于一般建筑、室内装修、家具、包装箱、单板、胶合板、雕刻、玩具、车旋制品等等。防腐处理后可做枕木、电杆等。

船形木属 *Scaphium* Endl.

　　有婆罗洲船形木 *S. borneensis*，线形船形木 *S. linearicarpum* Ridl.，长叶船形木 *S. longifolium* Ridl.，大柄船形木 *S. macropodum*（Miq.）Beumee ex Heyne（*S. affine* Pierre），长柄船形木 *S. longipetiolatum*，船形木 *S. scaphigerum* 6 种；分布泰国、马来西亚及印度尼西亚等。

大柄船形木 *S. macropodum*（Miq.）Beumee ex Heyne
（彩版 20.5；图版 95.4~6）

【商品材名称】

　　桑姆容 Samrong（泰）；开姆班-塞芒扩克 Kembang semangkok（马）；卡帕斯-卡帕三 Kapas kapasan（印）。

【树木及分布】

　　落叶大乔木；分布泰国、马来西亚及印度尼西亚等。

【木材构造】

宏观特征

　　木材散孔。心材灰黄褐色到浅褐色；与边材区别不明显。边材比心材色略浅。生长轮肉眼下略明显。管孔肉眼可见，数甚少至少；大小中等；散生；侵填体未见；树胶或沉积物偶见。轴向薄壁组织放大镜下明显；环管状，翼状，聚翼状、带状及轮界状。木射线分宽、窄两类；宽射线肉眼可见；窄射线仅放大镜下才见；稀至中；甚窄至宽。波痕不明显。胞间道创伤者偶见。

微观特征

　　导管横切面圆形，少数卵圆形；单管孔，少数径列复管孔（2~3 个），稀管孔团；散生；1~3 个/mm²；最大弦径 245μm；平均 216μm；导管分子长 470μm；叠生。侵填体未见；螺纹加厚未见。管间纹孔式互列，多角形。穿孔板单一，平行至略倾斜。导管与射线间纹孔式类似管间纹孔式。**轴向薄壁组织环管束状，翼状，聚翼状，轮界状及带状**（宽3~8细胞）；叠生；内含硅石；晶体未见。**木纤维壁薄**；叠生；直径32μm；长1470μm；单纹孔，数多。**木射线4~8根/mm**；单列射线局部叠生。射线分宽窄两类：①窄射线数多，叠生；宽1~2细胞；高1~15（多数5~10）细胞。②宽射线宽6~15细胞或以上；高25~许多细胞。射线组织异形Ⅱ型，稀Ⅲ型。直立或方形射线细胞比横卧射线细胞高；射线细胞多列部分多为卵圆形，硅石丰富，晶体未见。**胞间道创伤者偶见**。

　　材料：W20661（马）。

【木材性质】

　　木材光泽较强；无特殊气味和滋味；纹理直至略交错；结构略粗，不均匀。木材重量中等；干缩小，干缩率从生材至含水率18.7%时径向1.2%，弦向3.0%；强度中至高。

　　木材干燥快，40 mm厚板材在马来西亚气干需3个月；干燥性能良好，无严重开裂、翘曲等缺陷。耐腐性能中等，有蓝变和粉蠹虫危害；防腐处理容易。木材锯、刨等加工容易，刨面光滑，但有些木材径面可能产生戗茬。

产　　地	密　度(g/cm³)		顺纹抗压强度	抗弯强度	抗弯弹性模量	顺纹抗剪强度	
						径	弦
	基　本	气　干	MPa	MPa	MPa	MPa	
马来西亚	0.59	0.705	50.2 (59.5)	92 (103)	17000 (17000)	10.1 (12.0)	

【木材用途】

　　宜做家具、室内装修、装饰性单板、胶合板（旋切、刨切均可）等。

萍婆属 *Sterculia* Linn.

　　约300种；分布于热带地区。常见商品材树种有：香萍婆 *S. foetida* L.，大叶萍婆 *S. macrophylla* Vent.，长椭圆萍婆 *S. oblongata* R. Br.，小花萍婆 *S. parviflora* Roxb. 等。

香萍婆 *S. foetida* L.
（图版96.1~3）

【商品材名称】

　　克路姆旁 Kelumpang（马，沙）；克卢姆旁-甲瑞 Kelumpang jari（马）；卡路姆旁 Kalumpang（菲）；克普 Kepuh，嘎漏姆旁 Galoempang，卡漏姆旁 Kaloempang，卡漏姆巴 Kaloemba（印）。

【树木及分布】

　　乔木；树高通常可达8~10 m；直径可达1 m；分布很广，从非洲东部经印度、马来西亚到大洋洲东北部。

【木材构造】

宏观特征

木材散孔。心材黄褐色带粉红；与边材区别略明显。边材淡黄色。生长轮不明显。管孔肉眼下略明显；数少；略大；单管孔及径列复管孔；散生；侵填体丰富。轴向薄壁组织放大镜下可见；呈不规则细弦线及环管状。木射线在肉眼下明显；稀；宽。波痕及胞间道未见。

材料：W15199（泰）。

微观特征

导管横切面圆形或卵圆形；单管孔，少数径列复管孔（2~3个，稀至6个）；散生；2~5个/mm²；最大弦径290μm，平均205μm；导管分子长450μm；具侵填体；螺纹加厚缺如。管间纹孔式互列，多角形。穿孔板单一。平行或略倾斜。导管与射线间纹孔式为大圆形及单侧复纹孔式。轴向薄壁组织丰富；叠生；星散-聚合状，星散状，环管束状，翼状；部分细胞含树胶；具分室含晶细胞，菱形晶体普遍。木纤维壁厚；似叠生；直径21μm；长2710μm；具缘纹孔略明显。木射线2~4根/mm；非叠生。①窄射线很少，宽1~4细胞；高1~20细胞。②宽射线宽5~22（多数8~18）细胞或以上；高至许多细胞。射线组织异形Ⅱ型，少数Ⅲ型。具鞘细胞；直立或方型射线细胞比横卧射线细胞高；多列部分射线细胞多为卵圆形，具多角形轮廓；瓦状细胞可见，常界于榴莲型与翻白叶型之间，部分细胞含树胶；菱形晶体普遍。胞间道未见。

材料：W15199（泰）。

【木材性质】

木材具光泽；似具辛辣气味；无特殊滋味；纹理斜；结构粗，略均匀；木材轻至中（气干密度0.49~0.60 g/cm³，平均0.55 g/cm³）；质软；强度甚低至低。木材易变色，伐后应及时干燥。干燥不难；不耐腐；锯、刨不难，精加工性能良好。握钉力弱。

【木材用途】

普通房屋建筑、天花板、一般家具、包装箱、单板、胶合板、农具、木屐等。

四籽树科
Tetrameristaceae Hutch.

1属，3种；大乔木或灌木，生于酸性土壤；产苏门答腊、马来半岛、加里曼丹。

四籽树属 *Tetramerista* Miq.

3种；分布苏门答腊、马来半岛及加里曼丹。厚皮四籽树 *T. crassifolia* Hall. f. 和高山四籽树 *T. montana* Hall. f. 这两种木材构造除导管弦径平均小于200μm外，其余略同光四籽木 *T. glabra* Miq. 。

光四籽木 *T. glabra* Miq.
（彩版 20.6；图版 96.4~6）

【商品材名称】

普纳 Punah（马）；恩图又特 Entuyut，卡又-胡盐 Kaju hujan（沙捞）；土约特 Tuyot（沙）；普纳克 Punak，班卡里斯 Bangkalis（印）；阿麻特 Amat（文）。

【树木及分布】

大乔木，高可达 40mm，直径 0.7~1.2 m；分布马来西亚及印度尼西亚。

【木材构造】

宏观特征

木材散孔。心材黄褐色，常带粉红色条纹，有蜡质感；与边材界限常不明显。边材浅黄白色（干草黄色）。生长轮通常不明显。管孔肉眼略见，放大镜下明显；少至略少；略大；径列复管孔及单管孔；径列；含红色树胶状物质和白色沉积物。轴向薄壁组织在放大镜下略见，星散-聚合状（短弦线）。木射线放大镜下略明显；稀；略宽。波痕及胞间道未见。

材料：W15176（印）；W19524（马）。

微观特征

导管横切面卵圆形，具多角形轮廓；主为径列复管孔（2~8 个，多数 2~4 个），少数单管孔；径列；5~11 个/mm²；最大弦径 300 μm；平均 220 μm；导管分子长 1 340 μm；具树胶状沉积物；螺纹加厚未见。管间纹孔式密，互列。穿孔板单一，平行或略倾斜。导管与射线间纹孔式类似管间纹孔式。轴向薄壁组织数多；星散状，星散-聚合状，疏环管状；通常不含树胶；晶体未见。木纤维壁甚厚，直径 32μm；长 2660μm；单纹孔或略具狭缘。木射线 8~10 根/mm；非叠生。单列射线少，高 3~21（多为 6~13）细胞。多列射线宽 2~6（多数 3~4）细胞；高 12~许多细胞。射线组织异形 I 型。具鞘细胞。直立或方形射线细胞比横卧射线细胞高或高得多，多列部分射线细胞多为卵圆形或多角形，常见显著大细胞似乳汁管；部分细胞含树胶（球形）；针晶束可见。胞间道缺如。

材料：W19524（马）。

【木材性质】

木材具光泽；生材有不愉快气味；干后无特殊气味和滋味；纹理直或略斜；结构中，均匀。木材重；干缩甚大，干缩率从生材至气干径向 6.1%，弦向 10.7%；强度中至高。

产　　地	密　度（g/cm³）		顺纹抗压强度	抗弯强度	抗弯弹性模量	顺纹抗剪强度	
						径	弦
	基　本	气　干	MPa	MPa	MPa	MPa	
马来西亚	0.63	0.785	49.4 (64.1)	87 (105)	15400 (15800)	9.7 (12.3)	

木材耐腐，防腐剂处理时浸注性中等；锯、刨容易，但切面需沙光或用腻子才光滑；钉钉时有劈裂倾向，握钉力良好。

【木材用途】

木材用于建筑、地板、家具、细木工、车辆、造船、运动器材、农业机械、枕木、矿柱，电杆、桩木等。

山茶科
Theaceae D. Don.

30 属，500 种；分布热带及亚热带。常见商品材属有：杨桐属 *Adinandra*，茶属 *Camellia*，大头茶属 *Gordonia*，柃属 *Eurya*，折柄茶属 *Hartia*，荷木属 *Schima*，紫茎属 *Stewartia*，石笔木属 *Tutcheria*，厚皮香属 *Ternstroemia* 等。

荷木属 *Schima* Reinw. ex Bl.

约 30 种；分布从印度经马来西亚到印度尼西亚。最主要商品材树种为：红荷木 *S. wallichii* Choisy 和荷木 *S. superba* Gordn. & Champ. 2 种，中国均产。

红荷木 *S. wallichii* Choisy（*S. noronhae* Reinw.）
（彩版 20.7；图版 97.1~3）

【商品材名称】

苏麻克 Samak（马，与 Adinandra and Gordonia 统称）；芒-坦 Mang-tan，塔罗 Talo（泰）；其劳尼 Chilauni（印度）；普斯帕 Puspa（印）；梅兰-嘎塔尔 Medang gatal（沙）；克林其-帕迪 Kelinchi padi（文）。

【树木及分布】

常绿大乔木，高达 30 m，直径可达 1 m；分布印度、缅甸、泰国、马来西亚及印度尼西亚，中国亦产。

【木材构造】

宏观特征

木材散孔。心材黄褐至浅红色；与边材区别不明显。边材色浅。生长轮不明显至略明显。管孔在放大镜下略明显；略多；略小；单管孔，少数径列复管孔；散生；侵填体未见。轴向薄壁组织不见。木射线放大镜下略见；密度中等。波痕及胞间道缺如。

材料：W14093（印）。

微观特征

导管横切面卵圆及椭圆形，具多角形轮廓；单管孔，偶 2 个径列复管孔及管孔团；散生；30~48 个/mm²；最大弦径 115μm，平均 85μm；导管分子长 1510μm；侵填体未见；螺纹加厚见于导管尾部。管间纹孔式稀少。穿孔板梯状，具分枝，倾斜。导管与射线间纹孔式为横列刻痕状，少数大圆形。**轴向薄壁组织数少**，星散状；薄壁细胞含少量树胶；具分室含晶细胞，内含菱形晶体达 12 个或以上。**纤维管胞壁薄至厚**；直径 30μm；长 2 320μm；具缘纹孔明显。**木射线**8~10 根/mm；非叠生。单列射线高 2~14（多数 4~10）细胞。多列射线宽 2 细胞；高 6~28（多数 10~20）细胞，同一射线有时出现两次 2 列部分。射线组织异形Ⅱ型，少数Ⅰ型。直立或方形射线细胞比横卧射线细胞略高或高得多；2 列部分射线细胞多为卵圆形，部分细胞含树胶；晶体未见。**胞间道缺如**。

材料：W14093（印）。

【木材性质】

产　　地	密　度(g/cm³)		顺纹抗压强度	抗弯强度	抗弯弹性模量	顺纹抗剪强度	
						径	弦
	基　本	气　干	MPa	MPa	MPa	MPa	
马来西亚	0.59	0.72	46.3 (54.6)	88 (98)	12000 (11900)	12.3 (14.7)	
中　国	0.54	0.70	49.4	94.1	(13235)		

木材具光泽；无特殊气味和滋味；纹理斜；结构甚细，均匀。木材重量及硬度中等；干缩甚大，干缩率从生材至气干径向 4.5%，弦向 10.1%；强度中。

木材干燥较难，易产生开裂和翘曲；天然耐腐性弱；防腐处理心材较难，边材容易、锯容易、刨略困难，但刨面光滑，旋切性能良好，油漆、胶粘性能亦佳。

【木材用途】

木材翘曲，变形大，使用前应适当干燥，板材可制造家具、车辆、包装箱等；原木可旋切单板制造胶合板，防腐处理后作枕木、坑木、桥梁等。

厚皮香属 *Ternstroemia* Mutis ex L. f.

约 100 种；分布亚洲、非洲和南美洲的热带及亚热带地区。

大果厚皮香 *T. megacarpa* Merr.
（彩版 20.8；图版 97.4~6）

【商品材名称】

塔普米斯 Tapmis（菲）。菲律宾产阿品 Apin（*T. gitingensis* Elm.）和 Arana（*T. philippinensis* Merr.）与本种一起统称塔普米斯 Tapmis。

【树木及分布】

中乔木；产菲律宾。

【木材构造】

　　宏观特征

木材散孔。心材浅红褐色；与边材区别不明显。边材色稍浅。生长轮不明显。管孔在肉眼下可见；略多；甚小至略小；散生；侵填体未见。**轴向薄壁组织不见**。木射线放大镜下略见；略密；窄。**波痕及胞间道缺如**。

微观特征

导管横切面多角形；单管孔，稀径列复管孔（2～3 个）；散生；24～33 个/mm^2；最大弦径 115μm，平均 106μm，导管分子长 2590μm；侵填体未见；具螺纹加厚。管间纹孔式常对列或梯状，圆形至椭圆形。穿孔板梯状，甚倾斜。导管与射线间纹孔式类似管间纹孔式。**轴向薄壁组织**为星散状，星散-聚合状，疏环管状；少数细胞含树胶；晶体未见。**纤维**管胞壁厚；直径 42μm；长 3860μm；具缘纹孔明显；部分细胞含树胶。**木射线** 8～13 根/mm；非叠生。单列射线高 1～16（多数 5～10）细胞。多列射线宽 2～3 细胞；高 9～75（多数 25～40）细胞，同一射线有时出现两次多列部分。射线组织异形 II 及 I 型。直立或方形射线细胞比横卧射线细胞高得多；射线细胞多列部分多为卵圆形；射线细胞充满树胶；晶体未见。**胞间道缺如**。

材料：W18886（菲）。

【木材性质】

木材具光泽；无特殊气味和滋味；纹理交错；结构甚细，均匀。木材重量轻（含水率 13% 时密度为 0.52g/cm^3）；强度低。

【木材用途】

可供制造家具、仪器箱合、车旋，大者可制造胶合板等。

棱柱木科
Gonystylaceae Van Tiegh.

1 属，30 种；分布在世界温带及热带。

棱柱木属 *Gonystylus* Teijsm. & Binn.

30 种；分布菲律宾、马来西亚、所罗门群岛、斐济等。常见商品材树种有：

邦卡棱柱木 *G. bancanus*（Miq.）Kurz. 详见种叙述。

似棱柱木 *G. affinis* Radlk. 商品材名称：拉明 Ramin（沙）；拉明-达拉-埃罗克 Ramin dara elok（马）。在木射线内晶体比邦卡棱柱木少，而在轴向薄壁组织中未见；木射线为同形单列或异 II 型。木材密度比邦卡棱柱木小；余略同邦卡棱柱木。

棱柱木 *G. confusus* A. Shaw 商品材名称：拉明-皮囊-木达 Ramin pinang muda（马）。木材构造同似棱柱木。

曼氏棱柱木 *G. maingayi* Hook. f. 商品材名称：拉明 Ramin（沙）；拉明-皮皮特 Ramin pipit（马）。木射线同形单列或异形 III 型；具多孔式内含韧皮部。余略同邦卡棱柱木。

毛棱柱木 *G. velutinus* A. Shaw 商品材名称：拉明 Ramin（文莱）。木射线同形单列或异形 III 型；具多孔式内含韧皮部。余同邦卡棱柱木。

福氏棱柱木 *G. forbesii* Gilg. 商品材名称：拉明 Ramin（沙）；拉明-巴图 Ramin batu（沙捞）；嘎哈茹-布阿亚 Gaharu buaya（文）。木射线同形单列或异 III 型；具多孔式内含韧皮部；晶体未见。余同邦卡棱柱木。

邦卡棱柱木 *G. bancanus*（Miq.）Kurz.
（*G. warburgianus* Gilg.）
（彩版 20.9；图版 98.1~3）

【商品材名称】

拉明 Ramin（马，沙，沙捞，菲，印）；拉明-特路 Ramin telur（沙捞）；拉明-米拉韦斯 Ramin melawis（马）；拉弩坦-巴基欧 Lanutan bagio（菲）；嘎哈茹-布阿亚 Gaharu buaya，嘎茹-布河甲 Garu buaja（印）。

【树木及分布】

乔木，在菲律宾生长者枝下高 8~12m，直径可达 0.8m；有时高可达 45m，直径 2.5m；在印度尼西亚高达 40~45，直径 0.3~1.2m，树干通直，树冠小，无板根。分布马来西亚，印度尼西亚（苏门答腊及加里曼丹）及菲律宾等。

【木材构造】

宏观特征

木材散孔。心材白色或草黄色，心边材区别不明显。边材色浅。生长轮不明显。管孔肉眼下略见，少至略少；略小；散生；沉积物可见。轴向薄壁组织放大镜下明显；翼状，由管孔往侧向伸展呈聚翼状，不规则带状偶见。木射线放大镜下可见；中至略密；甚窄。波痕及胞间道缺如。

材料：W14118（印）；W17490（新）。

微观特征

导管横切面卵圆形，略具多角形轮廓；单管孔及径列复管孔（2~4 个），稀管孔团；散生；2~6 个/mm²，最大弦径 175μm；平均 138μm；导管分子长 615μm。螺纹加厚缺如。管间纹孔密，互列。穿孔板单一，平行或略倾斜。导管与射线间纹孔式类似管间纹孔式。轴向薄壁组织从导管向两侧（或单侧）延伸，呈翼状或聚翼状；不规则带状（常宽 1~2 细胞）；薄壁细胞常不含树胶；晶体未见。纤维管胞壁薄，直径 37μm；长 1402μm；具缘纹孔明显，数多，常 1~2 列。木射线 8~12 根/mm；非叠生。单列射线（偶成对或 2 列）高 1~30（多数 6~18）细胞。射线组织主为同形单列，少数异形单列。方形射线细胞比横卧射线细胞略高或近等高；射线细胞内树胶很少；菱形晶体常见。胞间道缺如。

注：马产者有柱状晶体，该材料未见。

材料：W14118（印）。

【木材性质】

木材具光泽，无特殊气味和滋味；纹理略交错；结构细，均匀；木材重量中；干缩小，干缩率从生材至气干径向 1.6%，弦向 3.4%；强度中至高。

| 产　地 | 密　度（g/cm³） | | 顺纹抗压强度 | 抗弯强度 | 抗弯弹性模量 | 顺纹抗剪强度 |
	基　本	气　干				径　弦
			MPa	MPa	MPa	MPa
沙捞越		0.66:12%	72.3	133.7	13922	10.0
马来西亚	0.58	0.675	48.8 (57.6)	88 (105)	15900 (16300)	8.5 (10.7)

　　木材干燥快，40mm 厚板材从生材至气干需 2 个月；木材干燥性能良好，气干快时可能产生表面和端部开裂，应该涂头减轻开裂。25mm 厚板材窑干从生材到含水率 12% 大约 4~5 天，50mm 厚需 10~11 天。不耐腐，易受菌、虫危害发生蓝变，不抗白蚁和海生钻木动物的危害；边材防腐处理容易；锯、刨、旋等加工容易，切面光滑，但遇应力木或扭转纹理时可能起毛；木材胶粘、油漆等性能良好，钉钉时易劈裂。

【木材用途】

　　用于建筑、屋顶板、室内装修、门、窗、地板、楼梯板、镶嵌板、家具、细木工板、胶合板、玩具、绘图板等。

椴树科
Tiliaceae Juss.

　　50 属，450 种；广布于热带和亚热带地区。常见商品材属有：六翅木属 *Berrya*，二重椴属 *Diplodiscus*，扁担杆属 *Grewia*，布渣叶属 *Microcos*，硬椴属 *Pentace*，椴属 *Tilia* 等属。

二重椴属 *Dipiodiscus* Turcz.

　　7 种；产菲律宾、加里曼丹。马来西亚产 2 种。

圆锥二重椴 *D. paniculata* Turcz.
（彩版 21.1；图版 98.4~6）

【商品材名称】

　　巴罗布 Balobo（菲）。

【树木及分布】

　　中乔木，在菲律宾产者枝下高 5~6m，直径可达 0.5m；在菲律宾低海拔地区普遍生长。

【木材构造】

　　宏观特征

　　木材散孔。心材浅灰白色或浅红褐色；与边材区别不明显。边材色浅。生长轮不明显至略明显。管孔在肉眼下仅可见，略少；大小中等；主为 2~3 径列复管孔，少数单管孔；径列或散生；具侵填体。**轴向薄壁组织**放大镜下可见，星散-聚合状或似网状。**木射线**放大镜下可见；密度中；略宽。波痕略明显。胞间道缺如。

微观特征

导管横切面卵圆形或圆形，具多角形轮廓；主为径列复管孔（多数 2～4 个，少数达 6 个或以上），少数单管孔；径列；8～23 个/mm^2；最大弦径 160μm，平均 120μm；导管分子长 410μm；叠生；侵填体丰富；螺纹加厚未见。管间纹孔式密，互列。穿孔板单一，平行或略倾斜。导管与射线间纹孔式刻痕状（常斜列呈单侧复纹孔式）。**轴向薄壁组织**数多，叠生；星散状，星散-聚合状，短单列带状（常与 1～2 纤维细胞相间排列），轮界状及疏环管状；菱形晶体常见。**木纤维**壁薄至厚；叠生；直径 20μm；长 1500μm；具缘纹孔明显。**木射线** 6～10 根/mm；短射线叠生。单列射线甚少，高 1～12 细胞。多列射线宽 2～9（多数 3～5）细胞；高 6～49（多数 15～30）细胞。射线组织异形 III 型，稀 II 型。直立或方形射线细胞比横卧射线细胞高；多列部分射线细胞多为卵圆形及圆形；部分细胞含树胶；菱形晶体常见。胞间道缺如。

材料：W18863（菲）。

【木材性质】

产　　地	密　度(g/cm^3)		顺纹抗压强度	抗弯强度	抗弯弹性模量	顺纹抗剪强度	
	基　本	气　干				径	弦
			MPa	MPa	MPa	MPa	
菲律宾	0.64	0.66 (0.750)	56.4 (52.1)	128.4 (117.0)	14608 (13500)	11.4 (11.8)	

木材具光泽；无特殊气味和滋味；纹理直；结构细，均匀；木材重量、硬度中等；干缩甚大，干缩率径向 4.7%，弦向 8.4%；强度中等。

木材干燥性能良好，几无降等；不耐腐，室内装修用耐久，无论手工还是机械加工性能良好。

【木材用途】

房屋用的柱子、包装箱盒、农用机械、纱管、木梭、绽子、工具柄、牙签、百叶窗、滚木球戏中木瓶及纸浆等。

硬椴属 *Pentace* Hassk.

约 28 种；分布东南亚，越南，泰国，缅甸，爪哇，加里曼丹，至菲律宾南部等。马来半岛有 16 种，主要商品材树种有：缅甸硬椴 *P. burmanica* Kurz.，克特硬椴 *P. curtisii* King，东京硬椴 *P. tonkinensis* A. Chev.，三翼硬椴 *P. triptera* Mazt.，多花硬椴 *P. polyantha* Hassk. 等。

缅甸硬椴 *P. burmanica* Kurz.
(彩版 21.2；图版 99.1~3)

【商品材名称】

贼特卡 Thitka，缅甸-桃花心木 Burma mahogany，卡西特 Kashit(缅)；西夏特 Sitsiat，西夏特-普鲁阿克 Sitsiat pluak(泰)；梅路拉克 Melunak(马，本类木材通称)。

【树木及分布】

常绿大乔木，高可达 30~40m，枝下高 20~25m，直径 0.5~1m；产缅甸和泰国。

【木材构造】

宏观特征

木材散孔。心材新切面浅褐色，久则呈红褐色；与边材区别明显。边材草黄色。生长轮不明显至略明显。管孔肉眼下略见；略少；略小至中；散生；具侵填体。轴向薄壁组织在放大镜下略见，呈短弦线。木射线放大镜下略明显，密度中；窄。波痕明显。胞间道缺如。

材料：W13957(缅)；W20338(泰)。

微观特征

导管横切面卵圆及圆形；略具多角形轮廓；单管孔及径列复管孔(2~5 个，多数 2~3 个)，稀管孔团；散生；12~22 个/mm²；最大弦径 165μm，平均 115μm，导管分子长 530μm；叠生。侵填体未见；螺纹加厚缺如。管间纹孔式密，互列。穿孔板单一，平行至略倾斜。导管与射线间纹孔式为刻痕状，少数大圆形。轴向薄壁组织数多，叠生；不规则单列带状，星散及星散-聚合状，轮界状及疏环管状；部分细胞(环管者)含树胶；晶体未见。木纤维壁薄至厚；叠生；直径 17μm；长 1310μm；具缘纹孔数多，略明显。木射线 8~12 根/mm；叠生。单列射线数少，高 2~15(多数 7~12)细胞。多列射线宽 2~4(多数 2~3)细胞；高 11~30(多数 15~20)细胞。射线组织异形 III 型，稀 II 型。直立或方形射线细胞比横卧射线细胞高，多列部分射线细胞多为卵圆形，大部分细胞含树胶；晶体未见。胞间道缺如。

材料：W20338(泰)。

【木材性质】

木材具光泽；新切面湿时有气味；无特殊滋味，纹理略交错；结构细而匀；木材重量中等；干缩大，干缩率径向 3.1%，弦向 6.5%；强度中。

产　　地	密　度(g/cm³)		顺纹抗压强度	抗弯强度	抗弯弹性模量	顺纹抗剪强度	
	基　本	含水率				径	弦
			MPa	MPa	MPa	MPa	
缅　甸	558:	生材	39.9	74.7	10196	—	
		气干	51.1	90.6	17941		

木材干燥稍慢；25mm 厚板材从生材到气干大约 4 个月；窑干使用基准作也宜慢，否则可能产生翘曲和开裂。耐腐，能抗白蚁，但不抗海生钻木动物危害；因心材含侵填

体，防腐剂不易浸注。机械加工中等，切面光滑，胶粘性能良好，握钉力亦佳。

【木材用途】

木材宜作高级家具、单板、胶合板；其次为建筑、地板、门、镶嵌板等室内装修、造船、车辆、雕刻、拐杖、车工制品等。

东京硬椴 *P. tonkinensis* A. Chev.
（彩版 21.3；图版 99.4~6）

【商品材名称】

聂韩 Nghien（越）；特拉西埃特 Trasiet，西西埃特 Sisiet（柬）。

【树木及分布】

乔木，高可达 30m，枝下高 20m，直径可达 1m；分布越南及柬埔寨。

【木材构造】

宏观特征

木材散孔。心材红褐色；与边材区别略明显。边材淡黄白色，久则呈黄褐色。生长轮不明显至略明显。管孔肉眼可见，略少至略多；大小中等；单管孔及径列复管孔；散生或斜列；树胶或沉积物偶见。轴向薄壁组织放大镜下可见，环管状及带状（弦线）。木射线放大镜下可见；中至略密；窄。波痕明显。胞间道缺如。

材料：W8926，W12769（越）。

微观特征

导管横切面圆形及卵圆形；单管孔及径列复管孔（2~5 个，多数 2~3 个），少数管孔团；散生或斜列；12~29 个/mm^2；最大弦径 140μm；平均 110μm，导管分子长 390μm；叠生；具树胶；螺纹加厚未见。管间纹孔式密，互列。穿孔板单一，略倾斜。导管与射线间纹孔式类似管间纹孔式。轴向薄壁组织数少；叠生；单列带状，疏环管状；部分细胞含树胶；晶体未见。木纤维壁甚厚；叠生，直径 19μm；长 1470μm；具缘纹孔数少。木射线 8~11 根/mm；叠生。单列射线数少，高 1~10（多数 5~8）细胞。多列射线宽 2~3 细胞；高 6~14 细胞。射线组织异形 II 型。直立或方形射线细胞比横卧射线细胞高或高得多；多列部分射线细胞多为卵圆及圆形；大部分细胞含树胶；菱形晶体普遍，多位于直立或方形细胞中。胞间道缺如。

材料：W12769（越）。

【木材性质】

木材具光泽；无特殊气味和滋味；纹理交错；结构细，均匀；木材甚重；硬；强度高。木材耐腐性强；因重、硬加工困难，径面难以刨光；钉钉困难。

【木材用途】

因木材重、硬、强度高且耐久。适宜造船用龙骨、龙筋、机座垫板、房柱、枕木、刨架、各种工具柄等。

榆　科
Ulmaceae Mirb.

16属，230种左右；分布热带和温带地区。主要商品材属有：榆属 *Ulmus*，朴树属 *Celtis*，山黄麻属 *Trema*，白颜树属 *Gironniera*，糙叶树属 *Aphananthe*，阿姆皮属 *Ampelocera*，榉属 *Zelkova* 等。

朴树属 *Celtis* L.

约70种；分布北温带和热带地区。常见商品材树种有：吕宋朴 *C. luzonica* Warb.，菲律宾朴 *C. philippinensis* Blanco，威氏朴 *C. wightii* Planch.，瑞吉斯朴 *C. regescens* Planch.，四蕊朴 *C. tetrandra* Roxb.，苏门答腊朴 *C. sumatrana* Planch.，艾氏朴 *C. nymannii* K. Schum.，阔叶朴 *C. latifolia* Planch. 等。

吕宋朴 *C. luzonica* Warb.
（彩版 21.4；图版 100.1~3）

【商品材名称】
麻嘎布约 Magabuyo(菲)；卡又-路路 Kaju lulu(印)。

【树木及分布】
中至大乔木；分布菲律宾及印度尼西亚。

【木材构造】

宏观特征

木材散孔。心材草黄色或灰白色。边材色浅。生长轮略明显。管孔在肉眼下隐约可见；单管孔及径列复管孔，稀管孔团；散生；侵填体未见。轴向薄壁组织在放大镜下可见；翼状，少数聚翼状。木射线放大镜下明显；稀至中；略宽。波痕及胞间道缺如。

微观特征

导管横切面圆形，少数卵圆形，部分略具多角形轮廓；单管孔，少数径列复管孔（多为 2~4 个），稀管孔团；散生；管孔数 2~6 个/mm²；最大弦径 240μm，平均171μm 导管分子长 460μm；侵填体及螺纹加厚未见。管间纹孔式互列。穿孔板单一，略倾斜。导管与射线间纹孔式类似管间纹孔式。轴向薄壁组织为翼状，少数聚翼状；部分细胞含晶体。木纤维壁薄；平均直径 16μm；平均长度 1560μm；单纹孔，数少；具胶质纤维。木射线 4~8 根/mm；非叠生。单列射线高 1~12 细胞。多列射线宽 2~6（多 4~5）细胞，同一射线有时出现 2 次多列部分；高 6~50（多数 20~40）细胞；多列部分射线细胞常呈多角形。射线组织异形 II 及 III 型。直立或方形射线细胞比横卧射线细胞略高或高得多；晶体普遍，多位于直立或方形射线细胞中。胞间道缺如。

材料：W18946(菲)。

【木材性质】

木材光泽强；无特殊气味和滋味；纹理直或波状；结构中，略均匀。木材重量及强度中等。对干木白蚁和粉蠹虫抵抗能力中等。木材加工容易，刨面光滑。

产　　地	密　度(g/cm³)		顺纹抗压强度	抗弯强度	抗弯弹性模量	顺纹抗剪强度	
	基　　本	气　干	MPa	MPa	MPa	径	弦
						MPa	
菲律宾	0.56	0.57：12% (0.648)	44.9 (41.5)	83.2 (76.3)	10300 (9550)	12.8 (13.2)	

【木材用途】

木材用于建筑(需经防腐处理)，胶合板、纸浆和造纸、网球球拍等。

山黄麻属 *Trema* Lour.

约 500 种；分布于热带地区。分布最广者为山黄麻 *T. orientalis* (L.) Bl.，其次为卡纳山黄麻 *T. cannabina* Lour. 后者为中乔木，在菲律宾次生林中分布相当普遍。商品材名称：阿娜滨 Anabong(菲)；木材与山黄麻非常相似。

山黄麻 *T. orientalis* (L.) Bl.
(彩版 21.5；图版 100.4~6)

【商品材名称】

阿娜滨 Anabiong(菲)；梅纳荣 Menarong，门吉赖 Mengkirai(马)；昂格荣-贝萨尔 Anggerung besar，库赖 Kurai(印)；卡魏-摩嘎闪 Kawae mogane，寇头 Kaoetoe，麻瓦 Mawa，夏波 Siapo，纳沃衣 Ngawoi(印)；哈林-达刚 Halin dagang(沙)；麻荣 Marong(沙捞)。

【树木及分布】

小到中乔木，高 10~27m，直径 0.5~1m；分布从中国台湾、菲律宾、马来西亚、印度尼西亚至大洋洲。

【木材构造】

宏观特征

木材散孔。心材灰褐色或浅黄褐色；与边材区别常不明显。边材色浅。生长轮不明显。管孔在肉眼下仅可见；数少；中至略大；散生。侵填体可见。轴向薄壁组织不见。木射线在放大镜下可见；稀至中；窄。波痕及胞间道缺如。

微观特征

导管横切面卵圆形；主为单管孔，少数径列复管孔(2~3 个，稀 4 个)；散生；管孔 2~5 个/mm²；最大弦径 265μm，平均 175μm；导管分子长 720μm；侵填体可见，螺纹加厚缺如。管间纹孔式互列，多角形。穿孔板单一，略倾斜。导管与射线间纹孔式主为大圆形及刻痕状。轴向薄壁组织数少；环管状；具树胶；晶体未见。木纤维壁薄；直径 28μm，长 1840μm，具缘纹孔略明显。木射线 4~8 根/mm；非叠生。单列射线高 1~12（多数 4~8）细胞。多列射线宽 2~3 细胞；高 5~21（多数 8~17）细胞，同一射线有时出现再次多列部分。射线组织异形 II 型，稀 III 型　直立或方形细胞比横卧射线细胞高或高得多；多列部分射线细胞多为纺锤形及卵圆形；大部分细胞含树胶；晶体未见。胞间道缺如。

材料：W14110（印）。

【木材性质】

木材具光泽；无特殊气味和滋味；纹理直；结构细而匀；木材重量轻；干缩甚大，干缩率生材至气干径向 3.0%，弦向 7.4%；强度甚低。

产　　地	密　度（g/cm³）		顺纹抗压强度	抗弯强度	抗弯弹性模量	顺纹抗剪强度	
	基　本	气　干	MPa	MPa	MPa	径	弦
						MPa	MPa
菲律宾	0.36	0.38:12% (0.432)	26.7 (24.7)	60.3 (60.3)	6373 (5480)		8.64 (8.93)

木材干燥性能良好，窑干快而无降等。不耐腐；易受小蠹虫和白蚁危害。边材易浸注，心材稍差。木材加工容易；切面光滑；胶粘容易；油漆后光亮。

【木材用途】

木材用于室内装修如门、窗、天花板；包装箱、纸浆，生活用品如木盒、锅盖、风箱、木屐、鱼网浮子。

木材可制上等火药，木炭，树皮可制栲胶和绳索。

马鞭草科
Verbenaceae Jaume St-Hil.

75 属，3000 种；分布热带和亚热带地区。主要商品材属有：海榄雌属 *Avicennia*，石梓属 *Gmelina*，佩龙木属 *Peronema*，柚木属 *Tectona*，蒂氏木属 *Teijsmanniodendron*，牡荆属 *Vitex* 等。

石梓属 *Gmelina* L.

约 35 种；分布热带非洲，亚洲东部及大洋洲。最常见商品材树种为石梓 *G. arborea* L. 。

石　梓 *G. arborea* L.
（彩版 21.6；图版 101.1~3）

【商品材名称】

嘎麻芮 Gamari，古姆哈尔 Gumhar（印）；亚麻内 Yamane（缅）；卡又-蒂蒂 Kaju titi

（印）；古麻芮 Gumari，受 So，梭 Saw(泰)；格梅里纳 Gmelina，叶麻内 Yemanee(菲)。

【树木及分布】

乔木，高 17～30m，直径 0.7～1m；分布印度、缅甸、柬埔寨、泰国、中国及菲律宾等。

【木材构造】

宏观特征

木材散孔。心材浅黄色或草黄色；与边材区别常不明显。生长轮明显。管孔在肉眼下可见；少至略少；略大；侵填体丰富。轴向薄壁组织在放大镜下明显，傍管状及轮界状。木射线在肉眼下可见；稀；窄至略宽。波痕及胞间道缺如。

材料：W13951，W17847(缅)；W18867(菲)。

微观特征

导管横切面卵圆形及圆形；单管孔，稀径列复管孔(2～3 个)；散生；2～6 个/mm^2；最大弦径 325μm，平均 230μm；导管分子长 360μm；侵填体丰富；螺纹加厚缺如。管间纹孔式互列，卵圆形。穿孔板单一，平行至略倾斜。导管与射线间纹孔式类似管间纹孔式，少数大圆形。轴向薄壁组织环管状，环管束状，翼状，聚翼状及轮界状，树胶及晶体未见。木纤维壁薄；直径 26μm；长 1100μm；具缘纹孔明显；分隔木纤维普遍。木射线 2～4 根/mm；非叠生。单列射线甚少，高 1～3 细胞。多列射线宽 2～5(多 3～4)细胞；高 4～15(多数 9～12)细胞。射线组织异形多列及同形多列；方形射线细胞比横卧射线细胞略高；多列射线细胞多为卵圆形；树胶未见；针晶体可见。胞间道缺如。

材料：W13951(缅)。

【木材性质】

木材具光泽；无特殊气味和滋味；纹理交错或波状，在径面具带状花纹；结构中，均匀；木材重量轻；干缩中，干缩率从生材至气干径向 2.4%，弦向 5.5%；强度低。

产　　　地	密　度(g/cm^3)		顺纹抗压强度	抗弯强度	抗弯弹性模量	顺纹抗剪强度	
	基　本	气　干	MPa	MPa	MPa	径	弦
						MPa	
马来西亚	0.41	0.480	32.5 (38.7)	61 (75)	9600 (8900)	7.7 (9.2)	
泰　国		0.54:18%	38.3	80	7941	8.8，10.0	

木材干燥性质良好，速度快，干后尺寸稳定；耐腐；有白蚂蚁和海生钻木动物危害倾向；防腐处理心材较难。锯，刨加工容易，刨面光滑；胶粘容易；大漆，清漆涂饰性能均好；钉钉易发生端裂，最好先打孔。

【木材用途】

木材可供建筑如房架、搁栅、门、窗等室内装修；交通方面可用做车身，船甲板；家具、单板、胶合板、车工、雕刻、造纸、火柴、铸造木模等。

树叶可做饲料，树根及果实可入药。

佩龙木属 *Peronema* Jack.

1种；产缅甸、泰国、马来半岛、爪哇、苏门答腊、加里曼丹等。

佩龙木 *P. canescens* Jack.
（彩版 21.7；图版 101.4 ~ 6）

【商品材名称】

松凯 Sungkai（苏门答腊，加里曼丹）；苏凯 Sukai，切芮克 Cherek（马）；德家蒂-萨不让 Djati sabrang（爪哇）。

【树木及分布】

乔木，高可达 20 ~ 25m，直径 0.6m 或以上，树干通直，无板根。分布同属。

【木材构造】

宏观特征

木材环孔。心材浅黄色，久置则呈浅黄褐色；与边材区别不明显。边材比心材色浅。生长轮明显。早材管孔肉眼可见；中至略大；早材带通常宽 1 ~ 3 列管孔。晚材管孔放大镜下明显；数略少；略小至中；散生；侵填体未见。轴向薄壁组织环管状。木射线放大镜下可见；稀；窄。波痕及胞间道未见。

微观特征

导管在早材带横切面圆形，卵圆或椭圆形；最大弦径 260μm；平均 170μm；导管分子长 300μm。在晚材带横切面为圆形或卵圆形；单管孔及径列复管孔（2 ~ 3 个），稀管孔团；导管分子长 450μm；侵填体未见；螺纹加厚缺如。管间纹孔式互列，多角形。穿孔板单一，略倾斜至倾斜。导管与射线间纹孔式类似管间纹孔式。轴向薄壁组织为环管状，生长轮外部侧向伸展似翼状及轮界状。树胶及晶体未见。木纤维壁薄至厚；直径 19μm，长 1090μm；单纹孔或略具狭缘；分隔木纤维未见。木射线 2 ~ 6 根/mm，非叠生。单列射线很少，高 1 ~ 6 细胞。多列射线宽 2 ~ 4（多数 3）细胞；高 7 ~ 35（多数 15 ~ 25）细胞。射线组织异形 II 型，稀 III 型。直立或方形射线细胞比横卧射线细胞高或高得多；晶体未见。胞间道缺如。

材料：W14161，W14165（印）。

【木材性质】

木材光泽较强；湿时有不愉快气味；无特殊滋味；纹理直；结构中，不均匀。木材重量（气干密度 0.64g/cm³），硬度中等；强度低。木材干燥稍快，25mm 厚板材在印度

产　　地	密　度(g/cm³)		顺纹抗压强度	抗弯强度	抗弯弹性模量	顺纹抗剪强度	
	基　本	气　干				径　　弦	
			MPa	MPa	MPa	MPa	
印度尼西亚		0.63	31.08 (33.78)	66.96 (69.75)	8235 (7995)	6.1, 4.2 (6.9, 4.8)	

尼西亚气干需 60 天；无大缺陷。不耐腐至稍耐腐；防腐处理容易，在马来西亚和中国林业科学研究院的木材标本未见菌虫危害。木材加工（锯、旋）性能中等；钻，砂光效果良好。

【木材用途】

用来制作家具，细木工，单板，胶合板，普通建筑，柱子，屋架，室内装修，在苏门答腊用作马车，甚至桥梁。

树耐修剪，生长快，当地常栽种作篱笆。

柚木属 *Tectona* L. f.

3 种；分布印度、缅甸、菲律宾和马来西亚。现在不少热带地区引种栽培。中国广东、广西、云南等地引种柚木 *T. grandis* L. f. 生长良好。云南瑞丽、陇川，海南乐东，20 年生直径可达 35cm。

柚 木 *T. grandis* L. f.
（彩版 21.8；图版 102.1~3）

【商品材名称】

柚木 Teak（缅，印，泰）；甲替 Jati（印）；库恩 Kyun（缅）；麦-萨克 Mai sak（泰）。

【树木及分布】

乔木，高可达 35~45m，直径 0.9~2.5m；材身不规则，常有沟；原产缅甸、印度、泰国、越南和爪哇；后不少热带地区引种栽培。

【木材构造】

宏观特征

木材环孔至半环孔材。心材黄褐色，褐色，久则呈暗褐色；与边材区别明显。边材浅黄色。生长轮明显。早材管孔在肉眼下明显，略大至甚大，排成连续早材带；侵填体丰富。晚材管孔放大镜下明显；略少；略小。轴向薄壁组织放大镜下可见，傍管状及轮界状。木射线放大镜下可见；数少；窄至略宽。波痕及胞间道缺如。

材料：W8935（越）；W14087（印）；W13943（缅）。

微观特征

导管在早材带横切面圆形及卵圆形；最大弦径 335μm，平均 260μm，导管分子长 290μm。在晚材带横切面圆形及卵圆形，单管孔及径列复管孔（2~3 个）；散生或略呈斜列；4~10 个/mm²，直径 115μm，导管分子长 370μm；具侵填体；螺纹加厚缺如。管间纹孔式互列；卵圆形。穿孔板单一，平行至略倾斜。导管与射线间纹孔式类似管间纹孔式。轴向薄壁组织环管状及环管束状，轮界状；含少量树胶；晶体未见。木纤维壁薄，少数略厚；直径 25μm；长 1420μm；具缘纹孔略明显；分隔木纤维普遍。木射线 3~6 根/mm；非叠生。单列射线甚少，高 2~5 细胞。多列射线宽 2~5（多为 3~4）细胞；高 6~58（多数 20~40）细胞，同一射线有时出现两次多列部分；射线组织同形多列，同形单列及多列及异 III 型。方形细胞比横卧射线细胞高或近等高；射线细胞多列部分多为卵圆形或多角形；含少量树胶；晶体未见。**胞间道缺如。**

    材料：W14087（印）。

【木材性质】

    木材具光泽；无特殊气味和滋味；纹理直或略交错；结构中至粗，不均匀。木材重量中等；干缩小，干缩率从生材至气干径向 2.2% ，弦向 4.0% ；强度低至中。

产　　　地	密　度(g/cm^3)		顺纹抗压强度	抗弯强度	抗弯弹性模量	顺纹抗剪强度	
	基　本	气　干				径	弦
			MPa	MPa	MPa	MPa	
菲 律 宾	0.49	0.51:12% (0.58)	42.5 (39.2)	88.0 (80.7)	13235 (12200)	9.8 (10.1)	
马来西亚	0.54	0.625	45.8 (49.8)	86 (90)	10300 (10000)	10.6 (12.0)	
中　　国	0.62	0.67	52.6	103.4	11324	—	

    木材干燥性能良好，在印度尼西亚 40mm 厚板材(含水率 40%)达气干需 50 天。干后尺寸稳定。很耐腐，能抗海生钻木动物危害；木材浸注不易。锯、刨等加工性能因产地不同而有变异，一般较易；胶粘、油漆、上蜡性能良好。握钉力亦佳。

【木材用途】

    木材为制造高级家具、单板、胶合板的原料；交通方面造船、车辆、枕木、电杆；建筑方面各部均适宜；仪器箱盒，钢琴及风琴外壳等等。对多种化学物质有较广的耐腐蚀性能，适宜化工厂及试验室做桌、椅、试验台和容器等。

蒂氏木属 *Teijsmanniodendron* Koorders.

    14 种；产印支南部、马来西亚及菲律宾等。常见商品材树种有：蒂氏木 *T. ahernianum*(Merr.) Bakh. ， 长叶蒂氏木 *T. longifolium* (Merr.) Merr. ，翼柄蒂氏木 *T. pteropodum*(Miq.) Bakh. ， 单叶蒂氏木 *T. unifoliolatum*(Merr.) Moldenke，革质蒂氏木 *T. coriaceum*，缘叶蒂氏木 *T. holophyllum* 等。

蒂氏木 *T. ahernianum* (Merr.) Bakh.
(彩版 21.9；图版 102.4 ~ 6)

【商品材名称】

    恩塔波罗 Entapuloh(马)；布克-布克 Buak buak(沙)。

【树木及分布】

    小到中乔木，分布同属。

【木材构造】

宏观特征

    木材散孔。心材黄褐色；与边材区别略明显：边材黄色。生长轮略明显。管孔肉眼可见，数少，略大；大小略一致；分布不均匀；侵填体可见。**轴向薄壁组织肉眼下不见。木射线肉眼下可见；稀；窄至略宽。波痕及胞间道缺如。**

微观特征

导管横切面圆形及卵圆形，具多角形轮廓；单管孔及短径列复管孔（2~3个），稀管孔团；散生；1~6个/mm²，最大弦径260μm，平均216μm；导管分子长580μm；侵填体可见；螺纹加厚缺如。管间纹孔式互列，多角形。穿孔板单一，略倾斜。导管与射线间纹孔式刻痕状（方向不定），大圆形及类似管间纹孔式。轴向薄壁组织数少，疏环管状，轮界状及星散状；树胶很少，晶体未见。木纤维壁薄，直径32μm；长2033μm；具缘纹孔数多，略明显；分隔木纤维普遍。木射线3~5根/mm；非叠生。单列射线数少，高1~12（多数3~5）细胞。多列射线宽2~6（多数4~5）细胞；高8~58（多数20~45）细胞。射线组织异形Ⅱ型。直立或方形射线细胞比横卧射线细胞高或高得多，射线细胞多列部分多为卵圆，具多角形轮廓；含少量树胶；晶体未见。胞间道缺如。

材料：W18232（马）。

【木材性质】

木材光泽较强；无特殊气味和滋味；纹理直至略交错；结构细，略均匀；木材重量（432~596kg/m³）及强度中等。木材干燥性能良好，无严重降等；不耐腐至略耐腐。木材加工容易，切面光滑，但易钝工具。

【木材用途】

一般建筑、室内装修、家具、农业机械、包装箱盒等。

牡荆属 *Vitex* L.

250种；分布热带地区，少数产温带地区。常见商品材树种有：

高发牡荆 *V. cofassus* Reinw. 详见种叙述。

补血草叶牡荆 *V. limonifolia* Wall. 商品材名称：雷班 Leban（沙捞，马）；参维持 Chan-vit（越）；萨翁 Sa-wong（泰）；基拖 Kyeto（缅）；古帕萨 Gupasa（印）。木材构造、材性及利用略同高发牡荆。

小花牡荆 *V. parviflora* Juss. 商品材名称：雷班 Leban（沙捞）；摩拉沃 Molave（菲）；霍拉萨 Holasa，卡通当坦得肉 Katondang tandro（印）。乔木，直径可达2m；分布沙捞越、印度尼西亚、菲律宾群岛等。木材构造略同高发牡荆。木材重量中至大；干缩大；强度高。干燥性能良好；很耐腐；加工不难，切面光洁。为高级建筑如梁、柱、门、窗、地板的材料。此外，造船、家具、枕木、桩木、雕刻、木梭等。

毛牡荆 *V. pubescens* Vahl. 商品材名称：雷班 Leban（马）；库里姆-帕帕 Kulim papa（沙）；雷班 Leban，克雷姆帕帕克 Kelempapak（印）；毛叶摩拉沃 Hair Leafed molave（菲）；波剖尔 Popoul（柬）；炳-林 Binh linh（越）；德哈拉辛哈 Dhalasingha（印度）；替恩-诺克 Teen nok（泰）；基拖 Kyeto（缅）；巴皮斯 Bapis，库里姆帕帕 Kulim papar，克帕帕 Kepapar（文）。乔木，高可达25m；分布缅甸、泰国、越南、菲律宾等地。木材构造略同高发牡荆。木材重；强度高。用途略同小花牡荆。

高发牡荆 *V. cofassus* Reinw.
(彩版 22.1；图版 103.1~3)

【商品材名称】

雷班 Leban，高发萨 Gofasa，古帕萨 Gupasa，比蒂 Biti，阿窝拉 Awola，卡通丁 Katonding，纳纳萨 Nanasa，通姆皮拉 Tompira，窝拉 Wola，发发 Fafa(印)。

【树木及分布】

乔木，高可达 33m，直径达 0.7~1m；分布印度尼西亚、马来西亚、巴布亚新几内亚等。

【木材构造】

宏观特征

木材散孔。心材灰黄褐或深褐色；与边材界限常不明显。边材色浅，宽可达 8cm。生长轮通常明显。管孔在放大镜下明显；略少至略多；大小中等；散生；侵填体丰富。轴向薄壁组织放大镜下可见，傍管状及轮界状。木射线放大镜下明显；稀至中；窄。波痕及胞间道缺如。

材料：W14189，W15130(印)；W18752(巴新)。

微观特征

导管横切面卵圆形；单管孔，少数径列复管孔(2~5 个，多数 2~3 个)；散生；11~18 个/mm²；最大弦径 190μm；平均 140μm；导管分子长 490μm；侵填体丰富；螺纹加厚缺如。管间纹孔式互列，多角形。穿孔板单一，平行至略倾斜。导管与射线间纹孔式类似管间纹孔式，稀大圆形。**轴向薄壁组织**疏环管状，轮界状及星散状；树胶及晶体未见。木纤维壁薄，少数略厚；直径 21μm，长 1170μm；单纹孔或略具狭缘；分隔木纤维普遍。木射线 4~10 根/mm，非叠生。单列射线甚少，高 2~5 细胞。多列射线宽 2~3 细胞；高 5~44(多数 15~30)细胞，射线组织同形多列，稀异 III 型。方形细胞可见，与横卧细胞近等高。射线细胞多列部分多为多角形；树胶少；晶体丰富。胞间道缺如。

材料：W14189(印)；W18752(巴新)。

【木材性质】

木材具光泽；无特殊气味和滋味；纹理直，稀略交错；结构细而匀；木材重量中等；干缩中，干缩率从生材至炉干径向 3.7%，弦向 6.5%；强度中。

产　　地	密　度(g/cm³)		顺纹抗压强度	抗弯强度	抗弯弹性模量	顺纹抗剪强度	
						径	弦
	基　本	气　干	MPa	MPa	MPa	MPa	
印度尼西亚		0.73:15.6%	55.1	83.4	12255	6.9~7.6	
		(0.841)	(61.7)	(89.0)	(12010)	(8.0~8.8)	
斐　济	0.61	0.71~0.8:12%					

木材干燥性能良好，几无降等，从生材干至含水率 12%，窑干需 9~10 天；弦锯板可能产生瓦弯或扭曲；木材耐腐，抗白蚁和海生钻木性能中等；边材浸注性能中等，

心材浸注难；加工性能中等；胶粘和油漆有变异；握钉力良好；蒸煮后弯曲性能好。

【木材用途】

房屋建筑如房架、门、窗、天花板、地板、搁栅、柱子等；家具、单板、胶合板；交通方面造船用作龙骨、肋骨、枕木、电杆、桩木等等。

黄叶树科
Xanthophyllaceae Gagnep.

1 属，60 种；分布从印度到马来西亚、印度尼西亚及澳大利亚。

黄叶树属 *Xanthophyllum* J. F. Gmel.

60 种；分布同科；主要商品材树种有：缘黄叶树 *X. affine* Korth.，喜爱黄叶树 *X. amonum* Chodat，高大黄叶树 *X. excelsum*（Bl.）Miq.，略显黄叶树 *X. obscurum* Benn.，斯克特黄叶树 *X. scortecbinii* King，柄黄叶树 *X. stipitalum* Benn.，菲律宾黄叶树 *X. philippinense* Chod. 瑞特黄叶树 *X. rhetsa*（Roxb）DC.，深色黄叶树 *X. rufum* Benn.。中国有黄叶树 *X. hainanensis* Hu 等 3 种。

高大黄叶树 *X. excelsum*（Bl.）Miq.
（彩版 22.2；图版 103.4 ~ 6）

【商品材名称】

里林 Lilin（印）；波克-波克 Bok bok（菲）；嘎丁 Gading，肯多格 Kiendog，门德贾林 Mendjalin，米纳克-安嘎特 Minak angat（印）；艾林 Nyalin（马）。

【树木及分布】

乔木；直径可达 0.8m，树干多通直；分布菲律宾、马来西亚到印度尼西亚。

【木材构造】

宏观特征

木材散孔。心材浅黄色；与边材区别不明显。边材色浅。生长轮略明显。管孔肉眼下略见；少至甚少；中至大；散生；具白色沉积物。轴向薄壁组织放大镜下明显；离管带状及傍管状。木射线放大镜下略明显，略密至密；甚窄。波痕及胞间道缺如。

微观特征

导管横切面卵圆及圆形；单管孔；散生；1 ~ 3 个/mm²，最大弦径 330μm；平均 240μm；导管分子长 750μm；沉积物多常见；螺纹加厚缺如。管间纹孔式互列，多角形（非真正两导管间）。穿孔板单一，平行或略倾斜。导管与射线间纹孔式类似管间纹孔式。环管管胞可见，具缘纹孔明显，通常 1 ~ 2 列。轴向薄壁组织丰富；不规则单列（偶成对）带状，星散状，星散-聚合状及环管状；树胶及晶体未见。纤维管胞壁薄至厚；直径 24μm，长 1420μm；具缘纹孔多而明显。木射线 10 ~ 15 根/mm；非叠生。单列射线数多，高 1~25（多数 17~12）细胞。多列射线宽 2（偶 3）细胞，2 列部分常与单列部分近等宽；高 6~35（多数 8~14）细胞，同一射线有时出现 2~4 次多列部分。射线组织异形 I 型。直立或方形射线细胞比横卧射线细胞高或高得多，瓦状细胞主为翻白叶型，少数榴莲型。射线细胞内树胶甚少；晶体未见。**胞间道缺如。**

材料：W18333（菲）。

【木材性质】

木材具光泽；无特殊气味和滋味；纹理直；结构中至略粗；木材重量中等；干缩中；强度中至高。

产　　　地	密　度（g/cm³）		顺纹抗压强度	抗弯强度	抗弯弹性模量	顺纹抗剪强度	
						径　弦	
	基　本	气　干	MPa	MPa	MPa	MPa	
菲律宾	0.64	0.71:12% （0.807）	61.9 （57.2）	120 （110）	15200 （14100）	12.1 （12.5）	
马来西亚	0.63	0.70:12% （0.796）	62.6 （57.8）	122.5 （112.3）	14706 （13635）	12.4 （12.8）	

木材干燥稍慢；干燥性能良好，略有翘曲和开裂；不耐腐，易受干木白蚁危害。木材加工容易；刨面光滑。

【木材用途】

主要用于室内装修，胶合板，家具等。经防腐处理可用作房屋建筑如搁栅、柱子、房架，为上等铺地木块材料。

深色黄叶树 *X. rufum* Benn.

【商品材名称】

里林 Lilin（印）；冲姆森 Chumseng（泰）；纳林 Nyalin（沙捞）；明亚克 Minyak，贝若克 Berok，蒙卡帕斯 Menkapas（马）。

【树木及分布】

小到大乔木，树皮通常光滑略呈环状；分布泰国、马来西亚、印度尼西亚等。

【木材构造】

导管最大弦径 270μm；轴向薄壁组织断续带状，宽常 1（偶 2~3）细胞；木纤维壁厚；木射线 15~22 根/mm，几全为单列（极少成对或 2 列）射线，射线组织异形单列。余略同高大黄叶树。

材料：W20658（马）。

【木材性质及用途】

木材中至重（气干密度 0.60~0.96g/cm³，平均 0.88g/cm³）；质硬；强度中至高。木材干燥慢，40mm 厚板材在马来西亚气干需 5 个月；略有瓦弯、弓弯和端裂。木材不耐腐，易遭粉蠹虫和干木白蚁危害，亦易变色。木材锯、刨容易，刨面略光滑，钻孔亦易，但欠光滑；钉钉尚好。

木材用途略同高大黄叶树。

第三部分
东南亚主要商品材
的用途分类

本书按照实际生活需要，列出主要用途18类。并根据每类用途对材性的要求，提出适宜和较适宜树种，供生产单位和使用部门参考。

一、房屋建筑

主要指柱子、梁、托梁、椽子等。要求木材纹理直，有适当的强度，易钉钉，加工容易，较耐久等。必要时需进行防腐、防虫处理。适宜树种有贝壳杉，岛松，羽叶科德漆，多枝冬青，粗壮普氏木，小叶垂籽树，榴莲，吕宋橄榄，木麻黄，柯库木，榄仁树，光亮榄仁树，毛榄仁树，隐翼，菲律宾五桠果，缘生异翅香，黑木杯裂香，大花龙脑香，芳味冰片香，俯重坡垒，芳香坡垒，新棒果香，星芒赛罗双，吉索娑罗双，泰斯娑罗双，光亮娑罗双，法桂娑罗双，平滑娑罗双，金背娑罗双，青皮，婆罗香，秋枫，银叶锥，索莱尔椆，海棠木，乔木黄牛木，芳香山竹，铁力木，大蕈树，角香茶茱萸，苞芽树，黄杞，马来油丹，黄樟，格氏桂，楔形莲桂，坤甸铁樟木，香木姜子，木果缅茄，铁刀木，越南摘亚木，阔萼摘亚木，马六喃喃果，格木，帕利印茄，贝特豆，大甘巴豆，马来甘巴豆，粗轴双翼豆，贝卡油楠，交趾油楠，白花崖豆木，白韧金合欢，白格，美丽猴耳环，香灰莉，副萼紫薇，大花紫薇，香兰，黄兰，吉奥盖裂木，钟康木，大花米仔兰，兜状阿摩楝，裴菜山楝，蒜楝，摩鹿加蟹木楝，洋香椿，五雄蕊溪桫，麻楝，戟叶樫木，苦楝，山道楝，粗桂木，莱柯桂木，长叶鹊肾树，白桉，剥皮桉，多花番樱桃，白千层，铁心木，红胶木，华南蓝果树，皮塔林，菲律宾铁青木，蒜果木，山地假山龙眼，巴拉克枣，木榄，竹节树，风车果，尖叶红树，马来蔷薇，串姜饼木，乔木臀果木，心叶水黄棉，圆叶帽柱木，贝卡类金花，乌檀，天料木，毛天料木，斜形甘欧，乔木假山萝，番龙眼，油无患子，菲律宾子京，贝特子京，考基铁线子，铁线子，迈氏铁线子，瑞德胶木，倒卵胶木，凯特山榄，杯萼海桑，爪哇银叶树，爪哇翻白叶，霍氏翅苹婆，香苹婆，光四籽木，邦卡棱柱木，圆锥二重椴，缅甸硬椴，东京硬椴，吕宋朴，石梓，佩龙木，柚木，蒂氏木，高发牡荆，高大黄叶树。

二、室内装修

主要指门、窗、地板、楼梯、走廊扶手等等。门、窗要求木材不宜过重，干缩小，不易翘曲和开裂，窗子还需要耐腐。地板，楼梯，走廊扶手要求木材不翘，不裂，耐磨，花纹美丽，有适当硬度等。适宜树种有贝壳杉，高大陆均松，东南亚叶状枝，鸡毛松，人面子，胶漆树，羽叶科德漆，厚皮树，杧果，黑木杯裂香，毛五裂漆，多花斯文漆，盆架树，多枝冬青，粗状普氏木，小叶垂籽树，吕宋橄榄，柯库木，榄仁树，毛榄仁树，隐翼，菲律宾五桠果，缘生异翅香，普通黑漆树，大花龙脑香，芳味冰片香，俯重坡垒，芳香坡垒，星芒赛罗双，马拉赛罗双，疏花娑罗双，吉索娑罗双，五齿娑罗双，泰斯娑罗双，光亮娑罗双，法桂娑罗双，平滑娑罗双，金背娑罗双，青皮，球形杜英，石栗，秋枫，橡胶树，银叶锥，索莱尔椆，海棠木，乔木黄牛木，苞芽树，马来油丹，黄樟，格氏桂，楔形莲桂，香木姜子，潘多赛楠，木果缅茄，铁刀木，库地豆，阔萼摘亚木，格木，帕利印茄，贝特豆，大甘巴豆，马来甘巴豆，粗轴双翼豆，贝卡油楠，交趾油楠，榄色黄檀，阔叶黄檀，缴花刺桐，白花崖豆木，印度紫檀，大果紫檀，南洋楹，白格，独特球花豆，美丽猴耳环，雨树，香灰莉，副萼紫薇，大花紫薇，香兰，巴布亚埃梅木，木莲，黄兰，吉奥盖裂木，钟康木，大花米仔兰，兜状阿摩楝，裴菜山楝，蒜楝，洋香椿，五雄蕊溪桫，麻楝，苦楝，山道楝，桃花心木，红椿，弹性桂木，粗桂木，长叶鹊肾树，白桉，剥皮桉，多花番樱桃，华南蓝果树，蒜果木，山地假山龙眼，格氏异叶树，竹节树，风车果，乔木臀果木，黄梁木，圆叶帽柱木，光吴茱萸，天料木，毛天料木，番龙眼，菲律宾子京，贝特子京，倒卵胶木，摩鹿加八宝树，八宝树，杯萼海桑，爪哇银叶树，鹧鸪麻，爪哇翻白叶，霍氏翅苹婆，大柄船形木，邦卡棱柱木，圆锥二重椴，缅甸硬椴，山黄麻，石梓，佩龙木，柚木，蒂氏木，高发牡荆，高大黄叶树。

三、地　板

主要指实木地板，要求适当硬度、高度耐磨、尺寸稳定性好。木材密度，针叶树材不低于 $0.35g/cm^3$，阔叶树材不低于 $0.50g/cm^3$。适用树种有大花米兰，海棠木，角香茶茱萸，龙脑香属，芳味冰片香，邦卡棱柱木，芳香坡垒，轻坡垒类，重坡垒类，印茄，柯库木，马来亚子京，灰木莲，二齿铁线子，倒卵胶木，凯特山榄，大果紫檀，印度紫檀，船形木，蒜果木，重红娑罗双，金贝娑罗双，光四籽木，榉木，胶漆属，黑漆属，乌汁漆属，香龙眼，坤甸铁樟木，木莲，大甘巴豆，甘巴豆，荷木，柚木，大荚豆。

四、电杆、桩木

包括硅柱、枕木等。要求变形小，特别要求耐久性强，抗压、抗弯、抗冲击强度高，利用之前应进行防腐处理。适宜的树种有光亮榄仁树，黑木杯裂香，俯重坡垒，青皮，婆罗香，芳香山竹，铁力木，角香茶茱萸，坤甸铁樟木，越南摘亚木，格木，铁心木，天料木，毛天料木，油无患子，菲律宾子京，贝特子京，铁线子，迈氏铁线子，瑞德胶木，东京硬椴，小叶垂籽树，木麻黄，柯库木，尖叶榆绿木，光亮榄仁树，毛榄仁树，菲律宾五桠果，黑木杯裂香，大花龙脑香，岛松，芳味冰片香，俯重坡垒，新棒果香，吉索娑罗双，平滑婆罗双，青皮，婆罗香，秋枫，银叶锥，索莱尔椆，海棠木，芳香山竹，铁力木，大蕈树，角香茶茱萸，苞芽树，黄杞，马来油丹，黄樟，坤甸铁樟木，木果缅茄，铁刀木，越南摘亚木，马六喃喃果，格木，帕莉印茄，大甘巴豆，马来甘巴豆，交趾油楠，阔叶黄檀，白花崖豆木，大果紫檀，白格，木荚豆，香灰莉，戟叶樫木，粗桂木，长叶鹊肾树，白桉，多花番樱桃，白千层，铁心木，红胶木，皮塔林，菲律宾铁青木，蒜果木，木榄，竹节树，风车果，尖叶红树，马来蔷薇，串姜饼木，贝卡类金花，天料木，毛天料木，斜形甘欧，菲律宾子京，贝特子京，铁线子，迈氏铁线子，瑞德胶木，杯萼海桑，爪哇银叶树，霍氏翅苹婆，红荷木，光四籽木，东京硬椴，佩龙木，柚木，高发牡荆。

五、造船材

主要包括船架(龙骨，龙筋，肋骨)，船壳，甲板等。船架部分要求木材坚韧，耐久，抗弯和抗冲击强度要高；船壳要求木材抗冲击，耐磨损，能抗海生钻木动物危害；

甲板要求木材尺寸性稳定，耐磨损，有适当抗冲击能力。适宜树种有普通黑漆树，藤春，粗状普氏木，木麻黄，榄仁树，光亮榄仁树，毛榄仁树，缘生异翅香，黑木杯裂香，大花龙脑香，芳味冰片香，俯重坡垒，芳香坡垒，新棒果香，星芒赛罗双，马拉赛罗双，五齿娑罗双，法桂娑罗双，平滑娑罗双，金背娑罗双，青皮，秋枫，索莱尔桐，海棠木，芳香山竹，铁力木，大覃树，马来油丹，黄樟，坤甸铁樟木，木果缅茄，铁刀木，越南摘亚木，阔萼摘亚木，格木，帕利印茄，大甘巴豆，贝卡油楠，交趾油楠，紫檀，白格，木荚豆，香灰莉，大花紫薇，巴布亚埃梅木，吉奥盖裂木，毛谷木，大花米仔兰，兜状阿摩棟，摩鹿加蟹木棟，洋香椿，麻棟，戟叶樫木，红椿，粗桂木，莱柯桂木，长叶鹊肾树，白桉，剥皮桉，多花番樱桃，铁心木，红胶木，蒜果木，风车果，马来蔷薇，心叶水黄棉，天料木，毛天料木，斜形甘欧，番龙眼，油无患子，菲律宾子京，贝特子京，瑞德胶木，倒卵胶木，杯萼海桑，爪哇银叶树，光四籽木，缅甸硬椴，东京硬椴，石梓，柚木，高发牡荆，鸡毛松。

六、车辆材

　　指车梁，骨架，车厢板，底板等。主要考虑承重和装饰两方面。适宜树种有粗状普氏木，木麻黄，榄仁树，光亮榄仁树，毛榄仁树，缘生异翅香，黑木杯裂香，大花龙脑香，芳味冰片香，俯重坡垒，芳香坡垒，新棒果香，青皮，大覃树，角香茶茱萸，黄杞，坤甸铁木，木果缅茄，铁刀木，越南摘亚木，格木，帕莉印茄，大甘巴豆，马来甘巴豆，贝卡油楠，交趾油楠，榄色黄檀，阔叶黄檀，印度紫檀，大果紫檀，白韧金合欢，白格，木荚豆，香灰莉，巴布亚埃梅木，大花米仔兰，兜状阿摩棟，裴菜山棟，摩鹿加蟹木棟，麻棟，戟叶樫木，粗桂木，长叶鹊肾树，白桉，剥皮桉，多花番樱桃，红胶木，天料木，毛天料木，斜形甘欧，番龙眼，油无患子，贝特子京，铁线子，瑞德胶木，爪哇银叶树，红荷木，光四籽木，缅甸硬椴，东京硬椴，石梓，佩龙木，柚木。

七、家　具

　　一般家具　指桌，椅，箱，柜，床等。分普通家具和高级家具两大类。普通家具一般木材都可以；高级家具应考虑木材花纹，材色具装饰性。适宜树种有人面子，胶漆树，羽叶科德漆，厚皮树，杧果，普通黑漆树，长果木棉，粗状普氏木，榴莲，橙花破布木，吕宋橄榄，柯库木，疏花娑罗双，法桂娑罗双，秋枫，帕利印茄，贝特豆，大甘巴豆，白格，蒜棟，麻棟，莱柯桂木，巴拉克枣，吕宋朴，柚木，贝壳杉，岛松，高大陆均松，东南亚叶状枝，榄仁树，蔻氏榄仁树，光亮榄仁树，毛榄仁树，菲律宾五桠果，缘生异翅香，黑木杯裂香，芳味冰片香，芳香坡垒，星芒赛罗双，吉索娑罗双，五齿娑罗双，泰斯娑罗双，光亮娑罗双，平滑娑罗双，金背娑罗双，娑罗香，西里伯斯柿，印马黄桐，橡胶树，索莱尔桐，海棠木，芳香山竹，铁力木，美丽莲叶桐，苞芽树，黄杞，马来油丹，黄樟，格氏桂，楔形莲桂，香木姜子，潘多赛楠，木果缅茄，阔萼摘亚木，格木，马来甘巴豆，粗轴双翼豆，贝卡油楠，美丽猴耳环，雨树，香灰莉，副萼紫薇，香兰，巴布亚埃梅木，木莲，黄兰，吉奥盖裂木，钟康木，大花米仔兰，兜状阿摩棟，裴菜山棟，摩鹿加蟹木棟，洋香椿，五雄蕊溪桫，戟叶樫木，苦棟，山道棟，桃花心木，红椿，弹性桂木，粗桂木，白桉，剥皮桉，白千层，华南蓝果树，皮塔林，山地假山龙眼，格氏异叶树，竹节树，乔木臀果木，心叶水黄棉，黄梁木，大土莲翘，乌檀，瑞特花椒，毛天料木，乔木假山萝，番龙眼，贝特子京，考基铁线子，倒卵胶木，凯特山榄，摩鹿加蟹木楝，八宝树，杯萼海桑，爪哇银叶树，爪哇翻白叶，霍氏翅苹婆，大柄船形木，香苹婆，红荷木，大果厚皮香，光四籽木，邦卡棱柱木，缅甸硬椴，石梓，佩龙木，蒂氏木，高发牡荆，高大黄叶树。

红木家具　根据《红木》国家标准 GB/T18107—2000 规定，红木包括紫檀、花梨、香枝、黑酸枝、红酸枝、乌木、条纹乌木和鸡翅木 8 类。每类均有所隶的科属、木材结构、木材密度和心材材色 4 项必备条件。适宜树种有黑黄檀、阔叶黄檀（黑酸枝类）、奥氏黄檀、交趾黄檀（红酸枝类）、大果紫檀（花梨木类）、苏拉威西乌木、菲律宾乌木（条纹乌木类）、铁刀木、白花崖豆木（鸡翅木类）。

八、胶合板

只要木材有适当径级，通直，少节都可以。凡能做单板的树种均适宜做胶合板。有耳状坎诺漆，杧果，盆架树，长果木棉，菲律宾五桠果，四数木，大花龙脑香，马拉赛罗双，五齿娑罗双，印马黄桐，海棠木，南洋楹，雨树，香兰，巴布亚埃梅木，吉奥盖裂木，弹性桂木，变异榕，剥皮桉，华南兰果树，红荷木，吕宋朴，石梓，柚木，高发牡荆，高大黄叶树，人面子，胶漆树，普通黑漆树，毛五裂漆，多花斯文漆，小脉夹竹桃，榴莲，轻木，橙花破布木，吕宋橄榄，榄仁树，蔻氏榄仁树，苏门答腊八角木，缘生异翅香，芳味冰片香，芳香坡垒，星芒赛罗双，疏花娑罗双，泰斯娑罗双，光亮娑罗双，法桂娑罗双，金背娑罗双，球形杜英，乔木黄牛木，黄杞，马来油丹，黄樟，格氏桂，楔形莲桂，香木姜子，潘多赛楠，阔萼摘亚木，大甘巴豆，粗轴双翼豆，贝卡油楠，伞花刺桐，白格，独特球花豆，美丽猴耳环，大花紫薇，木莲，黄兰，钟康木，大花米仔兰，兜状阿摩楝，裴菜山楝，蒜楝，洋香椿，五雄蕊溪桫，苦楝，山道楝，红椿，粗桂木，臭桑，巴拉克枣，风车果，乔木臀果木，心叶水黄棉，黄梁木，光吴茱萸，乔木假山萝，倒卵胶木，凯特山榄，摩鹿加八宝树，八宝树，爪哇银叶树，爪哇翻白叶，大柄船形木，香苹婆，大果厚皮香，邦卡棱柱木，缅甸硬椴，佩龙木，贝壳杉，岛松，高大陆均松，东南亚叶状枝，鸡毛松。

九、体育用材

指单、双杠、标枪、铁饼、跳板、垒球棒、高尔夫球棍，网球及羽毛球球拍等。通常要考虑木材结构细，弹性好，抗冲击力强，加工后尺寸稳定，无缺陷等等。适宜树种有藤春，海棠木，贝卡油楠，榄色黄檀，白桉，巴拉克枣，心叶水黄棉，毛天料木，贝特子京，吕宋朴，石栗，交趾油楠，苦楝，红胶木，马来蔷薇，天料木，斜形甘欧，番龙眼，杯萼海桑，爪哇银叶树，光四籽木，圆锥二重椴。

十、乐器材

乐器种类很多，此处仅指弦乐器（Stringed musical instruments），管乐器（Wind musical instruments），打击乐器（Percussion musical instruments）等。乐器种类不同对材质要求也不同，通常有习用树种，难以改变。适宜树种有长果木棉，橙花破布木，西里伯斯柿，海棠木，芳香山竹，交趾黄檀，阔叶黄檀，大果紫檀，洋香椿，桃花心木，红椿，心叶水黄棉，帕利印茄，蒜楝，麻楝，红椿，油无患子，柚木。

十一、文化用品

指丁字尺，三角架，制图版，铅笔杆，算盘等。一般要求纹理直，结构细而匀，干缩小，不开裂，不变形等。算盘还需要重而硬，材色深，车旋性能好，油漆后光亮。适宜树种有盆架树，小脉夹竹桃，黑木杯裂香，青皮，乔木黄牛木，交趾黄檀，香灰莉，香兰，巴布亚埃梅木，邦卡棱柱木，贝壳杉，鸡毛松，美丽莲叶桐，香木姜子，番龙眼，考基铁线子。

十二、农具用材

指一般农业机械，如播种机，插秧机，板车等。适宜树种有光亮榄仁树，银叶锥，马来油丹，越南摘亚木，白韧金合欢，白格，副萼紫薇，戟叶樫木，白桉，多花番樱桃，红胶木，马来蔷薇，厚皮树，藤春，粗状普氏木，吕宋橄榄，毛榄仁树，菲律宾五桠果，海棠木，黄杞，格氏桂，木果缅茄，铁刀木，马六喃喃果，大甘巴豆，榄色黄檀，白花崖豆木，大果紫檀，木荚豆，大花紫薇，裴莱山楝，山道楝，剥皮桉，风车果，贝卡类金花，天料木，毛天料木，斜形甘欧，番龙眼，油无患子，贝特子京，铁线子，光四籽木，圆锥二重椴，蒂氏木。

十三、包装箱

通常分机械等重型包装和一般包装。前者应考虑木材有足够强度；后者应考虑木材不宜太硬，太重，而且易于钉钉等。适宜树种有盆架树，吕宋橄榄，蔻氏榄仁树，缘生异翅香，星芒赛罗双，光亮娑罗双，秋枫，海棠木，莱柯桂木，剥皮桉，山黄麻，贝壳杉，岛松，人面子，厚皮树，香依兰，菲律宾五桠果，四数木，芳味冰片香，泰斯娑罗双，球形杜英，印马黄桐，橡胶树，银叶锥，乔木黄牛木，香木姜子，潘多赛楠，帕利印茄，粗轴双翼豆，贝卡油楠，榄色黄檀，南洋楹，独特球花豆，巴布亚埃梅木，木莲，黄兰，吉奥盖裂木，蒜楝，洋香椿，苦楝，变异榕，臭桑，华南蓝果树，皮塔林，光吴茱萸，瑞特花椒，乔木假山萝，番龙眼，凯特山榄，八宝树，伞形马松子，爪哇翻白叶，霍氏翅苹婆，香苹婆，红荷木，大果厚皮香，圆锥二重椴，柚木，蒂氏木。

十四、木模型

要求木材结构均匀，胀缩性小，切削面光滑，横切面不掉渣等。适宜树种有小脉夹竹桃，马拉赛罗双，泰斯赛罗双，黄樟，香木姜子，兜状阿摩楝，红椿，黄梁木，石梓，柚木，贝壳杉，高大陆均松，东南亚叶状枝，盆架树，长果木棉，菲律宾五桠果，疏花娑罗双，五齿婆罗双，石栗，印马黄桐，黄杞，摩鹿加蟹木楝，桃花心木，剥皮桉，光吴茱萸。

十五、生活用具

指木盆、木桶，锅盖，洗衣板，木屐等等。通常要求质轻，结构细，材色浅，盛食品者应无味，适宜树种有耳状坎诺漆，香依兰，多枝冬青，榴莲，轻木，黄梁木，伞形马松子，香苹婆，山黄麻，贝壳杉，胶漆树，盆架树，长果木棉，树状斑鸠菊，芳香坡垒，石栗，印马黄桐，橡胶树，美丽莲叶桐，大甘巴豆，白花崖豆木，香灰莉，山道楝，红椿，弹性桂木，变异榕，臭桑，皮塔林，菲律宾铁青木，格氏异叶树，木榄，尖叶红树，圆叶帽柱木，鹧鸪麻，大果厚皮香，缅甸硬椴，东京硬椴。

十六、车旋材

适宜树种有羽叶科德漆，厚皮树，杧果，普通黑漆树，香依兰，多枝冬青，橙花破布木，尖叶榆绿木，榄仁树，蔻氏榄仁树，黑木杯裂香，鸡毛松，青皮，西里伯斯柿，橡胶树，黄杞，楔形莲桂，铁刀木，粗轴双翼豆，榄色黄檀，印度紫檀，白韧金合欢，南洋楹，巴布亚埃梅木，兜状阿摩楝，五雄蕊溪秒，戟叶樫木，山道楝，桃花心木，红椿，弹性桂木，白桉，剥皮桉，菲律宾铁青木，心叶水黄棉，斜形甘欧，番龙眼，考基铁线子，迈氏铁线子，凯特山榄，红荷木，圆锥二重椴，缅甸硬椴，石梓。

十七、雕刻和装饰品

雕刻指木刻，印章等。要求木材硬度适中，干缩小，不开裂，不变形。木刻如作装饰用时宜材色、花纹美观等。适宜树种有小脉夹竹桃，多枝冬青，西里伯斯柿，铁刀木，交趾黄檀，大果紫檀，木莲，吉奥盖裂木，白桉，缅甸硬椴，石梓，高发牡荆，鸡毛松，厚皮树，树状斑鸠菊，橡胶树，楔形莲桂，香木姜子，帕利印茄，榄色黄檀，美丽猴耳环，雨树，香灰莉，戟叶樫木，山道楝，桃花心木，红椿，心叶水黄棉，黄胆，光吴茱萸，考基铁线子，霍氏翅苹婆。装饰品指牙雕、玉雕的木座，珠宝盒，镶嵌，镜框，宫灯，屏风等。要求木材结构细，材色美，尺寸稳定，加工后光洁，油漆后光亮。适宜树种有：西里伯斯柿，芳香山竹，铁刀木，帕莉印茄，交趾油楠，交趾黄檀，白花崖豆木，印度紫檀，大果紫檀，摩鹿加蟹木楝，瑞特花椒，胶漆树，阔叶黄檀。

十八、纸浆材

要求木材材色浅，密度低至中，纤维长而壁薄，有较高的纤维素，较低的木素及其抽出物。适宜树种有厚皮树，菲律宾五桠果，大花龙脑香，石栗，大蕈树，南洋楹，苦楝，剥皮桉，黄梁木，石梓，岛松，鸡毛松，木麻黄，榄仁树，菲律宾单室茱萸，五齿娑罗双，橡胶树，乔木黄牛木，缴花刺桐，木榄，尖叶红树，番龙眼，凯特山榄，摩鹿加八宝树，八宝树，杯萼海桑，爪哇银叶树，鹧鸪麻，伞形马松子，圆锥二重椴，吕宋朴，山黄麻。

中文名索引（按拼音排序）

中文名索引（按笔画排序）

拉丁名索引

商品材名称索引

参考文献

1. 中华人民共和国国家标准. 中国主要木材名称(GB/T 16734—1997). 北京：中国标准出版社，1997

2. 中华人民共和国国家标准. 中国主要进口木材名称(GB/T 18513—2001). 北京：中国标准出版社，2002

3. 中华人民共和国国家标准. 红木(GB/T 18107—2000). 北京：中国标准出版社，2000

4. 成俊卿等. 中国热带及亚热带木材. 北京：科学出版社，1980

5. 成俊卿，刘鹏，杨家驹，卢鸿俊. 木材穿孔卡片检索表(阔叶树材微观构造). 北京：农业出版社，1979

6. 杨家驹等. 世界商品木材拉汉英名称. 北京：中国林业出版社，2000

7. 成俊卿，杨家驹，刘鹏. 中国木材志. 北京：中国林业出版社，1992

8. 郑万钧. 中国树木志(1~4卷). 北京：中国林业出版社，2004

9. 广东省林业科学研究所. 海南主要经济树木. 农业出版社，1964

10. 中国科学院植物研究所：中国高等植物图鉴. 科学出版社，1972~1983

11. 侯宽昭等修订. 中国种子植物科属词典. 科学出版社，1998

12. 孟广润，关福林译. 世界有用木材300种(日). 中国林业出版社，1984

13. (日)农林省林业试验场木材部. 南洋材1000种. 1965

14. 日本林业试验场. 研究报告，No. 299~301，1978

15. 李筱莉，邬树德译. 南洋材. 北京：中国林业出版社，1989

16. Abdurahim martawijaya et al.：Indonesian wood Atlas. Vol. I. Department of Forestry Bogor-Indonesia

17. Alston A. S.：Timbers of Fiji Properties and potential uses 1983

18. Applied scientific research corporation of Thailand：Flora of Thailand. Vol. Two，pary three. Bangkok 1975

19. Anne Miles：Photomicrographs of world woods. Department of the Environment，Building Research Establishment，London 1978

20. Ashton，P. S.，Flora Malesiana series I. Vol. IX. Part II，Dipterocarpaceae，Martinus Nijhoff Publishers. 1982

21. Brazier，J. D. and G. L. Franklin：Identification of hardwood-A microscope key. For. Prod. Res. Bul. No. 46 London 1961

22. Burgess，P. F.：Timbers of Sabah. The Forest department，Sabah，Malaysia 1966

23. Chowdhury K. A. et al.：Indian Woods Their identification，properties and uses Vol. I 1958

24. Chudnoff M.：Tropical timbers of the World. U. S. Department of Agriculture 1980

25. Commercial and Botanical nomenclature of world-Timbers sources of Supply：Wood Dictionary Vol. I. Amsterdam/London/New York 1964

26. Desch H. E.：Manual of Malayan timbers. Malayan Forest Records No. 15 vol. I(1957)，II(1954)

27. Eddowes P. J.：Commercial Timbers of Papua New Guinea. Office of Forests，Papua New Guinea 1977

28. Engku Abdul Rahaman Bin Chik：Basic and Grande streeses for strength groups of Malaysian timbers No. 38 Malaysian Timber Industry Board 1980

29. Floresca A. R. et al.：Shrinkage of 182 species of Philippine Woods

30. Forest Research Institute, Kepong, Selangor: Properties and uses of commercial timbers of Peninsular Malaysia No. 40 Malaysian timber Industry board 1981

31. Hayashi S. and Lau Lim Chau et al. : Micrographic Atlas of Southeast Asian Timber. Kyoto, Japan 1973

32. Iding kartasujana & Abdurahim Martawijaya: Commercial Woods of Indonesia their properties and uses Report No. 3. F. P. R. I. Bogor, Indonesia 1973

33. Keating W. G. et al. : Characteristics, Properties and Uses of Timbers Vol. I South-east Asia, Northern Australia and the Pacific region. Inkata Press Melbourne, Sydney and London 1982

34. Khid Suvarnasuddhi: Some commercial timbers of Thailand. Royal Forest Department. 1950

35. Kurz S. : Forest Flora of British Burma. Vol. I-II. Vivek vihar, Delhi 1974

36. Lee Yew Hon et al. : The strength properties of some Malaysian Timbers. No. 34 Malaysian Timber Industry Board 1979

37. Lee Yew Hon et al. : The machining properties of some Malaysian Timbers. No. 35 Malaysian Timber Industry Board 1980

38. Meniado J. A. et al. : Wood Identification Handbook for Philippine Timbers Vol. I Government printing office, Manila 1975

39. Meniado J. A. et al: Wood Identification Handbook for Philippine Timbers Vol. II Apo production unit, Inc. Quezon City 1981

40. Menon P. K. B. et al: Malaysian Timber for furniture. No. 30 Malaysian Timber Industry Board 1979

41. Menon P. K. B. Uses of Malayan Timbers. No. 31. Malaysian Timber Industry Board 1979

42. Menon P. K. B. et al. : Malayan Timbers-Equivalent Woods. No. 32 Malaysian Timber Industry Board 1979

43. Menon P. K. B. : The Anatomy & Identification of Malaysian Hardwoods. Malayan Forest Records No. 27

44. National Academy of Science: Tropical Legumes: Resources for the Future. Washington, D. C. 1981

45. Pearson R. S. and Brown H. P. : Commercial Timbers of India Vol. I-II Government of India central publication Branch Calcutta 1932

46. Rendle N. J. : World Timbers. Vol. III. Asia & Australia & New zealand. London 1970

47. Reyes L. J. Philippine Woods. Manila Bureau of printing 1938

48. Monsalud M. R. et al. : General information on Philippine Hardwoods. F. P. R. I. , Uni. of the Philippine, College, Laguna 1969

49. Sallenave P. : Proprietes Physiques et Mecaniques Des Bois Tropicaux De L'union Francaise. Centre Technique Forestier Tropical, France 1955

50. Sallenave P. : Proprietes Physiques et Mecaniques Des Bois Tropicaux. C. T. F. T. France 1964

51. Sallenave P. : Proprietes Physiques et Mecaniques Des Des Bois Tropicaux. C. T. F. T. France 1971

52. Sarawak Forest Department: Common Sarawak Timbers. 1968

53. Sono P. Standard nomenclature and specification of ASEAN Timber. Bangkok 9, Thailand.

54. Tamolang, F. B. et al. "Ninth Progress Report on the Strength and Related Properties on Philippine Woods" Forest Products Research and Development Institute, College, Laguna 3720

55. Thailand Institute of Scientific and Technological Research: Flora of Thailand. Vol. Two. Part Four. Bangkok. 1981

56. The Forest Herbarium, Royal Forest Depattment: Flora of Thailand. Vol. For. Part One. Leguminosae-Caesalpinioideae Bangkok 1984

57. The Forest Herbarium, Royal Forest Department: Flora of Thailand. Vol. Four. Part Two. Leguminosae-Mimosoideae Bangkok 1985

58. The Malaysian Timber Industry Board: 100 Malaysian Timbers 1986

59. The Timber export Industry Board: "Species of Tropical Hardwood Timbers Principal Uses and their Equivalent Woods" Singapore 1973

60. Thomas A. V. & Browne F. G. : Notes on Air-Seasoning of Timbor in Malaya No. 15 Marlaysian Timber Industry Board 1980

61. Timoer Research and Development Association: Timbers of The World. vol. I. The construction Press, England. 1979

62. Titmuss F. H. : Commercial Timbers of The World. London The Technical Press LTD 1971

63. Whitmore T. C. et al. : Tree Flora of Malaya A manual for Foresters. Vol. one(1972), Two(1973)

64. Wong T. M. : Dictionary of Malaysian Timbers. FRI. Kepong, Malaysia 1982

图版说明

横切面均为 30x
弦切面均为 100x
径切面：
    针叶树材 300x
    阔叶树材 100x

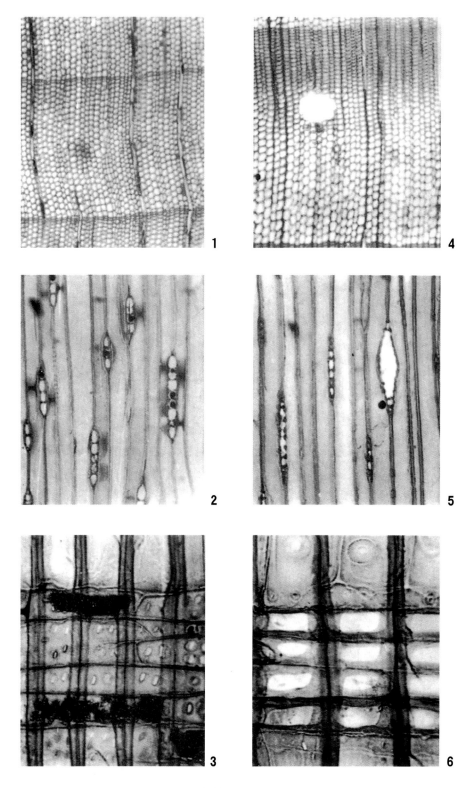

1~3 贝壳杉 *A. dammara*
4~6 岛 松 *P. insularis*

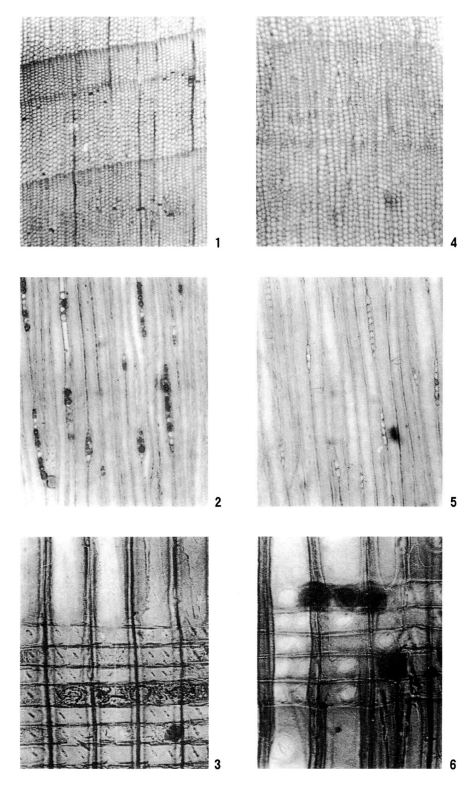

1～3 高大陆均松 *Dacrydium elatum*
4～6 东南亚叶状枝 *Phyllocladus hypophyllus*

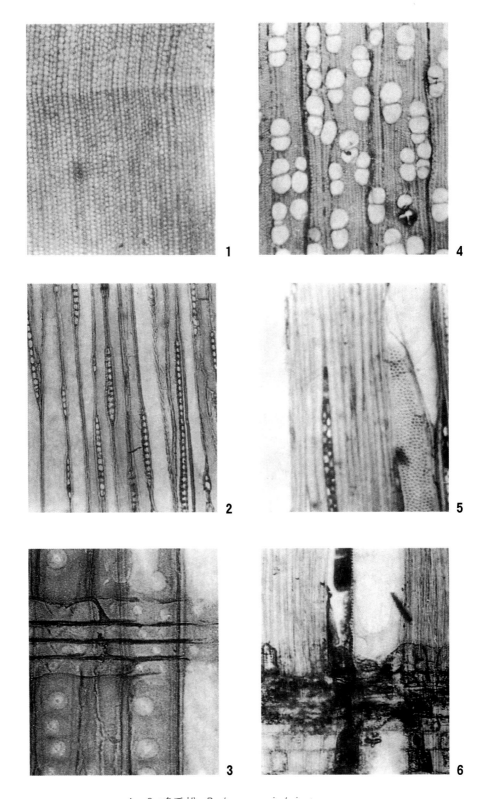

1~3 鸡毛松 *Podocarpus imbricatus*
4~6 耳状坎诺漆 *Campnosperma auriculata*

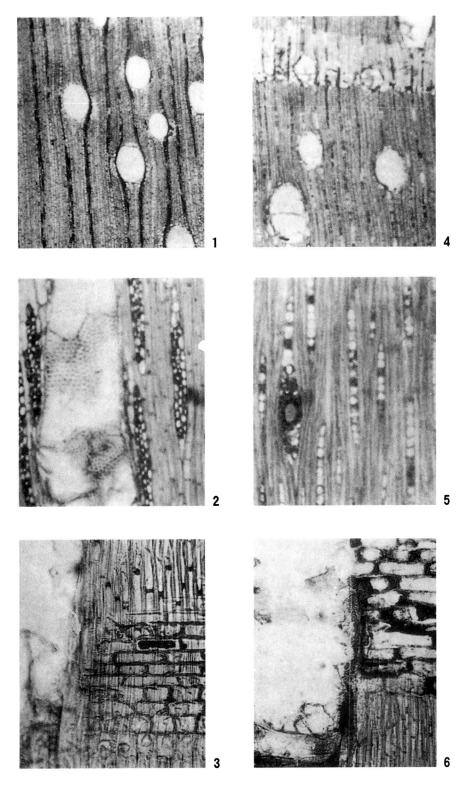

1~3 人面子 *Dracontomelon dao*
4~6 胶漆树 *Gluta renghas*

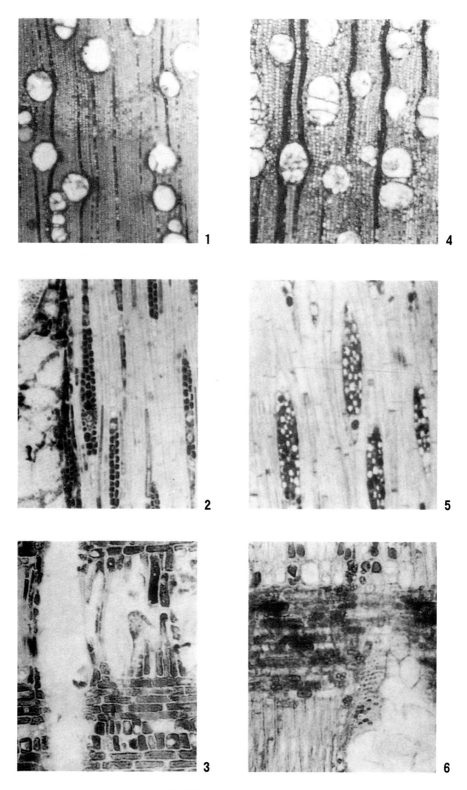

1~3 羽叶科德漆 *Koordersiodendron pinnatum*

4~6 厚皮树 *Lannea coromandelica*

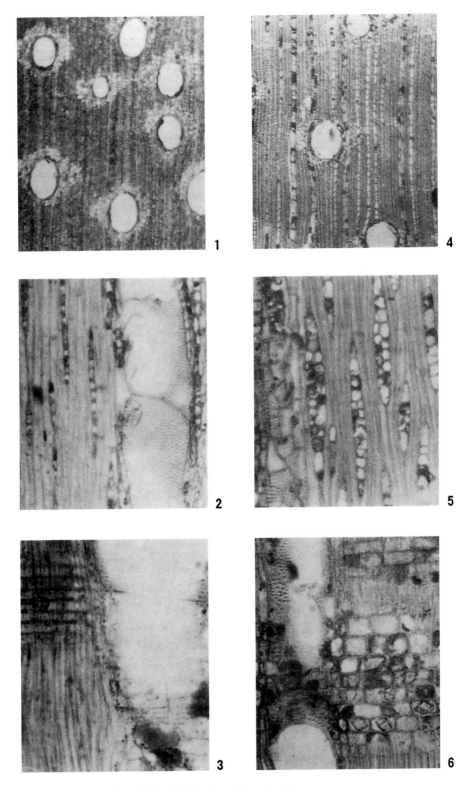

1～3 烈味杧果 *Mangifera foetida*

4～6 杧 果 *Mangifera indica*

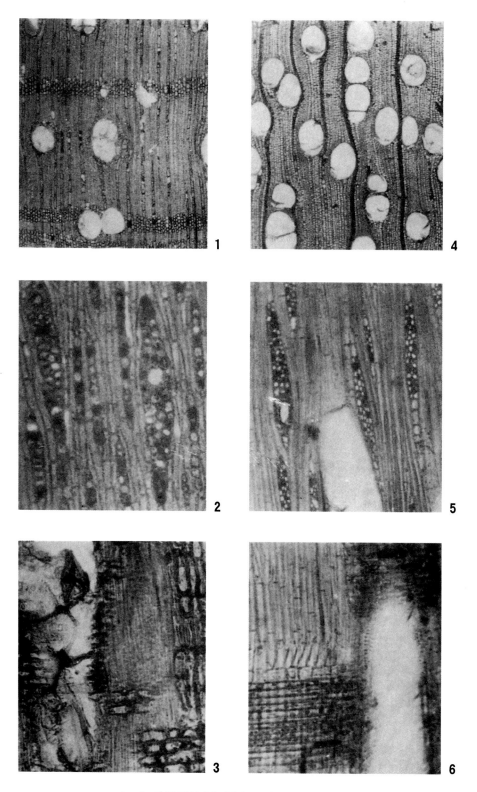

1～3 普通黑漆树 *Melanorrhoea usitata*

4～6 毛五裂漆 *Pentaspadon velutinus*

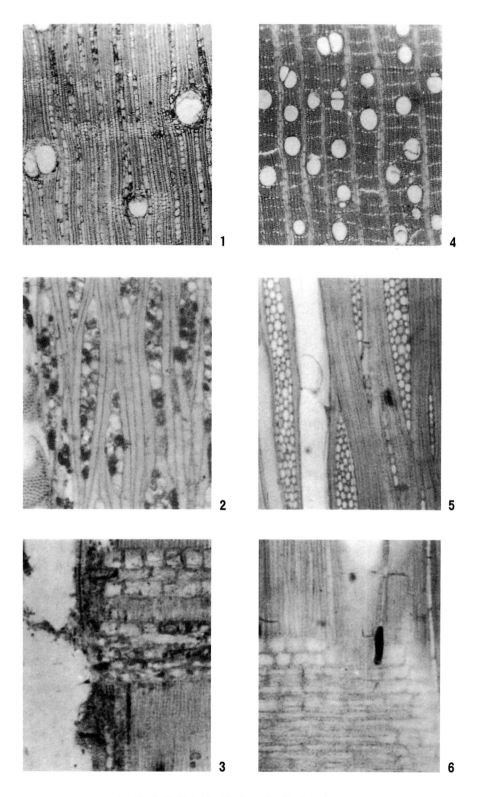

1～3 多花斯文漆 *Swintonia floribunda*
4～6 藤 春 *Alphonsea arborea*

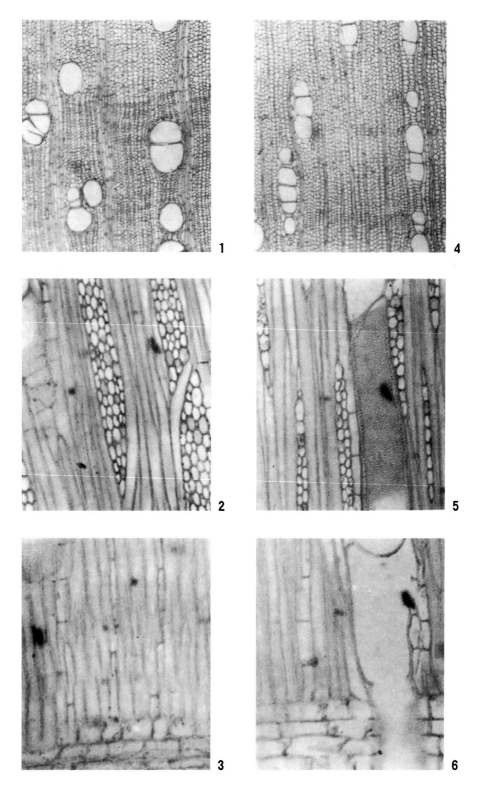

1～3 香依兰 *Cananga odorata*
4～6 盆架树 *Alstonia scholaris*

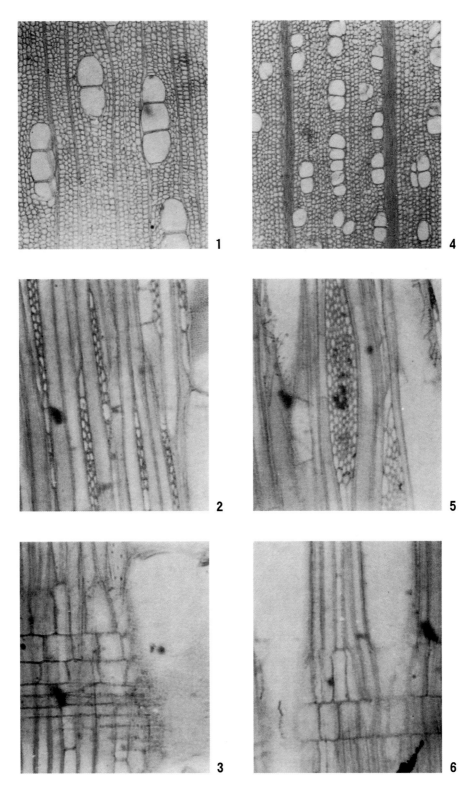

1~3 小脉夹竹桃木 *Dyera costulata*
4~6 多枝冬青 *Ilex pleiobrachiata*

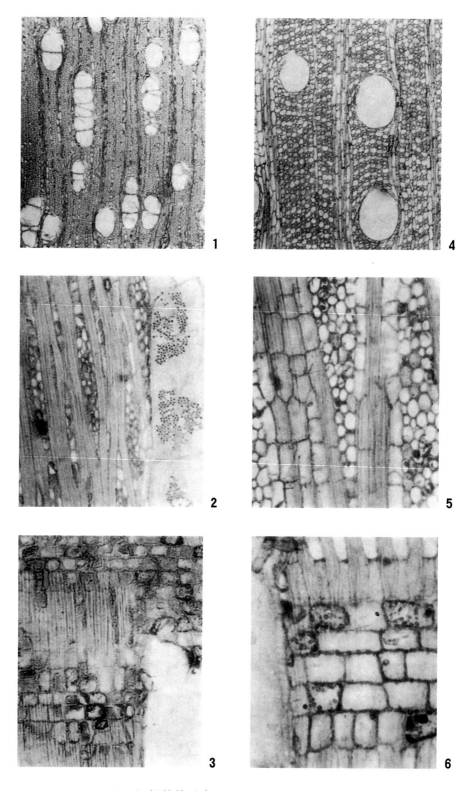

1~3 粗状普氏木 *Planchonia valida*

4~6 长果木棉 *Bombax insigne*

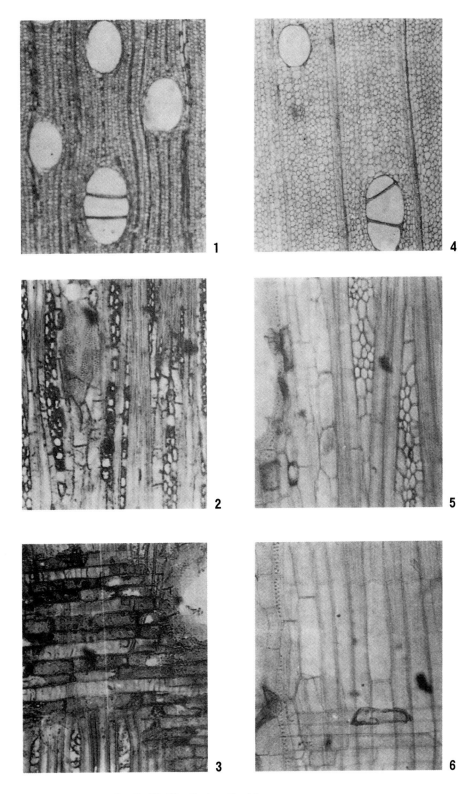

1～3 榴 莲 *Durio zibethinus*

4～6 轻 木 *Ochroma pyramidale*

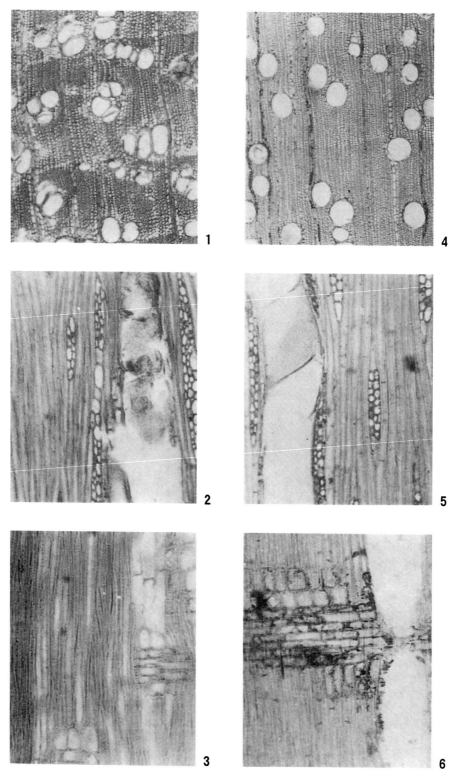

1～3 橙花破布木 *Cordia subcordata*

4～6 吕宋橄榄 *Canarium luzonicum*

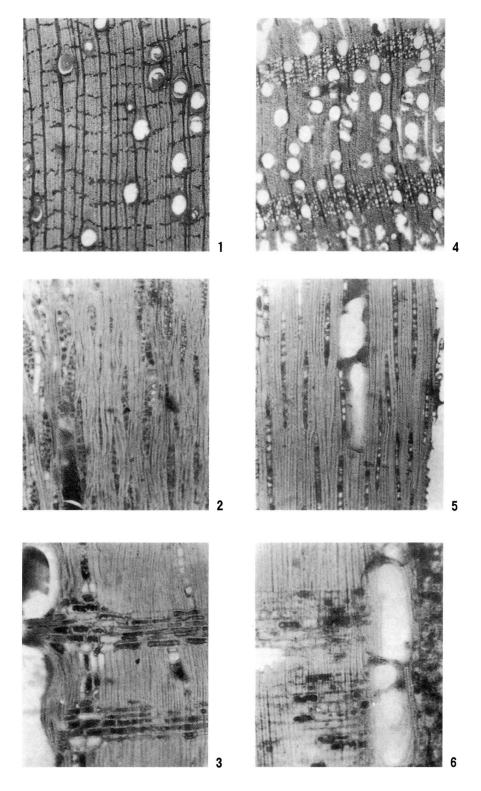

1～3 木麻黄 *Casuarina equisetifolia*

4～6 柯库木 *Kokoona reflexa*

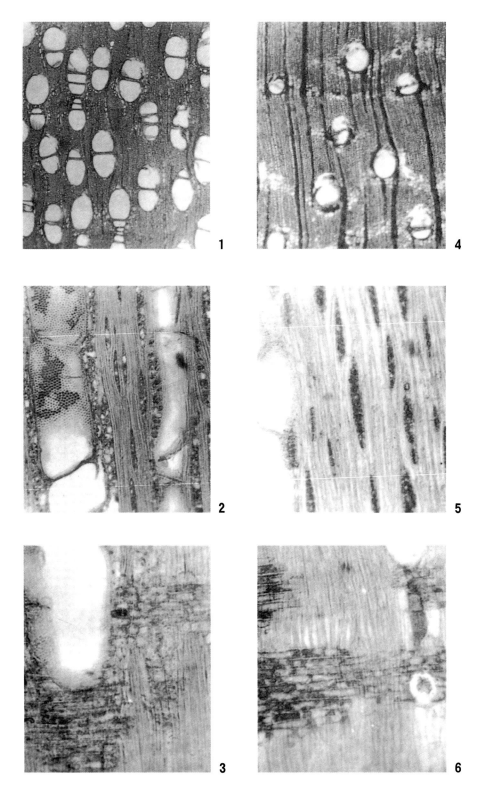

1～3 尖叶榆绿木 *Anogeissus acuminata*
4～6 榄仁树 *Terminalia catappa*

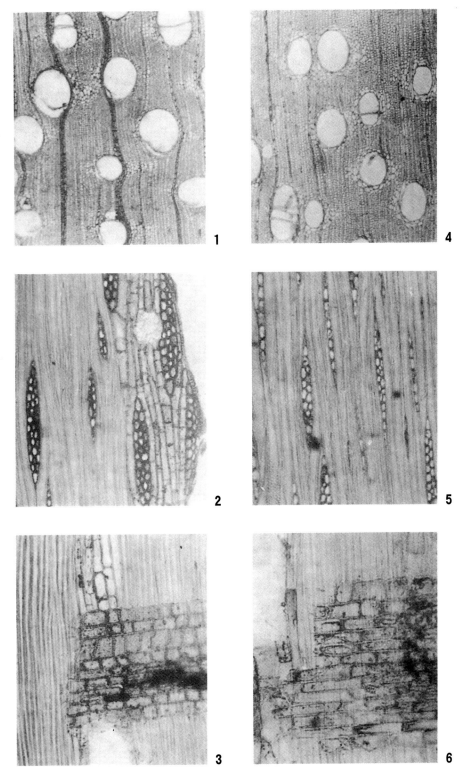

1~3 蔻氏榄仁 *Terminalia copelandii*
4~6 光亮榄仁 *Terminalia nitens*

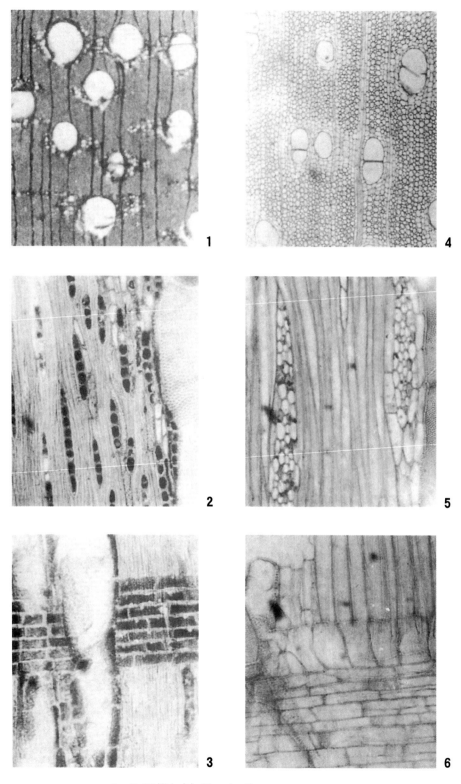

1~3 毛榄仁树 *Terminalia tomentosa*
4~6 树状斑鸠菊 *Vernonia arborea*

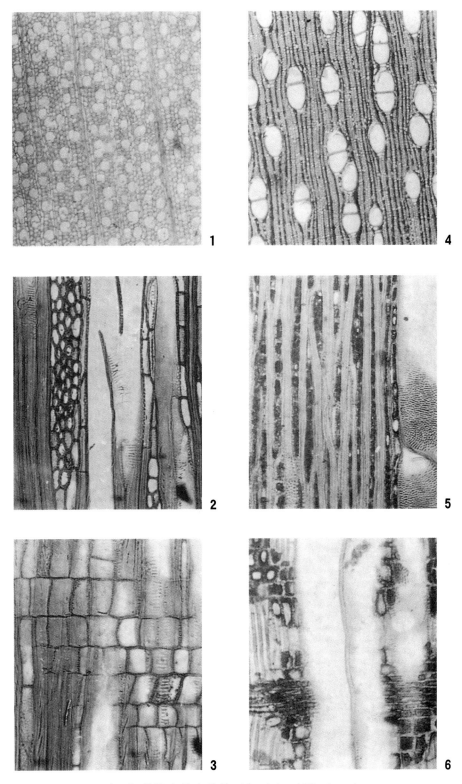

1～3 菲律宾单室茱萸 *Mastixia philippinensis*

4～6 隐 翼 *Crypteronia paniculata*

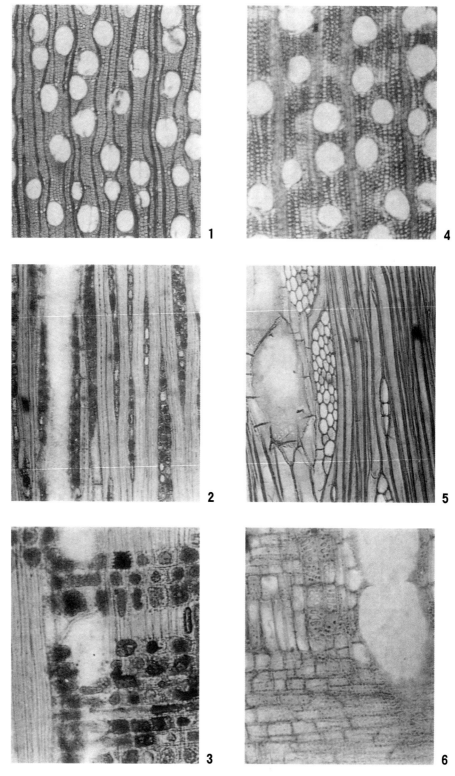

1～3 小叶垂籽树 *Ctenolophon parvifolius*

4～6 苏门答腊八角木 *Octomeles sumatrana*

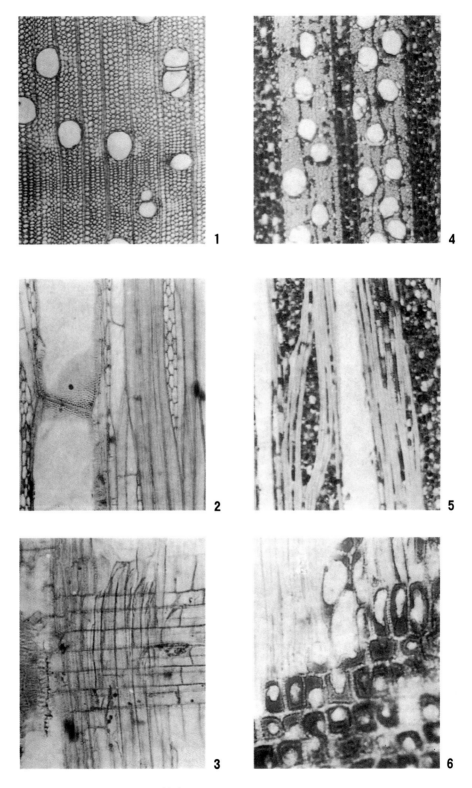

1～3 四数木 *Tetrameles nudiflora*
4～6 菲律宾五桠果 *Dillenia philippinensis*

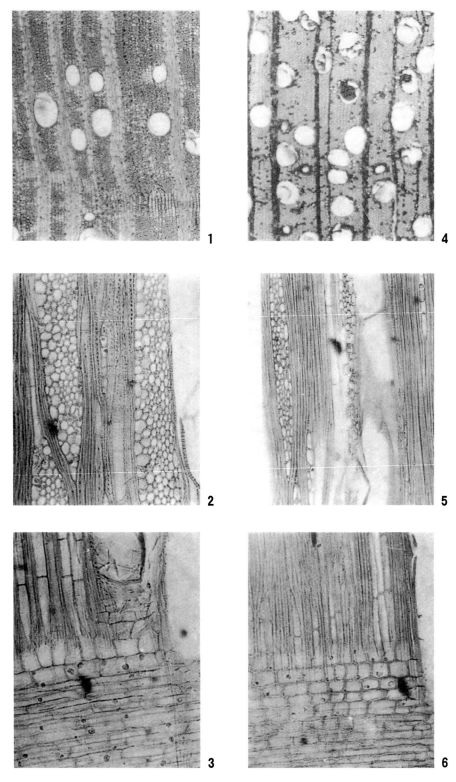

1~3 缘生异翅香 *Anisoptera marginata*
4~6 黑木杯裂香 *Cotylelobium melanoxylon*

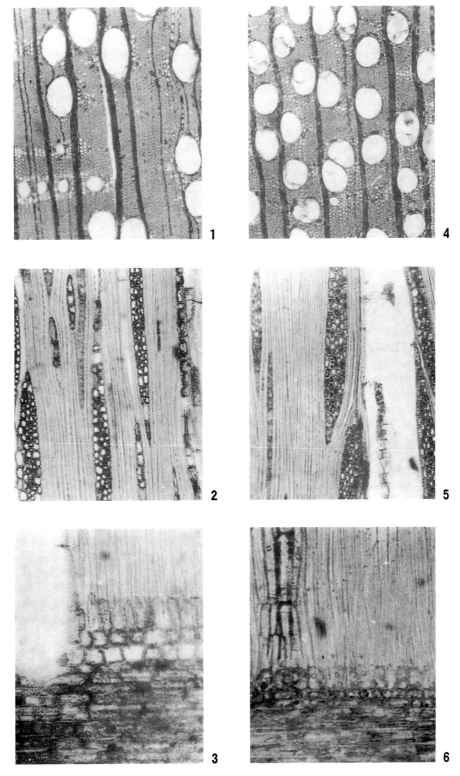

1~3 大花龙脑香 *Dipterocarpus grandiflorus*
4~6 芳味冰片香 *Dryobalanops aromatica*

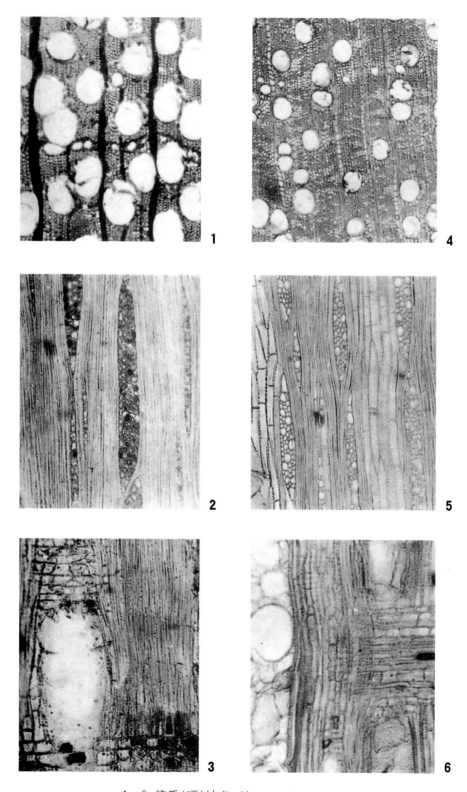

1～3 俯重(硬)坡垒 *Hopea nutens*
4～6 芳香(软)坡垒 *Hopea odorata*

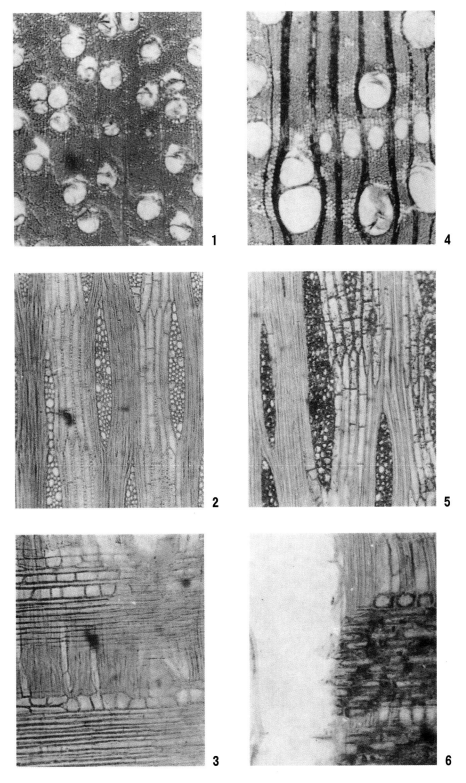

1～3 新棒果香 *Neobalanocarpus heimii*
4～6 星芒赛罗双 *Parashorea stellata*

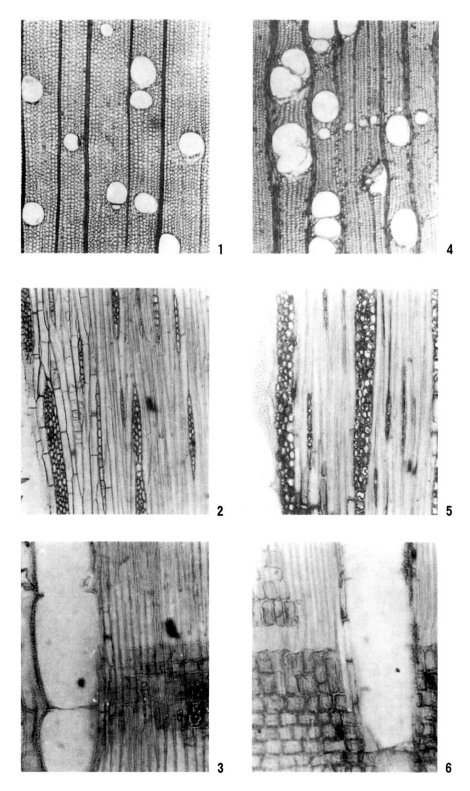

1～3 马拉赛罗双 *Parashorea malaanonan*
4～6 疏花(深红)娑罗双 *Shorea pauciflora*

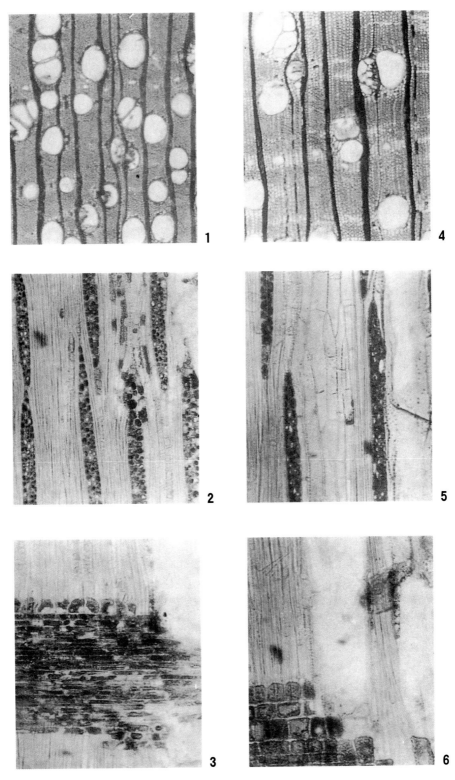

1～3 吉索(重红)娑罗双 *Shorea guiso*
4～6 五齿(浅红)娑罗双 *Shorea contorta*

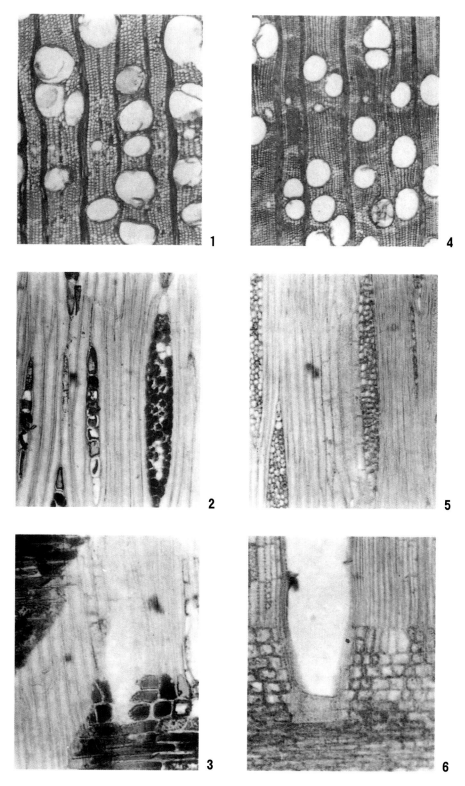

1～3 泰斯(浅红)娑罗双 *Shorea teysmanniana*
4～6 光亮(黄)娑罗双 *Shorea polita*

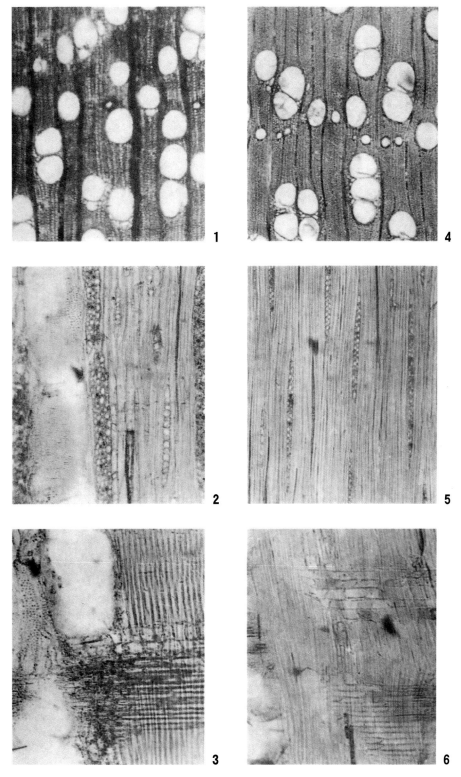

1～3 法桂(黄)娑罗双 *Shorea faguetiana*
4～6 平滑(重黄)娑罗双 *Shorea laevis*

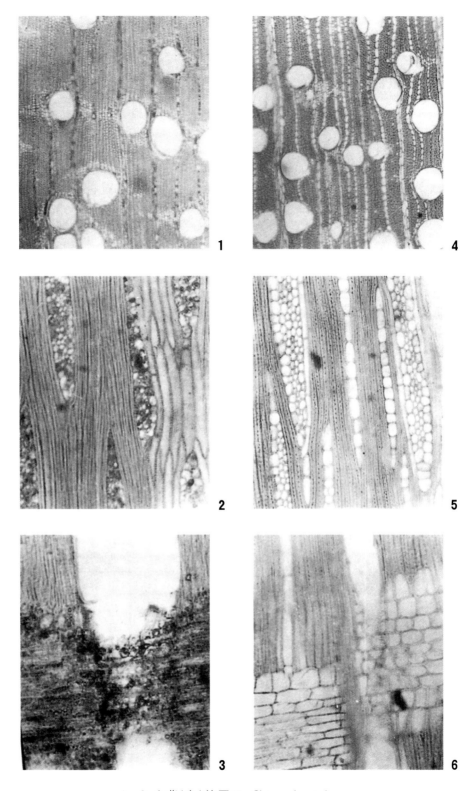

1～3 金背(白)娑罗双 *Shorea hypochra*

4～6 婆罗香 *Upuna borneensis*

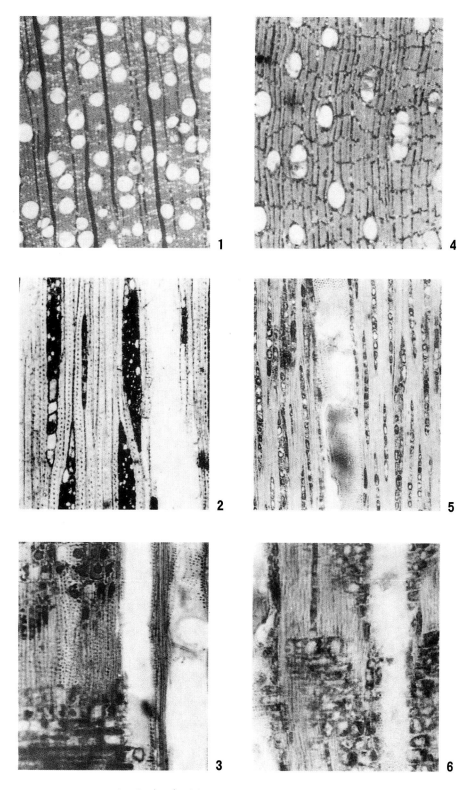

1~3 青 皮 *Vatica mangachapoi*
4~6 苏拉威西乌木 *Diospyros celebica*

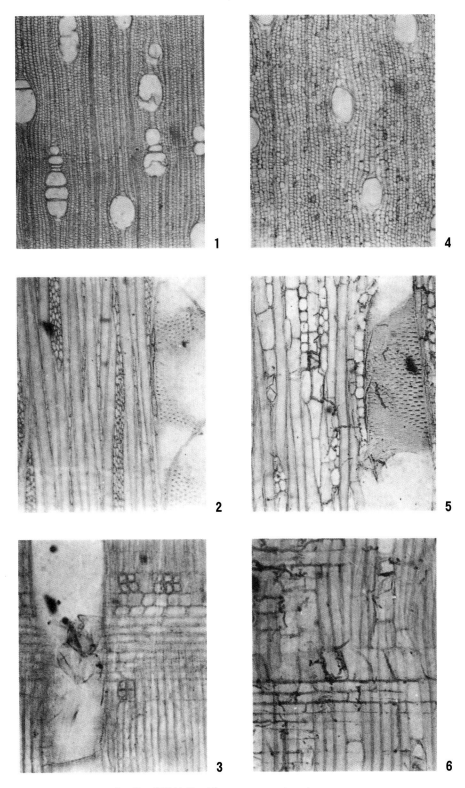

1~3 球形杜英 *Elaeocarpus sphaericus*
4~6 石 栗 *Aleurites moluccana*

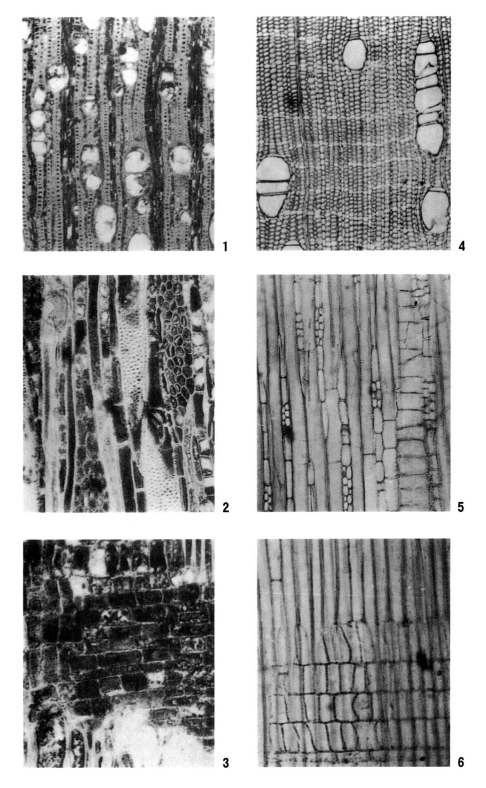

1～3 秋 枫 *Bischofia javanica*
4～6 印马黄桐 *Endospermum diadenum*

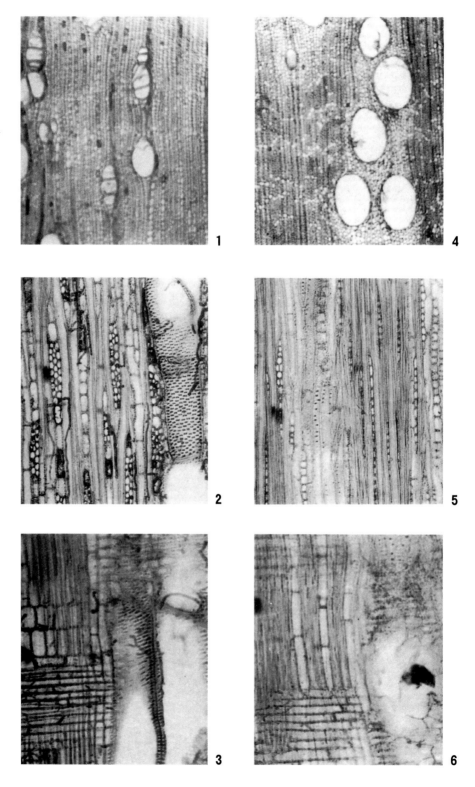

1～3 橡胶树 *Hevea brasiliensis*

4～6 银叶锥 *Castanopsis argentea*

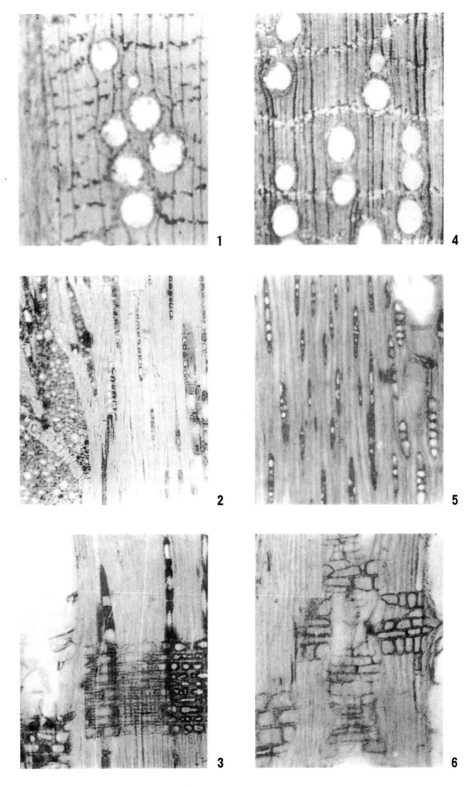

1~3 索莱尔椆 *Lithocarpus soleriana*
4~6 海棠木 *Calophyllum inophyllum*

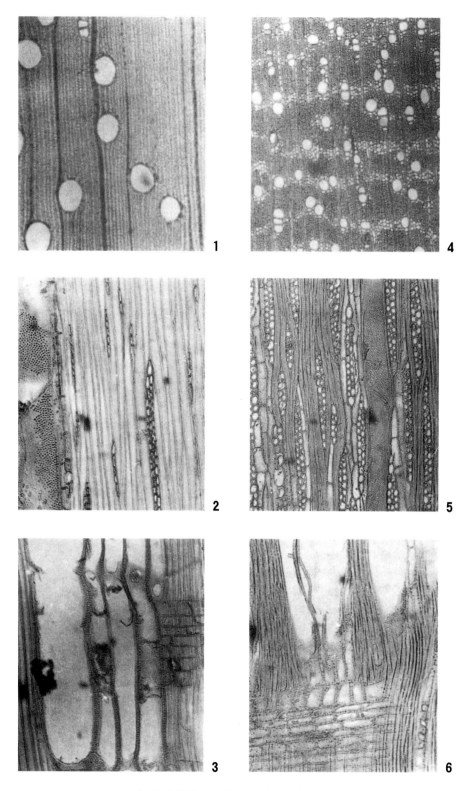

1~3 乔木黄牛木 *Cratoxylum arborescens*
4~6 芳香山竹 *Garcinia fragraeoides*

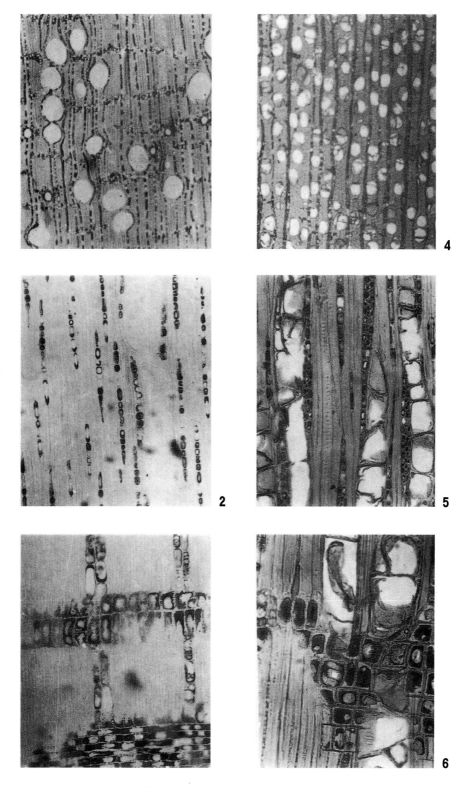

1～3 铁力木 *Mesua ferrea*
4～6 大蕈树 *Altingia excelsa*

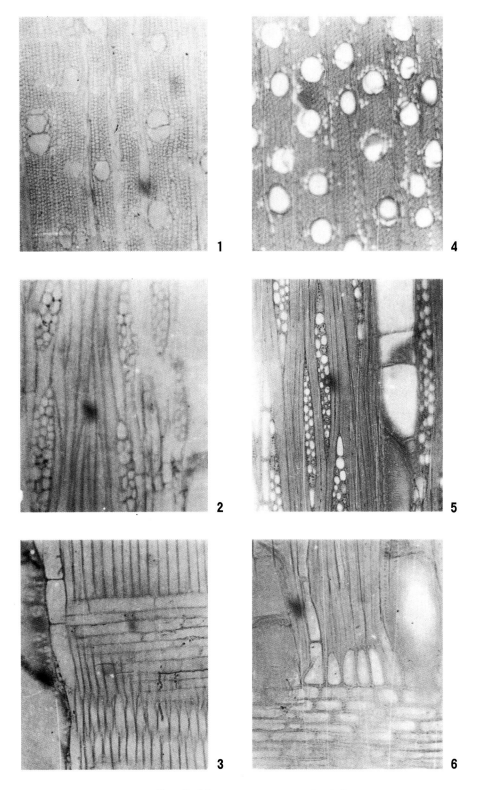

1～3 美丽莲叶桐 *Hernandia nymphaefolia*
4～6 角香茶茱萸 *Cantleya corniculata*

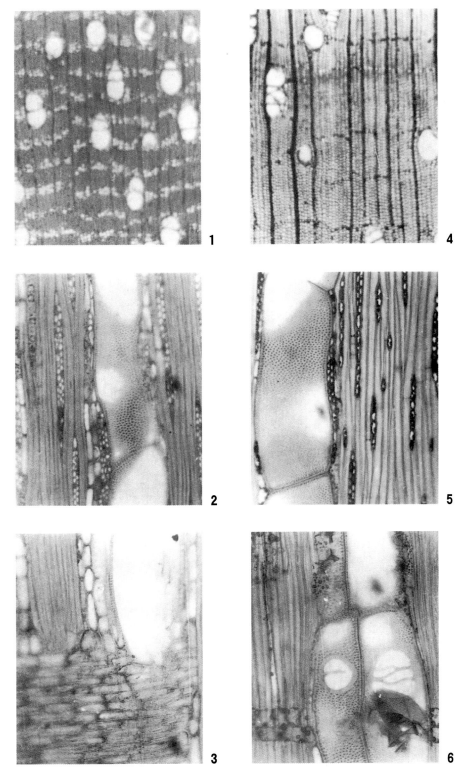

1~3 苞芽树 *Irvingia malayana*
4~6 黄杞 *Engelhardtia roxburghiana*

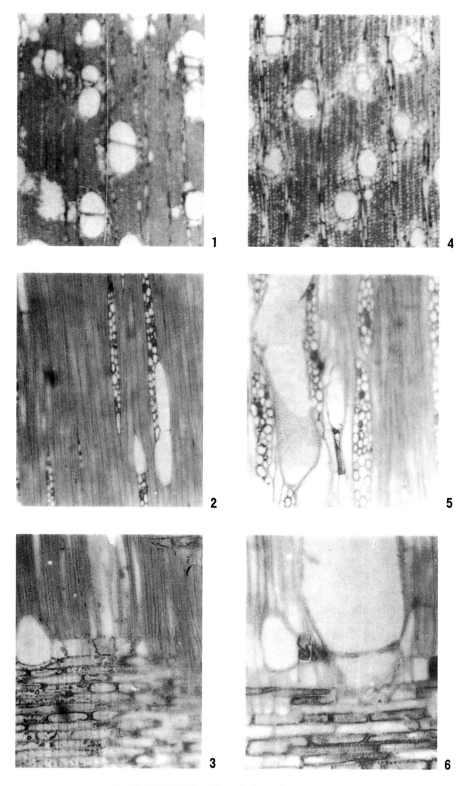

1～3 马来油丹 *Alseodaphne insignis*
4～6 黄 樟 *Cinnamomum porrectum*

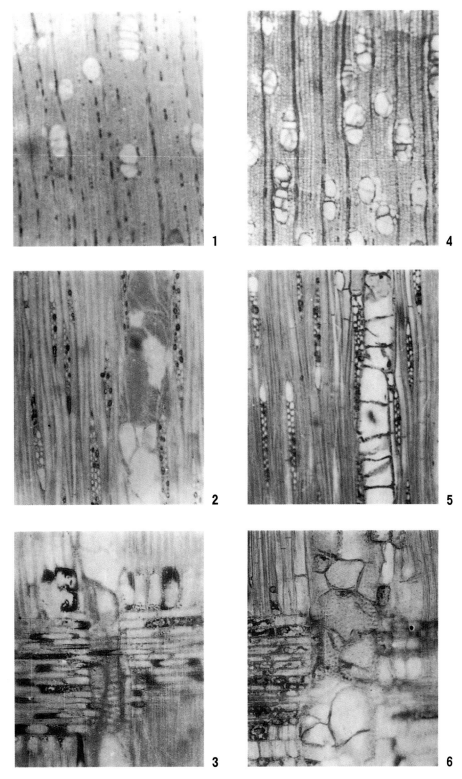

1~3 格氏厚壳桂 *Cryptocarya griffithii*
4~6 楔形莲桂 *Dehaasia cuneata*

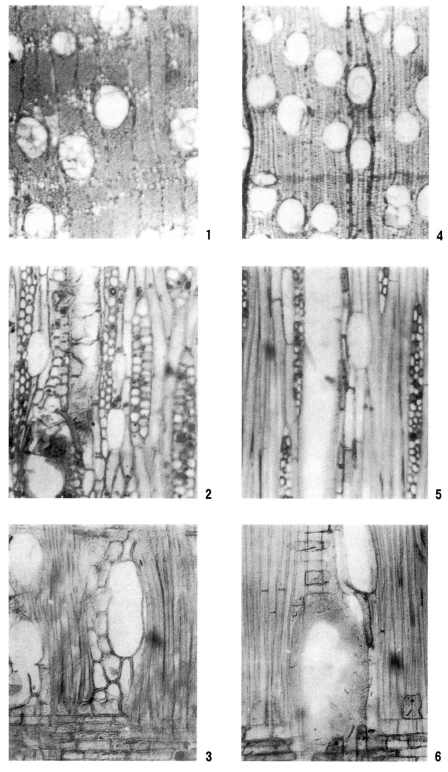

1~3 坤甸铁樟木 *Eusideroxylon zwageri*
4~6 香木姜子 *Litsea odorifera*

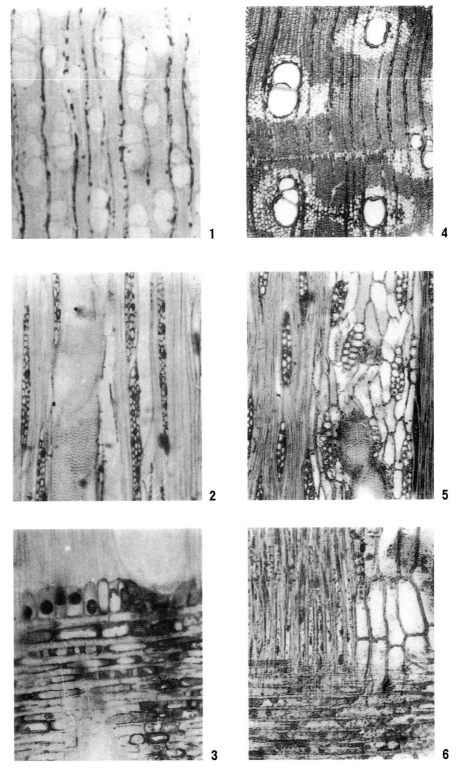

1～3 潘多赛楠 *Nothaphoebe panduriformis*
4～6 木果缅茄 *Afzelia xylocarpa*

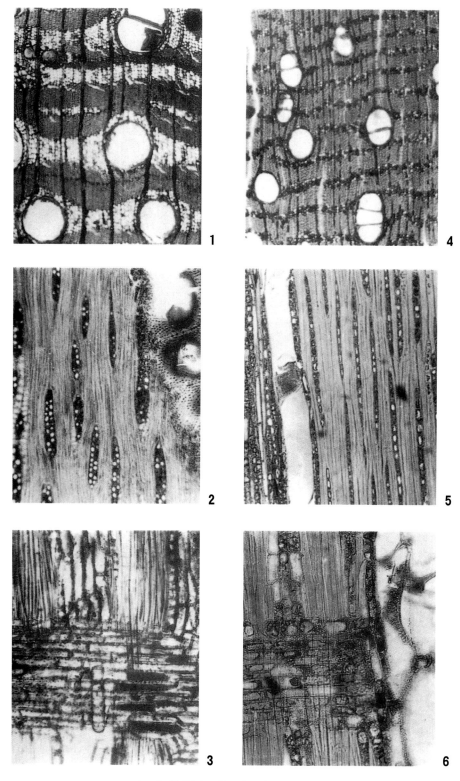

1～3 铁刀木 *Cassia siamea*

4～6 库地豆 *Crudia curtisii*

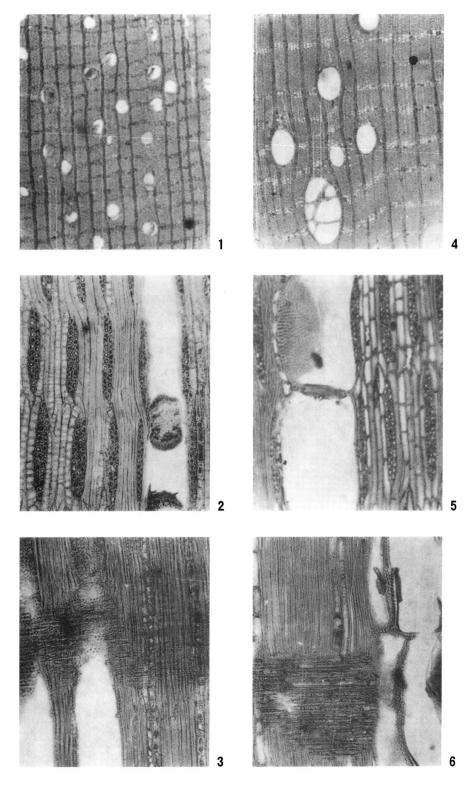

1～3 越南摘亚木 *Dialium cochinchinensis*

4～6 阔萼摘亚木 *Dialium platysepalum*

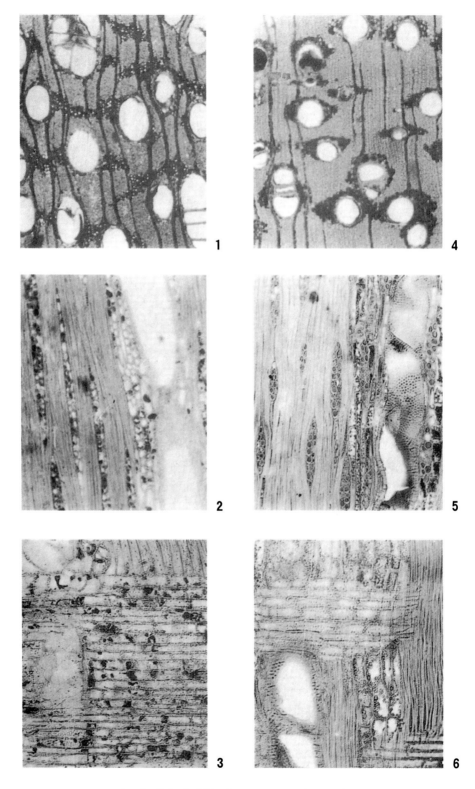

1~3 马六喃喃果 *Cynometra malaccensis*

4~6 格 木 *Erythrophloeum fordii*

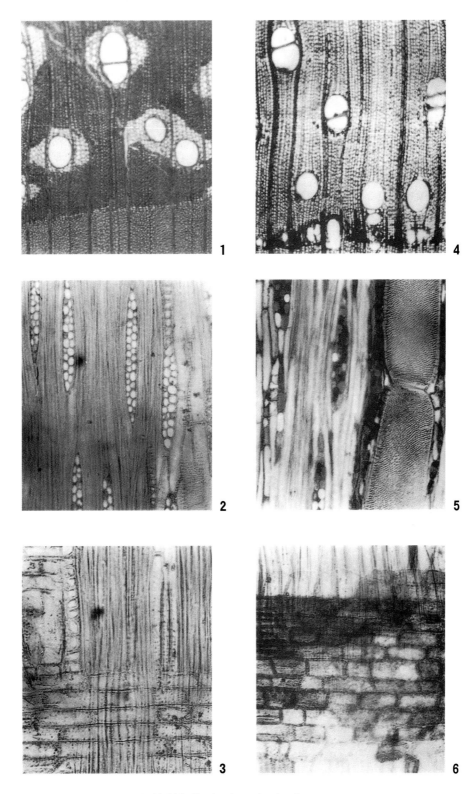

1~3 帕利印茄 *Intsia palembanica*
4~6 贝特豆 *Kingiodendron alternifolium*

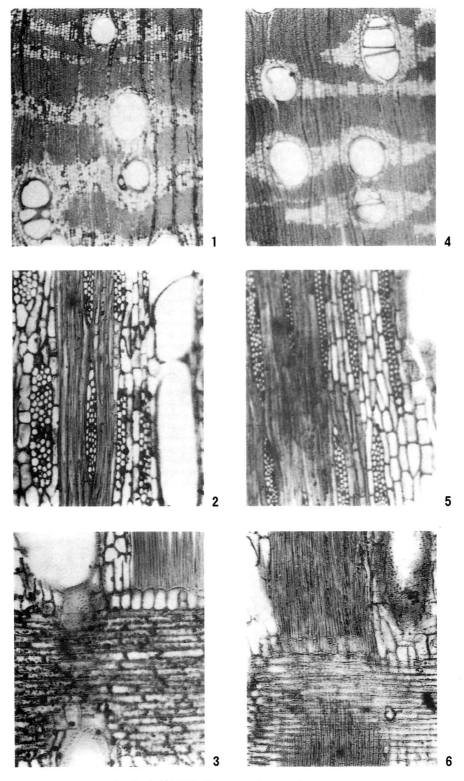

1~3 大甘巴豆 Koompassia excelsa
4~6 马来甘巴豆 Koompassia malaccensis

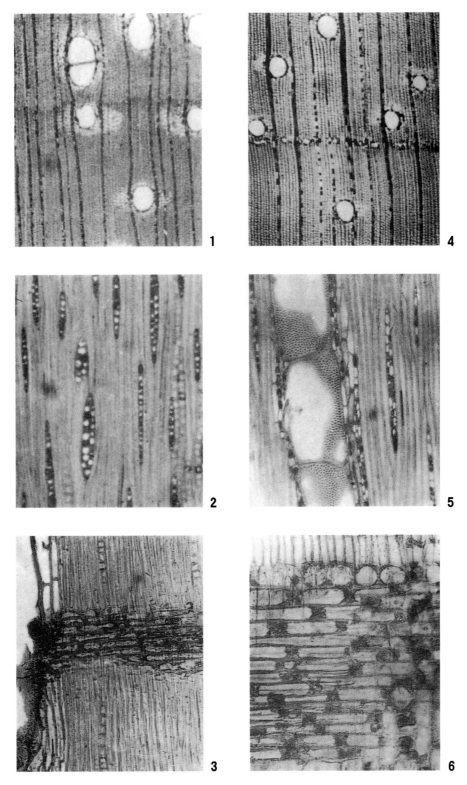

1~3 粗轴双翼豆 *Peltophorum dasyrachis*
4~6 贝卡油楠 *Sindora beccariana*

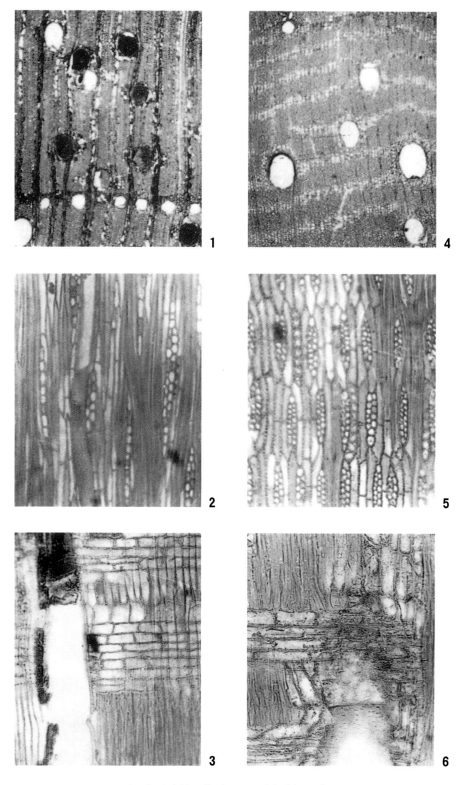

1～3 交趾油楠 *Sindora cochinchinensis*
4～6 奥氏黄檀 *Dalbergia oliveri*

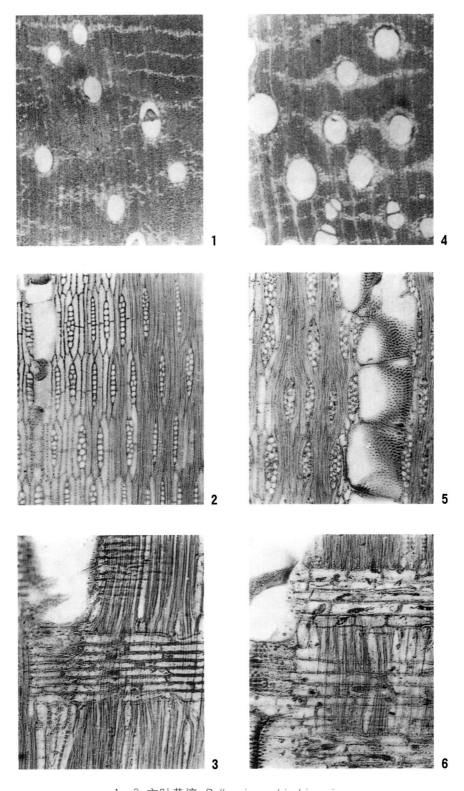

1～3 交趾黄檀 *Dalbergia cochinchinensis*
4～6 阔叶黄檀 *Dalbergia latifolia*

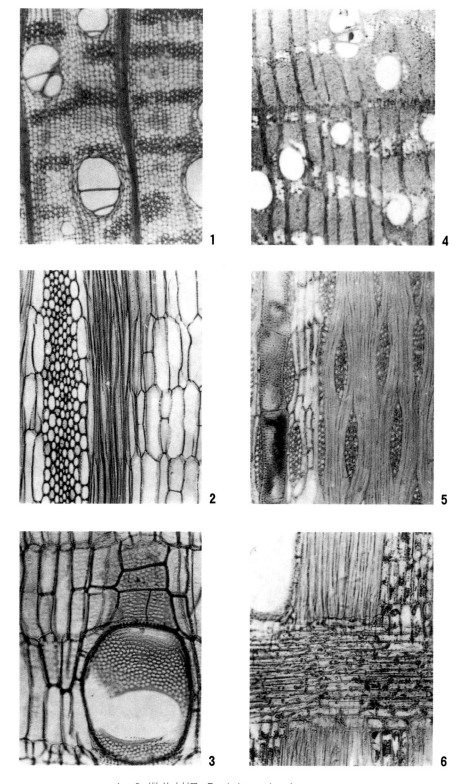

1~3 缫花刺桐 *Erythrina subumbrans*
4~6 白花崖豆木 *Millettia leucantha*

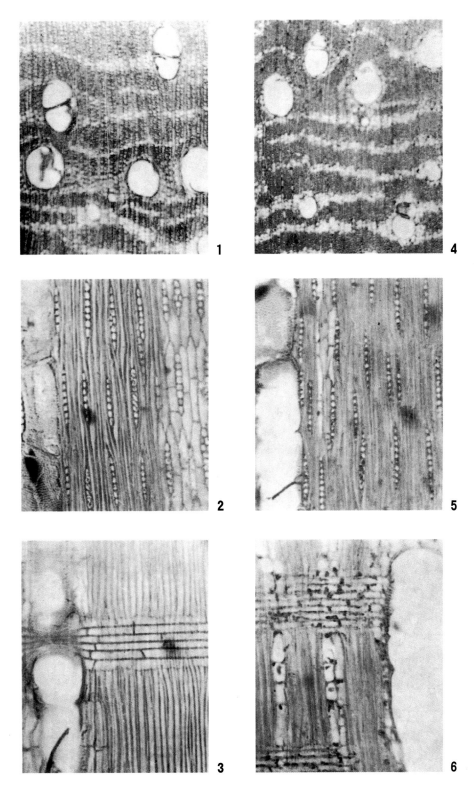

1～3 印度紫檀 Pterocarpus indicus

4～6 大果紫檀 Pterocarpus macrocarpus

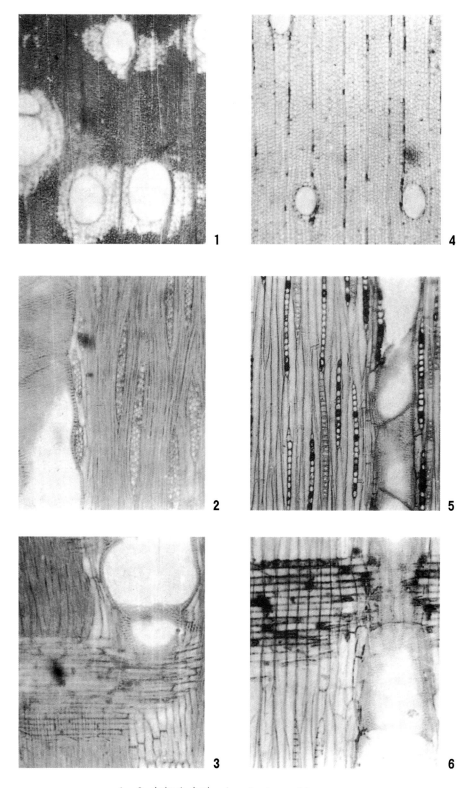

1～3 白韧金合欢 *Acacia leucophloea*
4～6 南洋楹 *Albizia falcataria*

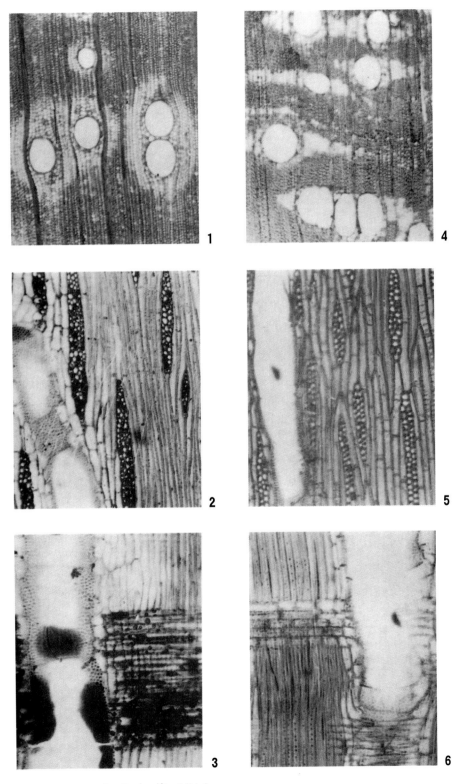

1~3 白 格 *Albizia procera*
4~6 独特球花豆 *Parkia singularis*

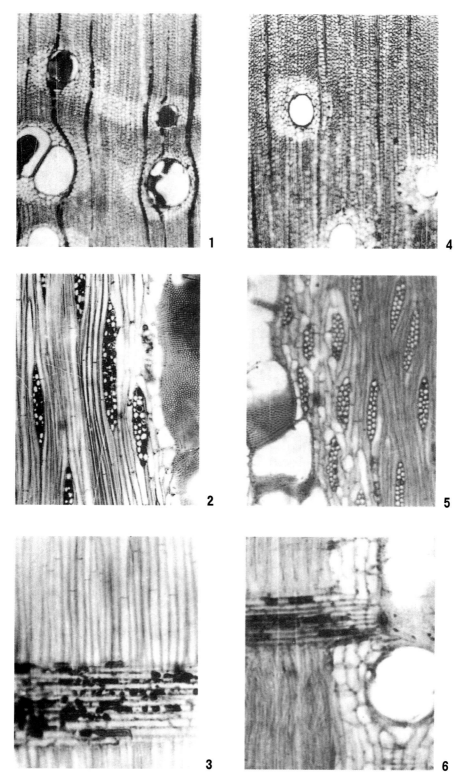

1~3 美丽猴耳环 *Pithecellobium splendens*

4~6 雨 树 *Samanea saman*

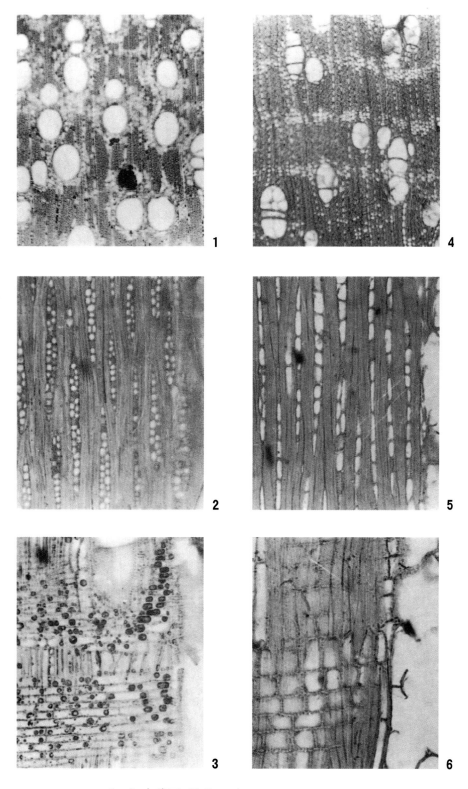

1～3 木荚豆 *Xylia xylocarpa*
4～6 香灰莉 *Fagraea fragrans*

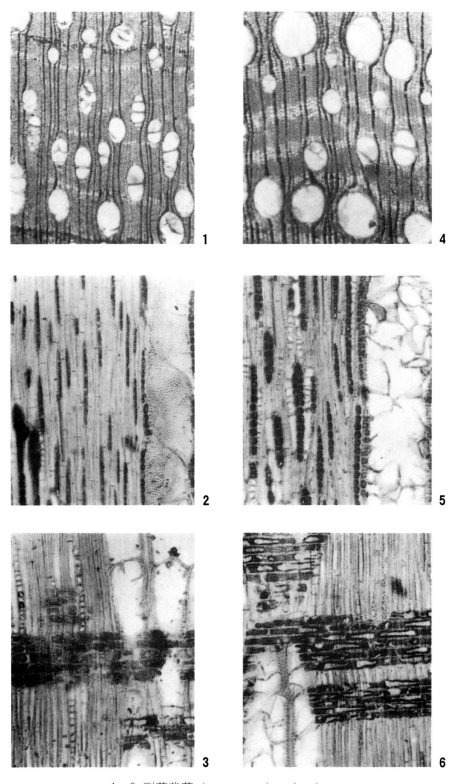

1～3 副萼紫薇 *Lagerstroemia calyculata*
4～6 大花紫薇 *Lagerstroemia speciosa*

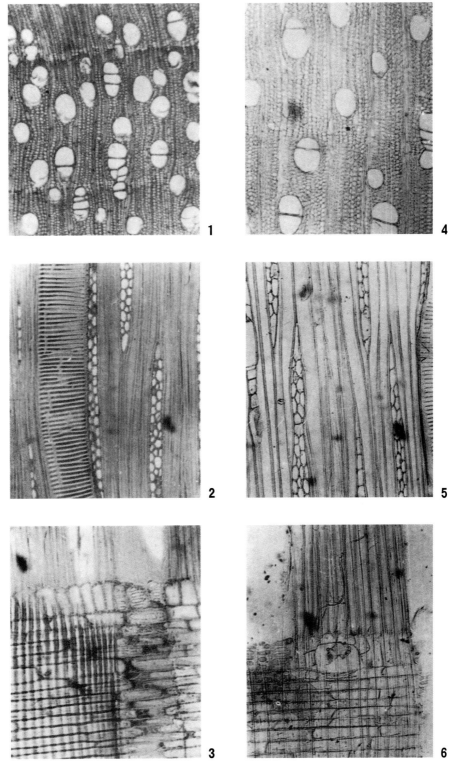

1～3 香 兰 *Aromadendron elegans*
4～6 巴布亚埃梅木 *Elmerrillia papuana*

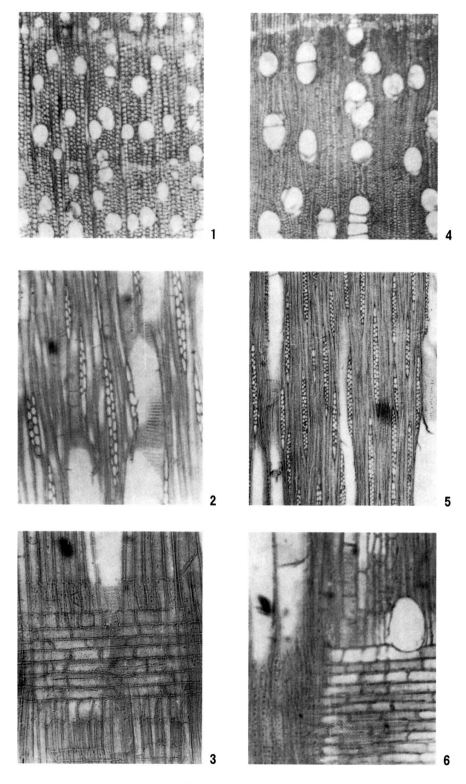

1～3 木 莲 *Manglietia fordiana*
4～6 黄 兰 *Michelia champaca*

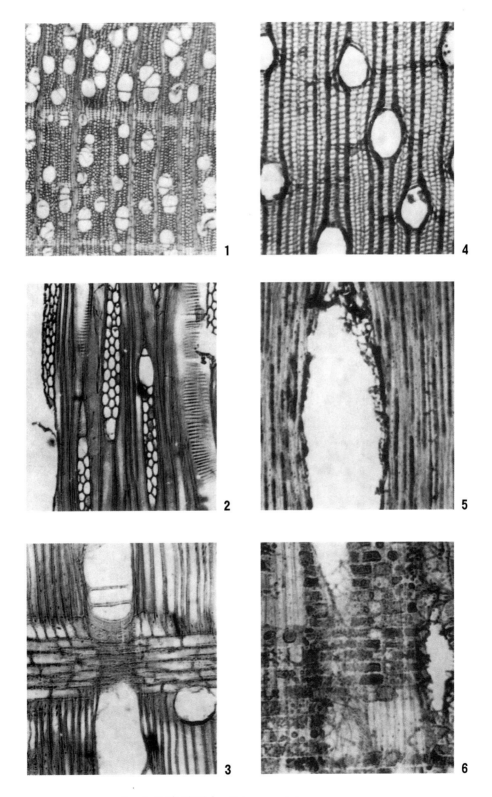

1~3 吉奥盖裂木 *Talauma gioi*
4~6 钟康木 *Dactylocladus stenostachys*

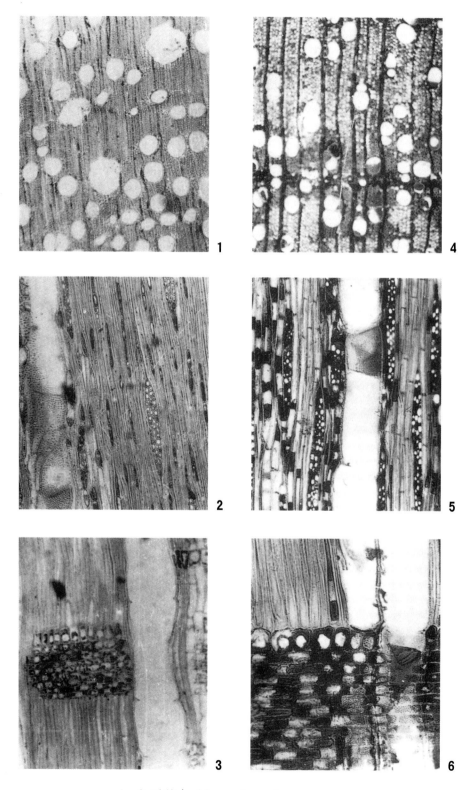

1～3 毛谷木 *Memecylon pubescens*
4～6 摩鹿加蟹木楝 *Carapa moluccensis*

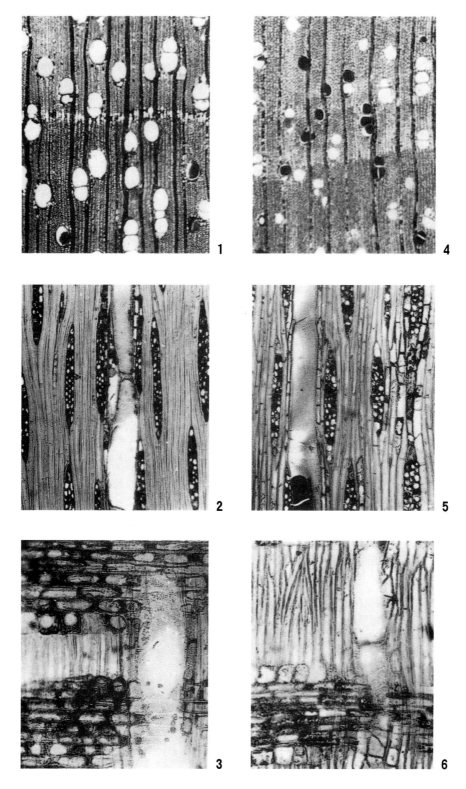

1~3 麻 楝 *Chukrasia tabularis*
4~6 桃花心木 *Swietenia mahagoni*

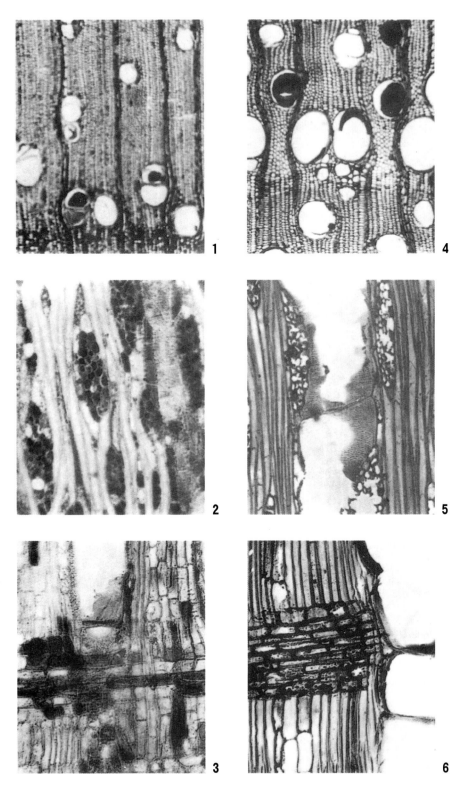

1~3 洋香椿 *Cedrela odorata*
4~6 红 椿 *Toona ciliata*

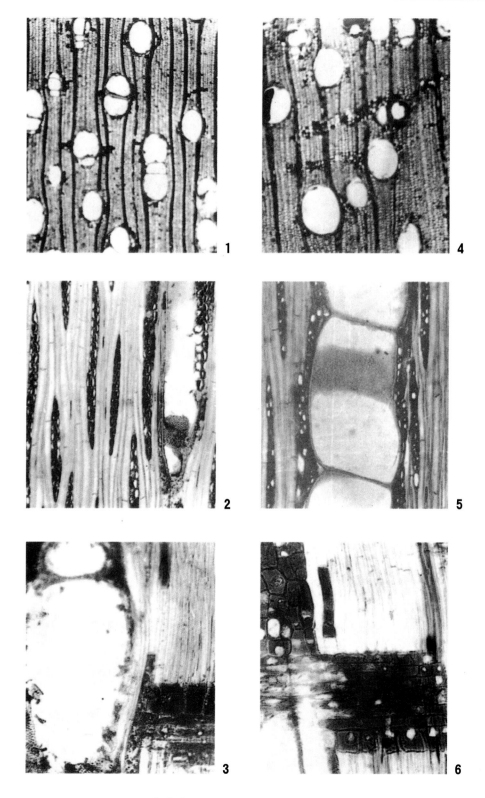

1～3 大花米仔兰 *Aglaia gigantea*

4～6 兜状阿摩楝 *Amoora cucullata*

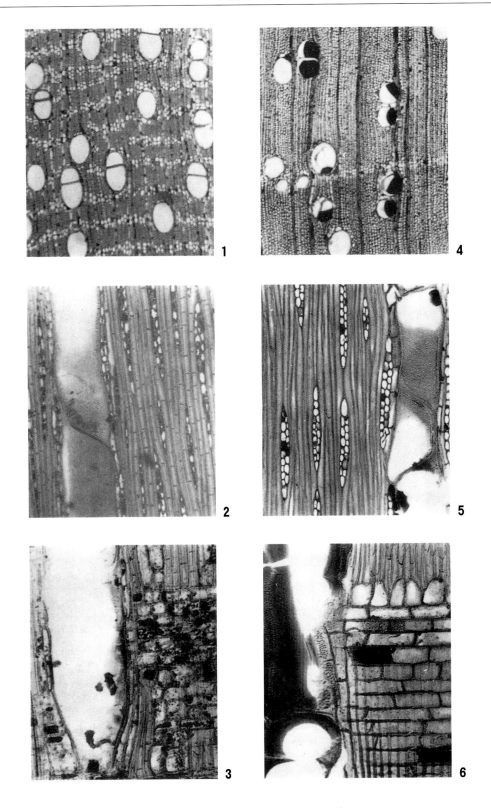

1~3 裴菜山楝 *Aphanamixia perrottetiana*

4~6 蒜 楝 *Azadirachta excelsa*

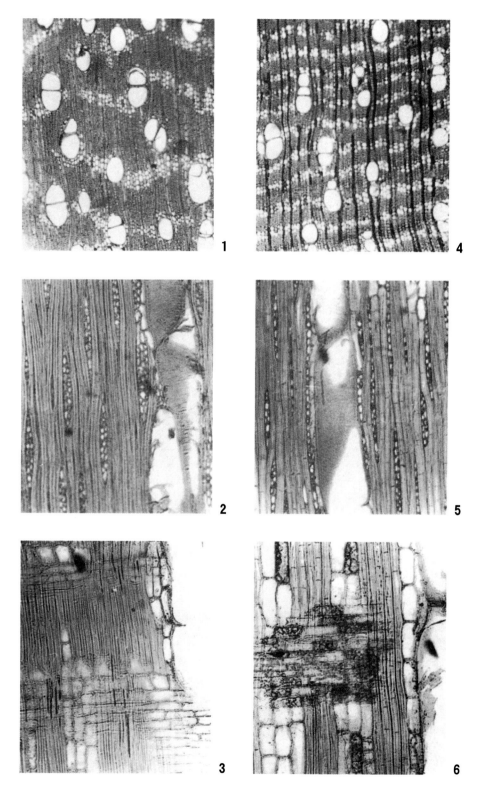

1～3 五雄蕊溪椤 *Chisocheton pentandrus*
4～6 戟叶樫木 *Dysoxylum euphlebium*

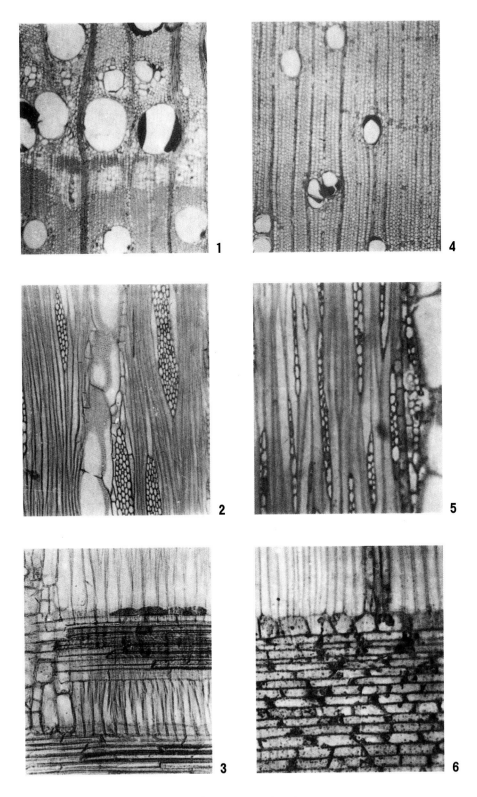

1~3 苦 楝 *Melia azedarach*
4~6 山道楝 *Sandoricum koetjape*

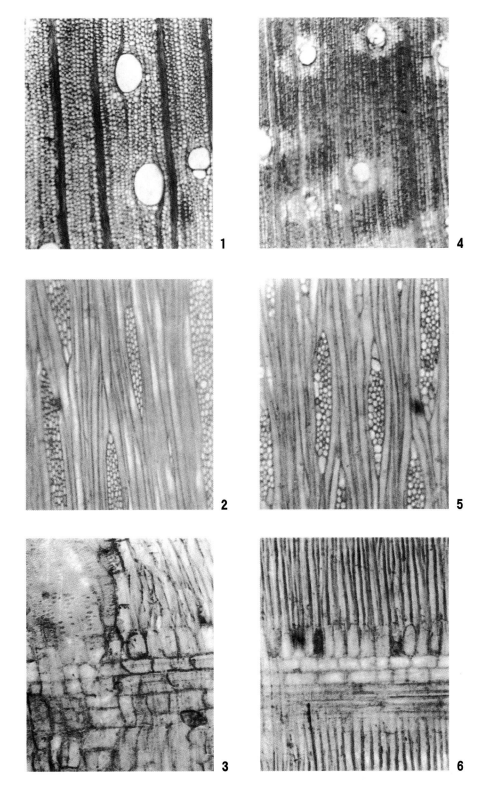

1~3 弹性桂木 *Artocarpus elasticus*
4~6 粗桂木 *Artocarpus hirsutus*

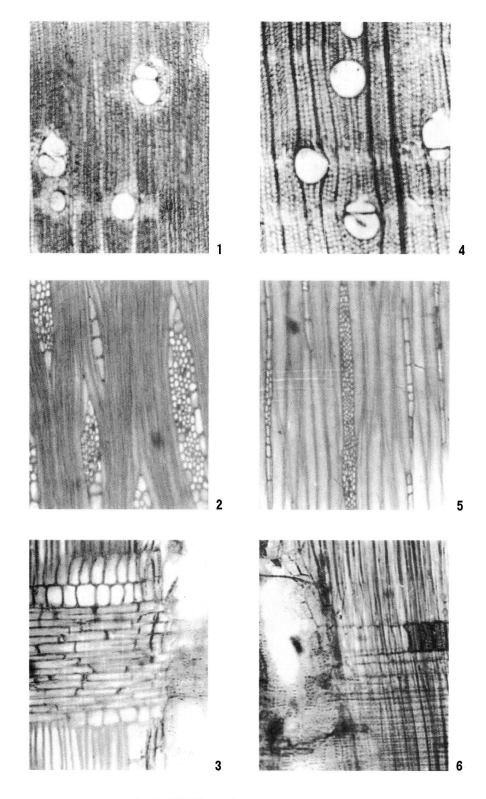

1～3 莱柯桂木 *Artocarpus lakoocha*
4～6 变异榕 *Ficus variegata*

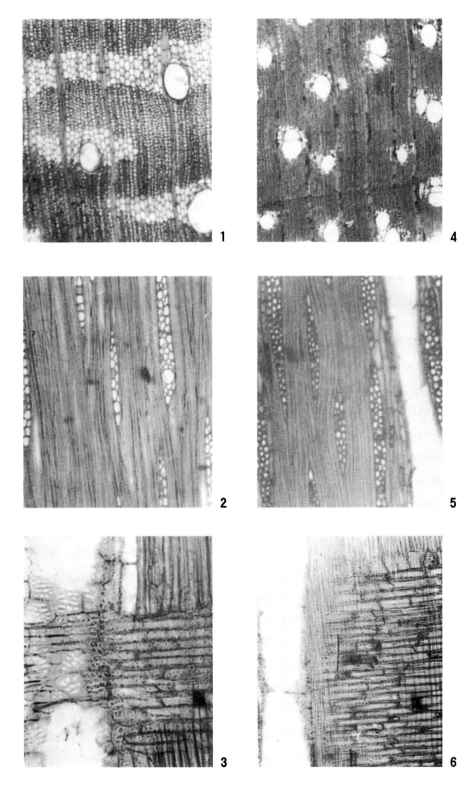

1～3 臭 桑 *Parartocarpus venenosus*
4～6 长叶鹊肾树 *Streblus elongatus*

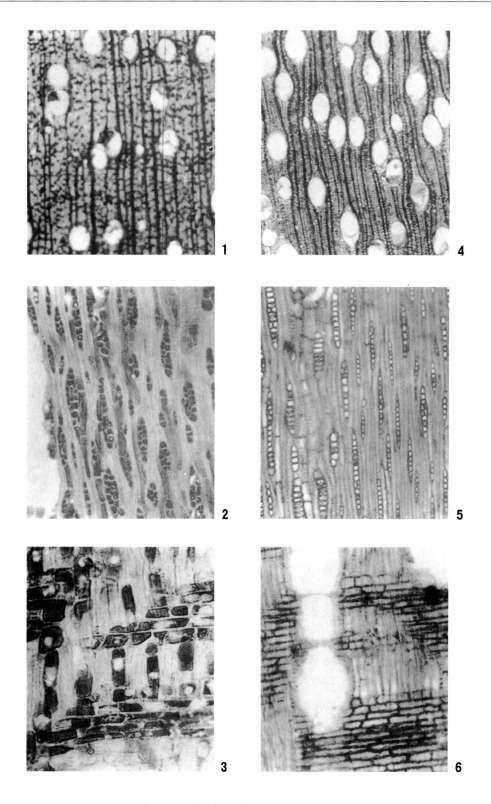

1~3 白 桉 *Eucalyptus alba*
4~6 剥皮桉 *Eucalyptus deglupta*

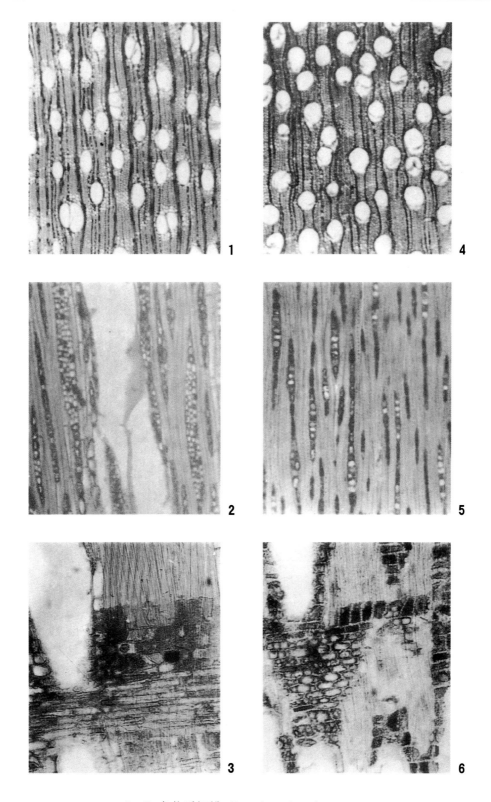

1~3 多花番樱桃 *Eugenia polyantha*

4~6 白千层 *Melaleuca leucadendron*

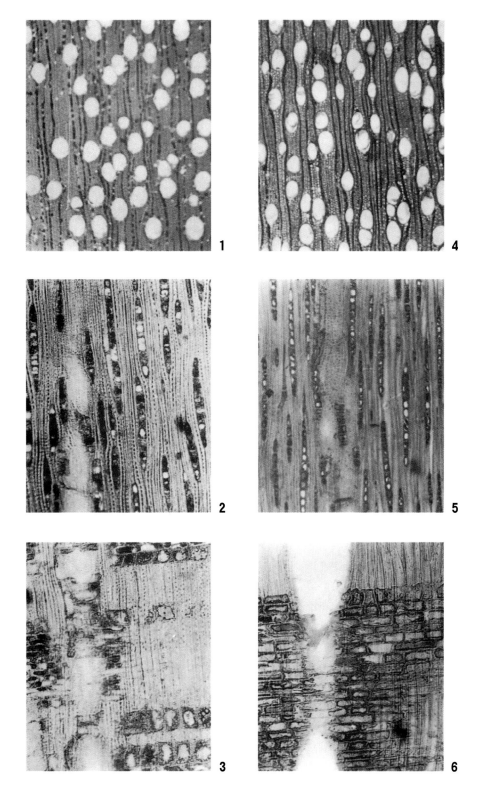

1～3 铁心木 *Metrosideros petiolata*

4～6 红胶木 *Tristania conferta*

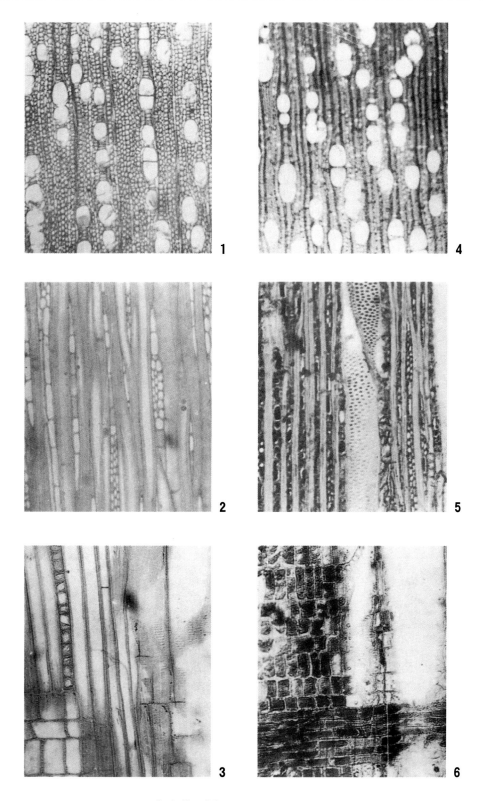

1～3 华南蓝果树 Nyssa javanica

4～6 皮塔林木 Ochanostachys amentacea

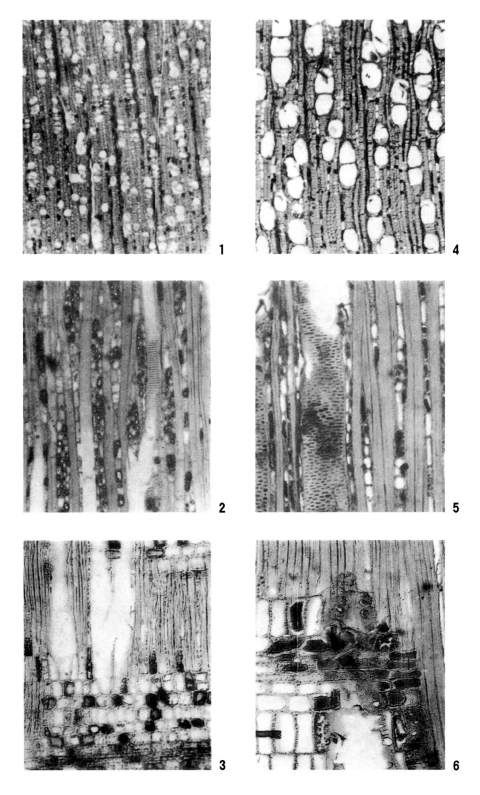

1~3 菲律宾铁青木 *Strombosia philippinensis*
4~6 蒜果木 *Scorodocarpus borneensis*

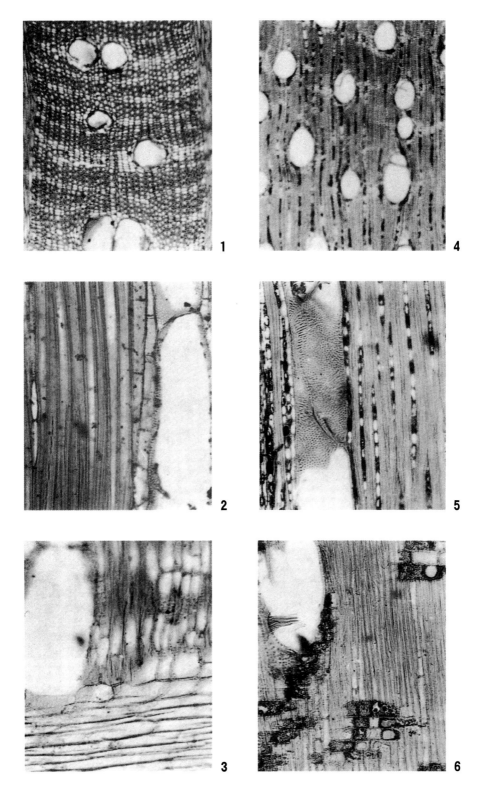

1～3 山地假山龙眼 *Heliciopsis montana*
4～6 巴拉克枣 *Ziziphus talanai*

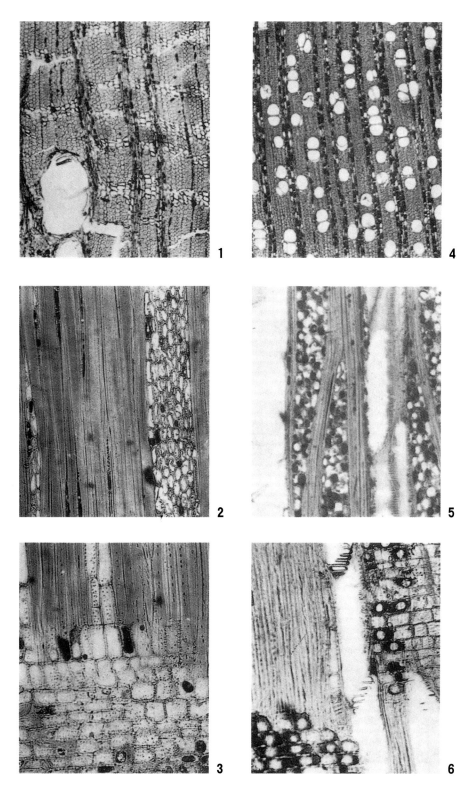

1~3 格氏异叶树 *Anisophyllea griffithii*
4~6 木 榄 *Bruguiera gymnorrhiza*

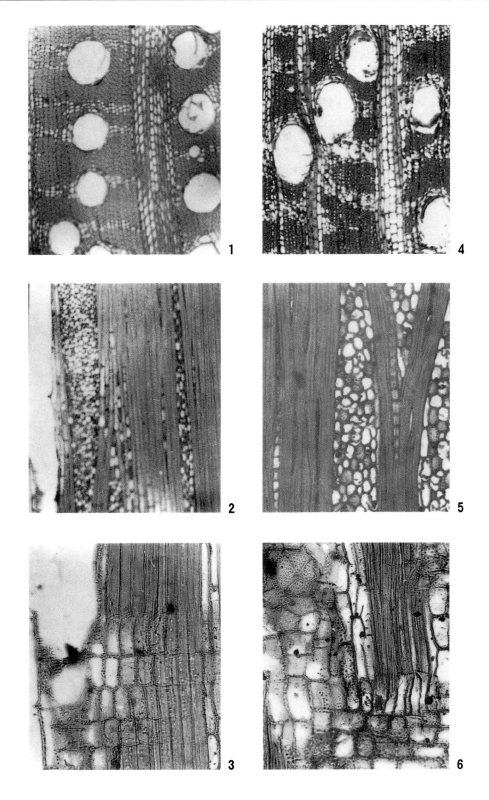

1~3 竹节树 *Carallia brachiata*

4~6 风车果 *Combretocarpus rotundatus*

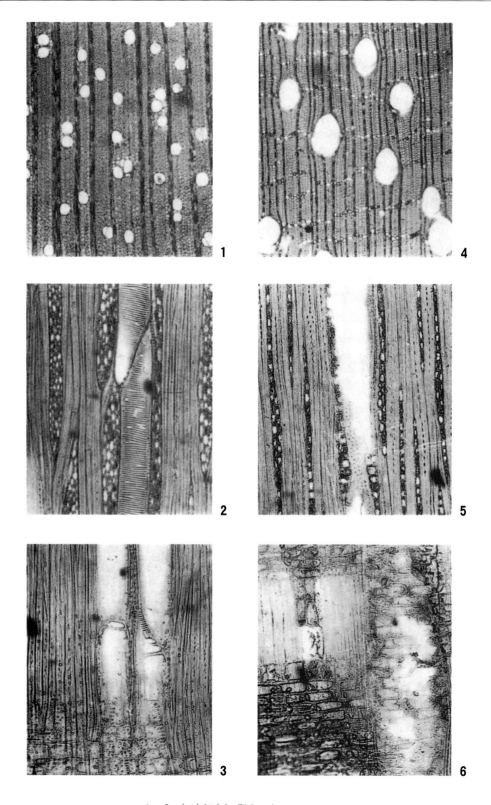

1～3 尖叶红树 *Rhizophora mucronata*
4～6 马来蔷薇 *Parastemon urophyllum*

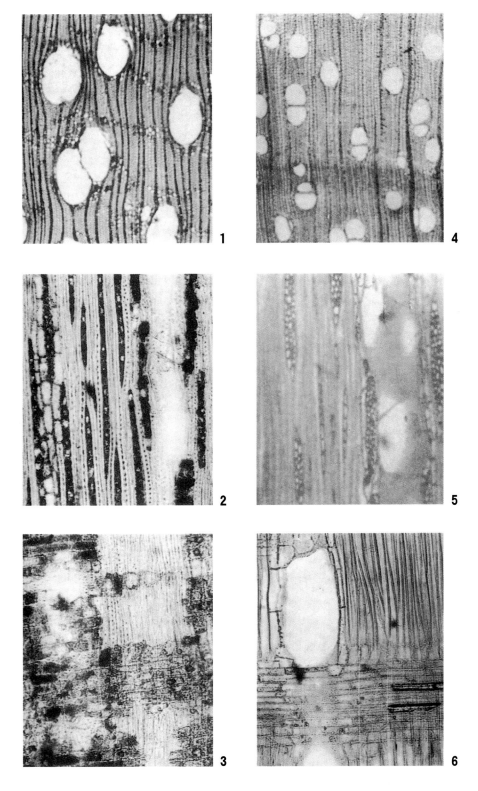

1~3 串姜饼木 *Parinari corymbosum*
4~6 乔木臀果木 *Pygeum arboreum*

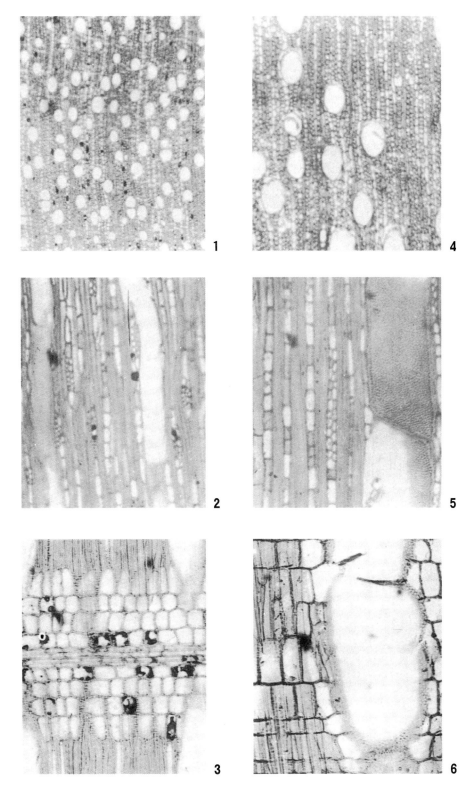

1～3 心叶水黄棉 *Adina cordifolia*

4～6 黄梁木 *Anthocephalus chinensis*

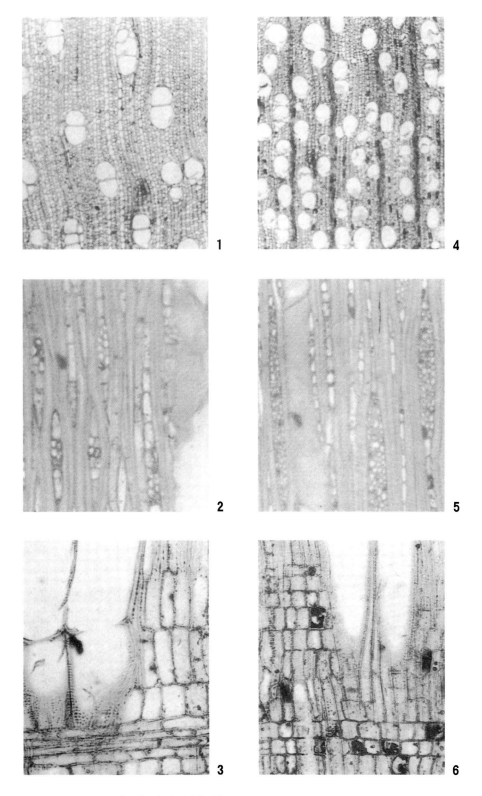

1~3 大土连翘 *Hymenodictyon excelsum*
4~6 圆叶帽柱木 *Mitrayna rotundifolia*

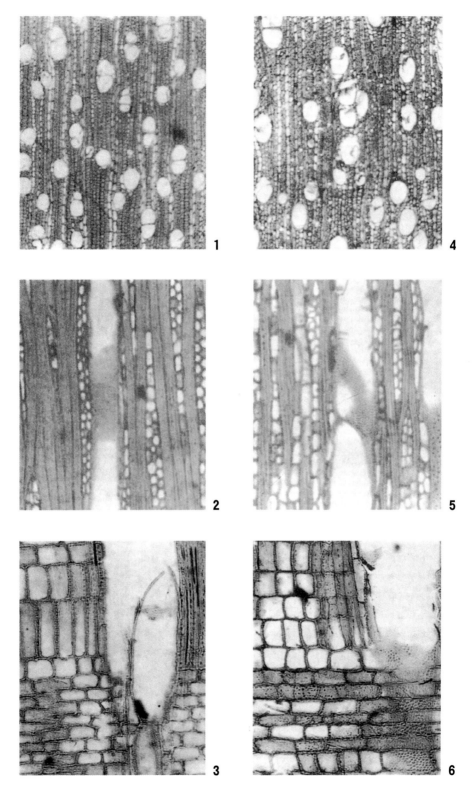

1~3 贝卡类金花 *Mussaendopsis beccariana*
4~6 黄 胆 *Nauclea orientalis*

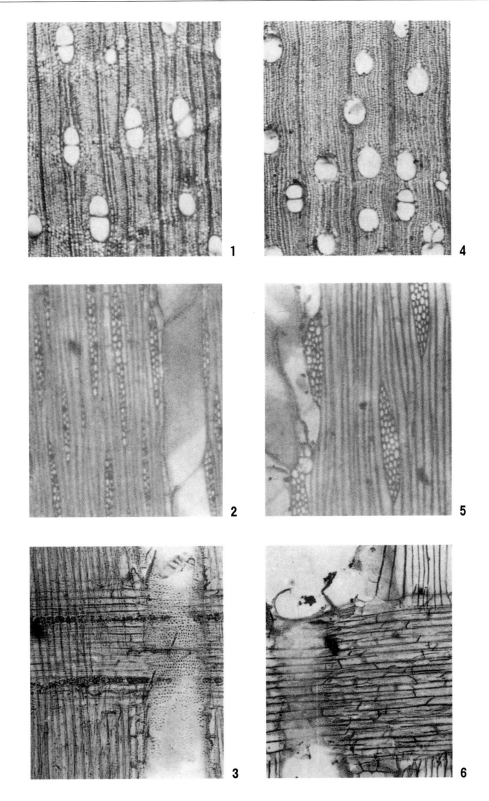

1～3 光吴茱萸 *Euodia glabra*
4～6 瑞特花椒 *Zanthoxylum rhetsa*

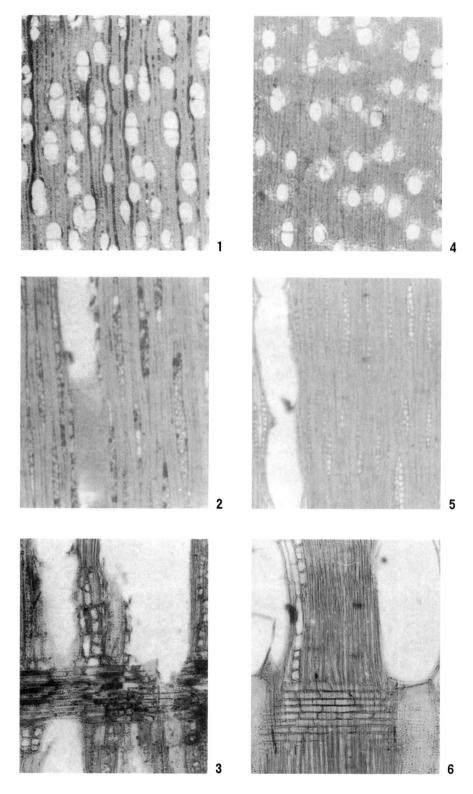

1~3 天料木 *Homalium foetidum*
4~6 斜形甘欧 *Ganophyllum obliquum*

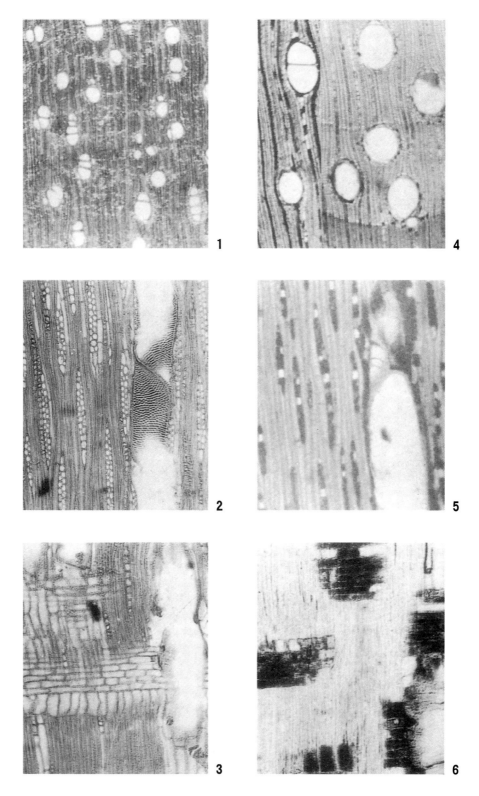

1~3 乔木假山萝 *Harpullia arborea*
4~6 番龙眼 *Pometia pinnata*

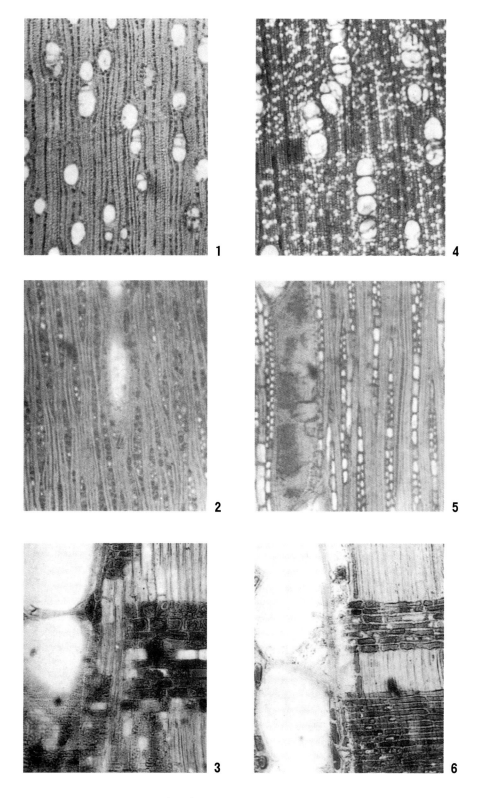

1~3 油无患子 *Schleichera trijuga*

4~6 菲律宾子京 *Madhuca philippinensis*

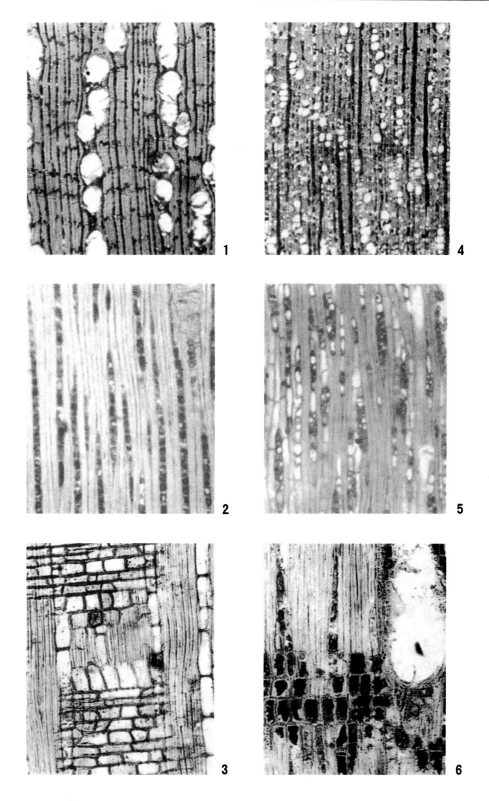

1～3 马来亚子京 *Madhuca utilis*
4～6 考基铁线子 *Manikara kauki*

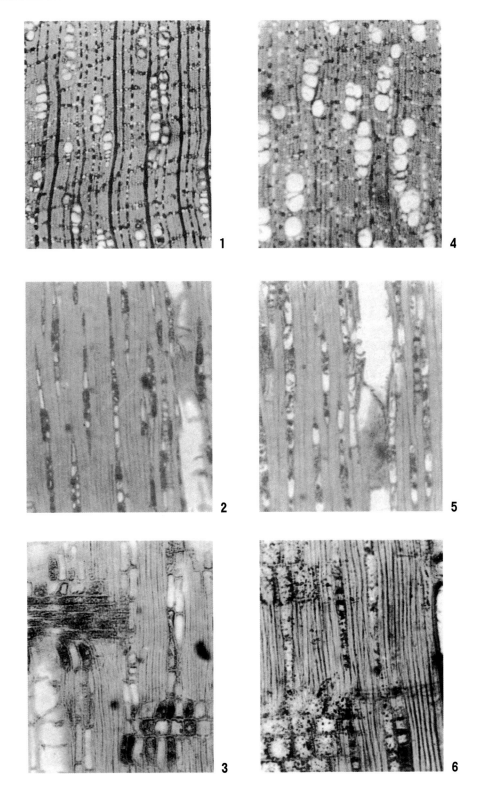

1～3 铁线子 *Manikara hexandra*
4～6 迈氏铁线子 *Manilkara merrilliana*

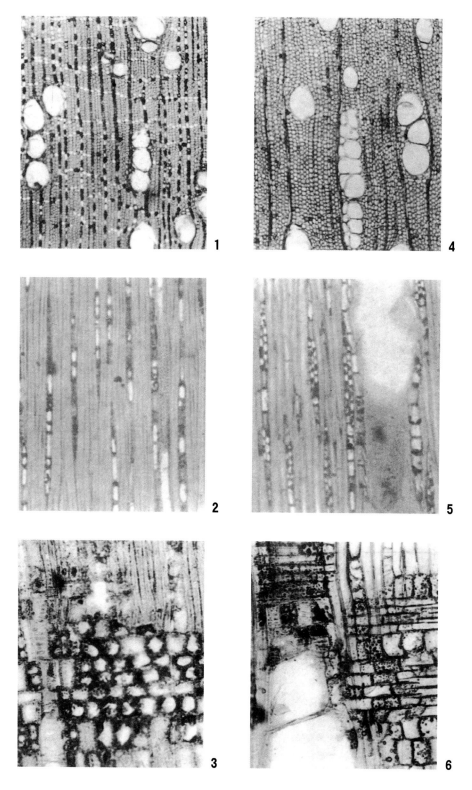

1～3 瑞德胶木 *Palaquium ridleyi*
4～6 倒卵胶木 *Palaquium obovatum*

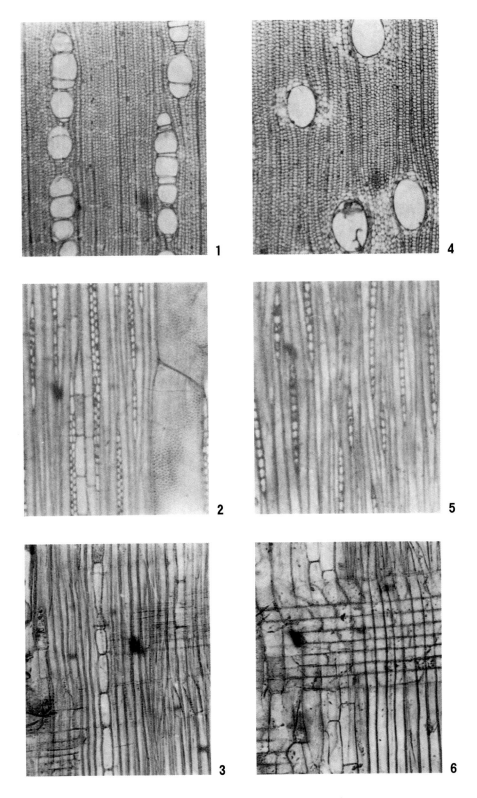

1~3 凯特山榄 *Planchonella thyrsoidea*
4~6 摩鹿加八宝树 *Duabanga moluccana*

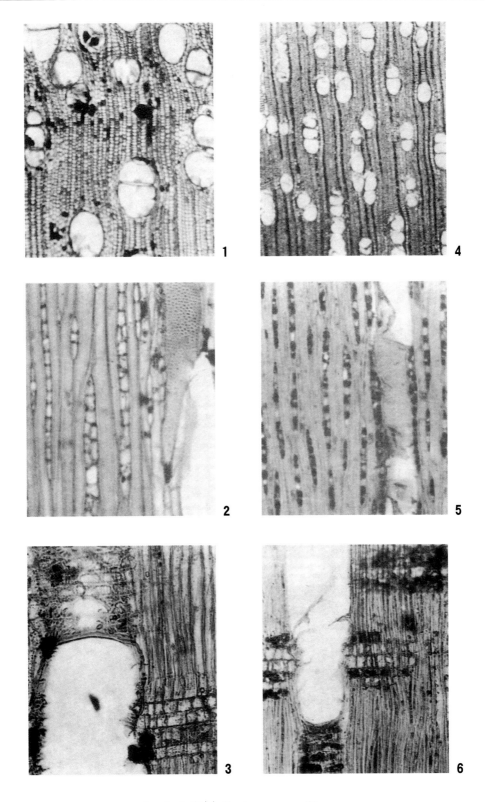

1～3 八宝树 *Duabanga grandiflora*
4～6 杯萼海桑 *Sonneratia alba*

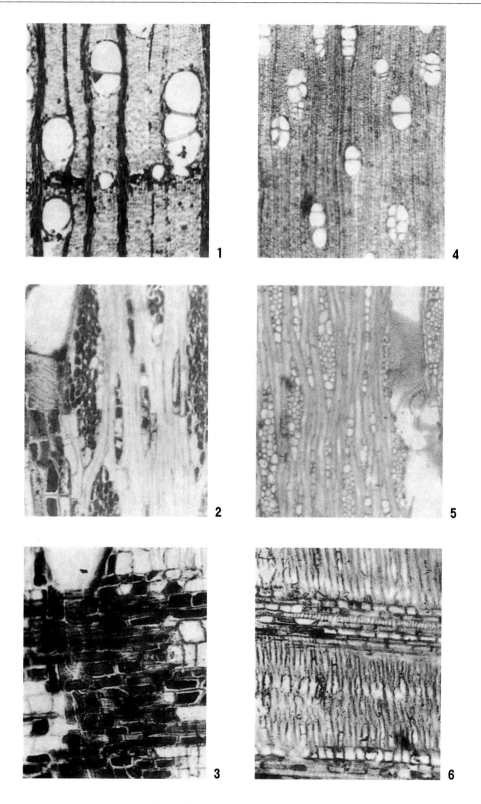

1～3 爪哇银叶树 *Heritiera javanica*

4～6 鹪鹆麻 *Kleinhovia hospita*

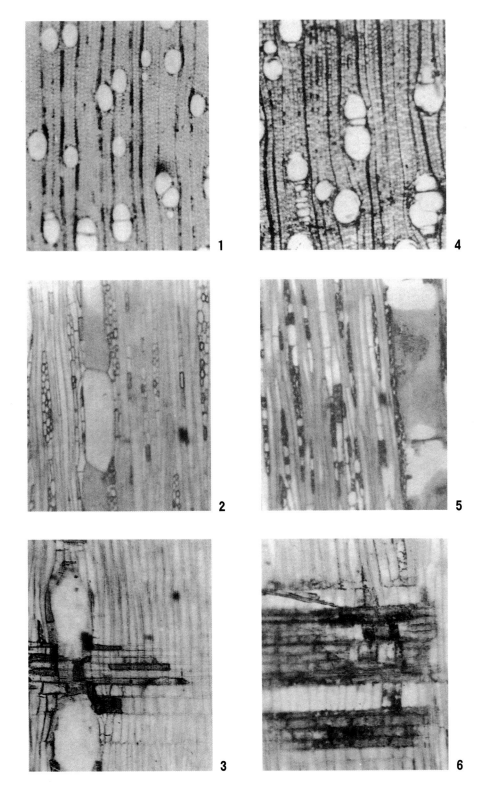

1～3 伞形马松子 *Melochia umbellata*
4～6 爪哇翻白叶 *Pterospermum javanicum*

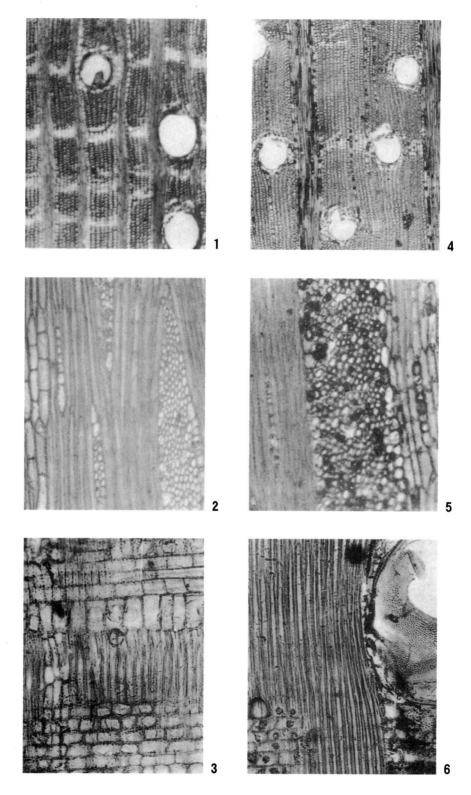

1～3 霍氏翅苹婆 *Pterygota horsfieldii*
4～6 大柄船形木 *Scaphium macropodum*

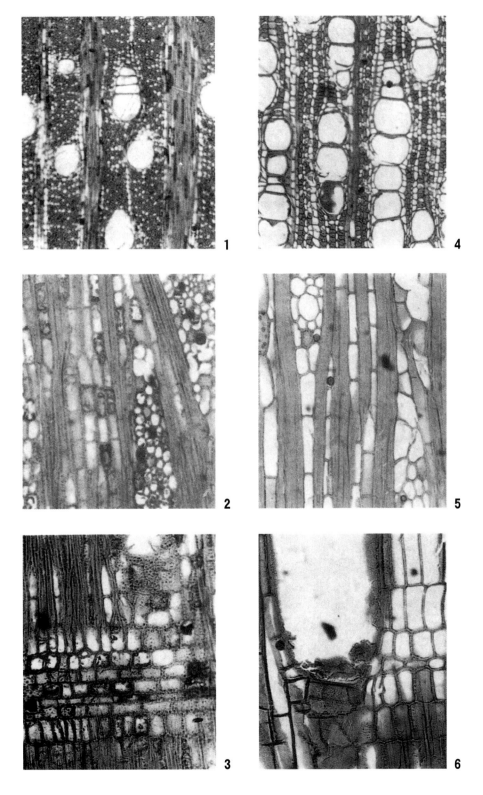

1～3 香苹婆 *Sterculia foetida*

4～6 光四籽木 *Tetramerista glabra*

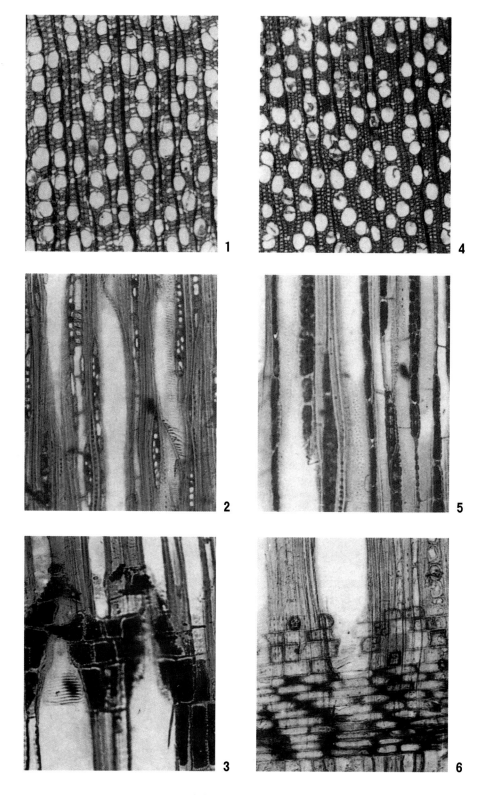

1~3 红荷木 *Schima wallichii*
4~6 大果厚皮香 *Ternstroemia megacarpa*

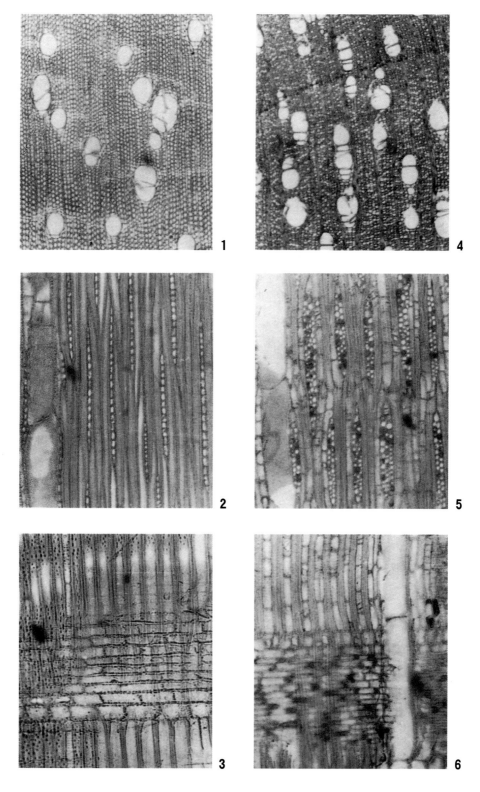

1～3 邦卡棱柱木 *Gonystylus bancanus*

4～6 圆锥二重椴 *Diplodiscus paniculata*

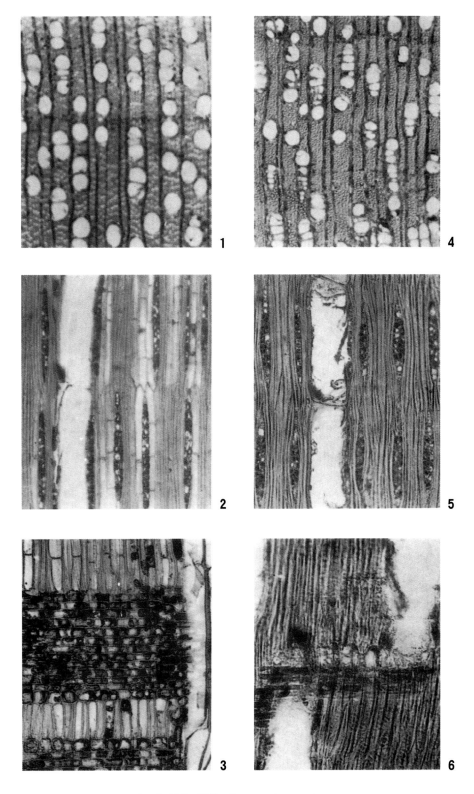

1~3 缅甸硬椴 *Pentace burmanica*
4~6 东京硬椴 *Pentace tonkinensis*

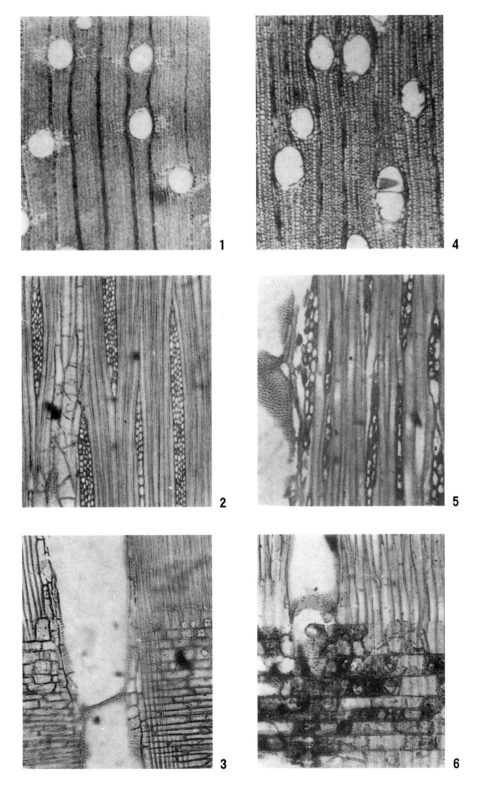

1~3 吕宋朴 *Celtis luzonica*
4~6 山黄麻 *Trema orientalis*

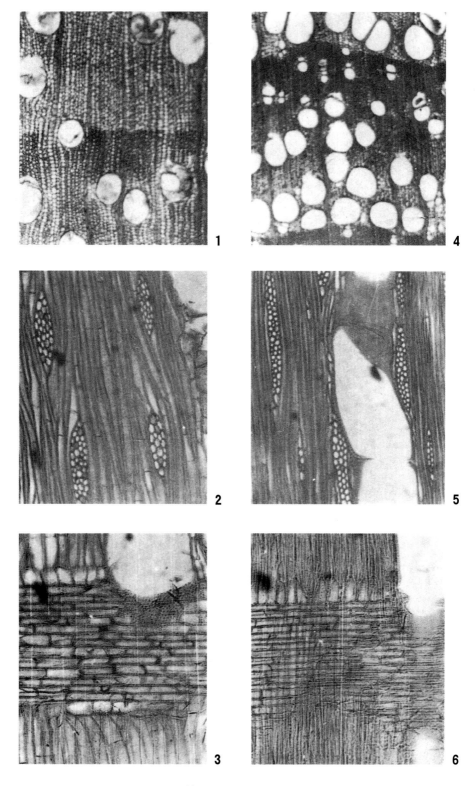

1~3 石 梓 *Gmelina arborea*
4~6 佩龙木 *Peronema canescens*

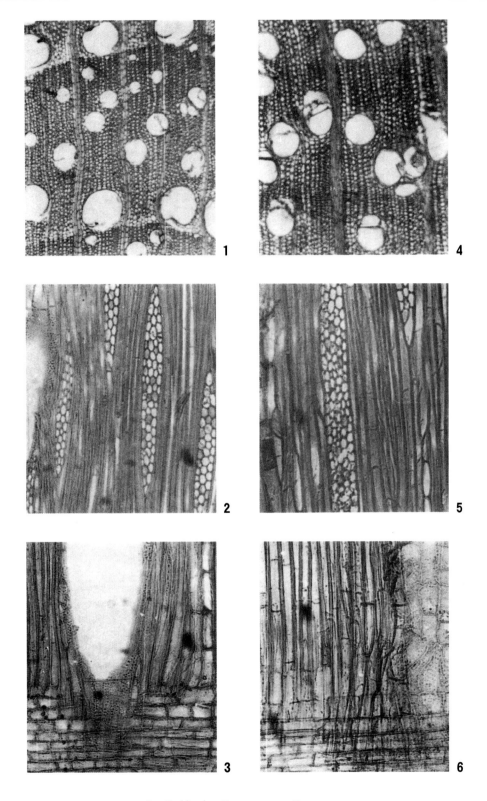

1~3 柚 木 *Tectona grandis*

4~6 蒂氏木 *Teijsmanniodendron*

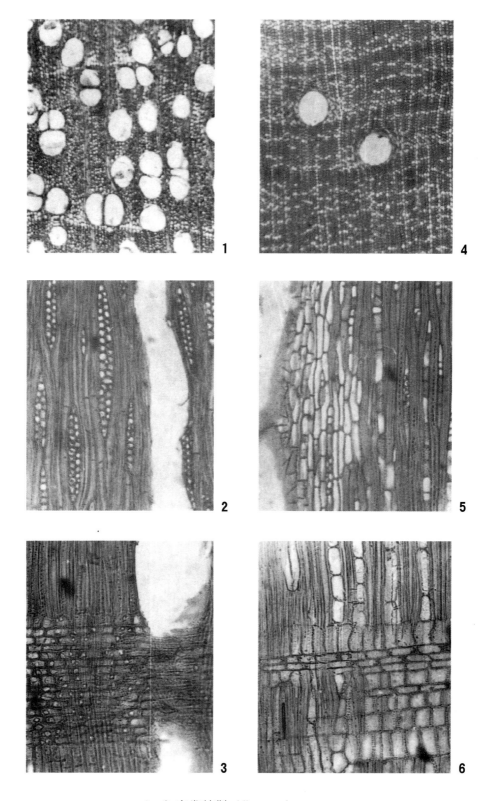

1～3 高发牡荆 *Vitex cofassus*

4～6 高大黄叶树 *Xanthophyllum excelsum*